水工混凝土建筑物评估与修补

第九届全国水工混凝土建筑物修补
与加固技术交流会论文集

主　编　鲁一晖　孙志恒
副主编　付颖千　王国秉　成保才

海洋出版社

2007年·北京

图书在版编目(CIP)数据

水工混凝土建筑物评估与修补:第九届全国水工混凝土建筑物修补与加固技术交流会论文集/鲁一晖,孙志恒主编. —北京:海洋出版社,2007.11
ISBN 978 – 7 – 5027 – 6924 – 6/TU·19

Ⅰ.水…　Ⅱ.①鲁…②孙…　Ⅲ.水工结构:混凝土结构 – 建筑物 – 加固 – 学术会议 – 文集　Ⅳ.TV331 – 53

中国版本图书馆 CIP 数据核字(2007)第 174737 号

责任编辑:张晓蕾　王　溪
责任印制:刘志恒

海洋出版社　出版发行

http://www.oceanpress.com.cn
北京市海淀区大慧寺路 8 号　邮编:100081
北京华正印刷有限公司印刷　新华书店发行所经销
2007 年 11 月第 1 版　2007 年 11 月北京第 1 次印刷
开本:787mm×1092mm　1/16　印张:25.5
字数:600 千字　定价:58.00 元
发行部:62147016　邮购部:68038093　总编室:62114335
海洋版图书印、装错误可随时退换

序

新中国成立以来,我国兴建了大量的水利水电工程,它们在水力发电、防洪减灾、工农业用水、航运、水产和环保旅游等方面,发挥了巨大的社会效益和经济效益。

水工混凝土建筑物和其他建筑物一样,建成投入运行后,在荷载及恶劣环境的交变、持续作用下,容易引起混凝土的衰变与老化,甚至产生众多的病害。同时,由于技术与认识的局限,规范不完善、设计欠妥、施工质量不佳、结构基础和建筑物本身存在问题以及地震影响等,加之运行条件变化、运行年限增加、运行管理存在问题等诸多不利因素的综合作用,致使为数不少的水工混凝土建筑物存在不同程度的病害,有些已严重影响工程安全运行。

因此,除加强对水工建筑物安全监测系统外,还要由有经验的工程技术人员定期进行现场检查,并结合对实测资料的分析,作出安全评价。经验表明,只有把监测系统与现场检查紧密结合起来,才能确保建筑物安全运行;只有定期检查并及时对建筑物进行养护和维修,才能延长建筑物的使用寿命。对水工建筑物进行维修,重要的问题是确认水工建筑物的目前工作状态和使用环境,恰当地鉴定建筑物的劣化损坏程度,合理地评价其使用寿命。在此基础上,才能正确地选择修补技术措施、修补材料和施工方法。也只有这样,才能使修补加固与工程维护工作卓有成效。

近年来,随着国家对病险水库加固工作的大量投入,西部大开发与南水北调工程的实施和国电系统第三轮水电站大坝安全定期检查等重大工作的开展,对水工建筑物的耐久性问题,将比以往更加重视,同时也对我们从事这方面工作的科技人员提出了更高的要求,促使我们努力工作,在水工混凝土建筑物的病害检测、评估与修补加固的新材料、新技术、新工艺和新理论等方面,与时俱进,开创新的局面。病险库问题是世界性的问题与难题,需要长期地关注。

本论文集征集了六十余篇文章,对近几年的水工建筑物维修技术做了重要的总结和展望,其中涉及了老坝的安全评价,高速水流抗冲磨技术、水工沥青混凝土防渗技术新进展,水库的除险加固技术,修补加固的新材料与新技术等。这些论文都是理论联系实际,具有实际工程背景和较大的应用价值。论文作者都是长期从事水利水电工程现场检测、安全评价和修补加固工作的科研、设计、施工、高校与运行管理领域的专家和专业工程技术人员,具有丰富的工程实践经验和基础理论知识。

本论文集的出版无疑会对我国在该领域的技术发展与进步起着推动作用。同时,对从事现有水工建筑物检测、评估与修补加固工作的工程技术人员、修补新材料和修补新技术研究开发人员而言,也是一本有价值的参考技术文献。

鲁一晖

水工混凝土修补与加固技术委员会　　　　　　　　　主　任

中国水利学会水工结构专业委员会　　　　　　　　　副主任

中国水力发电工程学会水工及水电站专业委员会　　副主任

2007 年 10 月

目 录

一、综述

二、水工建筑物防护研究设计与评价

三、水工建筑物的检测与评估

四、水工建筑物修补新材料、新技术及应用

五、水工建筑物的修补加固工程实例

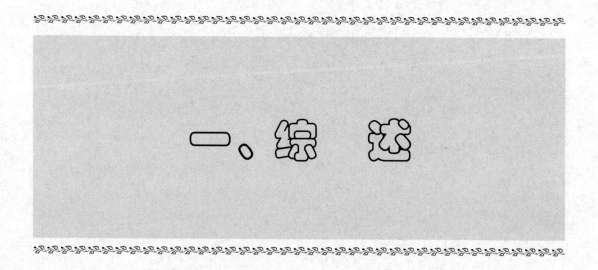

一、综 述

丰满大坝长期安全评价与全面治理可行性方案研究综述

鲁一晖　张家宏

（中国水利水电科学研究院）

摘　要： 丰满大坝由于建坝时的施工技术水平差,施工质量低劣,大坝建成以来即存在着一些严重的先天性缺陷,如混凝土强度偏低,坝体分缝分块造成坝体整体性较差,扬压力偏高,渗漏、冻胀、化学溶蚀等因素引发的老化现象不断发展。大坝在不利的环境下已经蓄水运行近七十年,虽经20世纪50年代的续建、改建和以后多年的持续维修加固,大坝存在的缺陷得到了一定程度的处理,大坝老化进程也有所缓解,但坝体混凝土强度偏低、渗漏、扬压力偏高、溶蚀及冻胀等影响大坝长期安全性问题依然突出,迫切需要在国内外已有的研究成果以及已有的工程加固成功经验的基础上,全面评价大坝的长期安全性,并在此基础上论证大坝全面加固方案,为大坝全面加固处理设计提供技术依据。本文是在组织国内外专家进行现场调研、资料分析和国内外工程案例研究的基础上,提出丰满大坝长期安全性评价结论和大坝全面治理可行性方案。

关键词： 丰满大坝　老化　长期安全性评价　全面治理　可行性研究

1　工程概况

丰满发电厂位于第二松花江上游吉林市东南 16 km 处,装机容量为 1 002.5 MW,是东北电网的骨干电厂,负责调峰、调频、事故和检修备用等任务,兼有防洪、灌溉及城市供水等综合作用。枢纽由混凝土重力坝、泄洪隧洞、发电引水隧洞、右岸一、二期坝后式电站厂房及左岸三期河岸式电站厂房等组成。始建于 1937 年,1942 年水库蓄水,1943 年第一台机组发电,1953 年大坝全部建成。丰满大坝为混凝土重力坝,坝顶高程 267.7 m,最大坝高 91.7 m,全长 1 080 m,共有 60 个坝段。大坝自左向右 9~19 号坝段为溢流坝段,21~31 号为发电取水坝段,其他为挡水坝段。

丰满水库为大（1）型水库,枢纽工程等级为一级,挡水坝、溢流坝、泄洪洞及电站厂房都为 1 级水工建筑物。校核洪水位 267.7 m,总库容 109.88 亿 m^3,设计洪水位 266.5 m 时相应库容为 107.8 亿 m^3,正常蓄水位 263.5 m 时库容 87.7 亿 m^3,死水位 242.0 m 时库容 27.6 亿 m^3。大坝防洪标准按 500 年一遇洪水设计,1 万年一遇洪水校核。坝址区地震基本烈度为 7 度,设防烈度为 8 度。

表1				工程特性表					
水库	校核洪水位	(m)	267.70	水文特性	设计	重现期	(年)	500	
	设计洪水位	(m)	266.86			洪峰流量	(m³/s)	25 100	
	正常蓄水位	(m)	263.50		校核	重现期	(年)	10000	
	汛限水位	(m)	260.50			洪峰流量	(m³/s)	36300	
	死水位	(m)	242.00	主要建筑物	坝型		混凝土重力坝		
	总库容	(亿 m³)	109.88		坝顶高程		(m)	267.70	
	死库容	(亿 m³)	26.85		坝顶长度		(m)	1080	
电站总装机容量		MW	1002.5		最大坝高		(m)	91.70	
厂区基本烈度		度	7		堰顶高程		(m)	252.50	

2 研究背景

丰满大坝由于建坝时的施工技术水平差,施工质量低劣,大坝建成以来即存在着一些严重的先天性缺陷,如混凝土强度偏低,坝体分缝分块造成坝体整体性较差,扬压力偏高,渗漏、冻胀、化学溶蚀等因素引发的老化现象不断发展。大坝在不利的环境下已经蓄水运行近七十年,虽经20世纪50年代的续建、改建和以后多年的持续维修加固,大坝存在的缺陷得到了一定程度的处理,大坝老化进程也有所缓解,但坝体混凝土强度偏低、渗漏、扬压力偏高、溶蚀及冻胀等影响大坝长期安全性问题依然突出,迫切需要在国内外已有的研究成果以及已有的工程加固成功经验的基础上,全面评价大坝的长期安全性,并在此基础上论证大坝全面加固方案,为大坝全面加固处理设计提供技术依据。

丰满大坝是我国最早的混凝土高坝,在以往大量工作的基础上评价其长期安全性、研究全面加固方案具有典型意义。为此,东北电网有限公司委托中国水利水电科学研究院和中国大坝委员会全面负责本项工作。中国水利水电科学研究院和中国大坝委员会将组织国内外专家进行现场调研、资料分析和国内外工程案例研究,最终提出丰满大坝长期安全性评价报告和大坝全面加固方案。

3 技术路线

丰满大坝的全面治理工作是复杂的系统工程,事关重大。各有关单位高度重视此项工作,成立了项目工作组,项目工作组由中国水科院、丰满发电厂及东北电网公司共同组成,针对项目制订了详细的技术路线——"依靠专家分析论证,总结分析国内外类似工程研究成果和经验,通过对可利用资源或借鉴的国内外典型工程的实地考察,在以往大量研究评价成果的基础上,归纳与总结出丰满大坝长期安全性评价意见,提出丰满大坝全面加固设计可资借鉴的各种可能方案"。

项目执行过程中,工作组依靠专家论证确定重要技术路线,并邀请和组织国内外专家完成各分项工作内容,在各分项工作的基础上,汇总完成了丰满大坝长期安全性评价报告和丰满大坝全面加固建议方案。

4 丰满大坝长期安全性评价意见与建议

(1)大坝混凝土质量与整体性差

由于历史原因,大坝混凝土没有明确的设计指标,只规定了水泥用量。混凝土施工质量很差,存在着大量的低强混凝土、蜂窝空洞等严重缺陷。同时,坝体被纵缝与各种子纵缝和子横缝严重切割,且施工期间纵缝没有灌浆、水平施工缝未打毛处理,因此,大坝的整体性很差。

大坝结构纵缝的存在会增加大坝的拉应力和拉应力范围,会增加大坝的水平位移。在地震情况下,按整体计算,坝踵、上部坝头和下游折坡处部位均会出现拉应力,如考虑纵缝存在情况会更加不利。尤其对坝基应力状态的影响更大,特别是各柱状块上游面会出现较大拉应力。

(2)大坝抗滑稳定及结构安全裕度偏低

由于大坝整体性差,存在低强混凝土及施工纵缝的不利影响,使大坝处于较高且较复杂的应力状态。分析表明:在今后高水位遇地震条件下可能出现结构物的局部损坏。

纵缝的存在不利于承受正反向地震荷载的反复作用。在正反向地震荷载作用下,既减小了 A、B 坝块刚度和顺水流方向的稳定性,同时还会使 BC 缝和 CD 缝张开或扩宽,使 C、D 坝块移动,从而造成大坝失稳或破坏。因此,所采用的综合治理方案必须使大坝的整体性得到改善,以保证在各种荷载作用下大坝的安全和稳定。

(3)大坝渗漏问题突出、混凝土耐久性差

丰满大坝的渗漏途径是沿坝体混凝土、裂缝和接缝而形成,使得大坝混凝土遭受溶蚀、冻融和冻胀破坏。而渗漏、溶蚀、和冻融、冻胀破坏通常是同时出现又互相加重,导致大坝混凝土的持续老化和力学性能持续的降低。

影响丰满大坝耐久性的根本原因是渗漏问题。渗漏引起坝体混凝土的溶蚀破坏和密实性的下降,使坝体混凝土处于饱水状态。冬季大坝混凝土受冻破坏,表层脱落,深层冻胀,坝顶上抬,加剧了大坝混凝土的老化。

经过采取局部修补、外包混凝土等措施,大坝混凝土的老化问题得到了一些改善。但仍存在很多问题:大坝上游面混凝土的修补加固不全面,未能形成完全封闭的防渗结构;上下游面外包混凝土的厚度有限,在上游面防渗和下游面排水不彻底的情况下难以有效阻止大坝表层负温区混凝土的进一步劣化;新浇筑的溢流面混凝土出现较多裂缝,还存在新老混凝土结合面、平行坝表面的裂缝;水平施工缝冻胀脱开等诸多问题。

因此,遏制由于严重渗漏而引起的大坝混凝土快速劣化趋势,是丰满大坝补强加固处理方案应解决的首要问题。

(4)进行地质断层活动性及地震参数准确性的补充论证

对坝基 F67 断层带进行垂直、水平变位的监测是必要的,F67 断层属松花江断裂的一部分,其活动性需要进行补充论证。坝址区地震参数的选取与论证,非常重要。应进一步论证现有地震参数的合理性与科学性。

(5)大坝泄洪能力不足

丰满水库在防洪基本资料,防洪预报方面存在一定的问题,调洪计算不符合现有的规范要求,丰满水库现有的泄洪能力不能满足要求。因此,丰满大坝综合治理方案中,要考虑增设坝体泄洪设施,增加泄量,以满足可调节 1 万年一遇洪水的要求,并确保大坝的防洪安全。

（6）论证全面的、综合性的大坝加固处理方案

由于丰满大坝在不利的环境下已经蓄水运行六十多年,虽经 20 世纪 50 年代的续建、改建和以后多年的持续维修加固,大坝存在的缺陷得到了一定程度的处理,大坝老化进程也有所缓解,但坝体混凝土强度偏低、渗漏严重、扬压力偏高、溶蚀及冻胀等影响大坝长期安全性问题依然突出。

因此,迫切需要在总结与借鉴国内外已有的研究成果以及已有的工程加固成功经验的基础上,提出全面的、综合性的大坝加固处理方案,使得丰满大坝的病害问题得到全面的、根本性解决,保证大坝安全运行和延长电站使用寿命,继续为国家的经济建设与社会发展做出更大的贡献。

5 丰满大坝全面治理方案可行性研究

5.1 论证科学的、全面的综合性大坝加固处理方案

本次丰满大坝全面治理方案可行性研究,是在充分借鉴国内外大坝加固经验的基础上,结合丰满大坝实际,按照"彻底解决、不留后患、技术可行、经济合理"的原则,对大坝加固及重建等各种技术方案进行深入研究和充分论证,科学选择丰满大坝全面加固技术方案。

丰满大坝综合治理的关键是技术措施的选择,这一过程具有很大的困难,它需要考虑到许多因素,包括技术、经济、环境以及实践经验方面的因素等等。综合治理的目的是恢复大坝结构的整体性和安全性,使大坝安全使用年限得到保证和延长。

作为挡水建筑物,首先是在所有荷载作用下,混凝土材料本身要能为大坝提供足够的强度和稳定保障;其次是大坝混凝土材料应该有效地阻止库水的渗漏,自身形成有效的防渗屏障。大坝施工时采用柱状块浇筑,施工纵缝、子纵缝、子横缝以及水平施工缝等,均未采取有效的工程措施进行处理,进而影响了大坝的整体性。大坝因受冻害范围大,冻害较深,以致削弱了坝体的断面,影响到坝体的整体稳定和强度。

显然,大坝渗漏问题突出、混凝土耐久性差,大坝混凝土强度与整体性差,大坝抗滑稳定及结构安全裕度偏低等问题,尚不能采用同一种技术措施完全解决,必须采用不同技术措施进行综合治理。

5.2 大坝主要病害和缺陷及其治理措施

根据全面调查和分析,目前,威胁丰满大坝安全运行的主要病害和缺陷列入表 2。主要病害和缺陷归纳为五大类,每一类都有不同的治理措施。而综合治理措施的选择是至关重要的,它需要考虑到诸多因素,包括技术、经济、环保以及实践经验方面的因素等等。表 2 中亦简要说明了各种病害治理预期达到的目的,每种病害的治理措施及综合治理方案将在后面章节详细介绍。

将每种病害和缺陷的可能治理措施列出后,遵照国家发改委对丰满大坝全面治理的精神——"彻底解决,不留后患,技术可行,经济合理"的原则,进行综合分析与比较后,给出可供选择与比较的综合治理方案。

表 2			大坝主要病害和缺陷及其治理措施		

	病害和缺陷		治理措施	预期目的
1	渗漏问题突出	渗漏	A 或 B	①提高大坝防渗能力; ②有效地降低坝体浸润线高度; ③抵御水的有害的物理化学作用。
		溶蚀		
		冻融		
		冻胀		
2	混凝土低强,强度不均匀		A 或 B	防护老混凝土进一步劣化,特别是风化、冻融破坏;
3	整体性很差	纵缝、子纵缝	C	①纵缝治理根本目的是传递荷载,提高大坝整体性; ②封闭裂缝,提高大坝整体性; ③提高大坝抗震能力。
		水平施工缝		
		裂缝		
4	大坝抗滑稳定及结构安全裕度偏低		C、D	①增加大坝断面,增加坝体自重,改善坝体应力状态; ②减小坝底扬压力;

表中治理措施代号如下(表 2~6):

A 上游表面防渗措施

A1 上游面混凝土叠合层防渗

A2 上游面混凝土墙与柔性防渗膜联合防渗

A3 上游面沥青混凝土防渗

A4 上游面混凝土墙防渗

A5 上游面 PVC 复合柔性防渗体系防渗

A6 上游面挂钢丝网喷混凝土防渗

B 坝体防渗加固技术措施

B1 坝体置换混凝土防渗

B2 坝体混凝土灌浆防渗

B3 坝体开槽防渗加固

C 坝体加固技术措施

C1 纵缝的补强加固治理—混凝土塞 + 水平预应力锚索

C2 预应力锚索加固

C3 下游面的加固治理—下游面外包高性能混凝土

C4 坝体局部灌浆处理

D 其他加固措施

D1 坝基帷幕加强处理

D2 坝基坝体排水

D3 坝顶防渗处理

5.3 综合治理方案分类

对于丰满大坝的治理方案论证工作,丰满发电厂、中国水利水电科学研究院、水利部东北勘测设计研究院、北京勘测设计研究院和华东勘测设计研究院等单位,均进行了深入细致的研究工作。

影响丰满大坝耐久性的根本原因是渗漏问题。对丰满大坝进行综合治理的基本思路是探索如何在不同的条件下,首先对大坝进行防渗治理,同时,采取配套措施对大坝其他病害进行全面治理,从而形成完整的综合治理方案。尽量达到治理工作不影响或少影响丰满电站的正常运行,能保证大坝的泄洪能力和对下游的供水要求。

以实现大坝防渗为主要着眼点,就施工条件而言,大致可归纳分为三大类型方案:

第一类型:坝体上游面水下施工防渗方案;

第二类型:坝体上游面干场施工防渗方案;

第三类型:坝体内部防渗方案;

其中对于每一类型方案所选用的综合措施,根据其适用的条件又有不同的组合方法。

5.3.1 第一类型治理方案——坝体上游面水下施工防渗方案

（1）方案概要

在大坝上游面水下施工的防渗加固方案可采用上游面水下安装 PVC 复合柔性防渗体系防渗方案。

本部分可分为"坝体上游面安装 PVC 复合柔性防渗体系"和"坝体上游面水下安装 PVC 复合柔性防渗体系与水上喷涂聚脲相结合"两种修补方案,这两种方案的不同点在于前者水上部分安装 PVC 复合柔性防渗体系,水位过渡区无需设置周边止水;但后者水上部分喷涂聚脲,水位过渡区需要设置周边止水。如图 1 所示。这两种方案的共同特点是水下部分均安装 PVC 复合柔性防渗体系,主要采用 CARPI 公司的 PVC 复合柔性防渗体系,即通过从坝顶到坝踵安装一个连续的抗渗屏障,这个屏障与基础和帷幕灌浆连接,同时在表面 PVC 复合材料与坝面之间安装了连续的表面排水系统,收集和排出渗漏水,以期在坝体上游面形成一个封闭完整的防渗系统,降低坝体渗漏量,减轻甚至避免渗漏水对坝体混凝土的溶蚀;同时降低坝体的扬压力,增强坝体稳定。

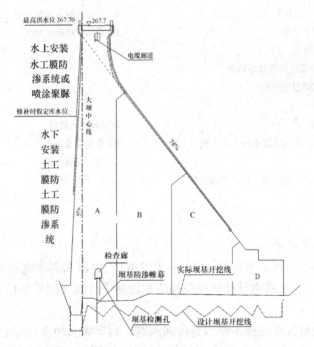

图 1　丰满大坝上游面安装 PVC 复合柔性防渗体系方案

（2）上游面水下安装 PVC 复合柔性防渗体系类的综合治理方案

表3　　　　　　　　　　第一大类方案综合治理措施

	病害和缺陷		治理措施	预期目的
1	渗漏问题突出	渗漏	A5,C3,D3	①提高大坝防渗能力; ②有效地降低坝体浸润线高度; ③抵御水的有害的物理化学作用。
		溶蚀		
		冻融		
		冻胀		
2	混凝土质量低劣低强,强度不均匀		C3,C4	防护老混凝土进一步劣化,特别是风化、冻融破坏。
3	整体性很差	纵缝、子纵缝	C1～C4	①纵缝治理根本目的是传递荷载,提高大坝整体性; ②封闭裂缝,提高大坝整体性; ③提高大坝抗震能力。
		水平施工缝		
		裂缝		
4	大坝抗滑稳定及结构安全裕度偏低		C3,D1,D2	①增加大坝断面,增加坝体自重,改善坝体应力状态; ②减小坝底扬压力。

5.3.2　第二类型治理方案——坝体上游面干场施工防渗方案

在大坝上游面形成干作业场地的防渗加固方案可分为三个方案:①浮式拱围堰防渗加固施工方案;②双壁钢围堰防渗加固施工方案;③水库放空上游面防渗施工方案。

（1）浮式拱围堰防渗加固施工方案

任何一座大型水库完全放空进行大坝上游面防渗修补,都会涉及到巨大的经济、社会和环境保护的后果。因此,在不放空水库的情况下,如何对大坝上游面进行防渗修补处理,对工程技术人员来说,确实是一个极具挑战性的不寻常的新课题。在国内外大量调研基础上,中国水科院提出采用浮式拱围堰施工方案。先围住一个或两个坝段,创造"干作业"环境,进行大坝上游面防渗层施工,完成后,将拱围堰内腔中的水排出,使拱围堰自动升起漂浮在水中,用拖轮牵引到下一个施工部位,充水下沉就位、对接止水、排干围堰内的积水,又创造出另一个"干作业"环境进行施工。由于拱围堰内空间有限,容易改善施工条件,因此可以全年抽水施工。由于拱围堰结构形式一致,制作、浮运转移及就位封堵都较方便,因此可以多座围堰同时施工,以加快施工进度,使水库水位降低对社会经济的影响尽可能减少到最低程度。

丰满大坝上游面混凝土的损坏几乎遍布整个上游坝面,所以考虑将大坝上游面全部覆盖进行防渗防护是十分必要的。因而应当研究对大坝上游面进行大面积修补的方法。经过详细研究,认为大面积修补大坝上游面确定在干燥的条件下进行施工是适宜的。目前,国外有类似的工程规模比较小的工程实例,其经验还是具有一定的借鉴意义。

浮式拱围堰具有两大特点:一是利用拱的工作原理,将承受的水平水压力变为轴向压力传递到大坝上游面,和拱坝不同,根本不存在坝肩稳定问题;二是拱结构断面采用双箱型结构。实际上,内部空腔是一个可以控制的气囊,利用充水或排水办法来调节拱围堰的沉浮。由于设有空腔,它不但可以随意沉浮,而且还可以离开河床底部任意距离漂浮在水中。这样,它将很容易地被拖轮牵引到指定地点,重新创造出另一个"干作业"环境进行施工。

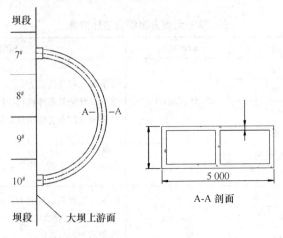

图2 浮式拱围堰总平面布置

（2）双壁钢围堰防渗加固施工方案

双壁钢围堰是一个带有斜面双脚的圆筒形双壁水密钢结构在基础施工过程中起防水防土作用,不参与主体结构的受力,围堰内部也没有隔墙。根据施工条件围堰全高可分数节制造,每节又对称分数个单元制成单元体。施工时,将已拼就的底节围堰浮运就位起吊下水,然后接高并在围堰内灌水下沉,围堰落入河床后,视需要在围堰内槽注混凝土（或槽水）以增加围堰重量并在围堰内吸泥使其渐渐均匀地下沉到设计高程。

工法特点:

①利用双壁钢围堰重量轻、浮力大的特点,使钢围堰浮运就位起吊下水后能像船体一样稳定垂直地自浮于墩位处水面上;

②钢围堰制造、拼装、接高的所有焊缝,质量要求很高。所有焊缝除满足设计要求外,还必须经水密试验确保不漏水;

③双壁钢围堰平面为一回形钢环结构,钢度好,施工方便,是刚劲可靠的防水结构。

（3）水库放空上游面防渗施工方案

影响丰满大坝耐久性的根本病害是坝体渗漏,而最直接、有效的防渗加固措施是在大坝上游面进行防渗处理。在无法进行水下施工,且没有可靠的措施在大坝上游面提供有效"干作业场地"的情况下,需要采取修筑上游围堰的措施,使坝体上游面完全处在干地上施工——即降低库内水位,抽除坝前基坑内积水,使坝体处在干地上进行防渗处理。这需要对丰满水库进行放空。对已建成的水库进行放空,一般可通过利用、改造原有的泄洪建筑物或新建放空洞泄放库内水量进行。

水库放空将涉及到放空的工程技术措施、施工导流方案、围堰设计、对国民经济及各行业影响评价等诸多问题。在进行放空方案设计过程中,将尽量减少各方面的损失。

10

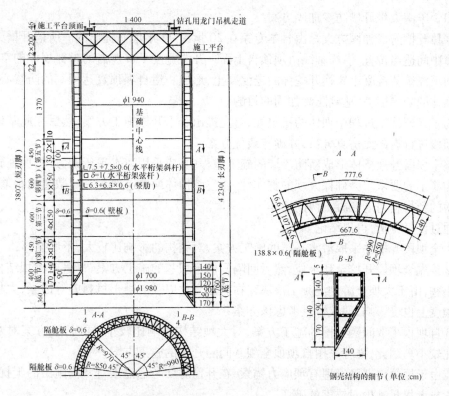

图3　九江长江大桥双壁钢围堰的结构与构造

（4）上游面干场施工防渗类的综合治理方案

表4　　　　　　　　　第二大类防渗方案综合治理措施

	病害和缺陷		治理措施	预期目的
1	渗漏问题突出	渗漏	A1～A4，C3，D3	①提高大坝防渗能力； ②有效地降低坝体浸润线高度； ③抵御水的有害的物理化学作用。
		溶蚀		
		冻融		
		冻胀		
2	混凝土质量低劣低强，强度不均匀		A1～A4，C3，C4	防护老混凝土进一步劣化，特别是风化、冻融破坏。
3	整体性很差	纵缝、子纵缝	C1～C4	①纵缝治理根本目的是传递荷载，提高大坝整体性； ②封闭裂缝，提高大坝整体性； ③提高大坝抗震能力。
		水平施工缝		
		裂缝		
4	大坝抗滑稳定及结构安全裕度偏低		A1～A4，C2，C3，D1，D2	①增加大坝断面，增加坝体自重，改善坝体应力状态； ②减小坝底扬压力。

5.3.3　第三类型治理方案——坝体内部防渗方案

坝体内部混凝土防渗加固方案可分为四个方案：①大坝开槽防渗加固方案；②坝体内置换混凝土防渗加固方案；③大坝灌浆防渗加固方案；④大坝降渗加固方案。

（1）丰满大坝开槽防渗加固方案

坝体开槽防渗加固方案是由日本专家在20世纪90年代初提出的。所谓开槽方案就是在坝体中间适当位置，沿坝轴线由坝顶自上而下开凿宽度1 m左右的贯穿坝体的空腔槽体，通过回填浇筑新混凝土置换开挖掉的老混凝土，形成一道自坝顶直达坝基的防渗心墙，从而提高坝体的防渗能力，达到防渗加固的目的。

为了保证施工过程中坝体的稳定性，首先提出若干开槽施工方案，然后在此基础上选取典型坝段进行有限元仿真分析，并确定最优方案。

整个坝段开通槽体形成新防渗墙的施工过程中，应采用清水平压的方式，保证施工期坝体结构稳定的要求。为确保大坝的整体性，在空腔槽体两侧应布置一定数量的钢筋，从而保证回填的新材料与老混凝土协同工作。

通过计算分析，得出结论如下：

①全坝段开槽并采取清水平压的施工方案，对结构的影响比较大，不做推荐；

②首先全坝段开挖至死水位，然后间隔开槽至坝基的施工方案，尽管对大坝结构的影响相对小些，由于大坝上游侧混凝土薄块存在截面变化以及混凝土材料差等因素，大坝结构在一定程度上也受影响，建议慎重考虑该方案；

③自坝顶采取间隔开槽的施工方案，对大坝结构影响比较小，同时，该方案对水位的限制也比较小。因此，推荐采用自坝顶至坝基间隔开槽的施工方案；

④由于坝体内部已经埋有预应力锚索，在开槽时要考虑锚索对开槽施工的干扰，尽量避开锚索或者尽量减少对锚索的破坏。

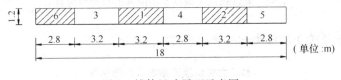

图4　槽体尺寸平面示意图

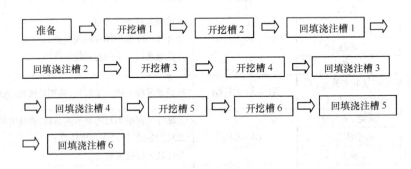

图5　跳槽施工工序

（2）坝内置换混凝土防渗加固方案

丰满电厂在坝体开槽防渗加固方案的基础上，提出在坝体内部上游侧AB纵缝位置置换低强混凝土以加固坝体，同时形成防渗墙与帷幕灌浆相结合的新的防渗体系。

为保证所采用方案的安全、可靠，保证有效地形成防渗墙，保证采取的工程措施既起到

12

置换低强混凝土加固坝体,又能起到较好的坝体防渗的目的,进行了防渗墙施工仿真和大坝增设排水系统形态与效果渗流仿真数值计算分析研究、防渗墙施工技术研究、坝体置换混凝土材料选择研究等专题工作。

坝体上游部位置换低强混凝土形成防渗墙的方案的基本设想是:利用静态切槽或机械切割、凿除技术,在靠近大坝的上游 AB 纵缝部位切割一个适当宽度的腔槽,回填具有较好防渗性能的微膨胀混凝土,在坝基或坝体一定高程位置自下而上,逐层开挖回填(在压力钢管和锚索位置可以采用人工风镐开挖),最终在原坝体内形成一道混凝土防渗墙,达到阻水防渗目的,减小坝体的渗漏、溶蚀和冻胀,提高坝体的安全性。

(3)大坝坝体灌浆防渗方案

丰满大坝坝体灌浆防渗技术是在不影响水库正常运行的前提下,对坝体混凝土和坝基在一定范围内进行全面灌浆处理,形成有效的防渗屏障。对坝体混凝土进行灌浆防渗处理,可以提高坝体混凝土的抗渗性,解决坝体渗漏引发的一系列问题,同时可提高坝体混凝土密实性与整体性;对坝基进行灌浆防渗处理,可以降低通过坝基的渗流量,并降低扬压力,提高坝体的抗滑稳定安全系数。坝体灌浆防渗方案的优点在于,灌浆防渗处理过程中,可以不降低水库水位,不影响水电站的正常发电和下游供水。

(4)大坝排水降渗加固方案

大坝排水降渗加固方案是在不影响水库正常运行的前提下对坝体和坝基进行灌浆,增加坝体和坝基的抗渗性,同时通过清扫已有坝体排水孔、新增坝体排水孔、在坝体下游增设排水廊道及相应坝体排水孔等措施加强坝体排水,有效降低坝体渗透压力,减少坝体下游面负温区混凝土含水量,从根本上解决坝体下游面混凝土冻胀问题,确保大坝运行安全。

该方案仅针对溢流坝段降渗加固。大坝降渗加固方案主要包括:对原有坝体排水孔进行清孔处理、加密坝体排水孔、在下游 C 坝块增设排水廊道、在新增排水廊道内沿下游坝面斜向上方钻设排水孔;同时对原有导流底孔和中孔进行封堵灌浆处理。

(5)坝体内混凝土防渗类的综合治理方案

表5   **第三大类方案综合治理措施**

	病害和缺陷		治理措施	预期目的
1	渗漏问题突出	渗漏	B1 或 B2,C3,D3	①提高大坝防渗能力; ②有效地降低坝体浸润线高度; ③抵御水的有害的物理化学作用。
		溶蚀		
		冻融		
		冻胀		
2	混凝土质量低劣低强,强度不均匀		B1 或 B2,C3	防护老混凝土进一步劣化,特别是风化、冻融破坏。
3	整体性很差	纵缝、子纵缝	B1 或 B2,C2,C4	①纵缝治理根本目的是传递荷载,提高大坝整体性; ②封闭裂缝,提高大坝整体性; ③提高大坝抗震能力。
		水平施工缝		
		裂缝		
4	大坝抗滑稳定及结构安全裕度偏低		C3,D1,D2	①增加大坝断面,增加坝体自重,改善坝体应力状态; ②减小坝底扬压力;

5.4 丰满大坝综合治理可供选择方案

丰满大坝在不利的环境下已经蓄水运行六十多年,虽经20世纪50年代的续建、改建和以后多年的持续维修加固,大坝存在的缺陷得到了一定程度的处理,大坝老化进程也有所缓解,但坝体混凝土强度偏低、渗漏严重、扬压力偏高、溶蚀及冻胀等影响大坝长期安全性问题依然突出。针对上述问题,课题组根据以往的工程经验,总结了一系列工程措施。但由于丰满大坝缺陷较多,采用单一工程措施尚无法彻底解决,需采用综合工程措施加以治理。

由于影响丰满大坝耐久性的重要因素之一是渗漏问题。对丰满大坝进行综合治理的基本思路是探索如何在不同的条件下,首先对大坝进行防渗治理,同时采取配套措施对大坝其他病害进行全面治理,从而形成完整的综合治理方案。尽量达到治理工作不影响或少影响丰满电站的正常运行,亦能保证大坝的泄洪能力和对下游的供水要求。综合治理方案以实现大坝防渗为主要着眼点,并根据施工条件,对坝体上游面水下施工防渗方案、坝体上游面干场施工防渗方案、坝体内部防渗方案等三大类方案进行了介绍。以上述三大类防渗方案为基础,推选出以下四项丰满大坝综合治理可供选择方案。可选方案所采取的工程措施如表6所示。

表6   **综合治理推荐方案工程措施**

	病害和缺陷		可选方案一 工程措施	可选方案二 工程措施	可选方案三 工程措施	可选方案四 工程措施
1	渗漏 问题 突出	渗漏	A5,C3,D3	A1~A4,C3,D3	B1,C3,D3	B2,C3,D3
		溶蚀				
		冻融				
		冻胀				
2	混凝土质量低劣强,强度不均匀		C3,C4	A1~A4,C3,C4	B1,C3	B2,C3
3	整体 性差	纵缝、子纵缝	C1~C4	C1~C4	B1、C2,C4	B2、C2,C4
		水平施工缝				
		裂缝				
4	大坝抗滑稳定及结构安全裕度偏低		C3,D1,D2	A1~A4,C2,C3, D1,D2	C3,D1,D2	C3,D1,D2

三大类可供选择综合治理方案,按防渗方式分述如下:

5.4.1 丰满大坝坝体上游面防渗水下施工综合治理方案

丰满大坝坝体上游面防渗水下施工综合治理方案,即综合治理可选方案一,该方案包括:

(1)将水位降至预定水位(有两种选择,一种是降至高程242 m;另一种是降至高程225 m),疏浚丰满大坝上游河床距坝面15 m范围内的淤泥以进行PVC复合柔性防渗体系施工前的准备。对丰满大坝坝体上游面的蜂窝、狗洞等缺陷进行安装前修补。对坝面,特别是拟安装固定零件部位的明显的低强(或因冻融、溶蚀等原因被破坏)混凝土,进行补强加固。

(2)在上游面水下安装 PVC 复合柔性防渗体系。彻底解决坝体渗漏严重的问题。上游面水上部分可采用安装 PVC 复合柔性防渗体系防渗或喷聚脲防渗方法(具体可在下一阶段进行进一步方案比较)。

(3)在坝体下游面和坝顶外包高性能混凝土,以防止目前坝体下游面和坝顶表层混凝土质量进一步恶化,并解决坝体下游面和坝顶混凝土冻胀问题,增强坝体抗滑稳定安全。其中坝体下游面外包混凝土厚度约 4~5 m,坝顶外包混凝土厚度 1~2 m。

(4)为了增强坝体整体性,本方案除了同综合治理推荐方案一,在坝体内部和部分存在软弱夹层的坝基安装预应力锚索,对坝体内混凝土质量很差、渗漏严重的部位进行局部灌浆之外,一个重要的措施就是在坝体纵缝部位设置混凝土塞并安装水平预应力锚索;所需的水平预应力锚索的数量、规格以及安装的具体位置有待下一步工作进行详细分析。

(5)对坝基防渗帷幕进行补充灌浆,并增设坝基和坝体排水,以降低坝基和坝体扬压力,提高坝体抗滑稳定安全性。

本方案突出优点是可以直接在坝体上游面形成完整的防渗体系,对水库运行的影响程度比较小。

5.4.2 丰满大坝上游面防渗干场施工综合治理方案

丰满大坝上游面防渗干场施工综合治理方案,即综合治理可选方案二,该方案包括:

(1)在坝体上游面安装一外径 34 m、壁厚 5 m 的半圆形拱围堰,形成一工作区域不小于 8×18 m 的干场施工环境。

(2)在坝体上游面重新形成防渗体系,即在坝体上游面采用预应力混凝土叠合层、或混凝土防渗墙、或沥青混凝土防渗墙、或者混凝土墙与柔性防渗膜联合防渗等措施,重新在坝体上游面形成一道防渗体系,以彻底解决目前丰满大坝存在的渗漏严重以及由此引发的其他问题。

(3)在坝体下游面和坝顶外包高性能混凝土,以防止目前坝体下游面和坝顶表层混凝土质量进一步恶化,并解决坝体下游面和坝顶混凝土冻胀问题,增强坝体抗滑稳定安全。其中坝体下游面外包混凝土厚度约 4~5 m,坝顶外包混凝土厚度 1~2 m。

(4)为了增强坝体整体性,本方案除在坝体内部和部分存在软弱夹层的坝基安装预应力锚索,对坝体内混凝土质量很差、渗漏严重的部位进行局部灌浆之外,一个重要的措施就是在坝体纵缝部位设置混凝土塞并安装水平预应力锚索,所需的水平预应力锚索的数量、规格以及安装的具体位置有待下一步工作进行详细分析。

(5)对坝基防渗帷幕进行补充灌浆,并增设坝基和坝体排水,以降低坝基和坝体扬压力,提高坝体抗滑稳定安全性。

本方案的突出优点是在坝体上游面形成了干场施工环境,可以对坝体上游面质量低劣的混凝土进行彻底处理。其缺点是部分河床坝段施工过程中,水库需要控制水位运行。

5.4.3 丰满大坝坝内置换混凝土防渗综合治理方案

丰满大坝坝内置换混凝土防渗综合治理方案,即综合治理可选方案三,该方案包括:

（1）在靠近坝体上游面的 AB 纵缝部位通过切割置换原有混凝土，重新形成一道 2 m 宽的高性能混凝土防渗墙，在尽量不影响枢纽正常运行的前提下彻底解决目前丰满大坝存在的渗漏严重以及由此引发的其他问题。

（2）在坝体下游面和坝顶外包高性能混凝土，其中坝体下游面外包混凝土厚度约 4 ~ 5 m，坝顶外包混凝土厚度 1 ~ 2 m。

（3）新老混凝土之间加设排水，以防止目前坝体下游面和坝顶表层混凝土质量进一步恶化，并解决坝体下游面和坝顶混凝土冻胀问题，增强坝体抗滑稳定安全性。

（4）在坝体内部和部分存在软弱夹层的坝基安装预应力锚索，对坝体内混凝土质量很差、渗漏严重的部位进行局部灌浆，以增强坝体整体性。

（5）对坝基防渗帷幕进行补充灌浆，并增设坝基和坝体排水，以降低坝基和坝体扬压力，提高坝体抗滑稳定安全性。

该方案的突出优点是在坝体和坝后施工，对枢纽运行的影响程度很小。但该方案无法彻底解决坝体上游面 A 块混凝土存的问题。

5.4.4 丰满大坝坝体灌浆防渗综合治理方案

丰满大坝坝体灌浆防渗综合治理方案，即综合治理可选方案四，该方案包括：

（1）在靠近坝体上游面的一定范围内，对坝体混凝土和坝基在进行全面灌浆处理，形成有效的防渗屏障。

（2）在坝体下游面和坝顶外包高性能混凝土，其中坝体下游面外包混凝土厚度约 4 ~ 5 m，坝顶外包混凝土厚度 1 ~ 2 m。

（3）新老混凝土之间加设排水，以防止目前坝体下游面和坝顶表层混凝土质量进一步恶化，并解决坝体下游面和坝顶混凝土冻胀问题，增强坝体抗滑稳定安全性。

（4）在坝体内部和部分存在软弱夹层的坝基安装预应力锚索，对坝体内混凝土质量很差、渗漏严重的部位进行局部灌浆，以增强坝体整体性。

（5）并增设坝基和坝体排水，以降低坝基和坝体扬压力，提高坝体抗滑稳定安全性。

该方案的优点是可在不降低水库水位，不影响水电站的正常发电和下游供水的前提下，解决目前丰满大坝存在的渗漏严重以及由此引发的其他问题。

6 结语

丰满大坝的全面治理工作是一复杂的系统工程，丰满大坝综合治理所推荐的方案，既要满足技术可行，又要强调方法的安全可靠。本文论述的三类可选方法是在全面考虑与总结国内外类似工程成功与失败案例，结合丰满工程实际而提出，同时借鉴了国内外成功实践。

建议丰满大坝全面治理下一段工作中，对各类方案进行更进一步的比较、论证与优化。

喷涂聚脲弹性体技术在水利水电工程中的应用综述

孙志恒

（中国水利水电科学研究院　北京中水科海利工程技术有限公司）

摘　要：喷涂聚脲弹性体技术是近十年来从美国引进的一种新型喷涂施工技术,聚脲弹性体材料具有优异的防渗、抗冲磨及防腐等多种功能,施工速度快、不受环境温度的影响。通过室内外大量试验及工程应用的证明,这种技术在水利水电工程中具有广阔的应用前景,已在多个水利水电工程中得到成功的应用。

关键词：水利水电　聚脲　防渗　抗冲磨

1　前言

喷涂聚脲弹性体(spray polyurea elastomer,简称 SPUA)技术始于 20 世纪 80 年代中期,美国 Texaco 公司率先研发成功喷涂聚脲弹性体技术,并于 1989 年首次发表研究论文,引起了轰动。1991 年该技术在北美地区投入商业应用,并立即显示出其优异的综合性能,受到用户欢迎。澳大利亚于 1993 年引进该技术,日本和韩国也相继于 1995 年和 1997 年引进该技术,并投入商业应用。SPUA 材料的出现,打破了以往环氧树脂、丙烯酸树脂、聚氨酯统领天下的局面,为施工界提供了一种非常先进的技术。

在我国,海洋化工研究院于 1995 年开展了喷涂聚脲弹性体技术的前期探索研究,1999 年首次在国内进行了小范围施工。2002 年中国水利水电科学研究院在水利部"948"项目的支持下从美国引进了这项技术和专用喷涂设备,首次针对水利水电工程的特点,在室内、外进行了大量的科研工作,开发了适用于水利水电工程潮湿混凝土基面的 SK - BE 型界面剂,在引滦入津输水隧洞、新安江水电站溢流坝面和小浪底水电站 2 号排沙洞完成了现场喷涂试验,总结了现场大面积施工的经验,并在尼尔基水利枢纽工程、北京三家店拦河闸、广东鹤山沙坪水闸、新安江水电站、山西龙口水电站、北京怀柔水库溢洪道等水利水电工程中进行了大规模应用。实践证明,这种喷涂聚脲弹性体技术在水利水电工程各类混凝土表面防渗抗裂、抗冲耐磨保护层等领域,具有显著的效果和非常广阔的应用前景。

2　聚脲材料的原材料与助剂

聚脲弹性体材料是由异氰酸酯组分(简称 A 组分)与氨基化合物组分(端氨基聚醚、液态胺类扩链剂、颜色填料和助剂,简称 R 组分)反应生成的一种弹性体物质。聚脲反应的方程式如下:

$$R—NCO + R'—NH_2 \longrightarrow RNHCONHR'$$

喷涂聚脲弹性体用的原料主要有三大类,即异氰酸酯、端氨基聚醚和扩链剂。除此之外,有时为了改善黏度、阻燃、耐老化、抗静电、外观色彩、附着力等性能,还需加入稀释剂、阻燃剂、抗氧剂、抗静电剂、颜料、硅烷偶联剂等助剂。在 SPUA 技术中,将异氰酸酯与聚醚多元醇生成的半预聚体组分定义为 A 料;将含有端氨基聚醚、液体胺类扩链剂和其他助剂的组分定义为 R 料。

2.1　异氰酸酯

异氰酸酯是聚脲弹性体 A 料主要原料之一,合成 A 料用的异氰酸酯包括有二异氰酸酯、三异氰酸酯以及它们的改良体。

2.2　聚醚

在 SPUA 技术中用到的聚醚有两类:一类是用于芳香族 A 料合成的端羟基聚醚;另一类是用于脂肪族 A 料合成以及 R 料制备的端氨基聚醚。

端羟基聚醚是在分子主链结构上含有醚键(-O-),端基带有羟基(-OH)的醇类聚合物或低聚物,又可称为聚醚多元醇,简称聚醚。端羟基聚醚是以低分子量多元醇、多元胺或含活泼氢的化合物作为起始剂,在催化剂作用下,由环氧化合物聚合制得。

由一种环氧化合物单位合成的聚醚称为均聚醚,由两种和两种以上的环氧化合物合成的聚醚称为共聚醚。根据加料顺序和配比的不同,可生成无规共聚醚和有序分布或无序分布的嵌段共聚醚。

2.3　扩链剂

喷涂聚脲弹性体配方多种多样,产品应用十分广泛,但其合成工艺过程一般使用"一步半法"。"一步半法"也叫半预聚物法或半预聚体法。它是将二异氰酸脂和低聚物多元醇或氨基聚醚反应先合成半预聚物。通常这种半预聚物分子的端基为异氰酸酯基(-NCO),平均相对分子质量较低,一般在 5 000 以下。要将预聚物加工成制品,还需要加入胺类扩链剂和氨基聚醚的混合物与之反应。胺类扩链剂中的氨基与上述预聚物中的-NCO 端基反应,生成氨基甲酸酯或脲,起扩链作用。活泼氢个数大于 2 的二胺化合物与上述半预聚物反应时,既可起扩链剂的作用,又可起交联作用,可称之为扩链交联剂。一般二胺类扩链剂有两上氨基,含 4 个活泼氢原子。它与半预聚物反应时,随着胺指数(NH_2/NCO)的变化,可产生不同的化学反应。当 $NH_2/NCO \geq 1$ 时,在适宜的条件下,-NH_2 基只与-NCO 基反应起到扩链作用。但当 $NH_2/NCO < 1$ 时,-NH_2 基上的一个氢原子与预聚物中的-NCO 基反应生成脲结构,起到扩链作用。多余的-NCO 基在较高的温度下还能与上述生成的脲基上的活泼氢原子进一步反应,生成缩二脲支化或交联。生产喷涂聚脲弹性体时,通常将异氰酸酯指数(即 NCO/NH_2 的当量比)定为 1.05 ~ 1.1 之间,其目的就是要使加工的制品具有适当的交联密度,以改善压缩永久变形和耐溶胀等性能。所以一般的二胺类扩链剂在实际使用中,除了起扩链反应外,还可在过量-NCO 基存下,在大分子之间产生缩二脲交联。

二胺是 CPU 的重要扩链剂,主要用作 TDI 系列预聚物的硫化剂。脂肪族二胺碱性强,活性高,与异氰酸酯反应十分剧烈,成胶速度太快,难以控制,在 CPU 生产中无使用价值。但在 SPUA 生产中,可作为脂肪族 SPUA 的扩链剂使用。芳香族二胺的活性比较适中,并能赋予弹性体良好的物理力学性能,是在 SPUA 中使用最为广泛的一种扩链剂。

2.4 助剂

在 SPUA 材料的生产和贮存过程中,由于其自身的涂料特征,往往需要添加多种助剂来改善其工艺和贮存稳定性,提高产品质量以及扩大应用范围。用于 SPUA 材料的助剂有很多,如稀释剂、分散剂、防沉降剂、着色剂、阴燃剂、脱模剂、填充剂、防霉剂、抗静电剂、抗氧剂、光稳定剂和增塑剂等。

此外,通过引入不同的助剂,还能进一步赋予材料不同的特性和优点,比如用于户外施工的 SPUA 组合料,就可以在配方设计时加入一些紫外线稳定剂和抗氧剂;用于加油站地面等对防静电要求比较高的场合,就可加入一些抗静电剂和阴燃剂。灵活地加入各种助剂,大大拓展了聚脲的使用范围,同时也较好地解决了聚脲施工与生产中的一些弱点,并赋予聚脲更优异的性能。

3 聚脲弹性体材料的特性

聚脲弹性体材料具有优异的防渗、抗冲磨及防腐等多种功能,聚脲弹性体材料的特性如下:

(1)无毒性,100%固含量,不含有机挥发物,符合环保要求。

(2)优异的综合力学性能,拉伸强度最高可达 27.5 MPa,伸长率最高可达 1000%,撕裂强度为 43.9~105.4 kN/m。可根据不同应用的需求,在很宽范围内可对硬度进行调节,从邵 A30(软橡皮)到邵 D65(硬弹性体)。

(3)良好的不透水性,2 MPa 压力下 24 h 不透水,材料无任何变化。

(4)抗湿滑性好,潮湿状态下的摩擦系数不降低,有良好的抗湿滑性能。

(5)低温柔性好,在 -30℃ 下对折不产生裂纹,其拉伸强度、撕裂强度和剪切强度在低温下均有一定程度的提高,而伸长率则稍有下降。

(6)快速固化,反应速度极快,5 s 凝胶,1 min 即可达到步行强度,并可进行后续施工,施工效率大大提高。由于快速固化,解决了以往喷涂工艺中易产生的流挂现象,可在任意曲面、斜面及垂直面上喷涂成型,涂层表面平整、光滑,对基材形成良好的保护和装饰作用。

(7)施工效率高,采用成套喷涂、浇注设备,可连续操作,喷涂 100 m² 的面积,仅需 30 min。一次喷涂施工厚度可达 2 mm 以上,克服了以往多层施工的弊病。

(8)对环境条件要求较低,对水分、湿气不敏感,施工不受环境温度、湿度的影响。基层干燥的情况下,在北方风沙季节及南方梅雨季节都可正常施工。

(9)由于不含催化剂,分子结构稳定,所以聚脲表现出优异的耐水、耐化学腐蚀及耐老化等性能,在水、酸、碱、油等介质中长期浸泡,性能不降低。

(10)聚脲材料与多种底材,如混凝土、砂浆、钢材、沥青、塑料、铝及木材等,都有很好的附着力。

(11)聚脲材料可以连续喷涂而不会因反应热过于集中而导致鼓泡、焦化等现象,可在 150℃ 下长期使用,并可承受 350℃ 短时热冲击。

(12)材料性能可调,可加入各种颜色、填料,制成不同颜色和形状的制品,并可引入短切玻璃纤维对材料进行增强。

（13）具有很强的抗冲耐磨特性。

（14）具有抗盐雾腐蚀、抗冻性好等优点。

4 喷涂设备

喷涂设备由专用的主机和专用的喷枪组成。施工时将主机配置的 2 支抽料泵分别插入装有 A、R 原料桶内，借助主机产生的高压（24 MPa）将原料推入喷枪混合室，进行混合、雾化后喷出。在到达基层的同时，涂料几乎已近凝胶，5~10 s 后，涂层完全固化。一次喷涂厚度达到规定厚度（间隔 5 s 以上），涂层总成膜度不限。该技术对所需专用设备的基本要求：物料输送系统平稳、物料计量系统精确、物料混合系统均匀、物料雾化系统良好、物料清洗系统方便。

国外比较著名的喷涂设备制造商有 GUSMER、GLAS–CRAFT、BINKS、GRACO 等公司。为了在水利水电工程中开发应用聚脲喷涂技术，中国水利水电科学研究院于 2003 年从美国 GUSMER 公司购买了一台 H35 主机。H35 是 GUSMER 设备的主力机型，采用液压驱动，输出量大（达 10.8 kg/min），工作压力高（可达 241 巴）、压力波动小、电加热功率大（达 12 KW）、温度控制准确，原料计量精度高，可喷涂高质量涂层，并可用于严寒冬季野外施工。

5 喷涂聚脲

5.1 潮湿混凝土间的界面剂研究

聚脲弹性体材料具有优异的物理力学性能，但是据国外多年应用经验，解决好聚脲与基面的黏结是达到理想效果的关键，尤其是对于水利水电工程潮湿混凝土基底的黏结。由于聚脲弹性体固化速度非常快，其在混凝土表面作用的时间较短，如混凝土表面潮湿会形成很薄的水膜，起到隔离作用，影响聚脲弹性体材料与混凝土的粘接效果，故需要研制一种专用界面剂，克服界面水膜，改善其与混凝土的粘接力。

根据多年对潮湿混凝土黏结剂的研究和应用经验，我们开发出了与聚脲弹性体材料相配套的 SK–BE14 潮湿型混凝土界面剂。该界面剂属于改性环氧树脂类，无挥发性溶剂。具有如下特性：

（1）可渗入混凝土表面，与混凝土黏结强度大于混凝土本体抗拉强度。

（2）可在潮湿面混凝土上固化，适用于潮湿环境下施工。

（3）可以保证聚脲与潮湿面混凝土之间的黏结强度大于 2 MPa。

5.2 界面剂与聚脲弹性体材料黏结强度及其耐久性

2003 年在新安江水电站溢流坝跳流段喷涂聚脲弹性体材料，三年后，2006 年 10 月再次在现场进行粘接强度检测，检测表明，聚脲弹性体材料经过三年多的日晒雨淋，无老化现象，通过拉拔试验，6 个试件中聚脲弹性体材料与老混凝土之间的平均粘接强度为 2.62 MPa，高于刚喷涂后第三天测试的粘接强度，三年后现场取样检测其抗拉强度与三年前一致，说明聚脲抗老化性能良好，与混凝土之间的黏结强度还有所增长。

2006 年 4 月在十三陵抽水蓄能电站上库混凝土面板表面喷涂聚脲弹性体材料，喷涂 16 d 后在现场进行了黏结强度的检测，聚脲与混凝土面板之间的黏结强度大于 3.5 MPa。

2007 年 4 月在现场同一位置进行拉拔测试,测试结果表明聚脲与混凝土之间的黏结强度大于 4 MPa,较一年前聚脲与混凝土面板之间的粘接强度有所提高。

5.3 喷涂聚脲弹性体室内抗冲磨试验

针对水利工程的特点和要求,对聚脲弹性体材料进行了室内抗冲磨性能试验。试验采用新改造的圆环抗冲磨试验仪,试件为混凝土圆环试块,其外径为 500 mm,内径为 300 mm,高为 100 mm。在冲磨过的试件内环面涂敷 BE14 界面剂,待 BE14 界面剂初凝后喷涂聚脲弹性体涂层厚 1.5 ~ 2 mm,10 d 后进行冲磨试验。试验水流含沙率为 10%,流速为 40 m/s,一次冲刷时间 30 min,共冲磨两次。从抗冲磨试验结果可以看出,聚脲弹性体涂层经过冲磨后,表面无磨损的痕迹,室内试验证明聚脲的抗冲磨性能十分优异。

5.4 聚脲弹性体材料抗裂性试验

为了研究聚脲弹性体在混凝土表面的防护效果,2005 年我们选择了青岛海洋院 501 聚脲弹性体材料进行抗折试验。试件为 $(4 \times 4 \times 16) cm^3$ 的长方体混凝土(C40),表面喷涂 2 mm 厚的聚脲弹性体材料,7 d 后将试件放在三点弯曲加力架上,匀速加载,直至混凝土试件突然断裂。试验结果表明,混凝土试件突然断裂后,最大裂缝宽度达到 3 mm,但表层喷涂的聚脲弹性体材料未断,仍然具有防护的作用。2007 年我们又选择了纽科 HT 聚脲弹性体材料进行抗折试验,把聚脲喷涂在 $(4 \times 4 \times 16) cm^3$ 的混凝土标准试件上,对混凝土进行弯曲破坏试验,观察并测试当混凝土产生不同裂缝宽度时聚脲的拉伸情况,并测试对应情况下的聚脲防渗效果。试验结果表明,未喷涂聚脲的试件在外压作用下,混凝土试件突然发生断裂破坏,喷涂聚脲后的试件在外压作用下,混凝土试件发生开裂,裂缝逐渐增大,但表面的聚脲未断开,直至混凝土裂缝张开 8 mm 或发生错台,聚脲仍未发生破坏。由此表明,聚脲弹性体材料柔韧性很好,抗拉强度较高。

考虑到试件尺寸效应的影响,我们又把聚脲喷涂在 $(10 \times 10 \times 40) cm^3$ 的混凝土试件上,对混凝土进行弯曲破坏试验,观察并测试当混凝土产生不同裂缝宽度时聚脲的拉伸情况。试验结果表明,混凝土从底部开始出现裂缝,并且裂缝逐渐张开,当底部混凝土裂缝张开 10 mm 后,底部表面喷涂的聚脲未断裂。喷涂聚脲后,混凝土的破坏不是突然断裂,而是逐渐开裂,喷涂的聚脲越厚,裂缝表面张开的开度越大。

5.5 喷涂聚脲后混凝土背水面承压试验

浇筑 6 个水工混凝土标准抗渗试块,养护 28 d 以后在试块中间钻 20 mm 的孔,在表面喷涂 0.8 ~ 2 cm 不等厚度的聚脲。养护 15 d 以后,在背水面安装施加水压的开关,与渗透试验机联为一体。起始水压力为 0.3 MPa。

从试验结果可以看出,聚脲抗渗性能很好。在背水压力的作用下,首先出现水泡,随着背水压力的增大,水泡越来越大,聚脲越来越薄,直到从一个薄弱部位突然射水。如果聚脲与混凝土之间的黏结强度较低,水泡会向周围扩展,直到边缘从薄弱部位突然射水。由此说明,只要粘接强度大于混凝土本体强度或大于 2 MPa,在外水压作用下,2 mm 厚的聚脲涂层不会发生大面积脱落的现象。

5.6 喷涂聚脲对混凝土的抗冻性能影响试验

为了研究喷涂聚脲对混凝土抗冻性能的研究,我们浇筑了一组 9 块抗冻标号较低的混凝土试块(10×10×40 cm),其中在3个试块的混凝土表面喷涂聚脲,常温养护,其余6个试块进行抗冻试验。在这6个试块中,1块在混凝土一面喷涂聚脲,1块在混凝土相邻的两面喷涂聚脲,1块在混凝土三面喷涂聚脲,3块未喷涂聚脲,将这6个试样同时放入抗冻试验机内。通过抗冻试验,未喷涂聚脲的3个试块的抗冻标号仅为D100,喷涂聚脲后的试块冻融循环300次。

冻融破坏是指水工建筑物已硬化的混凝土在浸水饱和或潮湿状态下,由于温度正负交替变化(气温或水位升降),使混凝土内部孔隙水形成冻结膨胀压、渗透压及水中盐类的结晶压等产生的疲劳应力,造成混凝土由表及里逐渐剥蚀的一种破坏现象。

我们对三个试块的混凝土表面喷涂聚脲,常温养护的试件和三块喷涂聚脲并经过300次冻融试验的试块同时进行黏结强度试验,试验结果表明,涂刷BE14界面剂后,聚脲与混凝土之间的黏结强度较高,一般情况下,对于强度较低的混凝土,拉拔试验中断裂面均有一部分混凝土本体被拉掉,但是对于高标号混凝土,断裂面在聚脲与混凝土面之间,相应的黏结强度就大。通过试验证明,混凝土试件喷涂聚脲后,由于聚脲抗渗性很好,阻止了水与混凝土之间的接触,大大提高了混凝土的抗冻性能。抗冻试件未喷涂聚脲的部位已经冻融剥蚀,喷涂聚脲的部位完好无损,试验证明混凝土试明喷涂聚脲后,抗冻试验前后聚脲与混凝土之间的黏结强度基本一致。

6 工艺参数对性能的影响

SPUA技术采用高温、高压、对撞击式混合工艺,制备的SPUA材料由于没有类似橡胶硫化工艺中的高温(150℃以上)后期熟化过程,因此,需要通过对喷涂设备的压力和温度设定来控制材料的最终性能。

6.1 喷涂压力

由于A、R料的反应速度极快,因此,采用高温、高压、撞击式混合是十分必要的。研究结果表明,在喷涂温度设定的情况下。SPUA材料物理性能(如拉伸强度、伸长率、撕裂强度、硬度、冲击强度等)将随着喷涂压力的增大而明显提高。同时,雾化效果更好,涂层表面的粗糙、橘皮现象也明显消失;但缺点是压力提高后,喷涂的反溅现象加重,需要进一步加强非喷涂区域的遮护和施工人员的防护。

6.2 喷涂温度

除高压外,升高温度对改善喷涂效果也是十分有利的。在喷涂聚氨酯弹性体技术中,给物料加热容易出现发泡倾向增大、放热过分集中、黏度增大明显、反应速度加快、影响混合效果等弊病。而在SPUA技术中则不然,由于聚脲反应速度常数的温度敏感性低,使A、R料的混合及流动性得以改善,从表观上看似乎升温反而使反应更加平缓了。升温对改善材料的性能(如拉伸强度、伸长率、撕裂强度、硬度、冲击强度等)极为有利,同时使物料的雾化和流平性能也得到改善。

7 施工要求

7.1 底材处理

底材处理指的是混凝土底材处理,处理首先用角磨机、高压水枪等清除混凝土表面的灰尘、浮渣。待水分完全挥发后,用堵缝材料进行底材表面找平及堵缝。待堵缝料固化后用砂轮磨平。然后清除掉表面的污物,刷涂或辊涂一道配套界面剂(如果是潮湿面,需要涂刷潮湿面界面剂),界面剂要尽量薄,并且均匀。

7.2 喷涂聚脲

喷涂聚脲应在涂刷界面剂 12～24 h 内进行,视施工时的环境温度而定。如果间隔超过24 h,则在喷涂聚脲前一天应重新涂刷一道界面剂,然后再喷涂聚脲。在喷涂之前,应用干燥的高压空气吹掉表面的浮尘。

喷涂时应随时观察压力、温度等参数。A、R 两组分的动态压力差应小于 300 psi,雾化要均匀。喷涂要保证厚度大致均匀。聚脲层的喷涂间隔应小于 3 h,如超过 3 h,应刷涂一道层间粘合剂,30 min 后(不超过 2 h)再喷涂聚脲。

7.3 密封胶施工

在喷涂弹性层后 24 h 内进行配套密封胶的施工。用密封胶枪将喷涂过的聚脲层的收头部位进行封闭。对于有高速水流冲刷的部位,要在喷涂聚脲弹性体材料的周边凿槽,用弹性环氧砂浆或其他高强砂浆封边。

8 喷涂聚脲技术在水利水电行业中的应用实例

8.1 尼尔基水利枢纽工程水轮机蜗壳喷涂聚脲弹性体

尼尔基水利枢纽位于黑龙江省与内蒙古自治区交界的嫩江干流上,枢纽工程主要由主坝、副坝、溢洪道、水电站厂房及灌溉输水洞等建筑物组成。水库总库容 86.10 亿 m^3,总装机为 25 万 kW。

为了使水轮机蜗壳的混凝土满足设计防渗和抗冲磨的要求,2004 年采用喷涂聚脲弹性体技术对 4 个蜗壳的侧墙混凝土进行了处理,喷涂总面积为 2 800 m^2。经过了三年多的运行考验,证明聚脲弹性体防护效果很好,使喷涂聚脲弹性体技术首次正式在水利水电工程中得到应用。

8.2 新安江大坝溢流面喷涂聚脲弹性体防护

新安江水力发电厂坐落在浙江省建德市境内,大坝最大坝高 105 米,水电站采用厂房顶溢流结构,表面应用环氧砂浆作为溢流坝表面的保护层,限于当时技术水平,环氧砂浆涂层尚存在一些问题。电厂曾采用过多种有机材料、无机材料修补涂层,均未收效,每次修补之后在修补块与老环氧层之间出现开裂,而且修补块本身也出现裂缝,年复一年,形成了越挖越深越补越厚的局面。2003 年中国水利水电科学研究院与新安江水电厂合作,在厂房溢流面挑流鼻坎处进行了喷涂聚脲弹性体抗冲磨材料现场试验,在现场试验的基础上,2006 年采用喷涂聚脲弹性体技术对溢流坝反弧段混凝土表面进行了全面处理。

实践证明,喷涂聚脲的施工工艺可以满足大面积、高扬程施工的要求。新安江水电站溢流面混凝土表面喷涂的聚脲平整光滑,强度较高。经过三年多的日晒雨淋,聚脲弹性体材料无老化现象,聚脲与混凝土基面的粘接强度没有降低,但其抗冲磨能力还有待泄洪的考验。

8.3 广州鹤山沙坪水闸闸墩防护处理

鹤山市沙坪水闸位于西江右岸一级支流沙坪河下游出口约 1 公里处,是一座以防洪为主,结合蓄水灌溉、改善航运等综合利用的中型水闸。沙坪水闸于 1958 年年底动工兴建,主要水工建筑物有:泄水闸 7 孔,每孔净宽 8 m;船闸 1 孔,净宽 10 m,总净宽 66 m,总宽度 88.04 m。2005 年通过检查发现:闸墩 2.8 m 水位以下混凝土受污水侵蚀及水流冲刷,导致混凝土剥蚀较严重;闸墩水位 2.8 m 以上混凝土碳化较严重;交通桥底部及侧面混凝土碳化严重,局部混凝土保护层剥落。需要进行防护处理。

2005 年 12 月,北京中水科海利工程技术有限公司对沙坪水闸的交通桥和闸墩进行防碳化施工处理。其中对于闸墩 2.8 m 水位以下受污水侵蚀及水流冲刷蚀较严重的混凝土,要在混凝土表面打磨、局部补平,高压水冲洗后,采用表面喷涂厚度 1.5～2 mm 聚脲弹性体材料的防护处理方案。

8.4 龙口水利枢纽工程泄水底孔喷涂聚脲

黄河龙口水利枢纽位于黄河北干流托克托至龙口河段尾部、山西省和内蒙古自治区的交界地带。枢纽工程由拦河坝、河床式电站厂房、排砂洞、泄水建筑物和开关站组成。大坝 12～16 号泄水底孔坝段的抗冲磨混凝土设计采用的标号为 R90400W4(二级配、抗冲磨),由于在底孔检修门槽至坝前迎水面部位的混凝土在蓄水后具有不可修复性,为提高该部位混凝土的抗冲磨性能,经有关专家现场查勘与技术论证后,在 14～16 号坝段中的五个底孔检修门槽之前及 12～16 号底孔坝段弧门下游溢流面、侧墙出现的裂缝等部位的混凝土表面喷涂聚脲弹性体抗冲磨材料进行抗冲磨预保护。在对龙口水电站泄水底孔混凝土表面喷涂聚脲弹性体抗冲磨层的施工中,充分发挥了喷涂聚脲弹性体材料快速施工的特点,较好地解决了混凝土防渗及表面抗冲磨问题,喷涂施工完成后第二天即过水运行。

8.5 怀柔水库西溢洪道喷涂聚脲

怀柔水库是怀河支流上的控制性水利枢纽工程。控制流域面积 525 km^2。怀柔水库西溢洪道经过四十多年的运行,现场检测发现,溢洪道闸墩、底板、溢流面主体混凝土出现裂缝,西溢洪道底板混凝土剥蚀严重,闸门下游底板从上往下共分 4 块,其中有 2 块底板混凝土完全剥蚀,剥蚀深度 2 cm 左右,伸缩缝处剥蚀深度达 6 cm 以上。

溢流堰面存在的缺陷主要由于原混凝土标号较低、抗冻性能差造成,其冻融剥蚀严重,平均剥蚀深度在 4～5 cm,局部超出 5 cm,剥蚀面积达 90%。对剥蚀面先进行凿毛,凿除所有松动的混凝土,露出新鲜混凝土面,并将凿毛后的混凝土面用高压水枪清洗除去粉尘。回填砂浆前要在凿毛的混凝土面上涂刷一层界面剂,用于增强砂浆与混凝土的黏结强度,回填的砂浆先用平板振捣器振实至表面泛浆后用抹刀抹平,洒水养护 15 d。随后在其表面涂刷潮湿面界面剂,喷涂聚脲弹性体抗冲磨层,左、右两孔底板和溢流面喷涂聚脲总面积为 890 m^2。

9 结语

从国外的情况来看,聚脲技术发展极为迅速,给多个行业带来全新的发展,市场占有率逐年增加。目前,该技术已在我国化工、工民建等领域开始大规模使用,由于喷涂聚脲弹性体技术具有优越的抗冲磨、防渗和抗腐蚀特性,通过我们的开发与应用,已经总结出一套较成熟的施工工艺及宝贵经验,喷涂聚脲弹性体技术在我国水利工程建设中必将具有广阔的应用前景。

高速水流下新型高抗冲耐磨材料的新进展

陈改新

中国水利水电科学研究院结构材料研究所

摘　要：随着西部大开发和西电东送发展战略的实施，我国要兴建一批大型高水头电站，其泄水建筑物泄流流速均达 40～50 m/s，对抗冲磨混凝土和过流面抗冲耐磨防护材料的性能提出了更高的要求，促进了水工抗冲耐磨材料的发展。本文介绍了近年来在新型高抗冲磨材料研究方面取得的进展，主要内容包括：多元胶凝粉体新型抗冲磨混凝土的开发研究；降低高强抗冲磨混凝土体积收缩技术措施的研究；"海岛结构"环氧树脂合金抗冲磨防护材料的开发研究；聚脲高抗冲耐磨防护材料和喷涂技术研究；圆环高速含沙水流冲刷试验仪的研制等。

关键词：高速水流　冲刷磨损　抗冲磨混凝土　环氧砂浆　喷涂聚脲

1　引言

含沙高速水流对水工建筑物过流面混凝土的冲磨破坏是水电工程建设和运行中的疑难问题。高速含沙水流对水工混凝土建筑物过流面的冲刷磨损、空蚀作用会导致表层混凝土大面积剥蚀，严重的则引发灾难性事故发生，因此历来备受重视。随着西部大开发和西电东送发展战略的实施，我国要兴建一批大型高水头电站，其泄流流速均达 40～50 m/s，对抗冲磨材料的抗裂性、抗冲磨能力和快速易施工性（特别是对防护和修补材料）等均提出了更高的要求。结合当前水电大发展，兴建大型高水头电站对高抗冲耐磨材料的需求，在国电公司科技项目的资助下，及时展开了"高速水流下新型高抗冲耐磨材料的开发及应用"研究，充分利用现代材料科学发展的新成果和新技术，开发新一代的高性能、高抗冲磨材料，以满足当前及今后兴建高坝大库对高性能抗冲耐磨材料的需求。

2　多元胶凝粉体新型抗冲磨混凝土的开发研究

在水泥中掺入具有不同颗粒分布和活性的细掺合料可以获得多元胶凝粉体材料。多元胶凝粉体材料的核心作用是紧密堆积效应和复合胶凝效应。通过掺入特定颗粒分布的粉体调整水泥熟料粉体的颗粒级配，使混合粉体具有紧密堆积结构；优化多元胶凝粉体的活性组分、含量和细度，调控其各组分胶凝反应的进程匹配，水化放热过程和强度发展过程，达到根据需要定制设计多元胶凝粉体，用于配置高性能高抗冲磨混凝土，克服硅粉系列抗冲磨混凝土早期强度发展过快，水化热集中释放，收缩大的弱点，充分利用混凝土的中后期的强度增长。

90% 水泥 +10% 硅粉含水浆体通过环境扫描电镜（ESEM）形貌可以看出，浆体的空隙率很大，即使掺入 10% 的硅粉仍然存在大量 5 μm 以下空隙，这主要是由硅粉颗粒（0.5～

1 μm)和水泥颗粒(30～40 μm)的不匹配造成的。同时也说明,只有粒径小于 5 μm 的粉体与水泥混合才有可能产生紧密堆积效应。按照紧密堆积理论模型,硅粉颗粒很细,能填充水泥颗粒间的空隙,获得紧密堆积。但 ESEM 照片显示硅粉太细,有相当一部分吸附在水泥颗粒表面,而填充在水泥颗粒之间空隙中的硅粉基本以絮凝状态存在。

混凝土是一种多相复合材料,振捣密实的混凝土由骨料体系和浆体体系构成。粗骨料级配、沙子细度模数和最优砂率保证了混凝土中骨料体系的紧密堆积。而胶凝材料体系的紧密堆积优化一般不受关注。胶凝材料加水搅拌制成浆体。一部分水被吸附在粉体颗粒表面,称吸附水;另一部分填充在粉体颗粒空隙中,称空隙水;剩余部分为自由水。空隙水量和自由水量的变化影响浆体流动性。在水泥中掺加颗粒分布适中的活性细掺料制成的多元胶凝粉体,能释放浆体中的空隙水,增加自由水,在用水量不变的情况下,提高浆体的流变性,改善混凝土的和易性。

复合胶凝效应是多元胶凝粉体的另一核心思想。图 1 是水泥、90% 水泥 + 10% 硅粉和多元胶凝粉体的水化热过程曲线。硅粉的活性很高,早期能加速水泥的水化,内掺 10% 硅粉的水泥在 5 d 就超过了纯水泥的水化热。图 2 画出了硅粉抗冲磨混凝土和多元胶凝粉体抗冲磨混凝土的强度增长过程。硅粉混凝土早期强度增长迅速,伴随着大量的水化热温升,28 d 以后强度增长甚微。小浪底水利枢纽工程泄洪洞 C70 硅粉混凝土 3 d 绝热温升 37.5℃,7 d 后 38.7℃,工地实测混凝土 3 d 达到最高温度约 50℃,拆模后 1～2 d 出现大量裂缝,温度应力是导致裂缝的主要因素之一。与硅粉抗冲磨混凝土相比,多元胶凝粉体抗冲磨混凝土具有早期强度适中、中后期强度持续发展的优点(表 1)。28 d 干缩减小约 40%,自生体积收缩由 110 με 降低到 20 με 左右,1 d、2 d、3 d 绝热温升分别降低了近 13℃、10℃ 和 8℃,抗裂性明显提高(表 2)。

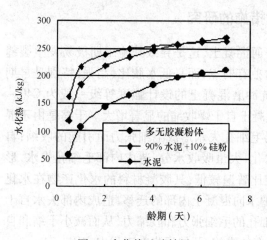

图 1　水化热试验结果

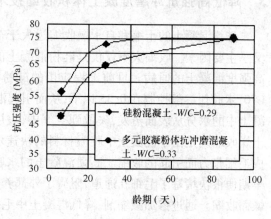

图 2　混凝土抗压强度试验结果

表 1 多元胶凝粉体抗冲磨混凝土的力学性能和抗冲磨性能试验结果

编号	抗压强度(MPa)			极限拉伸(10^{-6})		轴拉强度(MPa)		磨损率 ($g/h \cdot cm^2$)	抗冲磨强度 $h/(g/cm^2)$
	7 d	28 d	90 d	28 d	90 d	28 d	90 d	28 d	28 d
对比样	47.6	74.8	78.7	188	191	4.17	4.42	0.287	3.48
MARC1	39.2	58.2	70.2	172	186	3.57	4.36	0.285	3.51
MARC2	37.3	58.2	74.2	143	163	3.03	3.71	0.342	2.92
MARC3	35.9	64.9	75.8	132	187	2.83	4.35	0.281	3.56

表 2 多元胶凝粉体抗冲磨混凝土的变形性能和绝热温升

干缩 (10^{-6})	历时	1 d	2 d	3 d	7 d	15 d	28 d	60 d	90 d	150 d	180 d
	对比样	38	79	106	182	249	317	379	390	415	446
	MARC1	24	41	52	86	129	173	261	288	313	341
自生体积 变形 (10^{-6})	历时	1 d	2 d	3 d	7 d	15 d	28 d	60 d	90 d	150 d	180 d
	对比样	-2	—	-1	-10	-21	-49	-88	-100	-110	-106
	MARC1	0	—	-12	-14	-9	-12	—	-18	-20	-15
绝热温升 (℃)	历时	0.5 d	1 d	2 d	2.5 d	3 d	4 d	5 d	7 d	9 d	12 d
	对比样	3.8	15.5	24.8	28.1	29.7	31.2	31.9	32.6	33.0	33.2
	MARC1	1.4	2.9	15.0	18.8	21.9	27.0	29.6	31.7	32.7	33.3

3 降低高强抗冲磨混凝土体积收缩技术措施的研究

硅粉混凝土的干缩和自干燥收缩远大于普通混凝土,这是导致其施工期极易发生裂缝又一主要因素。收缩大不仅仅是硅粉混凝土的独有弱点,而是低水胶比、高强,特别是早期高强度混凝土的通病。目前工程应用的硅粉抗冲磨混凝土的设计强度等级一般为 C40 ~ C70,水胶比一般控制在 0.35 以下,从而引起混凝土自干燥收缩的显著增大。干缩是由于混凝土中的水分从表面蒸发,失散到空气中,表层毛细孔失水形成毛细张力而引起的收缩;自干燥收缩则是由于混凝土中胶凝材料的快速水化,大量吸收水分,造成内部毛细孔失水,形成毛细张力而引起的收缩。高强混凝土的水胶比普遍较低,其胶凝材料的水化产物在水化早期便很快堵塞了毛细孔通道,阻碍了外部养护水向混凝土内部的迁移,造成内部失水自干燥而收缩。通过掺加减缩剂,降低混凝土中毛细孔的毛细张力和收缩力,从而减小干缩和自干燥收缩已成为提高高强混凝土体积稳定性的有效措施,开始逐步在工程中应用。

早期快速水化引起的水化热集中释放、高温升、干缩和自干燥收缩是导致硅粉混凝土在施工期发生裂缝的主要因素。提高抗冲磨混凝土的体积稳定性、减少混凝土收缩,比提高混凝土极限拉伸更能有效提高施工期抗冲磨混凝土抗裂性,抑制裂缝发生。表 3 为掺有减缩剂 KH - 21 的抗冲磨混凝土干缩和自生体积变形试验结果,掺量 2% 时能降低干缩率 40% 以上(表 3),对混凝土的其他性能没有不利影响(表 4);在水泥品种选择适当的情况下,还可使混凝土自生体积变形转变为微膨胀型,明显提高高强抗冲磨混凝土的抗裂性。

表 3　　掺减缩剂 KH－21 抗冲磨混凝土的干缩和自生体积变形试验结果

干缩 (10^{-6})	历时	1 d	3 d	5 d	7 d	15 d	28 d	60 d	90 d	120 d	150 d	180 d
	基准	9	34	50	76	106	126	154	166	182	196	213
	掺 KH－21	5	17	29	48	78	80	100	110	120	128	140
自生体积 变形 (10^{-6})	历时	1 d	3 d	5 d	7 d	15 d	28 d	60 d	90 d	120 d	150 d	180 d
	基准	－18	－14	－16	－19	－22	－25	－24	－23	－24	－24	－25
	掺 KH－21	－5	7	10	10	10	12	18	19	22	21	22

注:混凝土用水量 105 kg/m³,胶凝材料用量 280 kg/m³,硅粉掺量 5%,坍落度 6～8 cm,含气量 1%～1.8%,减缩剂掺量 2%。

表 4　　　　　　　　　　　　减缩剂对混凝土性能的影响

编号	胶材用量 (kg/m³)	抗压强度(MPa)			抗压弹性(GPa)			极限拉伸(10^{-6})			轴拉强度(MPa)		
		7 d	28 d	90 d	7 d	28 d	90 d	7 d	28 d	90 d	7 d	28 d	90 d
基准混凝土	360	52.3	62.4	71.6	43.1	46.0	48.9	112	106	107	4.34	4.58	4.72
掺减缩剂 2%	360	53.6	66.2	70.5	41.9	44.7	49.7	107	97	97	3.95	3.92	4.13

4　"海岛结构"环氧树脂合金抗冲磨防护材料的开发研究

　　我国从 60 年代开始应用环氧砂浆进行水电工程高速泄流部位的抗冲磨防护和薄层冲磨破坏的修补,之后就一直没有停止过对环氧砂浆的改性研究,通过研究明显改善了环氧砂浆的性能,提高了环氧砂浆的适用性,扩大了使用范围。但从近几年环氧砂浆作为抗冲耐磨防护材料在水电工程中的应用状况来看,其性能特别是在提高断裂韧性和抗裂性、方便快速易施工、适应有水潮湿混凝土表面并具有高粘接强度等方面,还有待于进一步的改善和提高。用"海岛结构"环氧树脂配置环氧砂浆有望大幅提升环氧砂浆抗冲磨防护材料的性能。

　　多相多组分"海岛结构"环氧合金技术是一种新型环氧材料增韧技术,近年来进入产品化实用阶段。其技术核心是进行分子结构设计并经有机高分子合成制备出具有特种结构的多官能团增韧体系,加入该增韧体系后环氧树脂在固化过程中的细观结构(微米级结构)发生变化,由原来的单相态变成多相态,增韧体系在环氧树脂固化过程中离析出来,形成以环氧树脂为连续相、增韧剂生成尺寸为 10^{-1}～10 μm 的分散第二相即"海岛结构",这种多相多组分的环氧树脂被称为环氧树脂合金。在优选的胺类—环氧树脂固化体系环氧砂浆 EP－15基本配方中,加入新研制的增韧剂 QS 后,制备出具有"海岛结构"的环氧树脂砂浆 HD－EP。扫描电镜照片显示,在环氧树脂连续相中形成了以微球状的增韧剂为分散相的两相结构,"海岛结构"微球颗粒分散相的粒径为 0.2 微米。HD－EP"海岛结构"环氧树脂砂浆与普通环氧砂浆 EP－15 的力学性能及其他主要性能对比分别见表 5。"海岛结构"环氧固化体的断裂韧性为原来的 4 倍;抗冲磨强度提高 25%～61%,抗裂性显著提高,－20～80℃的强化开裂试验 15 个循环无开裂。HD－EP 环氧树脂砂浆施工工艺与传统环氧砂浆没有差别,对干燥、饱和面干、潮湿混凝土面的粘接强度分别大于 6MPa、3MPa、2MPa，可直接在潮湿有水的混凝土表面施工。

表 5　　　HD－EP"海岛结构"环氧树脂砂浆与普通环氧砂浆 EP－15 的性能对比

编号	抗压强度(MPa)	抗拉强度(MPa)	收缩率(10^{-3})	极限拉伸值(10^{-6})	线胀系数(10^{-6}/℃)
EP－15	>100	18.3	0.9～1.0	1 650	35.50
HD－EP	>100	21.5	2.5	1 702	37.85

编号	弹性模量(MPa)	断裂韧性(J/m^2)	抗冲磨强度 h/(g/cm^2)	抗开裂指标(循环数)	与金属粘接强度(MPa)	对混凝土粘接强度(MPa)		
						干面	饱和面干	潮湿面
EP－15	3 836.90	615.3	2.35	3 个循环开裂	11.04	>6.0	>3.0	>2.0
HD－EP	1 864.23	2 496.5	3.79	15 个循环不裂	16.99	>6.0	>3.0	>2.0

5　聚脲高抗冲耐磨防护材料和喷涂技术研究

　　喷涂聚脲弹性体是美国 Texaco 化学公司于 90 年代初研制开发的新技术,该技术融合了聚脲树脂的反应特点和反应注射成型技术的快速混合、快速成型工艺特点,实现了双组分聚脲树脂按比例快速混合、喷出,迅速反应固化成型的一体化过程,可用于金属、混凝土表面的防水、防侵蚀、耐磨防护喷涂处理。

　　中国水利水电科学研究院结构材料研究所从美国引进了整套聚脲弹性体(PUA)喷涂机具和技术,结合水利水电工程特点进行了二次开发研究,形成了一套适用于水利水电工程的聚脲弹性体抗冲磨防护层快速喷涂施工工艺。抗冲磨涂层专用聚脲弹性体材料的主要性能试验结果见表6。其抗冲耐磨能力约为C60硅粉混凝土的10倍以上(表7);开发了与聚脲弹性体材料配套使用的SK系列潮湿混凝土界面剂,以及界面剂的施工方法,在常温和低温条件(8～9℃)下界面剂与潮湿混凝土的黏结强度能达到3MPa以上,聚脲弹性体涂层间黏结强度大于2MPa,这项技术为聚脲弹性体涂层在潮湿混凝土基底上的应用提供了可靠的技术保证。聚脲弹性体喷涂技术具有绿色环保,不含催化剂、溶剂、助剂和有机挥发物,喷涂一次成型,固化速度快(5～30 s),快速施工(100～200 m^2/h),不产生流挂现象,施工作业能适应潮湿、有水、低温环境,具有优异的耐磨性、耐老化性能和低温柔韧性,采用专用喷涂设备,无需人工料、工效高、质量稳定等优点。在新安江大坝溢流面、引滦隧洞、尼尔基水利枢纽工程电厂蜗壳等进行了干燥面和潮湿面的现场应用试验,获得了成功,为解决我国水电工程泄水过流面的快速抗冲磨防护开辟一条新的途径。

表 6　　　　　　　　　聚脲弹性体材料的性能试验结果

含固量(%)	胶凝时间(s)	拉伸强度(MPa)	拉伸模量(MPa)	伸长率(%)	温度循环长度变化率(%)		
					常温—低温	常温—高温	低温—高温
100	5～30 s	19～23	84～104	360～417	－0.22	0.79	1.00

注:常温 20～25℃,低温 －20 ～ －23℃,高温 85～90℃。

表7　　　　　　　　聚脲弹性体涂层与高强混凝土抗冲磨对比试验结果

	喷涂聚脲弹性体涂层	二级配混凝土,骨料为石灰岩,$f_{28} = 66.5$ MPa	二级配混凝土,骨料为花岗岩,$f_{28} = 65.6$ MPa
冲磨后质量损失(g)	<2.5	414.0	98.0
磨损率(g/cm² · h)	<0.027	0.440	0.104

注:冲磨试验采用圆环高速含沙水流冲刷仪,试验水流含沙率为10%、流速为40 m/s,一次冲刷时间30 min,共冲磨两次。聚脲弹性体涂层表面冲磨前后基本没有任何变化,没有任何刮痕。喷涂试件时表面存在的部分凸起部位,也没有任何刮痕。C60硅粉混凝土试件冲磨后内壁有很多沟痕等缺陷。

6　圆环高速含沙水流冲刷试验仪的研制

圆环含沙水流冲刷试验仪是《水工混凝土试验规程》(SDJ105 – 82)第5.0.17条"混凝土抗含砂水流冲刷试验"规定的标准试验设备,2001年新颁布的《水工混凝土试验规程》DL/T5150 – 2001仍然保留了该试验方法。圆环含沙水流冲刷试验仪研制于60年代,其优点是能较真实模拟含沙(悬移质)水流对混凝土的冲刷磨损,磨损面均匀,组内试验离差低。缺点是电机转速小,形成的含砂水流流速只有14.3 m/s,对C40以上强度等级混凝土的冲磨试验不敏感,难以满足高速水流(40～50 m/s)水电工程对高性能高抗冲磨材料抗冲磨性能的定性或定量对比试验要求。中国水利水电科学研究院结构材料研究所从2001年开始,在已有圆环含沙水流冲刷试验仪的基础上,研制开发了圆环高速含沙水流冲刷试验仪。该仪器由主机、电气—制冷柜和排砂排水箱三部分组成,可进行二级配混凝土冲刷试验。主机采用进口调频高速电机,功率5.5 kw,电压380 v,调频0～100 Hz,低噪音、无振动。混凝土试验件为圆环形,外径500 mm,内径300 mm,高度100 mm,转动的叶轮在环形试件内环产生高速环流,冲磨混凝土试件的内环面,环流名义流速20～40 m/s,可任意调节。试验水流含沙率0%～15%,一次冲刷时间0～30 min。40 m/s高速含沙水流冲磨混凝土会产生大量热能,为控制冲刷腔水温不超过40℃,专门配套设计了氟利昂制冷系统,实现了温度显示监控和试验过程的自动控制。C70硅粉混凝土试件经过1 h冲刷后,试件内环面受到均匀磨损,石子外露。磨损面均匀平整说明,C70硅粉混凝土水泥石的抗冲磨强度已与骨料的抗冲磨强度相当。用三峡工程下岸溪斑状花岗岩骨料、龙滩水电站石灰岩骨料、小湾水电站黑云花岗片麻岩和角闪斜长片麻岩骨料、安徽铁矿石耐磨骨料配置的C40～C80抗冲磨混凝土的冲刷磨损试验结果表明,对于每种骨料,因硬度和抗冲磨强度不同,均存在较优抗压强度范围,超过此范围,混凝土抗冲磨强度随抗压强度的增长率将明显降低。

水工沥青混凝土防渗技术——中国大坝技术发展水平综述

郝巨涛　刘增宏　陈　慧

（中国水利水电科学研究院）

1　概述

沥青混凝土由沥青、砂石骨料和矿质填料组成，它不仅具有良好的柔性，能较好地适应结构变形，同时还具有优越的防渗性和耐久性，非常适宜于作为水工结构的防渗体。

我国水利工程中采用沥青混凝土防渗技术自 20 世纪 50 年代开始起步，当时甘肃玉门和新疆奎屯等地就采用沥青作为渠道的胶结和衬砌防渗材料，江西上犹江混凝土空腹重力坝采用 4 cm 厚沥青砂浆进行大坝表面防渗。在土石坝方面，自 20 世纪 70 年代初开始至 80 年代末，国内修建了一批沥青混凝土面板坝和心墙坝，其中最高的面板坝是 1979 年兴建的 82.5 m 高的陕西石砭峪定向爆破堆石坝，最高的心墙坝是 1974 年兴建的 58.5 m 高的甘肃党河堆石坝。

20 世纪 90 年代以来，国内沥青混凝土面板坝和心墙坝建设进入一个新的阶段。这期间，除沥青品质有较大改进外，施工机械化程度也有了很大提高。相继建成了一批大中型沥青混凝土面板坝和心墙坝，如 1998 年建成最大坝高 72 m 的天荒坪抽水蓄能电站上库，2005 年建成坝高 104 m 的三峡茅坪溪沥青混凝土心墙坝，2005 年建成坝高 41.5 m 的尼尔基心墙坝等。目前在建的有坝高 125 m 的冶勒沥青混凝土心墙坝、最大坝高 50 m 的西龙池抽水蓄能电站上库、最大坝高 57 m 的张河湾抽水蓄能电站上库和最大坝高 94 m 的宝泉抽水蓄能电站上库等，见表 1。

表 1　　　　　　　　近十几年来建设的主要沥青混凝土防渗工程

工程名称	地点	完建年代	类型	坝高（m）	装机（MW）	最大水深（m）	防渗结构	沥青防渗面积（万 m²）
天荒坪上库	浙江	1997	抽水蓄能电站面板	72	6×300	50	全池沥青防渗，简式断面，岸坡坡比 1:2~2.4	28.6
西龙池上库	山西	2007	抽水蓄能电站面板	50	4×300	25.5	全池沥青防渗，简式断面，岸坡坡比 1:2	22.46
张河湾	河北	2007	抽水蓄能电站面板	57	4×250	31	全池沥青防渗，复式断面，岸坡坡比 1:1.75	34.5
宝泉	河南	2008	抽水蓄能电站面板	94.8	4×300	31.6	库岸沥青防渗，简式断面，岸坡坡比 1:1.7 库底黏土防渗	16.6
峡口	甘肃	2000	面板	36	—	—	坝顶长 264 m	—

工程名称	地点	完建年代	类型	坝高(m)	装机(MW)	最大水深(m)	防渗结构	沥青防渗面积(万 m²)
茅坪溪	湖北	2005	心墙	104	—	—	心墙高93 m,厚0.5~1.2 m,体积5万 m³	4.64
冶勒	四川	2005	心墙	125	2×120	—	坝长414 m,心墙厚0.6~1.2 m,体积31 100 m³	—
尼尔基	黑龙江	2005	心墙	41.5	4×62.5	—	墙长1 657 m,心墙厚0.5~0.7 m,体积26 900 m³	—
坎尔其	新疆	2001	心墙	51.3	—	—	心墙高48.8 m,厚0.4~0.6 m,体积6 773 m³	—
阳江核电	广东	2007	心墙	43.4	—	—	坝顶长395 m,心墙厚0.5~0.8 m	—
洞塘	重庆	2003	心墙	48	6×55	—	心墙厚0.5 cm	—
龙头石	四川	2008	心墙	72.5	4×175	—	心墙体积16 000 m³	—

在施工机械方面,西安理工大学开发生产了系列沥青混凝土心墙摊铺机和面板摊铺机,并已成功应用于新疆坎尔其心墙坝、重庆洞塘心墙坝、甘肃峡口面板坝、河南南谷洞面板坝等工程中,其心墙摊铺机还出口到伊朗。在施工新技术方面,尼尔基心墙坝提出了振捣式沥青混凝土,以进行碾压式沥青混凝土和浇筑式沥青混凝土之间的连接,并进行了少量施工;南谷洞提出了冷施工封闭层技术,替代了传统的沥青玛蹄脂封闭层;新疆奎屯渠道试验采用了改性沥青混凝土防渗预制板衬砌技术,以简化施工,并取得了成功。

另外,我国还开展了对老沥青混凝土面板坝的修复。如1985年采用铺设沥青油毡结合沙砾石料覆盖修复了半城子水库沥青混凝土面板,2002年采用土工膜防渗技术修复了石砭峪水库沥青混凝土面板,2004年采用现代沥青混凝土施工技术修复了河南南谷洞水库面板。

近十多年来,国内水工沥青混凝土防渗技术取得了长足进步,以下对此进行简要介绍。

2 沥青和沥青标准

国外一般没有专门的水工沥青(Hydraulic bitumen),水利工程中就直接采用道路沥青(Paving bitumen)。国内水工沥青的技术要求,见表2,是1979年第二次全国水工沥青技术讨论会拟定的,作为建议的产品质量标准,是针对当时国内沥青品质较低以及沥青混凝土防渗墙工程建设中存在的问题提出的。当时工程中使用的沥青品种较多,牌号较杂,主要采用的是道路沥青,有的工程还采用过建筑沥青与道路渣油掺配的沥青。为了确保防渗工程质量,水利部门提出了水工沥青技术要求。但国内并没有按这一要求形成水工沥青产品,工程中常用的还是道路60甲石油沥青,也有的采用60乙或30甲石油沥青。渣油也有采用,但主要用于浇筑式心墙坝。不论是当时的道路沥青还是水工沥青,都没有对沥青的含蜡量提出要求。反映出当时对石蜡的不利影响认识不足。同时当时的防渗工程历时普遍较短,还未发现存在的问题。随后颁布的施工规范规定,水工沥青混凝土应采用石油沥青,一般可选用道路石油沥青60甲和100甲。

表2　　　　　　　　　　　　不同时期的沥青标准及其对比

项目	SYB1661-77		水工沥青		JTG F40-2004		宝泉
	100甲	60甲	90甲	70甲	90-1-A	70-1-A	
针入度(25℃)(10^{-1}mm)	81~120	41~80	80~100	60~80	80~100	60~80	70~90
针入度指数(PI)	—	—	—	—	-1.5~+1.0		—
软化点(℃)	≥40	≥45	45~50	47~56	≥45	≥46	45~52
60℃动力黏度(Pa.s)	—	—	—	—	≥160	≥180	—
延度(25℃)(cm)	≥80	≥60	>100	>100	—	—	—
延度(15℃)(cm)	—	—	>100	—	≥100	≥100	≥150
延度(10℃)(cm)	—	—	—	—	≥45	≥20	—
延度(4℃)(cm)	—	—	—	—	—	—	≥10
溶解度(三氯乙烯)(%)	≥99	≥98	≥99		≥99.5		≥99
脆点(℃)	—	—	≤-10	≤-8	—	—	≤-10
闪点(℃)	≥200	≥230	≥200	≥245	≥260	≥230	—
蜡含量(蒸馏法)(%)	—	—	—	—	≤2.2		≤2.0
密度(25℃)(g/cm³)	—	—	—	—	实测记录		≥0.98
含灰量(质量百分比)(%)	—	—	—	—	—	—	≤0.5
水分(%)	≤0.2	痕迹	≤0.2		—		—
	蒸发(160℃×5h)				薄膜烘箱(163℃×85min)		
质量损失(%)	≤1.0		≤1.0		≤±0.8		≤0.6
针入度比(%)	≥60		≥60		≥57	≥61	≥65
延度(15℃)(cm)	—	—	—	—	≥20	≥15	≥100
延度(10℃)(cm)	—	—	—	—	≥8	≥6	—
延度(4℃)(cm)	—	—	—	—	—	—	≥7
软化点升高(℃)	—	—	—	—	—	—	≤5
脆点(℃)	—	—	—	—	—	—	≤-7

　　20世纪七八十年代修建的沥青混凝土防渗面板都不同程度地出现了问题,致使很多工程进行了翻修。除了南谷洞水库(2004)仍采用沥青混凝土进行翻修外,许多大坝采用其他防渗措施替换了原有的沥青混凝土防渗墙。存在的问题主要是面板发生开裂和流淌。经分析,除施工方法和施工质量存在问题外,沥青品质差也是重要的原因之一。

　　随着我国高速公路工程建设的发展,国产道路沥青品质逐年提高。2004年交通部发布

的公路沥青路面施工规范,规定了国产道路沥青的性能要求,见表2。通过对比,可以看出国产沥青的性能提高主要表现在以下方面:

(1)针入度范围减小,上下限差由原来的40 dmm减小为20 dmm,与原水工沥青的技术要求一致。表明产品质量的稳定性有了很大改善。

(2)提高了软化点,90-1-A沥青相对于100甲,软化点下限温度提高了5℃;70-1-A沥青相对于60甲也提高了1℃。

(3)目前沥青取消了25℃延度,列入了低温延度,且延度指标有了很大提高。

(4)提出了针入度指数指标和含蜡量的上限控制指标。由于国产沥青的含蜡量较高,工程实践和研究表明,限制沥青含蜡量,将针入度指数控制在-1.5以上,有利于改善沥青的低温抗裂性能和高温斜坡稳定性能。

(5)由于目前沥青品质的提高,取消了过去对沥青中水分的限制要求。

国内道路沥青的发展为水工沥青防渗技术的发展提供了条件。现行道路沥青标准基本可以满足水工沥青的要求,通过适当的配合比设计,应可以满足工程需要。另一方面,国内一些大型水利工程根据自身的追求和市场情况,提出了自己对沥青的要求,表2列出了宝泉的沥青指标要求,这种要求是否必要,还缺乏深入的研究论证。

3 施工机械设备

沥青混凝土施工难度较大,特别是碾压式沥青混凝土面板施工,如不采用机械化施工难以确保质量。目前国内机械化施工水平已有很大提高,有能力满足施工质量的要求。

在沥青混合料的生产方面,20世纪90年代天荒坪施工时,曾采用意大利Marini的M260沥青混合料拌和站。后来的茅坪溪、尼尔基、张河湾、宝泉等工程均采用了国产公路沥青混合料拌和站,实践证明可以满足工程对混合料温度和配料精度的要求。茅坪溪采用的是西安筑路机械厂的LB-1000拌和站,尼尔基采用的是吉林省公路机械厂的JL80拌和站,宝泉采用的是加隆(邯郸)机械工程有限公司的LB-2000拌和站。水工沥青混合料与公路沥青混合料相比有其自身特点,如①沥青含量较大,要求搅拌时间较长,相应降低了生产能力,对于防渗层面板,沥青含量可达约7%~8%,而公路沥青混合料一般不超过5%;②矿粉含量较大,而公路拌和站配备的矿粉罐一般偏小;③骨料分级较多,这对于小型拌和站,如LB1000,往往需要进行料仓改造。目前拌和站的计量精度较高,特别是大型厂的设备,可以满足水工沥青混合料的配料精度要求。目前拌和站可以进行在线逐盘配料精度检验,这在以前是根本做不到的。对沥青计量精度,过去要求为±0.5%,现在为±0.3%。以往水利工程沥青混合料的配料精度低下,常常满足不了规定要求,是导致工程问题的关键原因之一。

沥青混合料摊铺机及其配套设备、振动碾也是关键的设备。目前各工程的配套设备基本为国产设备,如牵引台车、喂料车等。对于振动碾,除宝泉采用了一台洛阳产小型振动碾外,主要采用的是国外设备。在建的抽水蓄能电站都采用了摊铺机后跟进振动碾的碾压方式,同时采用了离开摊铺设备两个多条带的收光碾压工序,以确保表面施工质量。

摊铺施工中最主要的设备是摊铺机。由于水利工程施工的特殊要求,公路摊铺机无法直接用于心墙或面板的摊铺施工,需要对其进行改造,或者采用专用摊铺机。目前质量较好的摊铺机,其预压密实度可达90%以上。心墙施工中由于可以进行跟进碾压,对摊铺机的熨平压实机构要求不高,如茅坪溪的摊铺机就没有这种机构,尼尔基的摊铺机即使有也不常采用。目前工程采用的摊铺机基本为国外设备,茅坪溪采用的是挪威改装的 DEMAG - DF130C 心墙摊铺机,尼尔基采用的是德国 WALO 公司的心墙摊铺机,张河湾、西龙池采用的是日本改装的 TITAN326 斜坡摊铺机,宝泉采用的是德国 VOGELE 的 1800 型斜坡摊铺机。由于德国 VOGELE 的斜坡摊铺机可以进行变宽度摊铺,在进行圆弧段摊铺作业时避免了人工摊铺作业。值得一提的是,西安理工大学生产的心墙摊铺机已在国内很多工程中采用,其斜坡摊铺机也在南谷洞、宝泉工程中得到了应用。

封闭层涂刷机是施工专用设备。以往涂刷机没有加热功能,涂刷的封闭层一般偏厚,严重的可能导致封闭层下坠,甚至天荒坪施工中的涂刷机也没有加热功能。目前张河湾和西龙池采用的均是日本的涂刷设备,宝泉采用的是西安理工大学生产的涂刷机。这些设备都可以对沥青玛蹄脂进行加热,以确保涂刷质量。

4　工程规范和技术标准

国内规范制定工作相对滞后于工程建设,20 世纪 80 年代制定的设计规范和施工规范仍在使用,尽管有的内容早已不再适用。另外,国内一直没有制定出水工沥青混凝土试验方法标准,有些是工程质量控制中常用的检测方法,如真空试验方法、圆盘试验方法等,这对试验研究和工程建设存在一定的影响。目前,这些规范和标准的修订和制定正在进行之中。

5　工程新技术

5.1　振捣式沥青混凝土心墙施工技术

在尼尔基心墙坝施工中,为了探索沥青混凝土低温施工技术,曾进行了振捣式沥青混凝土试验,并在坝体心墙顶部采用了这一施工技术。

尼尔基主坝坝高 41.5 m,长 1 657 m,坝顶高程 221 m,采用沥青混凝土心墙防渗。根据原设计,在主坝中导流明渠段 327 m 长的范围内拟采用浇筑式沥青混凝土,以满足低温施工需要。主坝其余部位采用碾压式沥青混凝土。为确保碾压式心墙和浇筑式心墙连接可靠,设计单位提出采用振捣式沥青混凝土作为连接过渡。

振捣式沥青混凝土试验于 2005 年 3 月 30 日在场外进行,试验场地长 120 m,宽 50 m,试验时环境温度为 -5 ℃,风力大于 4 级,试验配合比见表 3。沥青采用欢喜岭 90 号,矿料采用碱性骨料,石灰石矿粉中小于 0.074 mm 粒径比例为 73%。试验时,沥青混合料的出机口温度为 165~170 ℃,初振温度为 160~168 ℃,终振温度为 157~164 ℃。混合料采用保温自卸汽车运输,ZL50 装载机入仓。组合式钢模板长 2 m,宽 0.5 m,高 0.3 m。面板内衬耐高温无纺布,以便于脱模。钢模板安装后,在外测对称填筑过渡料,并用 BW120 振动碾静碾碾压两遍。沥青混合料入仓前,应将底面沥青混凝土加热,表面温度不小于 70 ℃。沥青混合料入仓后,采用刀式振捣器振捣,每个部位振捣时间约为 20 s,直至沥青混合料表面不冒泡、并返油为止。振捣也可以采用行进方式,行进速度控制在 2 m/min 左右。振捣器装有三片刀片,刀片宽 15 cm,高 28 cm,呈三角形布置。振捣完成后,缓慢拔出振捣器,以免刀片处出现裂痕。随用平板振捣器进行表面收光,直至表面形成油膜。夯压完成后,用人工缓慢抽出钢模板。

36

待沥青混凝土表面温度降至 70℃ 以下时,才可进行过渡料的碾压。试验后经测试,芯样空隙率为 0.96% ~2.38%。

表3　　　　　　　　　　振捣式沥青混凝土的试验配合比

项目	矿料比例(%)							沥青
粒径/mm	>20	15~20	10~15	5~10	2.5~5	0.074~2.5	矿粉	(油石比)(%)
设计值%	0	10.3	10.4	16.9	16.0	34.2	12.2	8.0
抽提值%	0.92	8.55	12.27	18.32	16.33	29.73	13.88	8.48

2005 年 6 月下旬至 7 月上旬的 12 d 内,在主坝心墙 218.25 ~218.75 m 高程铺筑了振捣式沥青混凝土,铺筑方量为 390 m³。实测沥青含量为 7.6% ~8.2%,芯样空隙率为 0.29% ~1.99%,满足工程要求。施工空隙率小于铺筑试验时的数值,可能与施工环境温度有关。

5.2　冷施工封闭层技术

封闭层沥青玛蹄脂的涂刷厚度不易控制,在南谷洞水库以往施工中常超过 2 mm,有的可达 5 mm,造成封闭层流淌严重。2004 年在南谷洞水库的修复加固工程中,试验还表明,采用常规沥青玛蹄脂,其斜坡流淌值很难满足小于 0.8 mm 的要求,因此决定采用冷封闭层技术。

冷封闭层分为底层和防护表层,采用防渗涂料制作:①底层为聚合物改性沥青涂层,可以满足常规的封闭层要求,即与防渗层粘接好,封闭防渗层的残留孔隙,同时自身做到不流、不裂;②防护表层为浅色聚合物涂层,可以覆盖底部的黑色,与底层粘接好,自身也要做到不流、不裂,同时也具备一定的防水性能,面层涂料颜色可以根据要求选定。

底层涂料由乳化沥青、聚合物乳液、填料在现场按一定比例拌制而成。经试验,其性能见表4。

表4　　　　　　　　　　底层乳液改性沥青涂料性能

试验项目	性能描述
比重	1.20~1.30 g/cm³;
厚度	0.5 mm,稠度按每公斤可涂刷 1.3~1.5 m² 控制;
颜色/状态	固化前为褐色黏稠液体,固化后为黑色固体;
涂刷适用期	不小于 1 h,常温涂刷、涂抹;
抗流淌性能	70℃ ×48 h 不流淌,涂料硬化后具有一定强度;
渗透系数	小于 1×10^{-9} cm/s;
抗裂性能	0.4 mm 厚涂层硬化后,180° 对折无裂纹;−25℃ ×48 h 无裂纹。坝面涂刷硬化一个月后,表面无裂纹;
粘接性能	坝面涂刷后粘接性好,固化 3 d 后粘接剪切强度约为 0.2 MPa。

防护表层涂料由聚合物乳液、白水泥、掺合料和助剂在现场拌制而成,可直接在硬化后的底层涂料表面涂刷、涂抹。经试验,其性能见表5。

表5 **防护表层涂料性能**

试验项目	性能描述
比重	1.22 g/cm³，每公斤可涂刷面积约 2 m²；
颜色	白色，涂刷后可以遮盖沥青黑色。可通过掺用其他矿物颜料调制成所需颜色；
污染性	无毒，对水质无污染；
涂刷适用期	不小于 1 h，常温涂刷、涂抹；
抗流淌性能	不流淌，涂料硬化后具有一定强度；
抗裂性能	0.5 mm 厚涂层硬化后，180°对折无裂缝。坝面涂刷硬化两年后，表面无裂纹；
粘接性能	坝面涂刷后粘接性好，人工徒手不易剥离。

2004 年 6 月进行了封闭层涂刷，历时 5 d，涂刷面积为 12 000 m²。涂刷前，先对防渗层局部麻面用腻子打底。腻子由底层涂料掺加一定的填料配制，主要起到找平的作用。封闭层底层和防护表层由人工涂刷，因为是冷施工，涂刷非常方便，厚度易于控制。为提高对黑色封闭底层遮盖效果，保护表层涂刷了两遍，最后得到白色封闭层表面。

封闭层涂刷后经历了当年夏天的高温。当气温在 36～39℃，白色防护层涂刷前坝面温度为 70℃以上，涂刷后坝面温度为 55℃左右，封闭层未出现流淌和开裂现象，效果良好。

2006 年 11 月对坝面进行检查，防护层表面依然完好，在库水位变幅区也是如此。只是，防护层的颜色略有退化，变成了浅灰白色。

2007 年 5 月对坝面检查发现，防护层在水位变幅区以上部位仍然完好。水位变幅区部位的防护层已经开始脱落。水位以下的防护层外观完整，但用手压搓，随即脱落。因此，这种防护层材料还应进一步改进。

5.3 改性沥青混凝土渠道衬砌板技术

新疆奎屯车排子灌区改一支三斗、四斗灌溉渠渠道为 U 形断面，渠口宽 2.8 m，深 1.5 m。渠道原为水泥混凝土板衬砌。经多年运行，冻胀破坏严重，混凝土板开裂，处于酥松状态。由于沥青混凝土变形性能、抗渗性能优异，拟采用沥青混凝土进行衬砌修复。但由于目前还没有适用于渠道衬砌施工的沥青混凝土摊铺机，尤其对于小型渠道，难以进行沥青混合料的摊铺和压实。与之相比，衬砌预制板施工十分方便。2005 年 5 月至 8 月采用厚 2.5 cm 的改性沥青混凝土衬砌板对 1 km 长渠道进行了衬砌修复。该段渠道工程经核算，造价仅为 45 元/m²。渠道修复后通水测试表明，水利用系数由 74.5%提高到 94.6%。具体施工方法如下。

沥青采用 30% SBS 掺量的改性沥青母体和 90 号沥青配制而成，矿料采用粗河砂（<10 mm）、石灰岩石屑（<5 mm）和粉煤灰（<0.074 mm）。配合比见表6。

表6 **改性沥青混凝土配合比**

材料	河砂	石屑	粉煤灰	改性沥青母体	90 号沥青
百分比 %	62.0	16.4	13.3	3.3	5.0

预制板在距渠道约 2 km 的预制场生产。模板用角钢模框,厚 2.5 cm,宽 1.5 m,长 3.5 m。预制板生产时,在底部铺设隔离纸,先摊铺一层沥青混合料,然后放置加强铁丝网,并摊铺第二层混合料。先用小滚筒来回滚动摊匀,待温度降至 120℃~140℃时,用 1 吨振动碾碾压 4~6 遍。

预制板搬运时,将其捆附在直径 80 cm 的滚筒上,通过吊车吊运滚筒进行竖向搬运和在渠道中就位。将预制板摊平码放在卡车上进行水平运输。

预制板现场接缝采用止水条处理,不预留缝宽。处理时将一侧预制板轻轻掀起,并粘贴止水条。缓慢放下掀起的预制板,挤压止水条自行密实,再用木锤夯平。施工中,因意外原因造成的预制板裂缝,可用局部加热、并用小锤击打夯实即可。

预制板铺设完成后,采用改性沥青玛蹄脂涂刷封闭层。玛蹄脂配比为:改性沥青:粉煤灰 = 1:1。

6 结语

水工沥青混凝土防渗具有很大的技术优势,近十几年,国内水工沥青混凝土的发展印证了这一点。通过近几年的工程实践,不断引进吸收国外先进技术,国内水工沥青混凝土施工技术已可以满足工程需要,并有所创新。从施工技术、施工机械和施工队伍方面,经过几十年的积累,我国已具备了开展大规模沥青混凝土建设的基础和条件。

目前,沥青混凝土心墙坝正在国内普及,施工技术日渐成熟,并将向更高的坝高发展。经过张河湾、西龙池、宝泉工程的建设,沥青混凝土面板坝施工技术也将在国内初步形成。21 世纪上半叶,正值我国水电开发的高潮期。在 50 年内,抽水蓄能电站装机容量将由现在的 5 000 KW 增至 70 000 KW,将会有大批的抽水蓄能电站投入建设,沥青混凝土防渗护面将是优先选择的方案之一。沥青混凝土用于渠道防渗具有很多的优点。应加大力度,开展沥青混凝土渠道衬砌机械化施工技术的完善。对于小型渠道,加强专用摊铺机的开发力度。同时,改性沥青混凝土衬砌预制板技术也应予以关注和推广。沥青混凝土渠道防渗衬砌技术将具有广阔的发展前景。

基于 SRAP 工艺的混凝土大坝结构修复加固技术

胡少伟　　王承强

（南京水利科学研究院材料结构研究所）

摘　要：我国的水库数量居世界首位，目前相当多的水库大坝需要除险加固。受水利部948 项目资助，南京水利科学研究院引进了韩国 SRAP 加固工艺。它是新型的结构加固方法，该方法利用 SR 增强材料和 AP 树脂砂浆，运用预应力方法对工程实施修复加固。本文首先给出了目前我国大坝病害现状和常用加固技术的比较分析，接着指出了 SRAP 工艺在大坝加固中应用的合理性、实用性以及技术的优越性（修复裂缝、材料无毒性等优点），给出了 SRAP 在大坝加固中施工措施及其对维修加固的预期效果。结果表明 SRAP 工艺结合工程加固数值模拟能指导大坝维修加固，提供的工程措施能够有效防止裂缝和满足维修加固的目标需要。

关键词：混凝土大坝　　SRAP 工艺　　加固技术　　裂缝修复

1　引言

　　钢筋混凝土发展应用历史不长，约百年左右。混凝土结构加固历史则更短，仅四、五十年左右。但以设计基准期推算，已有混凝土工程结构，目前大多数正处维修加固改造高峰。混凝土大坝在工作期间，由于老化、疲劳、各种灾害和人为损伤等原因，导致结构物裂缝宽度增加等安全隐患，如不采取加固措施，就有可能产生重大的安全事故。为此，国家每年需要投入大量资金用于加固和维修。目前，混凝土结构加固已成为一个新的热点，相应的混凝土结构加固技术也成为结构工程中热点研究领域之一。

　　我国从 20 世纪 50 年代起就开始了混凝土结构加固处理，几十年来，特别是近十年来，这门技术发展非常迅速。我国的水库数量居世界首位，目前有相当多的水库大坝需要除险加固。但是多年来，人们习惯于已有的加固经验，在混凝土结构加固实践中往往就事论事，缺乏深层次的理论研究和探索，加固水平提高不快。我国传统的混凝土结构加固方法虽已形成了比较系统的、配套的工艺和技术，但总的来说，工艺仍然相对落后，技术含量偏低。主要表现在新型材料和工艺在加固工程中的应用还不普及，相关的设计、施工还存在很多问题。本文讨论混凝土结构加固的各种方法，受水利部948 项目资助，南京水利科学研究院引进了韩国 SRAP 加固工艺，着重介绍了 SRAP 工艺。

2　利用异型软钢丝预应力技术，对混凝土结构的加固方法（SRAP 工艺）

2.1　新技术概要

　　该项技术是对老化的混凝土建筑物用 SR 加固材料施加预应力，使结构产生弯矩，然后再用 AP 多功能复合干砂浆（AP 砂浆）进行覆盖，恢复其性能，增强强度的工艺（称作 SRAP 工艺）。该工艺的示意图如图 1 所示。

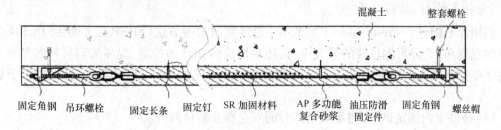

图 1　SRAP 工艺示意图

2.1.1　新技术材料构成

SR 加固材料（镀锌软钢线十弹簧组合）

AP 多功能复合干砂浆（AP 砂浆）　四个种类

AP—底漆，　　　AP—陶瓷涂料

2.1.2　工艺的适用范围

（1）使用 AP 多功能复合干砂浆（AP 砂浆）对建筑物进行修补工艺（修补系统）。

（2）使用异型钢丝 PS 软钢丝（SR 加固材料）AP 多功能复合干砂浆（AP 砂浆）的钢筋混凝土加固工艺（加固系统）。

2.1.3　工艺的主要过程

主要包括前期作业（打磨、清除、截面恢复等）、固定 SR 加固材料、喷注 AP 砂浆、表面处理等步骤。

2.2　新技术的特点

2.2.1　技术特点

（1）能同时满足混凝土结构的修补及加固的工艺。

（2）截面的修补工艺及根据软钢线的预应力组合的新概念修补加固工艺。

（3）根据 SR 加固材料的直径及排列间隔计算工程量。

（4）SR 加固材料上缠绕着弹簧卷，因此与修补砂浆黏结很牢固。

（5）使用喷涂设备并采用螺旋泵方式可以连续施工。

（6）AP 多功能复合干砂浆根据种类（普通型、耐化学型）的不同，可以适用在不同的混凝土结构上。

（7）使用与钢筋混凝土的物理特性（弹性系数、热膨胀系数）基本相同的材料，可以减少剥离剥落、裂纹等明显的缺点。

2.2.2　经济性特征

（1）与现存工艺相比成本更低。

（2）减少建筑废材的产生。

（3）采用喷浆设备，降低了劳务费、缩短了工期。

（4）最先采用 AP 多功能复合干砂浆界面剂，且施工方便，一遍施工厚度可达 30 mm。

2.3 新技术修补、加固效果

利用异形钢丝线 Prestressing 工艺的 RC 建筑物的加固方法（SRAP 工艺）用 STS 304 弹簧卷的强度和 PS 异形钢丝线的强大张力，还利用旋转扣环的拧紧，提高加固材料的紧张度与高强度砂浆填充剂之间的结合力。为观测 SRAP 工艺的修补、加固效果，进行了以下试验：

（1）通过室内固定试验，测量固定部分的安全性及耐负荷力。

（2）厚板试验是根据试验变数（试验体的大小、加固量、砂浆的厚度、磨平程度）制造试验体，测定裂缝分布情况、屈服强度、极限强度、破坏状况等，比较、分析了加固前、后的性能改善效果。

（3）疲劳试验分析了因标准试验体及加固试验体的反复负荷引起破坏、挠度、变形率的变化。

（4）现场荷载试验（开花洞水路区试验施工）采用了静载试验和动载试验。静载试验中，测量混凝土的应变、挠度等，把握 SRAP 工艺在施工前后的力学性能变化，与结构分析中产生的结果进行比较、分析。动载试验利用加速计测量桥梁加固工艺的施工前后的频率、振幅及周波数值，观察桥梁的动力学现象。

3 目前混凝土坝病害现状及维修加固方法

混凝土坝在运行过程中，由于内外因素的综合影响而产生裂缝、渗漏、剥蚀等病害。在进行维修加固前，通常需要进行调查、检测和分析判断，确定病害类型与原因，然后制定维修加固方案。

3.1 混凝土坝裂缝修补及加固

裂缝按深度可分为表层裂缝、深层裂缝和贯穿裂缝；按裂缝开度变化可分为死缝、活缝和增长缝；按裂缝成因可分为温度裂缝、干缩裂缝、钢筋锈蚀裂缝、荷载裂缝、沉陷裂缝、冻胀裂缝、碱骨料反应裂缝等。

在修补混凝土裂缝之前应研究裂缝的产生原因，判断裂缝的危害性，最后确定裂缝的处理方案。混凝土坝裂缝修补可采用喷涂法、粘贴法、充填法和灌浆法；补强加固可采用灌浆法、预应力法、粘贴玻璃钢法、增加断面法等。

3.2 混凝土坝渗漏处理

渗漏按发生的部位可分为坝体渗漏、伸缩缝渗漏、基础及绕坝渗漏，坝体渗漏按现象又可分为集中渗漏、裂缝渗漏和散渗。渗漏处理的基本原则是"上截下排"，以截为主、以排为辅。渗漏宜在迎水面封堵，不能降低上游水位时宜采用水下修补，不影响结构安全时也可在背水面封堵。

3.3 混凝土坝剥蚀修补及处理

剥蚀可分为冻融剥蚀、钢筋锈蚀引起的混凝土剥蚀、磨损和空蚀。剥蚀修补及处理应着重做好基面开挖和处理、修补材料选择和修补材料回填。

3.4 混凝土坝预应力锚固

预应力锚固可用于提高坝基岩体稳定性和提高坝体抗滑和抗裂能力,按预应力施加的部位可分为坝体预应力加固和坝基体预应力加固。

3.5 混凝土坝水下修补

水下修补方法可采用潜水法或沉柜、侧壁沉箱、钢围堰法等。沉柜法适用于水深 2.5 ~ 12.5 m 水下结构水平段和缓坡段的修补;侧壁沉箱法适用于水下结构的垂直段和陡坡段的修补;钢围堰法适用于闸室等孔口部位的修补;潜水法适用于水下各类修补。

水下修补技术包括水下清理、水下电焊与切割、水下爆破、水下钻孔、水下锚固、水下嵌缝、水下铺贴、水下灌浆、水下混凝土浇筑等。修补时应用水下电视监控并录像。水下混凝土浇筑可采用导管法、泵压法、倾注法、袋装叠置法,优先采用导管法。水下清淤前应进行水下地形测量或由潜水员勘查,清淤方法可采用吸管法和机械挖除法等。

4 SRAP 工艺在混凝土大坝维修加固中的应用

4.1 混凝土坝表层修补

修理混凝土大坝表层损坏的常用方法是使用各种砂浆。SRAP 工艺的修补系统[使用 AP 多功能复合干砂浆(AP 砂浆)的建筑物修补工艺]非常适合于混凝土坝表层修补。对混凝土坝剥离的部位采用 AP 多功能复合干砂浆应用喷涂法进行局部修补,对表面有裂纹的部位采用有机物和无机物的混合材料进行填充或灌浆修补,能够达到很好的修补效果。如果 AP 多功能复合干砂浆结合 AP 底漆和 AP 陶瓷涂料一起使用,修补效果将更加理想。

AP 多功能复合干砂浆(简称 AP 砂浆)是一种混凝土建筑物修补材料,由于使用了氧化铝水泥,提高了耐化学性、早强性和收缩性;使用了聚糖树脂,提高了黏结力,减少挠度;使用了粉末状树脂,提高了黏结强度、柔韧性和防水性。AP 砂浆对老化、受损伤的混凝土构件涂抹或对正常的混凝土建筑表面覆盖可以防止腐蚀,广泛应用于抗腐蚀、耐化学部位和有老化、脱落现象的混凝土结构。

AP 底漆是渗透到混凝土构件表面的材料,起增强表面和砂浆黏结度的作用,使用 AP 底漆不仅使原有的混凝土结构和修补加固材料之间的黏结度增强,还可以降低裂纹和脱落现象,使 AP 多功能复合干砂浆的物理性能发挥到极点,防止混凝土表面起泡。

AP 陶瓷涂料是用水泥、树脂、粘合剂和其他混合剂配制而成的产品,是具有耐候性、耐腐蚀、和防水等诸多优点的混凝土保护用涂料。AP 陶瓷涂料的使用是为保护 AP 多功能复合砂浆及提高其寿命,同时使表面更加美观。

同时,AP 多功能复合干砂浆结合、AP 底漆和 AP 陶瓷涂料都具有无毒性,满足了大坝修复加固对保护水源的特殊要求。

通过厚板试验比较 AP 砂浆和目前使用的普通砂浆的修补效果,在破坏荷载方面,AP 砂浆试件比普通砂浆试件约增加 16%,在水平破坏荷载方面用 AP 砂浆修补的试件约 63.3 kN,用普通树脂砂浆浇筑的试件约 35.3 kN,可以看出相当大的差距。这说明在 SRAP 工艺中所使用的 AP 砂浆比一般的砂浆在对破坏的抵抗性及黏结强度方面表面都很突出。

4.2　混凝土坝局部预应力加固

SRAP 工艺非常适用于影响混凝土坝局部受力的裂缝和因强度不足而开裂部位的补强加固。采用 SRAP 工艺的加固系统（使用 SR 加固材料和 AP 多功能复合干砂浆的混凝土加固工艺），能够对混凝土坝表面进行局部补强加固。SR 加固材料由镀锌钢丝和弹簧圈构成，镀锌钢丝能够施加预应力改善混凝土坝局部受力性能，张力比一般的钢筋强 5 ~ 6 倍，可以使用少量钢丝和修补材料即可达到加固目的。弹簧圈能够加强修补砂浆和镀锌钢丝之间的连接和黏合，防止混凝土脱离。

5　结语

它是新型的结构加固方法，该方法利用 SR 增强材料和 AP 树脂砂浆，运用预应力方法对工程实施修复加固。本文首先给出了目前我国大坝病害现状和常用加固技术的比较分析，接着指出了 SRAP 工艺在大坝加固中应用的合理性、实用性以及技术的优越性（修复裂缝、材料无毒性等优点），给出了 SRAP 在大坝加固中施工措施及其对维修加固的预期效果。结果表明 SRAP 工艺结合工程加固数值模拟能指导大坝维修加固，提供的工程措施能够有效防止裂缝和满足维修加固的目标需要，实践证明 SRAP 工艺是一种简便、可靠、经济的混凝土结构加固技术，并适用于混凝土大坝表层修补和局部预应力加固，值得在实践中借鉴和推广。

新疆病险水库除险加固技术研究

李　山[1]　邹世平[2]　郭　新[3]
(1. 新疆水利厅规划设计管理局　2. 塔城地区设计院　3. 新疆水文局)

摘　要: 新疆现已有水库近 500 座,大部分是 20 个世纪五六十年代兴建的平原水库。新疆地处寒冷地区,工程区地质条件复杂,有的水库处于高震区,诸多因素对大坝稳定及水库安全运行产生了不利影响。本文阐述了新疆平原水库的发展和建设经验,在对新疆病险水库主要问题分析的基础上,对平原病险水库除险加固设计、施工、管理方法及主要加固措施进行了总结,并对病险水库大坝除险加固技术进行了研究。

关键词: 平原水库　病险坝　除险加固　基础处理　措施

1　新疆平原水库的发展及主要问题

1.1　平原水库的作用

新疆大部分水库为平原水库。特别是在 20 世纪五六十年代,灌区群众投工投劳,修建了大量的平原水库。这些平原水库在改善灌区的灌溉条件及调节灌区的春秋两季干旱缺水状况,促进灌区农业生产的发展和人民群众生活水平的提高等方面发挥了重要作用,成为农牧业生产、人畜饮水不可缺少的水源工程。有的拦河平原水库还具有防洪、引洪任务,为河道分洪起到了重要的作用。并利用水库水面面积发展水产养殖、渔业,带动水库区域的经济发展和旅游开发,给灌区人民带来了一定的经济利益。

1.2　平原水库存在的主要问题及原因分析

(1)不少平原水库坝区位于活动断裂、地震频发区,由于经历了地震、洪水等灾害,出现了坝后管涌、喷沙、流土、液化等渗透变形,坝体、坝基渗漏,坝顶坝前后护坡发生裂缝、滑坡、不均匀沉陷、坝后积水等问题。溢洪道底板、放水闸闸墙断裂,不能正常泄洪、放水。有的水库被迫放空或降低运行水位,经济效益受到影响。

(2)由于当时条件的限制,许多平原水库未按基建程序建设,水库设计标准低,工程规模论证不足。有的水库对工程水文、坝区地质等建设条件不清楚,缺乏勘探、试验资料。有的水库没有经过认真的勘察和设计,水库坝坡较陡,稳定性差,未设防浪护坡,坝体断面、结构设计不合理,水库蓄水后坝体浸润线较高。有的水库未考虑下游排水及反滤设计,坝后排水系统不畅通,水库的泄洪设施、放水洞布置不完善。

(3)水库施工质量差,采取大兵团作业的施工方式,筑坝土料不合格,填筑质量差。有的水库大坝地基为粉细砂、粉土互层,坝基基础未进行处理,渗漏严重,直接影响水库安全。

(4)许多水库运行管理水平较低,水库年久失修、带病运行。不少水库坝体断面不规整,大坝上游面水位变动区受风浪淘刷、冰推力作用破坏严重。缺乏水库监测设施,启闭设施简陋,有的水库存在鼠害、空洞隐患。

(5)平原水库距灌区较近,水面面积大,蓄水浅,蒸发渗漏损失较大。有的水库引水工程排沙能力较差,淤积严重,甚至达到库容的20%～30%。由于水库地处洼地,地势相对较低,有的水库因渗漏引起周边的地下水位抬高、土地次生盐渍化及下游浸没。

1.3 平原水库除险加固实施情况

为保证灌溉、人畜用水及水库下游灌区人民生命财产、设施的安全,应及时采取措施,对病险水库进行整治及除险加固处理,以满足水库正常蓄水和安全运行的要求。

1981—1985年新疆各地区集中对危害较大,除险后效益好的50余座病险水库进行了除险加固。新建了泄洪闸、溢洪道等配套工程,坝体稳定性增强,坝后渗漏减少,增加了灌溉用水。1986—1990年又对近60座病险水库进行了治理,增加了库容。1991—2003年又完成了乌拉泊水库、东方红水库等20余座水库的加固处理。计划在2010年之前,还将对其他若干水库进行除险加固。通过对这些病险水库的综合治理,将产生显著的经济效益和良好的社会效益。

1.4 新疆病险水库加固技术的发展

经过多年的实践,新疆在平原水库防渗加固技术、基础处理等方面积累了一些经验,并具有解决复杂技术问题的水平和能力。根据新疆不同地区水库的现状及库区地形、地质条件和病险水库坝体特征,在防渗加固技术方面采用了振冲法、锯槽法等若干施工工艺。先后开展了基础灌浆、混凝土防渗墙、垂直铺膜、薄板灌注墙和预应力锚索等水库加固项目。完成了大量的平原水库加固和基础处理工作。这些防渗加固技术为解决水库渗漏、稳定等问题发挥了重要作用。

随着平原水库防渗加固、基础处理技术的发展,新疆在混凝土防渗墙等施工技术方面取得了很大的进步,特别是在防渗墙成槽工艺已由过去冲击钻机为主、钻劈法成槽发展为现今液压抓斗为主、钻挖法成槽,甚至在均质土石坝内也可直接采用液压抓斗成槽,施工效率大大提高。混凝土防渗墙墙体的厚度根据工程实际需要可在20～80 cm范围进行选择,根据不同的工程情况采用不同的处理方式和深度,为缩短除险加固处理周期、降低工程造价创造了有利条件。在基础灌浆施工技术方面掌握了小口径金刚石钻进及潜孔锤冲击钻进等工艺,在稳定性浆液的制备和灌注方面也有独到之处。

2 水库除险加固设计及主要措施

2.1 除险加固方案及设计

(1)对病险水库的治理首先要通过安全鉴定,查清水情、洪情和地质情况以及存在的问题,掌握第一手资料。在制定工程措施和研究相关的技术问题时,应重视工程现状及边界条件的分析。

(2)应针对病险水库的现状和运行中出现存在问题,通过技术经济比较,制定水库除险加固方案和治理措施,进行坝体加固及坝基处理设计。大坝渗流稳定和结构稳定对水库安全运行至关重要。应对病险水库大坝坝坡和护坡稳定性、坝基渗流稳定、坝顶高程进行计算复核,分析坝体变形量、渗漏量、渗透变形、浸润线之间的关系。

（3）为了确保水库安全运行,应加强工程监测及土工试验,工程监测主要包括坝体浸润线监测、渗流监测及库水位监测。防渗墙插入土坝部分的高塑性黏土区土料,应采用含粘量高的土料填筑。对分散性心墙土坝应做好分散性过渡层、反滤层设计和填筑压密,保证坝基的密实度。加强土料、沙砾料、反滤料、过渡料土工试验,根据碾压试验结果提出设计控制指标。

2.2 坝肩岩体加固设计

（1）预应力锚固是坝肩及岩体的加固技术,也可对建筑物加固、补强。具有安全可靠、施工灵活,经济效益显著的特点。在水库坝肩、断层及建筑物加固处理方面,预应力锚固是一种对原有建筑物布置影响较小的技术手段。

（2）坝肩岩体锚固设计应充分考虑加固坝肩工作特点、工程地质、地形情况、坝肩岩体应力分布、坝肩建筑物布置及施工条件等因素,兼顾各方面的影响。

（3）在对坝肩岩体施加预应力锚固前,应对坝肩岩体裂隙进行处理,要采用深浅锚固结合,混凝土衬护、固结灌浆相结合的综合处理方法。预应力锚固设计方案,锚固吨位、长度、间距的确定应注意与坝体防渗处理、其他建筑物的关系。

2.3 防浪护坡设计

（1）在病险水库除险加固工程中,对风浪淘刷严重的土坝,应增设防浪护坡。对坝体填筑质量差、渗漏严重的均质土坝一般采用现浇混凝土面板结构,其优点是既防浪又防渗,整体性强,施工方便,质量易控制。也可采用预制混凝土板或浆砌石等防护面板。在寒冷和严寒地区,现浇混凝土面板下应铺设沙砾石防冻垫层,防冻层的材料可以是砂、沙砾石或碎石,也可以是苯板保温材料等,其厚度可根据冻土深度、材料性能进行设计。

（2）当坝体填筑质量满足要求或坝体内已设有防渗层的均质土坝,坝面的防护层一般应当采用透水结构,如土缓坡,碎石护坡,干砌石护坡等形式。采用何种材料和结构形式,应根据工程实际情况和天然建材等因素,通过技术经济比较确定。

（3）采用相对不透水的混凝土面板、浆砌石护坡,须设置排水孔,使之成为透水结构。除土缓坡外,其护坡下均应设置反滤层或过渡垫层。

2.4 除险加固的主要措施

（1）病险水库防渗处理是除险加固的重点之一。病险水库加固的主要措施有坝体、坝坡及坝基防渗处理。通过坝体加固和防渗处理减少渗漏量,降低浸润线,保证大坝的结构稳定和渗流安全。

（2）病险水库可结合提高防洪标准进行加固处理,通过加高大坝,增加调蓄能力和水库防洪标准。一般采取坝顶加高、背水坡培厚加高、大坝加高与增建溢洪道等措施。对于防洪能力较低的水库,可采用加高大坝增加水库调蓄库容与增大泄洪流量相结合的综合措施提高水库的防洪标准。

（3）平原拦河水库应保持正常泄洪能力和放空水库的通道。有的水库泄洪、放水设施损坏严重,影响了水库的正常泄洪与放水。应加强水库泄洪、放水设施的改造,整修闸堰、更换闸门及设备,处理好水库泄洪、放水设施结构缝及止水。

（4）完善排水系统,在坝后选合适位置开挖排水渠将坝后积水汇入排干中。

3 大坝防渗形式及加固处理的主要方法

大坝渗漏有坝基、坝体渗漏，坝肩绕渗以及其他建筑物渗漏等形式。在病险水库大坝防渗加固中分为坝基和坝体防渗加固。防渗形式还可分为水平防渗与垂直防渗，采取垂直防渗一般不需要放空水库。由于新疆水资源紧缺，一般在采取工程措施时大多采取垂直防渗。

坝体和坝基防渗加固方法主要有灌浆、混凝土防渗墙、浇筑式沥青混凝土防渗墙、高压喷射法和深层搅拌水泥土防渗墙，另外还有回填黏土防渗及土工合成材料防渗等。水平防渗加固措施有水平铺盖与排水减压设施等。

3.1 灌浆技术

基础灌浆技术在新疆已有成熟的经验，其种类多种多样，如固结灌浆、帷幕灌浆、回填灌浆、接缝灌浆、劈裂灌浆、旋喷灌浆等。固结灌浆、帷幕灌浆是最常用的水泥灌浆技术，广泛应用于病坝除险加固工程中地基的防渗处理，在新疆鄂托克赛尔、柯柯亚等水库的除险加固及岩石基础防渗处理中取得了良好效果，防渗处理后一般可使岩石透水率达到 5Lu 左右。

（1）应根据病险坝体、坝基地层可灌性条件，选择灌浆材料。灌浆材料主要有水泥浆、黏土浆、水泥黏土浆、水泥砂浆等，浆液的可灌性是决定灌浆效果的重要参数。水泥浆通常用于粗砂层、裂隙较大的基岩灌浆，若裂隙较小，可采用磨细水泥浆液灌浆。为了改进浆液性能，有时需要在水泥浆中加入少量的添加剂。在对有较大缺陷的部位灌浆时，可采用水泥砂浆或水泥黏土砂浆灌浆。

（2）坝身劈裂灌浆适用于坝体黏性土加固，在坝体除险加固中较为常用，在灌浆压力下，有控制地劈裂坝身，充填裂缝并使土体密实。在坝身形成密实、竖直、连续、一定厚度的浆液防渗固结体，将裂缝、洞穴等隐患充填密实。劈裂灌浆宜在不挡水的枯水期进行，同时核算灌浆期坝坡的稳定性，进行坝身变形、裂缝等监测，避免贯穿性横缝产生，保证大坝安全。灌浆压力是劈裂式灌浆施工中的一个重要参数，应控制起始劈裂压力、裂缝的扩展压力。

（3）振冲加固措施根据加固地层不同有振冲置换和振冲挤密。振冲法适用的土质主要是砂性土，提高砂土的密实度，尤其适用于病险水库砂性土地基的除险加固处理，以提高基础的承载力与抗滑稳定及抗震防液化能力。

3.2 混凝土防渗墙技术

混凝土防渗墙主要运用于基础防渗处理、坝体防渗加固，也作为土坝坝体内的防渗心墙以及各类基础工程的防冲墙。在病坝除险加固中防渗墙被广泛用作坝身和地基的防渗体。根据施工工艺的不同，防渗墙可分为槽段式和桩柱式，另外，还有超薄混凝土防渗墙、高喷水泥土防渗墙等。

（1）混凝土防渗墙

混凝土防渗墙一般用于第四纪沙砾卵石层及坝体垂直防渗处理。其防渗性能可靠、效果显著，并能适应各种复杂的工程地质与水文地质条件。现已普遍应用于新疆水利水电建设的地基防渗处理工程、土坝加固工程中。也可作为土坝坝体内的防渗心墙以及水利工程中的防冲墙或挡土墙。新疆在东大龙口、坎尔其及蘑菇湖等水库的混凝土防渗墙施工中取得了良好的防渗效果。

（2）超薄混凝土防渗墙

随着新技术、新工艺、新材料的不断涌现,防渗加固技术也有了很大发展。常规的钻劈法成槽发展为液压抓斗直接挖凿成槽,施工效率提高。混凝土防渗墙墙体的厚度也可选择,特别是超薄混凝土防渗墙由于其厚度较小(一般 25～30 cm),可以节省混凝土及其他相关材料,墙体的垂直度和连续性也能得到保证,因而有着防渗性能好、成本低、工效高,施工周期短、造价低的优点。并能适应各种复杂工程地质与水文地质条件。

（3）浇筑式沥青混凝土防渗墙

浇筑式沥青混凝土可在零下 20℃以内冬季施工,速度快且不需要过多的保温设施,在寒冷的新疆地区可相对缩短水库的施工期,且降低导流工程的规模和费用。浇筑式沥青混凝土的渗透系数很小,一般在 10^{-7}～10^{-11} cm/s,防渗墙的厚度较薄,一般为水头的 1/60～1/100,工程量小,可减少投资。

（4）高压喷射法和深层搅拌水泥土防渗墙

高压喷射灌浆和深层搅拌法加固技术都是形成水泥土防渗墙,主要差别在于采用不同的加料拌和手段。高压喷射法分为旋喷、定喷和摆喷,旋喷主要用于加固地基,定喷和摆喷通常用于防渗处理。高压喷射法主要适用于第四纪冲积层、残积层及人工填土等,对于砂类土、黏性土、黄土和淤泥等都能加固。但对砾石直径过大、含量过多及有大量纤维质的腐植土喷射质量稍差,有时甚至不如静压灌浆的效果。对地下水流速较大和对水泥有严重腐蚀等地基不宜采用高压喷射灌浆法。深层搅拌法加固技术分湿法施工和干法施工,水泥掺量较小,一般占被加固土重的 10%～15%。为了降低工程造价,可采用掺加粉煤灰的措施。

3.3 水平防渗加固措施

水平铺盖应针对不同的工程条件,确定加固铺盖的具体尺寸和范围。并调查加固铺盖土料的料源、数量、级配、最大干容重、最优含水量、渗透系数和允许坡降等,一般采用碾压法施工。在特殊情况下,如不能放空水库时,也可利用水中倒土等方法,但只能作为加固的辅助手段。

4 病险水库基础处理施工技术

4.1 土方填筑施工与质量控制

（1）土方填筑是工程施工中的一个重要环节,要控制好压实质量,在土方填筑施工前应在料场做土料碾压实验,加强土料、沙砾料、反滤料、过滤料土工试验,根据碾压试验结果提出控制指标,并作为施工验收的依据。应合理确定铺料厚度、碾压遍数、行进速度和最优含水量等施工参数。

（2）应按照碾压试验报告中的铺土厚度、最优含水量和碾压遍数进行施工。为了确保碾压质量,验收合格的基础在填筑前应洒水、碾压密实、刨毛以备上料。上料含水量要均匀,保证填筑体铺土厚度及压实参数。土方填筑应根据实际情况适时调整有关参数使干密度或相对密实度达到质量要求的标准,并做好坝基处理及过渡层、反滤层填筑。

4.2 灌浆施工

灌浆压力不仅与灌浆范围、工程地质条件等因素有关,而且还与地层的附加荷载及灌浆深度有关,应根据不同情况通过经验和灌浆试验确定。灌浆过程中,对冒浆、串浆、隆起等一些特殊情况做好相应地处理。灌浆过程应控制灌浆压力、调整浆液水灰比、浆液中可根据情况添加外加剂、间歇灌浆。

4.3 预应力锚索施工

(1)预应力锚索的施工对锚固效果起着关键作用,施工工艺对锚固效果影响较大。由于大坝建筑物布置集中,各种施工交叉进行,锚索施工本身工序又较多,因此每道工序都会对锚固效果产生影响。

(2)施工工艺对预应力锚固效果影响很大,应采用预张拉、多分级、控制增荷速率、延长增级时间及超张拉等措施。可根据工程具体情况调整施工工艺。

4.4 浇筑沥青混凝土心墙的施工

浇筑沥青混凝土心墙的施工有沥青脱水、骨料加温、配料上料、拌和出机、浇筑前处理、浇筑等工序。浇筑式沥青混凝土施工应注意温度控制及沥青心墙混凝土的技术指标。

(1)沥青混凝土配合比需根据当地材料通过试验确定,沥青混凝土粗、细骨料应为碱性骨料,配料误差应控制在粗细骨料为2%、粉料1%、沥青0.5%。粗骨料选用质地坚硬新鲜的碱性矿粒石灰岩,吸水率不大于3%,含泥量不大于0.5%。细骨粒为粒径在 2.5 ~ 0.074 mm 范围内的矿料。填充料为粒径小于 0.074 mm 的极细矿粉,可采用石灰石粉、白云岩粉,也可采用滑石粉、粉煤灰等粉状矿质材料。浇筑式沥青混凝土沥青应具有一定的抗流变能力和较小的感湿性能。软化点为 43 ~ 55℃,针入度 > 50 mm,延度 > 70 cm。浇筑施工时应有足够的流动性和抗分层性。

(2)沥青脱水温度应控制在160℃,最高不大于180℃。脱水后的沥青应保持160℃左右的恒温状态,其恒温时间不得超过 6 h,以防沥青老化。粗、细骨料加热温度控制在 170 ~ 190℃,不宜超过200℃。加入烘干机前的粗、细骨料的含水量须小于4%。沥青混凝土出机温度控制在 160 ~ 180℃,夏日取低值,冬日取高值。浇筑温度为 140 ~ 160℃,拆模温度应小于40℃。

(3)浇筑前沥青混凝土与基础及岸坡的表面处理,应先刷一遍冷底子油,待干固后涂抹 1 ~ 2 cm 沥青玛蹄脂。浇筑式沥青混凝土应一次摊铺成型,其厚度为 20 cm 左右。为充分排除沥青混凝土中的空气,要求用扁铲配合,快速插捣成型,以加强混凝土的密实性能。浇筑式沥青混凝土坝施工应注意作好心墙两侧的过渡层,靠近心墙的 0.5 ~ 1 m 范围内不要用大型碾压设备,应采用小型设备或人工夯实。

5 平原水库的管理及调度运行

(1)要根据水库具体情况,分析与制定措施,编制调度运用方案,完善管理制度及水库大坝安全条例实施细则,加强对平原水库的检查与技术指导,加强平原水库管理的规范化建设,提高管理水平。

(2)要做好平原水库的防洪预案及贯彻落实,制定水库抢险计划,建立防洪抢险组织,备好防洪抢险物资,建立完善的防洪抢险责任制。应及时检查坝体存在的问题和水库运行状况,在实践中不断总结经验。

（3）加强平原水库的非工程措施。如预报、预警、交通和通信等工作。改善交通和通信设施，建立可靠的预报、预警系统。要掌握大坝的安全情况，进行定期检查和监测，及时发现隐患，采取处理措施。

（4）除险加固施工中要重视工程质量监理及竣工后的验收和初期检查。工程建设要实行项目法人制、招标投标制和工程监理制。应统一考虑解决施工期水库下游灌溉用水问题。

（5）由于有的水库引水工程引水排沙能力较差，水库淤积严重，要重视水库减沙、排砂措施的研究。

6　结语

（1）平原水库对于缓解春秋两季干旱、调节农牧业及城乡生活用水、分洪仍起着重要的作用。应继续发挥现有平原水库综合利用的作用和效益，对平原病险水库进行加固处理、防渗改造和充分利用。但平原水库蓄水浅，蒸发损失较大，除险加固改造应注意缩小水库面积，减少蒸发损失。

（2）对平原水库的治理及除险加固，应掌握病险水库的现状和主要问题，并通过安全鉴定查清水情、洪情和地质情况，为制定有效的除险加固治理措施提供依据。平原病险水库除险加固设计应充分考虑工程特点、地质地形、建筑物布置及施工条件等因素，兼顾各方面的影响。

（3）新疆目前采用的防渗墙、高压喷射注浆、灌浆，水泥搅拌桩、预应力锚固等技术效果较好。具有安全可靠、施工灵活、经济效益显著的特点。采用加固技术应对工程情况认真分析研究，并要根据当地的实际情况采取相应措施，除险加固技术的应用要讲究适用性。

（4）大坝坝区监测系统在施工期、蓄水期、运行期中对监控大坝安全、检验施工质量，改进工程措施、验证设计等方面都有十分重要的作用。为了确保水库安全运行及大坝建筑物安全评价和运行管理创造良好的条件，应加强工程施工期、运行期的监测。

（5）应加强水库规范化管理，提高管理水平。由于有的水库引水工程引水排沙能力较差，水库淤积严重，要重视水库减沙、排砂措施的研究。

参考文献

[1]　朱令人　《新疆地震研究文集》　新疆人民出版社，2000年9月
[2]　张启岳　《土石坝加固技术》　中国水利水电出版社，1999年11月
[3]　孙钊　夏可风　《堤防及病险水库垂直防渗技术》　天津科学技术出版社，1998
[4]　钱家欢　殷宗泽　《土工原理与计算》　中国水利水电出版社1996，北京

面板抗裂混凝土配合比设计新思路

吴春雷[1]　冯　林[1]　叶远胜[1]　李艳萍[1]　王德库[1]　黄如卉[1]　张　军[2]　王辉伟[2]

（1.中水东北勘测设计研究有限责任公司科学研究院　2.辽宁蒲石河抽水蓄能有限公司）

摘　要：作者通过对蒲石河工程面板抗裂混凝土配合比成果的分析，认为混凝土亚微观结构的改变将对混凝土宏观性能产生重要影响，继而提出抗裂混凝土亚微观体积变化的影响因素及其对混凝土宏观体积变化影响的理论算式，同时提出将胶凝材料级配优化纳入混凝土配合比优化设计范畴加以考虑的观点。

关键词：面板　抗裂混凝土　配合比　优化设计

1　问题的提出

混凝土面板堆石坝以其就地取材、施工方便、工期短、造价低、安全性好正在被国内外坝工界普遍重视，而成为当今筑坝技术的一大趋势。但是，面板堆石坝的趾板为坐落于基岩上的混凝土薄板结构，厚度小而不均匀，施工期裸露，对环境温度和湿度的变化影响较敏感，特别是趾板的基岩凹凸约束作用、气温骤变和混凝土干缩将使趾板的较薄部位产生较大的拉应变，容易产生裂缝而影响混凝土趾板的防渗效果。因此，对于以挡水为主要目的的水工混凝土防裂就显得尤为重要。常规的解决手段主要为：①混凝土配合比优化设计，通过配合比优化设计，获得抗裂性能较好的混凝土；②现场施工质量控制；③施工期养护。

在混凝土配合比优化设计中通常采用的主要措施为骨料级配优化设计、外加剂品种选择（减水剂、减缩剂等）、掺加掺和料（膨胀剂、粉煤灰、硅粉等）、外掺纤维及水泥化学成分优化设计等，对于混凝土组成矿料级配设计，常止步于砂石骨料级配优化设计，甚少涉及胶凝材料级配优化设计。本文结合蒲石河工程面板混凝土补偿收缩配合比研究成果，采用胶凝材料级配优化设计思想给予解释分析，说明胶凝材料级配优化设计也是混凝土配合比设计中需要着重考虑的混凝土性能影响因素。

2　原材料

本次试验所用原材料为抚顺浑河牌 P·MH42.5 级中热硅酸盐水泥、辽宁省抚顺市能港实业有限公司生产的 I 级粉煤灰、淘正化工（上海）有限公司生产的 SR3 超塑化剂、蒲石河天然河沙、蒲石河天然卵石、中岩 ZY 和新中州 HEA-1 膨胀剂，上述原材料各项性能均满足相关规程规范要求。天然砂细度模数为 2.8，颗粒级配良好。胶凝材料物理性能检测见表1。

表1			胶凝材料细度检验结果	
检测项目	辽宁能港实业 Ⅰ级粉煤灰	抚顺中热 42.5级水泥	新中州 HEA-1膨胀剂	中岩 ZY膨胀剂
细度(%)	5.2(0.045 mm)	2.2(0.08 mm) 12.2(0.045 mm)	0.00(1.25 mm) 3.90(0.08 mm)	0.00(1.25 mm) 4.70(0.08 mm)
密度(g/cm³)	2.25	3.21	2.86	2.90

3 混凝土抗裂性能研究

骨料级配对混凝土的和易性、强度等都有较大的影响,合理的石子级配应是在相同体积条件下,混合料的比表面积小、空隙率小、密实度高的级配。一般采用最大容重法选择最优骨料级配比例。

本次试验研究混凝土为二级配混凝土,采用最大容重法测定并经混凝土试拌调整,确定 5~20 mm 小石与 20~40 mm 中石的骨料比例为 40:60,砂率为 35%。

胶凝材料的用量直接关系到混凝土拌和物和易性及力学性能,根据相关规程规范规定,选择本次试验研究胶凝材料用量为 350 kg/m³。本次研究是在胶凝材料总量及膨胀剂掺量均不变的前提下,比较粉煤灰和水泥不同比例情况下的混凝土性能。

通过混凝土试拌,确定满足坍落度(7~9 cm)要求的混凝土最优用水量为 109~112 kg/m³。混凝土性能试验成果见表2。

表2					混凝土性能试验成果表									
膨胀剂品种及掺量(%)	外加剂种类	粉煤灰掺量(%)	水胶比	胶材总量(kg)	抗压强度(MPa)		抗拉强度(MPa)		极限拉伸值(×10⁻⁴)		水中限制膨胀率(×10⁻⁴)		空气中限制干缩率(×10⁻⁴)	
					28 d	90 d	28 d	90 d	28 d	90 d	14 d	28 d	14 d	28 d
0		25	0.31	350	39.8	47.3	3.34	3.54	1.08	1.14	0.77	0.87	-1.66	-2.30
ZY8	SR3 DH9	15	0.31	350	43.0	46.3	3.18	3.42	1.22	1.27	1.64	1.91	-1.07	-1.48
		25	0.31	350	42.7	56.1	3.34	3.90	1.22	1.30	1.84	2.08	-1.10	-1.53
		35	0.31	350	45.5	50.1	2.96	3.66	1.19	1.31	1.51	1.72	-1.15	-1.62
HEA-18		15	0.31	350	45.4	47.5	3.44	3.30	1.18	1.24	1.52	1.75	-1.05	-1.42
		25	0.31	350	46.5	52.5	2.93	3.80	1.21	1.28	1.64	1.87	-1.23	-1.56
		35	0.32	350	39.2	47.3	3.08	3.53	1.10	1.14	1.53	1.74	-1.21	-1.65

4 分析与讨论

4.1 试验成果分析

一般情况下,当胶凝材料总量及膨胀剂掺量不变,随着水泥用量降低,粉煤灰掺量的增大,混凝土抗压强度、抗拉强度、极限拉伸值及体积膨胀量呈降低趋势。表2中的试验结果却与上述变化规律不尽相同,粉煤灰掺量最低(15%)时混凝土的抗压强度、抗拉强度、极限拉伸值及限制膨胀率均未达到最大值,上述强度及变形性能达到最大值时粉煤灰掺量为25%,当粉煤灰掺量为35%时混凝土的抗压强度、抗拉强度、极限拉伸值及限制膨胀率低于25%粉煤灰掺量。

分析认为,水泥、粉煤灰、膨胀剂三种胶凝材料之间存在一个最优颗粒级配比例,即在最优颗粒级配比例情况下,三种胶凝材料混合物的堆积空隙率最小。表2的研究成果中,胶凝材料总量及膨胀剂掺量不变,粉煤灰掺量为25%时胶凝材料混合物颗粒级配最接近最佳颗粒级配。因此在胶凝材料总量及膨胀剂掺量不变的情况下,当粉煤灰掺量由15%增加到25%,即便降低了水泥用量,混凝土的力学性能和变形性能反而有所提高。

4.2 讨论

混凝土亚微观结构的改变,直接影响混凝土宏观性能的变化,本次研究中,当粉煤灰掺量15%增加至25%,膨胀剂掺量不变,水泥用量降低,混凝土膨胀能减小,一般情况下,混凝土宏观体积膨胀量降低,但是当粉煤灰掺量由15%增加到25%,除了粉煤灰及水泥用量的变化外,还伴随着整体胶凝材料颗粒级配的改变,从而导致胶凝材料堆积空隙率的改变(本次研究中体现为堆积空隙率降低),当整体胶凝材料因颗粒级配改变对混凝土性能变化的影响超过混凝土膨胀能降低(水泥用量降低所引起)对混凝土宏观性能变化的影响时,混凝土宏观性能的改变趋势与混凝土空隙率的变化趋势一致。当然,混凝土宏观性能的改变,还受混凝土孔隙率等诸多因素的影响,结合本次试验研究成果及相关研究资料,从混凝土体积变化的角度提出混凝土体积变化的理论算式,具体算法见下式。

$$\triangle V = \triangle V_p - a \triangle V_k - b \triangle V_h$$

式中:

V—混凝土体积膨胀量

Vp—混凝土体积膨胀影响因素一,膨胀剂产生的体积膨胀影响因素

Vk—混凝土体积膨胀影响因素二,胶凝材料空隙率影响因素

Vh—混凝土体积膨胀影响因素三,混凝土孔隙率影响因素

a—混凝土中胶凝材料空隙率对混凝土体积变化的影响系数

b—混凝土中含气量对混凝土体积变化的影响系数

在上式中,混凝土体积膨胀量△V的变化为Vp、Vk、Vh综合叠加后的宏观体现,每一个因素的变化,均会对混凝土的体积变形产生一定程度的影响,当某一影响因素的变化对混凝土体积变化的影响大于其他因素及其综合叠加时,该因素即为影响混凝土体积变化的主导因素,混凝土的体积变化趋势与该影响因素对混凝土体积变化影响的一般规律相同。

以本次试验研究成果为例,外加剂品种、掺量均未改变,因此认为式(1)中的b△Vh为一相对稳定的常量,当水泥用量降低、粉煤灰掺量增加时,对式(1)中的Vp、Vk同时产生影响,其影响趋势体现为Vp减小,Vk减小,并且△Vp − a△Vk < 0,即a△Vk为主导因素,因此混凝土体积变形不但未降低,反而有所增加。

一般情况下,膨胀混凝土的体积变化规律如表3所示。

表3				膨胀混凝土的体积变化规律					
V_p	aV_k	bV_h	主导因素	$\triangle V$	V_p	aV_k	bV_h	主导因素	$\triangle V$
增大	增大	增大	V_p	增大	增大	减小	增大	V_p	增大
增大	增大	增大	aV_k	减小	增大	减小	增大	aV_k	增大
增大	增大	增大	bV_h	减小	增大	减小	增大	bV_h	减小
增大	增大	减小	V_p	增大	增大	减小	减小	V_p	增大
增大	增大	减小	aV_k	减小	增大	减小	减小	aV_k	增大
增大	增大	减小	bV_h	增大	增大	减小	减小	bV_h	增大

需要说明的是进行上述分析判断时,应对混凝土的抗压、抗拉强度、极限拉伸值及限制膨胀率等性能指标的变化状况进行综合比较,对混凝土试件表观状况、破坏形式、破坏界面状况等现象进行分析,同时采用混凝土体积变化规律分析的相关结论去解释混凝土的抗压、抗拉强度、极限拉伸值及限制膨胀率等性能指标的变化规律,如果分析结果相悖,则应重新进行试验验证。

5 结语

本次研究成果表明,在混凝土配合比性能优化设计中,不仅要考虑骨料级配优化设计、外加剂和掺和料品种、水泥化学成分等方面因素的影响,同时也应将胶凝材料级配优化纳入混凝土配合比优化设计范畴加以考虑。

灌浆技术在国内外大坝修补加固工程中的应用

王国秉　李新宇　张家宏

（中国水利水电科学研究院结构材料研究所）

摘　要:本文通过对国内外一些采用灌浆技术进行大坝修补加固工程的实例分析,探讨灌浆在大坝修补加固工程中应用的成功条件,可供类同工程借鉴。

关键词:灌浆　大坝　修补加固　应用

1　前言

　　灌浆是把未凝固的防渗材料的浆液加压注入建筑物或其基础部分缝隙中的措施,又称注浆。其实质是使浆液在被灌载体中渗透、扩散、充塞,经一定时间后凝固和硬化,从而达到加固载体和抗渗防水的目的。目前,灌浆技术因相对成熟、价格较便宜,施工相对方便、可靠而被广泛应用于大坝建设中。如坝基处理、接缝处理等,在大坝修补加固中也经常应用。采用灌浆对大坝进行修补加固有成功的实例,但也不乏失败的例子。

　　本文希望通过分析一些采用灌浆技术进行大坝修补加固的国内外工程实例,探讨灌浆在大坝修补加固工程中应用的成功条件。

2　灌浆在国内外大坝修补加固工程中的应用实例

2.1　福建水东水电站碾压混凝土坝补强加固

　　福建水东水电站位于福建省尤溪县境内,是闽江流域一级支流尤溪梯级水电站的第三级水电站,坝址控制流域面积 3 785 km²。该工程以发电为主,电站装机容量 80 MW,水库正常蓄水位 143 m,死水位 137 m,总库容 1.077 亿 m³,具有周调节能力。坝址地处河谷断面呈"V"型,坝基岩性上部为凝灰质砂页岩、流纹岩,下部为花岗斑岩。枢纽建筑物主要由拦河坝、发电厂房、引水隧洞和开关站等组成。拦河坝为整体式碾压混凝土重力坝,由左、右岸挡水坝、溢流坝及两岸接头组成。坝顶高程 145 m,坝顶长度 196.62 m,最大坝高 63 m,坝顶宽 8 m,上游坝面垂直,下游坝面坡度 1:0.65。溢流坝位于河床中部,溢流前沿净宽 60 m,分 4 个孔,每孔净宽 15 m,堰顶高程 128 m。泄洪消能方式采用宽尾墩—阶梯式—戽池联合消能工。大坝按 100 年一遇洪水设计,1000 年一遇洪水校核。坝体防渗采用上游预制混凝土面板,丙乳砂浆勾缝型式,碾压混凝土层厚 80 cm。

　　该工程于 1991 年 4 月开工,1993 年底完成大坝主体工程的施工,第一台机组于 1994 年 1 月投产发电,1995 年 12 月工程正式竣工验收。

　　水东水电站自 1993 年 11 月下闸蓄水后,大坝廊道便开始出现漏水,并随着水位的升高漏水量不断增大,整个下游面呈湿润状态,部分区域可见明显漏水点。在 1999 年初开始的首次大坝安全定期检查中,认为大坝部分碾压混凝土段质量较差,坝体渗漏、析钙严重,坝体扬压力偏高等问题,综合评定为病坝,需采取措施进行补强加固处理。

2001年11月原设计单位福建省水利水电勘测设计研究院提出《水东水电站大坝补强加固可行性设计报告》,2002年6月福建省电力有限公司审定采用了大坝补强灌浆方案。即在坝体距上游面2.5 m处钻灌一排防渗帷幕。

根据大坝坝体补强(二次)灌浆试验成果分析,灌浆孔布置,确定左岸挡水坝段灌浆孔孔距为500 mm,右岸挡水坝段及泄洪闸坝段灌浆孔孔距为400 mm。左右岸挡水坝段补强灌浆孔,采用两排布置。溢流坝段补强灌浆孔采用单排布置。灌浆孔从坝顶一直深入基岩面以下3 m,灌浆孔孔径为φ75 mm。泄洪闸坝段采用单排孔距0.4 m铅直孔,孔深至廊道顶1 m。

灌浆方法采用自上而下分段孔口封闭、孔内循环式灌浆,灌段长2.5~3 m。

灌浆材料选用优质的普通硅酸盐水泥,要求水泥标号不应低于42.5。在灌浆施工中,第一灌全部采用湿磨水泥灌浆,要求细水泥比表面积应大于7 000 cm²/g。当发现透水率大于40 Lu时不再采用湿磨水泥,而改用普通水泥浆灌浆。

灌浆浆液,一、二序孔灌浆采用0.6:1的纯湿磨水泥浆,三序孔采用2:1、1:1、0.6:1三个比级的湿磨水泥浆,0.6:1的浆液应掺拌高效减水剂。

由于灌浆是在坝体内进行,根据大坝上游面防渗面板进行压水、灌浆抬动试验结果,本次大坝补强灌浆方案左右岸挡水坝段最大灌浆压力为1.5 MPa,泄洪闸坝段最大灌浆压力为1.8 MPa。

灌浆结束标准:在规定压力下,当注入率≤0.4 L/min时,继续灌浆40 min;或注入率≤1 L/min时,继续灌浆60 min,灌浆可以结束。

水东大坝补强灌浆于2002年10月开始施工,2003年7月全部完成。根据大坝补强灌浆的各次序灌浆成果,从总体上看:

(1)大坝各段的灌浆按次序单位注入量呈递减,透水率呈递降的趋势。大坝灌浆后下游坝面、廊道内的渗漏及湿润状况与加固前相比有明显的减少。

(2)2003年6月对水东大坝混凝土超声波检测大部分单孔孔壁混凝土声速及孔间混凝土声速均大于3 500 m/s。

(3)大坝灌浆帷幕线上8个检查孔压水透水率全部小于1 Lu。

(4)钻孔取芯检查,检查孔的芯样获得率达到85%,芯样水泥结石与混凝土胶结紧密,说明碾压混凝土中的局部孔洞已被水泥浆液全部和部分充填,起到了防渗加固作用。

(5)根据现场运行观测,大坝渗漏量已达到低温期Q漏≤1 L/s控制标准,因此表明水东大坝补强灌浆后已满足正常坝的要求。

水东大坝经过补强灌浆处理后,大坝运行状态有了较大改善。目前大坝位移正常,下游坝面及廊道内的渗水点大部分已消失,渗漏量明显减少,新设坝体排水孔通畅。检查孔的混凝土芯样、压水试验资料以及超声波检测资料显示,经过补强灌浆后,坝体碾压混凝土的强度、整体性、均质性均有明显提高,透水率较低,大坝可以安全运行。

本次大坝补强加固施工过程没有造成对坝体结构的不利影响,大坝补强加固后两年多的运行情况表明,坝内廊道渗漏量已由补强加固前的3 L/s下降至目前不足1 L/s;坝内廊道渗水、析钙现象已有所改善,大坝下游面的潮湿部位高程至少下降了4 m左右,大坝浸润线有所下降。因此补强加固工程质量基本达到了预期目的。

水东水电站大坝灌浆处理效果较好,分析其原因,主要由于该坝坝体处理前碾压混凝土胶凝材料用量少,施工质量较差,施工过程中发生严重离析现象。部分碾压混凝土层面交接不理想、砂浆不均,局部存在骨料架空、蜂窝及孔洞,碾压不均等现象。大部分透水率q值均大于3 Lu,说明坝体阻水效果较差,碾压混凝土具有较好的可灌性。从统计资料可以看出,水东水电站大坝拟灌浆部位的平均透水率较大(压水试验的透水率大部分在1~5 Lu范围内,占总段数的43.4%,透水率在5~50 Lu区间段占总段数的25.4%,而大于50 Lu的孔段只占总段数的4.4%)可灌性较好,采用水泥补强灌浆方法处理具有较好的适宜性和有效性。

2.2 俄罗斯萨扬舒申斯克(Sayano – Shushenskaya)重力拱坝修补加固

萨扬舒申斯克拱坝位于俄罗斯西伯利亚地区叶尼塞河上游,因其坝址所在的萨扬峡谷段距离舒申斯克村不远而得名。该坝于1989年建成,最大坝高245 m,坝顶长1 066 m,坝顶高程542 m,坝顶厚25 m,坝底最大厚度110.75 m,是目前世界上最高、体积($V = 907.5 \times 10^4 m^3$)最大的混凝土重力拱坝,总库容$313 \times 10^8 m^3$,为多年调节水库,主要供发电用,电站总装机容量6 400 MW,兼有灌溉、航运和供水效益。坝址河谷呈梯形状,河滩底宽360 m,坝顶高程处宽900 m,两岸岸坡38°~48°。坝址地质为裂隙发育的坚硬结晶片岩,抗压强度达150 MPa。地震强度为7°(设计采用8°)。

该坝在施工期与运行期发生较多裂缝,包括垂直裂缝或近似垂直裂缝,上游面水平裂缝、坝踵沿混凝土与岩石接触面的裂缝和基岩内的裂缝。其中垂直裂缝或近似垂直裂缝主要发生在施工期。裂缝产生的主要原因是由于坝体内外温差过大,坝块过快浇筑,坝内热量不易散发,拆除模板过早和保温覆盖不严。此外,大坝分期蓄水和分期施工,使坝体在不完整剖面下承载,特别是第一柱状块挡水,第二柱状块未同时升高,致使大坝上游面形成裂缝。1985年以后,大坝管理单位制定了严格的温控防裂措施,之后类似开裂都得到了控制。所有的水平裂缝都集中在坝上游面下部340~360 m高程区域内,且主要集中在河床坝段。1990年库水位上升到正常蓄水位(540 m高程)时,上述每个坝段的渗水量在0.5~44 L/S之间,21~46号坝段的渗水总量达200 L/S,且渗水量随水位升降而增减,并出现水位消落时大于水位增长时的现象,这说明当时裂缝还在继续发展。1996年修补加固完成前,渗流量增至458 L/S。

为了消除涌水现象,采用传统的水泥灌浆法对裂缝进行处理,从1991年2月开始一直延续到1994年。在压浆作业过程中,发现裂缝系统很快与水平式排水设施联通,直通检查井,由此导致注压区浆液流失,注压效果不好,时效短,而且渗流量仍在继续增大。1992年底,专门制定了抑制渗水量增大的措施,包括通过预埋系统对第一柱状块坝段接缝进行再次灌浆;每一坝段设5个垂直排水孔;先注入水泥浆,后用聚合物材料封漏等。注入聚合物后,这些坝段的渗水量暂时降到0.3~0.5 L/S,但往后却超过了灌注聚合物前,已注入的聚合物浆液反被有压渗水挤出缝外。后来采用水泥浆封堵水平排水孔,也未获得成功。特别是30号坝段最大渗水量高达90 L/S,且毗连高速水流区混凝土被破坏过程已大大加快。对此迫切需要寻找非传统的新方法,制止长300 m的大坝前沿受拉区混凝土的破坏。

1993年,萨扬舒申斯克水电站股份公司与法国车索列塔什(Soletanche)公司达成协议,采用后者的材料和技术进行上游面坝踵裂缝修补加固。1995 年秋,在上游水位接近正常水位时,采用了两种较之水泥浆更富有弹性的聚合物材料(即变形模数 50 MPa 的"罗弗列克斯"和变形模数为 3 500 ~ 5 000 MPa 的"罗杜尔"),对 23、24 号坝段受拉区混凝土进行了试验性修补。试验决定采用"罗杜尔"环氧树脂浆液进行裂缝修补。因为"罗弗列克斯"浆液在低温(+4℃)下黏性过大,不能完全充填裂缝。而"罗杜尔"环氧树脂浆液黏性强,可穿透性好,表面张力小,对水有惰性,低温下凝固快,虽然凝固后的硬度比较高,但在有压渗透水条件下堵漏效果比较显著,可完全充填裂缝。试验灌注过程中,还确定了浆液的最优黏度,使之能在低温、有压渗漏水条件下凝固黏结,同时确定了灌浆压力,使黏性浆液挤入到距灌注点 1.5 ~ 2 m 半径范围的缝隙内。

整个灌浆修补加固过程分为三个阶段。第一阶段,每个坝段上打 6 个探测孔,摸清裂缝所在的具体空间位置。第二阶段,每个坝段上打 28 个灌浆孔,并从 359 m 高程检查廊道内施钻。第三阶段,灌浆分两期进行,第一期先灌浆处置 24 个坝段的裂缝,填塞主要裂缝,再借助裂缝边界的压力,使非主要裂缝闭合;第二期灌浆则消除 10 个坝段剩余的涌水现象。灌浆过程中,对大坝—基础系统应力应变状态和正在注浆坝段、相邻坝段及径向接缝井等处的渗漏变化等进行了监测。

整个修补加固工程共耗用环氧树脂浆液 102.4 t,灌浆后裂缝开度平均减小 31%,渗水量下降 99%,渗水总量由 458 L/s 降低到 5 L/s。

纵观萨扬舒申斯克重力拱坝上游面裂缝灌浆修补加固过程,其成功的主要原因有以下几点:

(1)根据裂缝承受巨大静水压力和渗漏量较大的特点,针对性地选择了变形模量高达 3 500 ~ 5 000 MPa、黏结力强、表面张力小、对水有惰性、低温下凝结快,且在有压渗透水作用下堵漏效果显著的灌浆材料。

(2)灌浆施工中,先打探测孔,找准裂缝具体的空间位置,使浆液最大限度地灌入裂缝中。

(3)在灌浆过程中,注重对大坝—基础应力应变状态的变化,对正在注浆的坝段、相邻坝段和径向接缝井等处的渗漏变化等进行监测,并将监测结果用来指导灌浆施工,使灌浆对坝体的影响降至最低程度。

2.3 奥地利 Pack 坝修补加固

奥地利 Pack 坝建于 1929—1930 年,主体是混凝土重力坝,最大坝高 33 m,平面略呈弧形,坝顶长 183 m,右岸连接 79 m 长的低土坝。由于当时混凝土施工技术较差,加之所采用的当地骨料中含有大量云母和已分解的长石,使混凝土的强度、抗渗性和抗冻性均较差。

大坝首次蓄水后,发现局部漏水,运行一年后渗漏加大,且经检测库水属软水、呈弱酸性(pH = 6.2),对混凝土存在一定的溶蚀。1935 年,进行坝体灌浆,并在上游坝面加钢丝网喷混凝土,但坝体依然漏水,且有钙质析出。1946 年,对上游面接缝予以堵缝处理。1948 年,对上游面混凝土脱落的部分进行修补,并从坝顶钻孔至基岩以下至少 4 m,钻孔总长约 2 000 m,灌注水泥浆,以提高坝体的抗渗性,共耗用水泥约 172 t。1952—1953 年,将坝体下游面大面积的冻裂混凝土清除,深度为 20 cm,并贴补厚度为 80 cm 的抗冻混凝土,并在下游面灌注水泥 100 t,从廊道向坝基接触面灌注水泥 55 t。但上述以水泥灌浆为主的修补加固措施仅改善了坝的外观,但坝体扬压力仍较高、坝体混凝土浸水等主要问题依然存在。

由于坝体和坝基的连续灌浆,部分排水孔被堵塞,于 1971 年、1975 年和 1980 年在廊道内又分别钻了 17、32 和 26 个排水孔。同时由于扬压力较高、混凝土浸水,限制水库蓄水位在最高水位以下 2.4 m。为此,从 1982 年开始又对大坝进行全面修补加固,包括从 1982 年 10 月至 1983 年 7 月间进行的上游面修补加固,和 1982—1985 年间进行的溢洪道、消力池、水电站尾水渠的改造。其中上游面修补加固主要包括在上游面的底部基岩上,浇筑一块宽 4 m、高 7 m 的钢筋混凝土,作为上游混凝土防渗面板的底座,并与老混凝土贴合。底座内设置一宽 2 m、高 2.8 m 的排水廊道,廊道外墙厚 2 ~ 2.2 m,在排水廊道内,每隔 2.5 ~ 3 m 做一道墩墙。上游混凝土防渗面板厚 0.8 ~ 1.2 m,采用砂浆锚杆与老混凝土连接,锚杆长 3 ~ 4 m,直径 24 mm,水平间距 3 m,竖向间距 1.5 ~ 3 m。在新的排水廊道内钻一排帷幕灌浆孔,至基岩面以下 35 m,孔距 3 ~ 3.5 m,灌浆压力 0.25 ~ 0.35 MPa,坝基接触面的灌浆孔,深达基岩面以下 8 m,灌浆压力 0.25 ~ 0.5 MPa,灌浆孔总长 2 030 m,共灌浆 77.2 t,灌浆后进行的压水试验表明压水透水率小于 1 Lu。

修补后的监测结果显示,新建的上游面防渗面板使坝体渗水量大幅度降低,修补加固前测得的最大渗流量约 4.5 L/s,修补后当水库蓄水位达到最高蓄水位时仅 2 L/s;上游面防渗面板采用锚杆和老坝贴紧,防止了老坝坝体混凝土进一步冻裂、恶化;新建的灌浆帷幕和坝基排水孔使坝基扬压力降低,保证了坝体的稳定安全。

通过 Pack 坝的修补加固可以看出,对于初始存在较严重缺陷的混凝土坝,单纯依靠灌浆为主进行彻底的修补加固很难实现。灌浆只能作为一种辅助措施,并且在坝体混凝土可灌性很差时,可能会不起作用,但对坝基进行帷幕灌浆或对被软水溶蚀的帷幕进行补强灌浆,对降低坝体扬压力,降低坝基渗水量却有显著效果。

2.4 奥地利柯恩布莱因(Kölnbrein)拱坝修补加固

柯恩布莱因拱坝是一座双曲薄拱坝,位于奥地利南部 Malta 河的上游,属于奥地利德瓦河开发公司(Draukraftwerke AG)所有,建设目的是蓄水及供下游三座电站发电用,水库库容 2.05 亿 m³,包括抽水蓄能电站在内的电站群总装机容量为 89.1 万 KW,年发电量 13.4 亿 KW/h,是奥地利最大的水力发电工程。该坝最大坝高 200 m,坝顶长 626 m,坝顶厚 7.6 m,坝底最大宽度 36 m,两岸坝座处最大坝宽 42 m。坝体应力采用全调整试载法,按五拱九梁系统进行计算,最大压应力为 8.9 MPa,下游坝趾处压应力为 8 MPa,上游坝踵处拉应力为 1.5 MPa,大坝内部混凝土抗压强度为 22 MPa,外部为 30 MPa,后期强度为 36 MPa,抗压安全系数为 4。大坝于 1974 年冬开始浇筑,1977 年完建。施工期曾于 1976 年、1977 年先后两次部分蓄水,最大水头达 132 m,未见异常。大坝完建后认为一切正常,1978 年计划蓄水至设计水位,但当库水上升到 158 m 水头时,最高坝段的坝踵和下游面底部均开裂漏水,且扬压力增大至全水头。灌浆帷幕也遭到破坏,渗漏量高达 200 L/s。1979 年春末放空水库对大坝进行检查时发现坝体上游面坝踵紧靠基岩部位出现水平向张开裂缝,总长约 100 m。而后开始了漫长的修补过程,最初采用水泥灌浆加固帷幕、环氧聚氨酯灌浆和在地基内设置冰冻帷幕、在坝的上游河谷底部建造混凝土防渗护坦并在其上游端设置新的防渗帷幕等措施。1983 年,当库水位上升至最高水位时,在混凝土护坦以上的坝体又出现了新的斜向裂缝,裂缝通至坝基,张开度达 10 mm,渗漏量最高达 1 000 L/s,防渗护坦与坝之间的伸缩缝止水也有一段破坏。1984年春放空水库检查,发现新裂缝大致平行高出老裂缝2~5 m。据专家估计,河床中部的坝体已与其基底脱开,并向下游稍有移动,且坝下游面裂缝已伸入坝内1/3~1/2坝宽。为此,奥地利政府下令将库水位降低22 m运行,促使业主进行彻底处理。

后经专家研究和方案比较,最终采用瑞士专家G. Lombardi提出的在大坝下游面建造一座支撑拱坝的加固方案。整个加固方案包括三个部分:第一,在大坝下游修建一座大体积拱形重力支撑拱,最大高度70 m、宽65 m。其间设纵缝一道,沿纵向每隔35 m设横缝一道,全部用混凝土浇筑,每层高3 m,混凝土总方量46万 m³。第二,在大坝和支撑拱之间设置特殊的可调传力系统,包括专门设计的613个用钢丝加筋的氯丁橡胶垫块支座,衬以不锈钢板,并有可调整的楔形垫块系统,以避免增加坝体稳定性的同时使坝体刚度突变。第三,为了保证基岩和混凝土受力的整体性和开裂区的防渗,需要对原拱坝上已有的裂缝和坝基进行加固灌浆。由于灌浆方法,包括灌浆材料、灌浆操作的工序、时间和采用的操作规程、灌浆压力以及吸浆量等,均会影响到坝体最终应力状态。经研究,将灌浆分为七个阶段进行,如表1所示。整个灌浆过程采用GIN(灌浆强度指数,即灌入量与灌浆压力的乘积)法,即灌浆过程中,采用一种较稠的灰浆灌入,并以灌入量与灌浆压力的双曲线关系作为指导准则,即保持GIN指数大小一定。灌浆期间,对灌浆区内混凝土的受力情况、支撑拱坝和原拱坝的变形情况进行监测。灌浆完成后,补充设置排水系统。

表1   **七个阶段的灌浆**

序号	灌浆部位	灌浆材料	灌浆时库水位	目的
1	支撑坝下岩石	水泥	无库水	固结(1990年)
2	上游侧岩石	水泥	平均	固结(1990年)
3	上游侧混凝土	环氧树脂	未确定	最后固结
4	混凝土第一组裂缝	环氧树脂	平均	加固密封
5	混凝土第二组裂缝	环氧树脂	平均	加固密封
6	岩石灌浆帷幕	环氧树脂	平均	密封(1990年)
7	混凝土及下游侧岩石	环氧树脂	未确定	后期加固

整个加固方案于1991年6月完成,1993年测得的渗漏量仅为17 L/s。

从柯恩布莱因坝最后采取的综合性修补方案来看,灌浆可在整体安全性得到保证的情况下在一定程度上恢复坝体的整体性,从而降低渗漏量。但在灌浆过程中,必须尽量降低灌浆施工可能对坝体安全带来的不利影响,根据上述柯恩布莱因坝灌浆施工的经验,结论为应加强灌浆施工期间对坝体的监测,并通过采用GIN法灌浆技术,在灌浆施工中,保持各灌浆孔段上消耗一致的能量,即保持GIN为常数,便可形成一道大致均匀的防渗帷幕,使灌浆质量得到较好保证。

2.5 加拿大玛里根岛水利枢纽灌浆修复

玛里根岛水利枢纽位于加拿大魁北克省,由重力坝、溢洪道、土堤和一座装机40.2万KW的水电厂组成。其中重力坝高43 m,坝顶长110 m,建于1924—1926年。钻孔表明建筑物的混凝土质量总体是好的,但浇筑缝和施工缝处存在严重的渗漏,渗出物大多聚集在重力坝的下游面。1990年,业主确定了一个全面修复计划,以保证该水利枢纽在今后50年内的完整性。全面修复工程包括:安装预应力锚筋(1991年夏季进行);挖除下游坝面被冻坏的混凝土并重新浇筑抗冻混凝土(1992—1993年冬季进行);对坝体裂缝进行水泥灌浆(1993年夏季进行),水泥灌浆采用单一配合比的稳定浆液和GIN法灌浆技术。灌浆完成后,下游坝面的冰堆现象消失,取得了较好效果。

2.6 新安江水电站大坝右岸坝段横缝灌浆

新安江水电站大坝位于浙江省建德市铜官峡谷的新安江上,坝址以上控制流域面积 10 442 km²,1957年4月主体工程开工,1960年4月第一台机组并网发电,1965年工程竣工。枢纽采用混凝土宽缝重力坝、坝后式厂房、厂房顶溢流式布置。大坝顶全长466.5 m,最大坝高105 m,坝顶高程115 m。大坝自右至左共分26个坝段,坝轴线呈折线,两岸折向上游。右岸0~6号坝段为挡水坝段,河床7~16号坝段为溢流坝段,左岸17~25号坝段为挡水坝段。水库正常蓄水位108 m时的库容为178.4亿 m³,校核洪水位114 m时的总库容为 216.26亿 m³。

新安江大坝拦河坝右岸岸坡坝段的坝基内不存在深层抗滑稳定问题,各坝段的稳定性主要由坝基面的抗滑稳定性控制。由于右岸岸坡地形向河床倾斜,设计要求各坝段的基础开挖,在平行于坝轴线方向都要形成宽度不小于坝段宽度30%~50%的平台,但在坝基面实际开挖过程中,0~4号坝段的坝基面均存在不同程度的欠挖,基础平台宽度不能到位,难以满足原设计的要求,特别是3号、4号坝段的基础形成了陡坡状,因此,右岸坝段的稳定问题一直受到关注。1964年10月原上海水电勘测设计院完成了《新安江水电站拦河坝3~4号坝段稳定分析的鉴定意见报告》,报告中根据横缝灌浆施工资料对1~8号坝段横缝灌浆质量作了分析认为:灌浆质量基本合格的横缝有6个灌浆区,计1 077 m²,占灌浆区总灌浆面积的53%,即3~4横缝灌浆区,4~5横缝上游灌浆区,5~6横缝下游灌浆区,6~7上下游横缝灌浆区和7~8横缝上游灌浆区;质量不合格的有5个灌浆区,即1~2横缝灌浆区,2~3横缝灌浆区,4~5横缝下游灌浆区,5~6横缝上游灌浆区及7~8横缝下游灌浆区。进一步分析认为,3号、4号坝段的运行情况是正常和稳定的,但稳定性较差,要求通过灌浆手段使2~5号坝段的横缝连成整体传递侧向推力,以确保大坝稳定。

新安江大坝右岸3~7号坝段横缝各灌浆区先后在1960年、1994年和2002年三次进行灌浆施工,后一次灌浆同时也是对前一次灌浆效果的检查。1960年横缝灌浆材料为400号普通水泥,后两次则灌注灌入性能更好和具微膨胀性能的改性灌浆水泥,2002年把横缝灌浆压力提高到0.3 MPa,三次灌浆所采用的灌浆工艺和材料基本相同。从灌浆成果统计表可以看出,通过三次横缝灌浆,除4~5横缝上下游两个灌浆区外,各坝段横缝灌浆区耗灰量均呈明显的递减趋势,说明经过上一次灌浆后,横缝区域内的缝隙得以较好地充填。同时随着处理次数的增加,缝面表现为极低渗透性,可灌性明显降低。

由于水泥浆液本身有水分富余和水泥结石收缩等特性,灌浆后横缝胶结良好、比例较低,通过横缝钻取芯样检查,结果表明1992年横缝面有水泥结石并胶结良好的芯样仅占 19.8%,到2002年,经过灌浆后这一比例反倒下降为5%。因此,试图通过右岸坝段横缝灌浆区内的补强灌浆来传递侧向推力和剪力是不可靠的,不能达到预期目的。

3 结语

通过对上述一些采用灌浆技术进行大坝修补加固的国内外工程实例分析,提出以下几点看法供讨论:

(1)工程实践表明,一般情况下,大坝混凝土内部灌浆与基岩内灌浆有很大区别,相对而言,基础灌浆由于岩石裂隙分布相对有规律性,且一般连通性较好,成幕效果较好。而混凝土内部灌浆,由于其内部裂缝或孔洞分布不规律,一般连通性较差,因此成幕效果较差。

对于施工质量较差的混凝土,当内部存在明显缺陷,透水率较大时,一般采用水泥补强灌浆方式处理具有较好的适宜性和有效性。

(2)坝体灌浆应根据坝体裂缝和渗漏量变化的特点,针对性地选择在有压渗透水作用下堵漏效果显著的灌浆材料。灌浆过程中,应找准裂缝具体的空间位置,使浆液最大限度地灌入裂缝中。

(3)对于存在较严重缺陷的混凝土坝,一般采用综合措施进行治理。单纯依靠灌浆技术进行彻底的修补和加固很难奏效。灌浆只能作为一种辅助措施,在坝体混凝土可灌性很差时,可能不起作用。但对于坝基进行帷幕灌浆或对被软水溶蚀的帷幕进行补强灌浆,一般对降低坝体扬压力和坝基渗漏量有较显著的效果。在灌浆过程中,应注意对大坝—基础应力应变状态和渗漏变化的监测,并将监测结果用来指导灌浆施工,最大限度地发挥灌浆效果。

(4)GIN 法灌浆是近年来国际上推行的一种灌浆新技术。GIN 法灌浆过程中采用单一配合比的稳定浆液进行灌浆,简化了灌浆工艺,提高了灌浆质量。建议结合我国工程特点进行试验及应用,进一步验证该技术的合理性和实用性。

应不断总结工程实践经验,探讨灌浆在大坝修补加固工程中应用的成功条件,进一步完善和提高水工建筑物修补加固的灌浆技术。

二、水工建筑物防护研究设计与评价

松月水库加高工程温控仿真分析

胡　鹏[1]　岳跃真[1]　余凌云[2]

(1. 中国水利水电科学研究院结构材料研究所 2. 中国水利水电十二工程局)

摘　要: 结合松月水库实际情况,在确定的加高结构形式和混凝土性能试验的基础上,选用不同的温控措施,采用有限元计算方法对松月水库加高工程进行温控仿真分析,为工程施工提供可行的浇筑方案和温控措施。

关键词: 加高　有限元　温控　仿真分析

1　概述

松月水库是以向和龙市供水为主,结合防洪、灌溉、发电和养殖的水库。为了保障向和龙市供水,拟决定将松月大坝加高。松月大坝为碾压混凝土坝,一期大坝坝高 28.6 m,坝顶高程为 555.6 m,大坝加高后的坝顶高程为 568.2 m,坝顶宽度为 6 m,大坝加高 12.6 m。大坝采取贴坡式加高、加厚方式。

大坝采用贴坡式加高时,基础和老坝体对新浇筑混凝土的变形约束较强。由于水化热温升的作用,施工期新浇筑坝体混凝土温度升高。在坝体温度降低的过程中,在新浇筑的混凝土中将产生较大的拉应力。因此,加高坝体混凝土的防裂是大坝加高的关键控制技术之一。坝体加高加大断面后,由于分期加载及新老坝体间的弹模不同,自重、水压等荷载作用下的应力也与按材料力学法计算结果不同。所有这些均表明只有进行加高过程的仿真应力分析,才能揭示坝体的真实应力状态,从而制定出合理的防裂措施,保证坝体的安全。

本项研究根据松月大坝工程的实际情况,在确定的加高结构形式和混凝土性能试验的基础上,对松月混凝土坝的加高进行温控仿真分析,确定合理的温控方案。

2　计算原理

2.1　温度场仿真分析原理

大坝的稳定温度场是计算温度应力和确定基础温差的基准。大体积混凝土坝在初始影响消失后,长期处于外界气温和水温的作用下,坝体温度为稳定温度场与不稳定温度场的叠加,不过边界上年变化的水温和气温的影响深度仅为 7~8 m,坝体内部温度基本上是稳定的。

由热传导理论,稳定温度场 $T(x, y, z, \tau)$ 在区域 R 内满足方程:

$$\frac{\partial T}{\partial \tau} = a\left(\frac{\partial^2 T}{\partial x^2} + \frac{\partial^2 T}{\partial y^2} + \frac{\partial^2 T}{\partial z^2}\right) \tag{1}$$

在边界 C1 上,满足第一类边界条件,即

$$T = Tb \tag{2}$$

在边界条件 C2 上,满足绝热条件,即

$$\frac{\partial T}{\partial n} = 0 \tag{3}$$

式中：

　　a——导温系数，$a = \lambda / cp$；

　　Tb——给定的边界温度，在上游面 Tb 等于年平均水温，在下游面等于年平均气温加上太阳辐射的影响。

　　n——边界 C2 外法线方向；

　　边界 C = C1 + C2

由变分原理，上述热传导问题等价于下列泛函的极值问题：

$$I(T) = \frac{1}{2} \iiint_R \left[\left(\frac{\partial T}{\partial x} \right)^2 + \left(\frac{\partial T}{\partial y} \right)^2 + \left(\frac{\partial T}{\partial z} \right)^2 \right] \mathrm{d}x\mathrm{d}y\mathrm{d}z \tag{4}$$

泛函 $I(T)$ 的极值问题可用有限单元法解决。

由此得到下列方程组：

$$[H]\{T\} = 0 \tag{5}$$

2.2　温度徐变应力场仿真分析原理

在温度荷载作用下，混凝土不仅产生弹性变形，而且随时间的增长产生徐变变形。混凝土的徐变变形不仅取决于其应力状态及其历时，而且取决于持荷时间和加荷龄期。根据虚功原理，不难导出计算混凝土结构在热、力作用下单元的温度徐变应力矩阵方程：

$$[K_n]^e \{\Delta \delta_n\}^e = \{\Delta P_{bn}^c\}^e + \{\Delta P_n^T\}^e + \{\Delta P_n^o\}^e + \{\Delta F_n\}^e \tag{6}$$

式中：

　　$[K_n]^e$ 为单元刚度矩阵；

　　$\{\Delta \delta_n\}^e$ 为单元结点位移增量向量；

　　$\{\Delta P_{bn}^c\}^e$ 为 n 时段基本徐变增量等效荷载；

　　$\{\Delta P_n^T\}^e$ 为单元温差变形增量等效荷载；

　　$\{\Delta P_n^o\}^e$ 为自生体积变形增量等效荷载；

　　$\{\Delta F_n\}^e$ 为 n 时段单元结点力增量。

集合所有单元，即可求得结构的应力分析矩阵方程：

$$[K_n]\{\Delta \delta_n\} = \{\Delta P_{bc}^c\} + \{\Delta P_n^T\} + \{\Delta P_n^o\} + \{\Delta F_n\} \tag{7}$$

求出 $\{\Delta \delta_n\}$ 后，结构应力易于求得。

3　计算分析

3.1　计算方案

《松月大坝加高结构设计报告》中推荐新、老混凝土结合面采用两种型式：一种为传统的型式，即在老坝体下游面直接浇筑混凝土，使新老坝体间形成一整体结构；另一种为国外 Loskop 等坝加高采用的一种方式，即将结合面自上向下分为三段，浇筑时自下向上进行，结合面上、下部采取措施使其结合良好，而中部则在老坝面上涂刷防黏液，使结合面保持光滑，成为一条滑动缝，从而可吸收新浇混凝土的收缩变形，改善坝体的应力状态。

本次仿真针对这两种结合面型式分别开展计算,其中第一种结合方式下老坝对新浇混凝土的约束较强,相互间产生的应力较大,对施工过程中温控措施起控制性作用。因此,首先针对第一种结合方式开展相关计算,遴选出较优的温控方案,在此基础上进行第二种结合面的计算,以进行比较。

根据所采用的不同的温控措施,共设计了7种不同的温控方案,具体方案如下:

方案一:预冷骨料和加冰拌和(4、5、9、10月自然入仓,6、7、8月采取预冷骨料和拌和中加冰,控制浇筑温度16°);

方案二:5 cm厚聚苯乙烯保温板保温方案;

方案三:5 cm厚聚苯乙烯板保温 + 水管冷却方案;

方案四:方案4温控措施 + 老坝弹性模量取18.5 GPa,方案1~5取26 GPa;

方案五:方案4 + 滑动缝,滑动面是按照理想状态($C = 0, f = 0$)进行计算,滑动缝灌浆;

方案六:方案4 + 滑动缝,滑动面是按照 $C = 4, f = 0.5$ 进行计算,滑动缝灌浆;

方案七:方案4 + 滑动缝,滑动面是按照理想状态($C = 0, f = 0$)进行计算,滑动缝不灌浆。

3.2 计算结果

方案一仿真计算结果表明:上游坝面最大应力(2.36 MPa)小于老坝上游面混凝土允许拉应力(2.37 MPa),接触面处最大主应力(1.65 MPa)小于新坝碾压混凝土允许拉应力(1.73 MPa),但大于老坝碾压混凝土允许拉应力(1.44 MPa),所以不能满足接触面抗裂要求。另外,基础部位、下游坝面最大拉应力均超过了新坝碾压混凝土的允许拉应力,所以,本方案不能满足新、老坝的抗裂要求。

方案一   **仿真计算温度场、徐变应力场特征值统计表**

项目	数值	出现时间(d)	出现月份(月)	出现部位
基础部位最高温度(℃)	17.61	85	7	新坝基础部位
上下层最大温差(℃)	14.00	835	7	第二个越冬面(555.6 m)
第一年浇筑出现的最高温度(℃)	26.69	114	7	第一年浇筑坝体的中部
第二年浇筑出现的最高温度(℃)	28.38	442	7	第二年浇筑坝体中部
第三年浇筑出现的最高温度(℃)	35.10	835	8	第三年浇筑坝体下部(碾压混凝土)
老坝上游面最大垂直拉应力(MPa)	2.36	610	12	垂直距离距老坝坝踵16.4 m
新坝坝趾附近最大主拉应力(MPa)	4.06	1740	1	新坝坝趾
接触面附近最大第一主应力(MPa)	1.65	835	8	竖直接触面

方案二仿真计算结果表明:此方案对降低下游坝趾的主应力是十分有效的,但上游面、下游面及接触面处最大拉应力均超过相应部位混凝土的允许拉应力,所以,本方案不能满足新、老坝的抗裂要求。

方案二 仿真计算温度场、徐变应力场特征值统计表

项目	数值	出现时间(d)	出现月份(月)	出现部位
基础部位最高温度(℃)	17.81	85	7	新坝基础部位
上下层最大温差(℃)	18.00	835	7	第二个越冬面(555.6 m)
第一年浇筑出现的最高温度(℃)	28.34	114	7	第一年浇筑坝体的中部
第二年浇筑出现的最高温度(℃)	30.28	442	7	第二年浇筑坝体中部
第三年浇筑出现的最高温度(℃)	37.31	835	8	第三年浇筑坝体中部（常态混凝土）
老坝上游面最大垂直拉应力(MPa)	2.16	916	10	垂直距离距老坝坝踵26.9 m
新坝坝趾附近最大主拉应力(MPa)	2.41	1740	1	新坝坝趾
接触面附近最大第一主应力(MPa)	1.67	835	8	竖直接触面

方案三仿真计算结果表明:此方案中上游面最大应力、接触面最大应力均小于相应部位混凝土允许拉应力,下游坝趾冬季的最大主拉应力虽然仍然高于允许拉应力,但由图可知,高于允许应力的区域只发生在坝趾处很小范围内,另外,这个部位应力较大部分原因是受应力集中影响。因此,综合考虑上述因素,根据以往工程实践经验,认为本方案能够满足新、老坝的抗裂要求。

方案三 仿真计算温度场、徐变应力场特征值统计表

项目	数值	出现时间(d)	出现月份(月)	出现部位
基础部位最高温度(℃)	17.67	73	7	新坝基础部位
上下层最大温差(℃)	11.00	796	7	第二个越冬面(555.6 m)
第一年浇筑出现的最高温度(℃)	21.55	73	7	第一年浇筑坝体下部
第二年浇筑出现的最高温度(℃)	27.37	432	7	第二年浇筑坝体中部
第三年浇筑出现的最高温度(℃)	27.52	796	7	第三年浇筑坝体下部（碾压混凝土）
老坝上游面最大垂直拉应力(MPa)	2.15	916	10	垂直距离距老坝坝踵26.9 m
新坝坝趾附近最大主拉应力(MPa)	2.40	1740	1	新坝坝趾
接触面附近最大第一主应力(MPa)	1.40	796	7	竖直接触面

方案四仿真计算结果表明:此方案中坝体应力分布及变化规律同方案三。但由于老坝碾压混凝土弹性模量降为18.5 GPa,坝体上游面拉应力同方案三相比下降了约0.15 MPa左右,最大拉应力也由原来的2.15 MPa降为2.03 MPa;接触面处应力也比方案三有所降低,同期降低幅度约0.2 MPa,最大主应力由原来的1.4 MPa降到1.2 MPa;新坝坝趾处在浇筑过程中同方案三相比降低不大,但整个坝体浇筑完毕后,此部位的主拉应力有了较大降低,降低幅度约0.4 MPa。

方案四				仿真计算温度场、徐变应力场特征值统计表
项目	数值	出现时间(d)	出现月份(月)	出现部位
老坝上游面最大垂直拉应力(MPa)	2.03	916	10	垂直距离距老坝坝踵 26.9 m
新坝坝趾附近最大主拉应力(MPa)	2.52	640	12	新坝坝趾
接触面附近最大第一主应力(MPa)	1.20	796	7	竖直接触面

因此,本方案与方案三相比,上游面、接触面及下游面拉应力均有不同程度的降低,能够满足新、老坝的抗裂要求。

方案五仿真计算结果表明:在方案三温控措施下,采取第二种结合面结构型式,坝体在第二年冬歇期上游面应力有所降低,降低幅度在 0.12 ~ 0.29 MPa 之间。因为在第三年浇筑混凝土前,对滑动缝进行了灌浆处理,使新、老坝体完全结合成一个整体,所以 1 000 d 后,本方案与方案三上游面应力基本相等。

方案五				仿真计算温度场、徐变应力场特征值统计表
项目	数值	出现时间(d)	出现月份(月)	出现部位
老坝上游面最大垂直拉应力(MPa)	2.00	916	10	垂直距离距老坝坝踵 26.9 m
新坝坝趾附近最大主拉应力(MPa)	2.00	640	1	新坝坝趾
接触面附近最大第一主应力(MPa)	1.50	796	7	竖直接触面

施工过程中及大坝浇筑完毕后上游面、坝趾及接触面等部位出现的最大应力表明本方案满足新、老坝体的抗裂要求。

方案六仿真计算结果表明:令 C = 4,f = 0.5 以后,施工过程及浇筑完毕后坝体应力分布和变化规律同方案五一致。

坝体上游面特征值同方案五,但发生较大应力部位的范围比方案五略有增加;接触面应力特征值同方案五,但上部、下部主应力同期时比方案五略有下降;坝趾处最大主应力同方案五相比,略有下降,但下降幅度很小,约为 0.05 MPa 左右。

方案七仿真计算结果表明:735 d 后坝体的应力分布及变化规律同方案五完全相同,各部位最大应力值只相差 0.02 MPa 左右,所以是否对滑动缝进行灌浆固结,对坝体应力而言,影响不大。

4 结语

4.1 大坝混凝土可行的浇筑方案和温控标准

在目前设计拟定的施工安排情况下,大坝混凝土的浇筑速度为 0.86 m/10 d,大坝上升速度较慢,通过层面散热效果较好。混凝土浇筑时可自然入仓,或采取简单易行的措施降低浇筑温度。在 7、8 月份浇筑的混凝土,采用埋设水管进行冷却,冷却水管布置为 1.5 × 1.5 m 的梅花型布置,冷却水管长 200 m,内径 28 mm、外径 32 mm,冷却时通水方向每天倒换一次,通水流量为 0.9 m³/s,采用河水冷却时,冷却时间 20 d。

上下层温差 $\Delta\leqslant15℃$,冬季停歇面采用 5 cm 厚聚苯板保温。

建议两种新老混凝土结合面的型式,方案 I 将老坝体预制混凝土块护坡拆除,将下游坝面修理成台阶形,类似键槽,在老坝下游垂直面结合处凿毛,设置锚筋和灌浆系统(重复灌浆),在水平结合面进行凿毛;方案 II 保留原下游坝面预制混凝土护坡,将整个结合面分为下、中、上三部分,将结合面下部新老混凝土良好结合;结合面中部设置成滑动缝,待中段混凝土充分冷却后,再浇注上段混凝土。方案 II 可有效节省投资,且坝体应力较有利,应优先采用。

表面保温的控制标准为:

在每年 10 月份混凝土浇筑停止后,在下游面和水平越冬面采用 5 cm 厚聚苯板进行保温。采取这样的保温措施可防止混凝土出现较大的内外温差和上下层温差。

4.2 推荐的温控措施

(1)优化混凝土配合比,减少胶凝材料用量,降低混凝土的绝热温升,提高混凝土的抗拉强度和极限拉伸值。

(2)控制混凝土原材料的温度,为骨料料堆搭设遮阳篷,采用地笼取料,在骨料料堆中埋设冷却水管进行通水冷却。加冰拌和进一步降低混凝土的出机口温度。

(3)采取表面保温的措施减小混凝土的内外温差和上下层温差。

(4)高温季节浇筑的混凝土采用冷却水管进行冷却以控制混凝土的最高温度和上下层温差。

(5)在高温季节浇筑混凝土时应采用喷雾等措施,在表面形成一个低温的小环境,减小混凝土浇筑过程中的热量倒灌。

(6)夏季应尽量避免在温度最高的时段浇筑混凝土,尽量在夜间低温时段浇筑混凝土。

喷涂聚脲弹性体抗冲磨技术现场试验

孙志恒[1] 李守辉[1] 方文时[1] 任宗社[2] 屈章彬[3]

(1.北京中水科海利工程技术有限公司 2.西瓦建设分公司 3.小浪底建管局水力发电厂)

1 前言

水利水电工程中泄洪建筑物抗高速水流冲磨和空蚀的问题一直没有得到比较好的解决,特别是大坝的排沙孔、泄水孔、溢流面、尾水隧洞、消力池底板以及大型输水洞的混凝土表面抗冲耐磨保护层还没有比较满意的材料和施工技术。喷涂聚脲弹性体材料是近十年来国外开发出来的一种新型高分子材料,它具有非常独特的优越性能,是完全的绿色产品,可在任意的曲面、斜面及垂直面上喷涂成型,不产生流挂现象,凝胶时间可调(一般在 30~50 s 左右),对水分和湿气不敏感,施工时不受环境温度、湿度的影响;具有非常优异的柔韧性、耐磨性、高粘接性能及本体拉伸强度、撕裂强度高和优良的耐高低温性能;施工非常方便,效率高。该材料目前已经在军事(如军舰、快艇)、工民建(如各类地坪、机场跑道)等方面得到很好的应用。预计这种喷涂材料作为水利水电工程各类混凝土表面的防渗、抗冲耐磨保护层,也将具有显著的效果和非常广阔的应用前景。

为完善喷涂聚脲弹性体抗冲磨技术的施工工艺,验证其水利水电工程泄洪建筑物中的抗冲磨效果,我们在小浪底水电站 2 号排沙洞出口进行了喷涂聚脲弹性体材料现场试验。

2 现场试验内容

小浪底水利枢纽是以防洪、防凌、减淤为主,兼顾供水、灌溉、发电的多目标兴利工程。枢纽坝高 160 m,水库总库容 126.5 亿 m^3;枢纽按 1000 年一遇洪水 4 万 m^3/s 设计,10000 年一遇洪水 5.23 亿 m^3/s 校核。小浪底水利枢纽的兴建使水库上下游形成了 140 m 的落差,最大泄流量 13 990 m^3/s。基于水库排沙减淤的运用方式,必须以具有深式进水口的隧洞泄洪为主,因此高速水流的处理是枢纽设计的关键技术难题。小浪底排沙洞设计为压力洞。进口高程 175 m,每个洞 6 个进口直接位于发电引水口的下方,然后合为一个直径 6.5 m 的洞,出口设有可以局部开启的偏心铰弧形工作闸门。最高设计水头 122 m,单洞最大过流能力 675 m^3/s,控制最大泄流不超过 500 m^3/s,排砂洞最大过流流速为 40 m/s。排沙洞在泄水建筑物中是运用机会最多的建筑物。排沙洞进口高程最低,水流含沙量高,因此对混凝土的抗冲磨要求很高,设计混凝土标号为 C70。

本次现场试验选择在小浪底 2 号排沙洞进口部位,该部位的流速最大、水流条件复杂、冲刷得最严重。试验内容首先是验证聚脲弹性体材料抗冲磨效果,总结大规模现场施工工艺及经验;其次是发现现场施工和运行中存在的问题,提出相应的解决问题的方法。具体试验内容如下:

(1)通过实际泄洪的考验,验证喷涂聚脲弹性体材料的抗冲磨效果。

（2）通过调整施工工艺参数，寻找大面积快速施工工艺及技术要求。

（3）改进聚脲弹性体材料的压边方法及工艺。

（4）聚脲弹性体涂层的修复试验。

（5）检验在钢板表面喷涂聚脲弹性体的效果。

（6）检验在破损的聚脲周边进行封边的工艺及新老聚脲之间的搭接效果。

（7）验证适应潮湿环境中与老混凝土能牢固黏结的粘接剂的实际应用效果。

为了实现上述内容，我们于 2006 年 5 月 12 日至 20 日第一次在小浪底水电站排沙洞出口进行了喷涂聚脲弹性体试验（流速为 40 m/s，含泥沙），试验的面积约 90 m^2，分两种情况进行喷涂试验，6 月 10 日小浪底排沙洞开始泄洪调沙，历时 20 d。过流后检查发现，聚脲弹性体材料的抗冲磨能力很好，但由于试验时，在伸缩缝处的压边未处理好，用于压边的弹性环氧砂浆被冲掉，导致局部聚脲弹性体被撕裂、脱落。为此，在改进材料特性及施工工艺的基础上，我们于 2006 年 8 月 22 日至 24 日在小浪底排沙洞进行了第二次现场试验。第二次现场试验面积约 70 m^2，分 8 种情况进行喷涂试验。

3 材料的选择

3.1 聚脲弹性体材料

现场试验目的是主要解决水工混凝土抗冲耐磨问题，结合小浪底实际工程情况，第一次试验选择的聚脲弹性体材料主要技术指标见表 1，第二次试验对第一次使用的材料进行了改进，改进后的聚脲弹性体材料的主要技术指标见表 2，其中增强了聚脲弹性体材料的拉伸强度、撕裂强度和耐磨性。

表 1　第一次试验聚脲材料的主要技术指标

项　目	指　标
固含量	100%
凝胶时间	10 s
拉伸强度	12 MPa
扯断伸长率	200%
撕裂强度	30 kN/m
硬度，邵 A	80 ~ 85
附着力（潮湿面）	≥2 MPa
耐磨性（阿克隆法）	≤50 mg
颜色	浅灰色
密度	1.02 g/cm^3

表 2　第二次试验聚脲材料的主要技术指标

项　目	指　标
固含量	100%
凝胶时间	15 s
拉伸强度	16 MPa
扯断伸长率	200%
撕裂强度	70 kN/m
硬度，邵 A	80 ~ 85
附着力（潮湿面）	≥2 MPa
耐磨性（阿克隆法）	≤50 mg
颜色	浅灰色
密度	1.02 g/cm^3

3.2 界面剂的选择

为了保证聚脲弹性体材料与被防护的混凝土面之间有较强的粘接强度，我们研发了 SK 界面剂和 SK - BE14 界面剂。这两种材料均可用于潮湿面混凝土的界面剂。涂刷后要固化

7 h 以上,干燥面的粘接强度较潮湿面略好,粘接强度大于 2 MPa,7 d 时的粘接强度就接近最大值,混凝土面防渗涂层粘接强度均大于 3 MPa。

通过第一次现场试验发现 SK－BE14 界面剂较稠,层面较厚,不利于界面剂渗入混凝土内,为了提高界面剂与混凝土粘接效果,第二次现场试验采用在 SK－BE14 内掺加 15% 的专用稀释剂,以减少界面剂的厚度,从而增强界面剂的渗透性。

4 施工工艺

4.1 底面处理

混凝土底面处理首先用角磨机、电动钢丝刷、高压水枪等清除表面的灰尘、浮渣和污物。用堵缝材料进行底表面找平、封堵孔洞及裂缝处理。待找平及堵缝材料固化后用砂轮磨平。然后清除表面的污物,刷涂或刮涂专用界面剂。

4.2 周边处理

第一次试验聚脲弹性体材料的周边采用开槽封边的施工工艺,由于在两个伸缩缝之间喷涂,选择在伸缩缝开槽,开槽尺寸为 2 cm × 2 cm,然后冲洗干净,沿混凝土搭接周边用宽胶带隔开,然后回填弹性环氧砂浆。伸缩缝部位封边处理示意图见图 1。

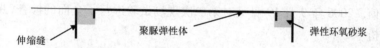

图 1　第一次聚脲收边处理

通过第一次试验证明,在高速水流作用下,采用开槽压边效果不好,但是只要保证聚脲弹性体材料周边均匀过渡,就可以防止聚脲周边掀起。

第二次试验中,为了保证聚脲涂层与周围混凝土的搭接牢固可靠,避免在高速水流冲刷下开口掀起,在与周围混凝土搭接边处采用平滑过渡。图 2 中所示周边临时粘贴圆棒是为了保证喷涂材料在周边可以平滑过渡,喷涂完成后,再将圆棒拿走。

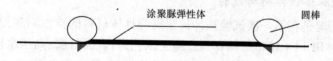

图 2　第二次聚脲收边处理

4.3 喷涂聚脲材料

聚脲弹性体材料的喷涂时间应在界面剂施工后 12～24 h 内进行,视现场温度及湿度而定。在喷涂之前,应用干燥的高压空气吹掉表面的浮尘。喷涂 2～3 遍,厚度大于 2 mm。

喷涂时应随时观察压力、温度等参数。A、R 两组分的动态压力差应小于 600 psi,雾化要均匀。如高于此指标,即属异常情况,应立即停止喷涂,检查喷涂设备及辅助设备是否运行正常,故障排除后,方可重新进行喷涂。

4.4 封边

聚脲弹性体材料喷涂 8 h 以后,用弹性环氧砂浆封堵周边,或用弹性环氧涂料压边。

5 第一次现场试验结果

第一次现场试验施工完成后,小浪底 2 号排沙洞共过流 370.2 h。过流后的结果表明,由于伸缩缝处是薄弱部位,且不连续,容易发生气蚀,压边弹性环氧砂浆被高速水流冲掉,导致聚脲弹性体材料从边缘掀起,发生撕裂破坏。伸缩缝部位喷涂聚脲弹性体材料试验结果表明,在聚脲弹性体材料周围压边,保持其边缘均匀过渡,是可以保证在高速水流作用下边缘不被掀起。由于聚脲弹性体材料自身的特点,直接跨过伸缩缝不会被拉开。聚脲弹性体材料本身的抗冲磨能力很强,经过 20 多天的排沙冲磨,聚脲弹性体材料表面无磨损。

6 第二次现场试验成果对比

2006 年 8 月 25 日完成第二次现场喷涂试验,小浪底 2 号排沙洞于 2006 年 9 月 1 日至 7 日开始过流,累计过流 143 h 40 min,最大泄量 495 m³/s,过流流速约为 40 m³/s,下泄水量 19 680.6 万 m³。外观泄水含沙量比较大,但没有进行含沙量监测。此时聚脲弹性体的强度还未达到最高值。2006 年 9 月 19 日又对第二次现场试验进行了全面的检查,并对 8 种试验工况进行了分析。

6.1 底面及侧面大面积喷涂聚脲弹性体材料试验

为了模拟大面积施工,第一种试验工况为大面积喷涂试验,选择的混凝土界面剂为 BE14 +20% 的稀释剂。施工工艺为:表面打磨、高压水枪清洗、晾干后局部填堵孔洞、涂刷稀释后的界面剂、周边粘贴圆棒、喷涂聚脲弹性体材料、封边等步骤。

过流后检查发现,在底部的中部有 1 m² 的聚脲弹性体材料被冲掉,取样发现冲掉部位的聚脲弹性体材料强度较低,是由于喷涂 A、B 组分混合不均匀造成的。底部其余部位及两个侧墙面情况良好,聚脲弹性体表面未出现磨损现象。

6.2 底面喷涂聚脲弹性体材料试验

第二种试验工况是在第一次试验被冲掉聚脲弹性体材料的排沙洞底面重新喷涂。选择的混凝土界面剂为 BE14 +10% 的稀释剂。施工工艺为:表面打磨、高压水枪清洗、晾干后涂刷稀释后的界面剂、周边粘贴圆棒、喷涂聚脲弹性体材料、封边等步骤。

过流后检查发现,底部喷涂的聚脲弹性体材料完好,边缘无掀起现象,虽然用于封边的弹性环氧涂料局部剥落,但聚脲弹性体材料边缘粘接很好,聚脲弹性体材料表面未出现磨损现象。

6.3 新老聚脲弹性体材料结合试验

为了试验新老聚脲弹性体材料结合情况,第三种试验工况是在第一次试验右侧墙被冲掉聚脲弹性体材料的部位进行了修补试验,混凝土界面剂为 BE14 +20% 的稀释剂,新老聚脲弹性体材料之间未涂刷界面剂。施工工艺为:沿老聚脲弹性体材料周边表面打磨 20 ～ 30 cm、混凝土表面打磨、高压水枪清洗、晾干后局部填堵孔洞、涂刷稀释后的界面剂、混凝土周边粘贴圆棒、喷涂聚脲弹性体材料、封边等步骤。

过流后检查发现,在新老聚脲弹性体材料连接处有约 2 m² 的聚脲弹性体材料被冲掉,分析原因为新老聚脲弹性体材料之间的粘接强度较低,虽然打磨了,但未涂刷专用的界面剂(新聚脲弹性体材料与老聚脲弹性体材料之间的界面剂不同于新聚脲弹性体材料与混凝土之间的界面剂)。新老聚脲弹性体材料结合是薄弱部位,在高速水流的作用下,从新老聚脲弹性体材料交接处掀起,导致部分聚脲弹性体材料被冲掉。

6.4 聚脲弹性体材料老边封闭试验

为了试验聚脲弹性体材料破损后快速修复的情况,第四种试验工况是在第一次试验被冲掉聚脲弹性体材料的部位进行了压边修补试验,压边材料选择弹性环氧涂料,施工工艺为:用高压水枪将老聚脲弹性体材料周边冲洗干净,晾干后用弹性环氧涂料封边。过流后检查发现,试验块四封边效果很好,未出现新的破损现象。试验证明,对破损的聚脲弹性体材料进行快速修复,采用弹性环氧涂料封边是可行的。

6.5 表面直接喷涂聚脲弹性体材料试验

为了研究大规模快速施工工艺,提高基面处理效率,第五种试验工况是进行现场快速喷涂聚脲弹性体材料试验。快速施工工艺为:表面不进行打磨、修补处理,采用高压水枪直接冲洗被保护的老混凝土表面,晾干后涂刷 BE14 +20% 的稀释剂,直接喷涂聚脲弹性体材料,并用弹性环氧涂料封边。

过流后检查发现,在高速水流的作用下,聚脲弹性体材料涂层完整。试验结果表明,对小浪底排沙洞这种粗糙的混凝土表面,可以直接喷涂聚脲弹性体材料,这样大大提高了施工速度。

6.6 混凝土表面采用环氧砂浆找平后喷涂聚脲弹性体材料试验

第六种试验工况是在混凝土冲蚀严重的表面采用环氧砂浆找平,在平整的混凝土表面喷涂聚脲弹性体材料,同时周边平滑过渡,不采用弹性环氧涂料封边。施工工艺为:高压水枪清洗混凝土表面,抹环氧砂浆、涂刷稀释后的界面剂、混凝土周边粘贴圆棒、喷涂聚脲弹性体材料等步骤。

过流后检查发现,在高速水流的作用下,聚脲弹性体涂层完整。试验结果表明,对于破损比较严重的部位,先用环氧砂浆将破损面找平,再喷涂聚脲弹性体材料,喷涂后聚脲弹性体表面平整,过水后聚脲弹性体表面光滑,无磨损现象。

该试验还证明,只要聚脲弹性体周边做到平滑过渡,便可以不用专门封边处理。

6.7 混凝土粗糙面仅打磨处理后喷涂聚脲弹性体材料试验

混凝土表面冲蚀后表面粗糙,为了提高施工速度,第七种试验工况是在粗糙的混凝土表面打磨,未进行孔洞封堵。施工工艺为:打磨、高压水枪清洗、涂刷 BE14 +20% 的稀释剂、混凝土周边粘贴圆棒、喷涂聚脲弹性体材料。

过流后检查发现,在高速水流的作用下,聚脲弹性体涂层完整。试验结果表明,在表面粗糙的混凝土表面,打磨、清洗后,不必先封堵表面出现的孔洞,这样可以减少一道环节,提高了喷涂效率。喷涂后聚脲弹性体表面完整,无明显磨损现象。

6.8 钢板表面喷涂聚脲弹性体材料试验

为了验证聚脲弹性体处理对钢板的防护效果,第八种试验工况是在闸门右侧的钢板表面进行了喷涂聚脲弹性体材料的试验。施工工艺为:钢板表面打磨除锈、涂刷 BE14 界面剂(不掺稀释剂)、混凝土周边粘贴圆棒、喷涂聚脲弹性体材料、封边。

过流后检查发现,在高速水流的作用下,聚脲弹性体涂层完整。可以看出,过流后聚脲弹性体表面完整,无明显磨损现象,聚脲弹性体与钢板的粘接强度较高。虽然用于封边的环氧涂料部分已经剥落,但聚脲弹性体周边并未掀起,说明聚脲弹性体周边不需要专门封边处理。试验结果表明,在钢板表面喷涂聚脲弹性体材料防护效果很好。

6.9 现场检查后再次过流情况

2006 年 9 月 25 日至 27 日 2 号排沙洞再次排沙过流,过流时间 50 h 30 min。现场检查发现,第二次过流后,聚脲弹性体材料表面与第一次过流后的情况一样,各种试验工况情况良好。

7 现场试验小结

通过在小浪底水利枢纽 2 号排沙洞两次现场试验,验证了喷涂聚脲弹性体材料具有优越的抗冲磨特性和快速施工的特点,总结了出一套较完整的施工工艺和宝贵的经验。主要经验如下:

(1)大面积喷涂聚脲弹性体材料时,施工表面只需将浮层打磨掉,如果是经常泄水的建筑物,表面可不需打磨,但是喷涂面一定要用高压水枪冲洗干净。

(2)聚脲弹性体周边可以不采用开槽压边的工艺,只要能保证周边平滑过渡,就可以保证聚脲弹性体周边不被掀起。

(3)喷涂聚脲材料要保证喷涂厚度尽量均匀,在喷涂过程中,要保证两种组分的材料混合均匀,压差要小于 600 psi。

(4)界面剂要稀释,以保证界面剂能渗入被喷涂的混凝土表层内,界面剂要尽量薄。喷涂聚脲弹性体材料一定要待界面剂表面固化后(8 h 以后)才能进行。

(5)破损后的聚脲弹性体材料要及时处理,防止聚脲弹性体破损面进一步扩大。临时修补时,采用弹性环氧涂料压边的方法是可行的。

(6)在伸缩缝处直接喷涂聚脲弹性体材料,可以保证水流光滑过渡,能避免通常在伸缩缝部位发生气蚀破坏的现象。

(7)新老聚脲弹性体材料之间的结合不但要在老聚脲弹性体表面打磨处理,同时还要采用专门的粘接剂。

(8)聚脲弹性体的平整度与基础混凝土的平整度有直接关系,在表面平滑的混凝土表面喷涂聚脲弹性体材料,成型后的聚脲弹性体表面光滑、平整。

(9)在钢板上喷涂聚脲弹性体材料是可行的,聚脲弹性体材料与钢板之间的粘接强度较高,喷涂后聚脲弹性体的表面光滑,为了保证效果,钢板表面最好采用喷砂除锈的方法处理。

(10)聚脲弹性体材料本身具有较高的抗冲磨能力,抗含沙的高速水流冲磨的性能很好。

8 结语

本次在老混凝土表面进行抗冲磨试验的结果表明,在高速、高含砂水流的作用下,采用喷涂聚脲弹性体材料的技术保护混凝土表面防冲磨、防渗是可行的。聚脲弹性体材料具有抗高速水流冲磨的特点,可以满足高流速条件下的结构的抗冲磨要求,对于在新浇筑的混凝土表面喷涂聚脲弹性体材料还可以简化施工工序,提高施工速度,喷涂的聚脲弹性体表面平滑,效果会更好。该试验的完成,为水电站泄洪建筑物表面采用喷涂聚脲弹性体材料防冲磨技术提供了宝贵的经验。

河南宝泉抽水蓄能电站下水库大坝加高加固的工程经验

王国秉　鲁一晖　刘致彬　张家宏　胡　鹏

（中国水利水电科学研究院结构材料所）

受东北电网有限公司委托,中国水利水电科学研究院承担丰满大坝全面治理方案可行性研究工作,为吸取国内外已有工程加固的成功经验,我们考察了国内若干大坝补强加固工程。现将河南宝泉抽水蓄能电站下水库大坝加高加固工程的经验介绍于后,可供类似工程借鉴。

1　工程概况

1.1　宝泉抽水蓄能电站概况

宝泉抽水蓄能电站位于河南省辉县市薄壁乡大王庙以上 2.5 km 的峪河上,距新乡市、焦作市和郑州市的直线距离分别为 45 km、30 km 和 80 km。电站装机 4 × 300 MW,总装机容量 1 200 MW,年发电量 20.1 亿 kW·h,年抽水耗电量 26.42 亿 kW·h,电站综合效率 0.76。电站建成后以 500 KV 两回出线接入河南电网,在电网中主要担任调峰、填谷并同时兼有旋转备用、调频、调相等功能。

电站由上水库、输水发电系统及下水库等建筑物组成。上水库修建在峪河支流东沟内,大坝坝型为沥青混凝土面板堆石坝,最大坝高 94.8 m,坝顶高程 791.9 m,总库容 782 万 m³。下水库利用峪河上已建成的宝泉水库大坝加高加固改建而成,大坝坝型为浆砌石重力坝,原大坝高 91.1 m,改建后最大坝高 107.5 m,坝顶高程 268.5 m,总库容 6 850 万 m³。输水发电系统采用两洞四机引水方式,主洞洞径 6.5 m。

下水库大坝加高改建工程的设计由黄河勘测规划设计有限公司完成。施工任务由河南省水利水电施工局承担。目前加高改建工程正在施工中。

1.2　改建前宝泉水库概况

宝泉水库位于辉县市西部峪河峡谷出口处上游 1.5 km,水库控制流域面积 538.4 km²,多年平均径流量 1.01 亿 m³。水库开发目标为"灌溉为主,结合发电,兼顾防洪",工程规模属中型,工程等别为三等,大坝按 3 级建筑物设计。

已建成的宝泉水库大坝由挡水坝段、溢流坝段、导流底孔、一级灌溉发电洞、二级灌溉发电洞等组成,坝顶高程 252.1 m,坝顶长度 411 m,最大坝高 91.1 m。水库正常蓄水位 244 m,死水位 196.5 m,总库容为 4 458 万 m³,兴利库容为 3 070 万 m³。水库防洪标准按 50 年一遇洪水设计,500 年一遇洪水校核,设计洪水位 248.98 m,校核洪水位 252.11 m。大坝坝型为整体式浆砌石重力坝,坝体材料为花岗片麻岩和石英砂岩。

河床挡水坝段长 170.16 m,岸坡挡水坝段长 118.34 m,坝顶宽度 5 m,上游坝坡 1:0.05,

下游坝坡 1:0.7。溢流坝段采用开敞式溢流堰,净宽 109 m,堰顶高程 244 m,上游坝坡 1:0.3,下游坡 1:0.68。采用挑流消能方式,鼻坎坎顶高程 185 m。河床挡水坝段下游背坡 212 m 高程、溢流坝段上游 218.8 m 高程分别预留平台,以便于远期加高坝体。

宝泉水库于 1973 年 7 月正式开工兴建,1975 年 8 月因资金和原材料困难暂停施工,此时坝体砌至 171 m 高程,坝高 10 m。1976 年 10 月工程恢复施工,1982 年又停止施工,此时坝高 50～51 m。溢流坝砌至 211 m 高程,挡水坝砌至 212 m 高程,并建成了导流底孔和一级灌溉洞。

宝泉水库复建工程于 1989 年 10 月开工。复建工程仍按兴利水位 244 m 考虑,挡水坝段坝顶高程 252.1 m,即在前期大断面上游侧加高 40.1 m;溢流坝堰顶高程 244 m,即在前期大断面下游侧加高 33 m,并新建 221 m 高程二级灌溉洞。工程于 1994 年 4 月竣工,同年 6 月验收。

1.3 下水库工程总体布置

宝泉抽水蓄能电站下水库为加高加固改、扩建工程,通过对宝泉水库大坝的坝体材料、坝基以及稳定等方面综合计算分析,坝体质量总体良好,因此改建时大坝仍采用整体式浆砌石重力坝坝型,上游面采用钢筋混凝土面板防渗,溢流面采用混凝土面层。

下水库大坝由挡水坝段、溢流坝段、一级灌溉洞、二级灌溉洞等组成。溢流坝段采用开敞式溢流堰,为扩大兴利库容,在溢流堰顶加设 3 m 高的橡胶坝,橡胶坝的运用方式为非汛期挡水、汛期塌坝泄洪。水库正常蓄水位为 260 m,死水位 220 m,总库容 6 850 万 m³,兴利库容 5 509 万 m³,设计洪水最大泄量为 3 490 m³/s,校核洪水最大泄量为 6 670 m³/s。

改建后挡水坝段坝顶高程为 268.5 m,溢流坝堰顶高程为 257.5 m,最大坝高 107.5 m,坝顶长度 508.3 m,其中溢流坝段净宽 109 m,下游采用挑流消能。左岸挡水坝段设有一级灌溉洞、二级灌溉洞、导流底孔,均已建成,其中二级灌溉洞进口底板高程 221 m,一级灌溉洞进口底板高程 190 m,导流底孔设在 0+220 m 桩号处,洞径 1 m,进口底板高程 172 m,水库蓄水前将进行封堵。

2 大坝加高改建的设计方案

2.1 已建老坝存在的主要问题

宝泉大坝为已建的浆砌石重力坝,二期工程竣工后,坝顶高程 252.1 m,最大坝高 91.1 m,坝顶长 411 m。为查明大坝建成后的坝体质量,在坝体共布置了 7 个钻孔并取样进行力学试验。结果表明,除混凝土与基岩的试验指标 c' 值偏小外,砌石与混凝土、混凝土之间的抗剪强度试验指标均满足设计要求。

从收集到的容重检测成果看,坝体无论是砌块石或是砌粗料石,除局部容重小于设计值 (2.3 t/m³) 外,其余容重值均大于设计值。

通过对坝体七个钻孔的压水试验指标看,坝体的透水率较大。钻孔岩芯的 RQD 值偏低,波速中等至低等。

从 1994 年 12 月至 1995 年 2 月坝体渗水量观测结果看,所有坝体均存在不同程度的渗漏,日渗水量在 691.2 m³/d 以上。其中溢流坝段渗漏量很小,施工质量较好。坝体内位于右坝肩高程约 210 m 处的 88 号基础排水孔的渗水量约 43.2 m³/d,说明该坝段坝体施工质量较差。

鉴于以上情况,且考虑宝泉水库作为抽水蓄能电站的下水库,建筑物级别由Ⅲ级变为Ⅰ级,防渗要求高,因此对大坝上游面采用混凝土面板防渗,面板横向伸缩缝间距 12 m,缝内设置止水,260 m 高程以下设止水铜片(厚度 1.2 mm)和 PVC 橡胶止水带两道止水,260 m 高程以上采用一道止水铜片,止水铜片上部伸至防浪墙顶;止水铜片和 PVC 橡胶止水下部嵌入基岩内的止水槽内。

2004 年 12 月在左坝体(设计桩号 0 +092.5 m ~ 0 +104.50 m)及上游平台(坝上游宽 3 m,设计桩号 0 +092.5 m ~ 0 +103.7 m),发现该段老坝体及上游平台砌石质量较差,有大面积空洞出现,且部分砌体间无胶凝材料充填,坝体质量和容重均难以保证;另外在 0 +097.00 m ~ 0 +102.10 m 范围坝基有渗水出现,其中桩号 0 +099.23 m,高程 238.24 m 处渗水较严重,其次坝体砌石与基岩间未做混凝土垫层。基于以上问题和设计布置要求,为保证大坝加高基础的安全性和可靠性,进一步搞清坝体和基础面质量,对左坝头这一段老坝体及上游平台进行了拆除。

另外,右岸坝段 0 +467 ~ 0 +490 段,老坝体有一后戗,高 10 余米,宽 7 ~ 8 m,外观质量较好,但戗体内质量稍差,鉴于以上情况,对坝体未进行拆除,采用坝体注浆密实加固。

2.2 大坝加高型式的设计

由于本工程属改、扩建工程,因已建大坝(91 m 高)的坝体为浆砌石重力坝,故上部坝体仍宜采用重力坝坝型。

根据宝泉下水库大坝为浆砌石结构,原设计就曾考虑后期加高,挡水坝段在背水坡 212 m 高程,溢流坝段在前坡 218.8 m 高程均预留有二期加高的平台位置,本次即在原平台位置上进行加高。另外两坝肩由于坝顶加高后,坝肩向两侧加长,其中左岸坝身加长 50 m,右岸坝身加长 78.8 m,加长部分全是在新岩石基础上重新砌筑坝体。

根据现场实际情况,采用直接加高式,对加高坝型主要选择了浆砌石坝、混凝土重力坝和碾压混凝土重力坝三种坝型。

由于原老坝就是浆砌石重力坝,且当地有丰富的天然砂石料以及熟练的砌石工人,料场距大坝很近,开采运输方便,浆砌块石造价低,施工方便,需要机械设备少。经综合比较,加高坝型仍采用浆砌石重力坝。

除新建坝段外均需在已建浆砌石重力坝基础上进行坝体的加高,挡水坝段采用与下游坝面平行加高方式,溢流坝段采用与上游坝面平行加高方式。为确保新、老坝体的紧密结合,使其成为一个整体发挥作用,设计时采取了如下措施:①所有结合面均设锚固结合钢筋;②对老坝体原留伸缩缝弃而不用者以及 251.85 m 高程已建大坝坝顶下游侧与新砌坝体结合处均设置三层并缝钢筋加固。

2.3 坝体防渗方案的论证

由于宝泉水库改、扩建后将作为宝泉抽水蓄能电站的下水库,水量比较宝贵,同时大坝为一级建筑物,且加高后最大坝高达 107.5 m,为国内最高的浆砌石重力坝,其防渗及安全可靠性应放在第一位,加之已建大坝防渗体存在渗漏隐患,因此坝体防渗设计尤为重要。

对原坝体防渗共比较了三个防渗设计方案,根据大坝的重要性和级别,对新加高坝体挡水坝段 252.1 m 高程以上和溢流坝段上游 218.8 m 高程以上坝体,按一般常规要求是直接采用钢筋混凝土面板进行防渗,不再进行方案比较。

2.3.1 方案一:上游坝面挂网喷混凝土防渗方案

该方案是在原坝体上游坝面 190 m 高程以上至原坝顶范围内做 15 cm 厚的钢筋网喷混凝土防渗层,钢筋网直径 φ8,网格为 20×20 cm。对 190 m 以下至坝下 174 m 高程混凝土平台由于考虑不放空水库,是在水下施工,则考虑两种处理办法,一是浇水下不分散混凝土板,一是从坝顶做帷幕灌浆一直到 170 m 高程。

采用喷混凝土质量相对开挖岩面较容易得到保证,不需模板,施工简便。但喷混凝土很难避免产生裂缝,在高水头作用下防渗效果如何,尚未有工程实例可验证。因此该方案存在风险较大,综合考虑未作推荐。

2.3.2 方案二:坝体灌浆方案

该方案曾考虑了两种形式,一是混凝土隔墙上游灌浆形式,二是混凝土隔墙下游灌浆形式。

混凝土隔墙上游灌浆形式,是利用距老坝上游约 2~4 m 范围有一条混凝土隔墙,在混凝土隔墙与老坝上游面的浆砌粗料石之间进行坝体灌浆,通过灌浆加密上游坝体密实性,提高防渗性能。这种形式优点是施工方便,节省投资,同时又可利用坝上游水压力而加大灌浆压力。缺点是由于钻孔仅距上游坝面 1.25 m,钻孔最大深度 80 m 余,要求钻孔精度很高,否则会打穿上游防渗体,同时防渗体是砌筑而成,整体性差,灌浆压力低了,达不到防渗效果,压力高了,担心抬动砌石,或者浆体防渗体进入库内。

形式二是在混凝土隔墙下游灌浆,即在混凝土隔墙下游约 1.5 m 的坝体排水管内进行灌浆,灌浆结束后再重打排水孔。该方案成孔容易,即使跑浆也只能跑到坝体下游,因有混凝土隔墙阻隔,不易抬动上游砌石。缺点是因在混凝土隔墙下游灌浆防渗体得不到补强;其次由于排水管向下流移动,使坝体扬压力增加;其三在进行灌浆时往下游跑浆过多,会增加很多灌浆量。

综合上述,灌浆方案也未考虑推荐。

2.3.3 方案三:现浇混凝土面板方案

该方案是在上游坝面作钢筋混凝土面板,面板在 174~190 m 高程范围内厚 1.4 m,190 m 高程以上厚 1 m,采用锚筋固定在原坝面上,190 m 高程以下由于水库无法放空,采用水下不分散混凝土,190 m 高程以上为普通混凝土,该方案为常规的防渗措施,安全可靠。但水下部分模板安装,止水埋设等施工较困难,投资最大。

上述三个方案均属可行方案,现浇混凝土面板方案造价最高,但防渗效果最好,耐久性强,坝体实际承受的扬压力最小。喷混凝土方案造价适中,施工便利,但在 50 m 水头作用下喷混凝土防渗效果未经试验,无确切把握。灌浆方案造价最低,但耐久性及可靠性不如现浇混凝土面板方案。

宝泉水库作为抽水蓄能电站下库,是极为重要的一级水工建筑物,就浆砌石坝而言,最终坝高为 107.5 m,为国内最高的浆砌石重力坝,其安全可靠应是第一位的。因此综合比较最终推荐混凝土面板方案。

3 钢筋混凝土面板防渗方案的设计与施工

下水库大坝上游防渗面板的设计根据各坝段的布置共分成44块面板,伸缩缝间距一般为12 m,最大块面板间距12 m,最小块面板间距8 m。分布左岸(右岸、河床)。其中1~7号面板布置在新建左岸挡水坝段上游坝面,8~19号面板布置在已建左岸挡水坝段上游坝面,20~29号面板布置在溢流坝段上游坝面,30~41号面板布置在已建右岸挡水坝段上游坝面,42~44号面板布置在新建右岸挡水坝段上游坝面。防渗面板底部厚度按最大水头的1/60控制,底部174 m高程面板厚1.4 m,174 m~190 m高程间面板厚度由1.4 m渐变为1.2 m,190 m~220 m高程间面板厚度由1.2 m渐变为1 m,220 m高程以上面板厚度均为1 m。新建坝段防渗面板嵌入建基面1.5 m,并与坝基防渗设施连成整体。

防渗面板采用C25混凝土,并掺加聚丙烯纤维,抗渗标号按照规范要求采用W8,死水位以上抗冻标号采用F200,以下采用F100。面板伸缩缝内埋设止水,正常蓄水位以下设两道止水,以上设一道止水。

防渗面板内布设单层φ14@150钢筋网。面板与坝体间采用锚筋连接,锚筋直径φ22,间排距1 m,单根长2.7 m~3 m,伸入砌石坝体1.5 m,并与面板表层钢筋网焊接连接。

大坝上游防渗面板采用旱地施工,施工条件得到改善,施工质量也将得到充分保证。招标设计阶段对水库放空的可能性,曾比较了三个方案:

(1)打开原水库导流底孔方案。导流底孔设在0+220 m桩号处,洞径1 m,进口底板高程172 m。此方案较为理想,但考虑底孔可能已淤塞,能否打开并无把握。

(2)在右岸打一导流洞。导流洞从后面向前挖进施工,打通前预留5 m长,再采用一次性爆破贯通全洞。此方案风险较大,施工费用较高。

(3)强行抽排方案。宝泉水库上游有一个小电站,尾水渠的流量可不直接进入库区,约可截堵4 m³/s,能保证工地非汛期(9月份后)施工期入库流量不大于1~2 m³/s。施工时,拟设置几个抽水泵,强行抽排,创造旱地施工条件。

经比较,推荐打通导流底孔方案,若不能实施,则执行强行抽排方案。

枯水期,承包商进入工地,进行清淤,打开了导流底孔的检修门,底孔慢慢被水冲开,非常顺利地实施了水库放空方案。

水库放空进行上游防渗面板施工时,左右岸挡水坝段大坝基本断面以外坝体底部向上游突出坝面砌成台阶状,台阶由浆砌粗料石砌筑,突出坝面宽度2~4 m,台阶高度最大达17 m。为此上游防渗面板底部施工时进行延伸,并将浆砌石台阶外表面覆盖后深入基岩。为保证坝体防渗与坝基防渗连成整体,台阶顶面布设固结灌浆孔,孔间距2 m,孔伸入基岩8 m。

4 结语

(1)宝泉抽水蓄能电站下水库大坝为加高改建工程,坝型为整体式浆砌石重力坝,采用坝体上游面钢筋混凝土面板防渗型式。改建后的大坝坝顶高程268.5 m,最大坝高107.5 m,坝顶长度508.3 m。溢流坝堰顶高程257.5 m,溢流堰净宽109 m。为扩大兴利库容,在堰顶加设 3 m 高的橡胶坝,正常蓄水位 260 m,总库容 6 850 万 m^3,有效库容 5 509 万 m^3。于作为宝泉抽水蓄能电站下水库库容完全能满足抽水蓄能电站的需要。

(2)下水库大坝改、扩建工程设计采用的设计依据是合理的,基本设计参数是可靠的,稳定应力计算满足规范要求,泄流能力和下游消能防冲经过模型试验验证均能满足规范要求,因此下水库大坝的安全是有保证的。

(3)下水库大坝坝体防渗采用上游现浇钢筋混凝土面板防渗方案是可靠的。可行性研究阶段上游钢筋混凝土防渗面板设计为水上和水下两部分施工,采用水下不分散混凝土面板施工,施工时模板安装、止水埋设等均需在水下作业,施工难度较大,且在高水头下防渗效果无实例可验证。宝泉下水库大坝加高改建工程在综合考虑施工质量、施工难度、施工工期、水库清淤、导流以及水库回蓄可行性等各种影响因素后,确定大坝上游面以现浇混凝土面板取代水下不分散混凝土面板,面板采用放空水库旱地施工方式,施工实践表明是成功的,并为类似工程防渗加高加固提供了宝贵的经验。

新安江大坝溢流面弹性环氧砂浆现场试验

张运雄[1]　周华文[1]　孙志恒[2]　方文时[2]　鲍志强[2]

(1. 新安江水电厂　2. 中国水利水电科学研究院结构材料研究所)

1　工程概况

新安江水电站坐落在浙江省西部山区建德市境内,水库控制流域面积 10 442 平方公里,总库容 216.26 亿 m^3,其中调洪库容 47.32 亿 m^3,是钱塘江流域唯一具有多年调节性能的大型水库。泄洪采用厂房顶溢流结构,为了提高厂房顶溢流面的抗冲磨强度,溢流面采用了环氧砂浆作为防护层。

由于当时国内对于环氧材料研究还处于初期阶段,所用固化剂为低分子胺类,这类固化剂会使环氧砂浆涂层出现较大的收缩,并且涂层暴露在外界,气候和温度的变化也增大了环氧涂层开裂的几率。针对新安江电站溢流厂房顶老环氧砂浆涂层出现的脱空、开裂等问题,电厂曾使用过多种有机材料、无机材料进行修补,均未收到良好效果。每次修补之后,修补块与老环氧层的界面处仍出现开裂,而且修补块本身也产生贯穿性裂缝,年复一年,形成了越挖越深、越补越厚的局面。1983 年中国水利水电科学研究院使用弹性环氧砂浆在新安江溢流坝面进行了小面积现场试验,经过 20 多年的运行,该涂层虽然长期暴露在外界,并经过干湿、冷热循环的作用,但没有发现涂层开裂、脱空现象,并且涂层与基层混凝土粘接良好,证明了弹性环氧砂浆的优越性。由于弹性环氧砂浆小范围使用和大面积施工会有很多差异,施工工艺也不尽相同。因此新安江电厂与中国水利水电科学研究院结构材料所再次进行合作,采用弹性环氧砂浆对 7 号、8 号坝段进行大面积修补,试验面积为 120 m^2。试验目的是重点研究弹性环氧砂浆大面积应用可能遇到的问题和施工工艺。

2　弹性环氧砂浆的特点

弹性环氧从分子链的结构上进行改性,采用分子结构设计的手段,通过控制交联密度来调整链段的长度,以获得良好的变形性能。弹性环氧砂浆的主要成分是环氧树脂、固化剂、填料及其他增塑剂。正常固化的弹性环氧砂浆的特点为抗拉强度高、粘接力强、适应变形能力强、有较好的伸长率、抗裂性能好,进行强化开裂试验时在 $-20 \sim 80℃$ 条件下冻融循环,10 个循环不开裂,抗低温开裂性能远优于一般环氧砂浆。比较适用于非寒冷地区的露天施工。由于新安江水电站地处南方,气温条件比较适宜使用弹性环氧砂浆。

3　第一、二次现场试验及存在的问题

3.1　施工工艺过程描述

现场试验共进行了三次,第一次试验于 2003 年 2 月份进行,第二次试验是在同年 12 月

份进行,两次试验使用的环氧树脂 E44 黏度大,施工期间温度低,这给材料的称量、搅拌及涂层的涂抹等带来了很大困难。现场为了解决环氧树脂黏度大,施工不便的问题,采取了加热环氧树脂的方法来降低黏度,操作过程如下:

(1)第一次施工现场把环氧树脂加热至 60～70℃,第二次把环氧加热至 40℃左右,把热的环氧树脂倒入容器中称量,然后立刻加入固化剂。

(2)用手持电动搅拌机搅拌环氧与固化剂的混合液。

(3)把填料与混合好的环氧浆液倒入砂浆拌和机中搅拌,然后出料浇筑。

这两次试验完成后,经过夏天的暴晒考验,弹性环氧涂层均出现了表层开裂、受热发软、发黏以及不固化等问题。

我们对第一、二次施工取回的样品和现场施工工艺过程进行了分析,与 1983 年新安江环氧涂层试验的工艺过程进行了比较,并通过室内分析试验和露天模拟试验研究分析了导致弹性环氧涂层表面开裂、不固化的原因。

3.2 施工工艺存在的问题及涂层质量原因分析

3.2.1 加热的影响

环氧树脂固化反应为放热反应,把环氧树脂加热至 60～70℃,立刻加入固化剂,这时环氧树脂正处于热态,加之固化反应放热,容器中环氧浆液的热量不易散失,随着反应放热的累积,浆液内部温度会陡然窜升,导致环氧材料"爆聚"。"爆聚"现象是高分子聚合反应中的一种特殊情况,即树脂与固化剂开始混合后,由于反应放热来不及散失而加速聚合,这将使混合物在短时间内温度急剧升高、黏度急剧增加或出现急速固化。"爆聚"会使材料的性能下降或完全丧失材料的原有性能。

室内对相同的环氧树脂 E44 分别加入两种不同的固化剂进行了试验,一种为低分子胺类固化剂,另一种为弹性固化剂。环氧与低分子胺反应发生"爆聚"后材料体积膨胀,并且迅速硬化;而弹性环氧"爆聚"形式不同,把环氧树脂加热至 60℃,然后立刻加入固化剂搅拌均匀,放置 15 min 左右,其最高温度可达到 148℃,浆液黏度急剧增加,失去流动性即产生"爆聚",试验中发现弹性环氧"爆聚"产物遇冷变硬,受热发软、发黏。

前两次施工的环氧涂层受热时发软、发黏,当气温降低时就会变硬,这与"爆聚"试验结果是完全一致的,属于环氧材料的非正常固化。

3.2.2 搅拌方式的影响

前两次施工现场成型的试件经测试,强度低、密实性差、砂浆内有很多气孔。其中部分原因是由于施工过程使用了电动搅拌机搅拌的结果。电动搅拌机,其转速在 2 000 r/min 以上,高速搅拌使环氧浆液混入大量气泡,因为环氧树脂的黏度大,搅拌时混入的气泡不易被排出,所以在浇筑的砂浆涂层中就会出现很多气孔,造成涂层密实性差。一般应采取低速搅拌来避免大量空气混入到液体中,搅拌速度应小于 300 r/min。

3.2.3 涂层颜色的差异

第一次施工后发现涂层颜色有差异,这是由于拌料不均匀造成的。第一次施工使用砂浆拌和机拌料,但环氧浆液黏度大,容易粘附在搅拌机器壁和搅拌轴上,在搅拌时如未及时刮下参与反应的原料,就会形成无法控制的夹生层,使得填料与浆液不能混合均匀,不仅影响涂层整体的颜色,而且还会影响涂层的整体质量。第二次施工在砂浆中添加了一些遮盖色料,解决了颜色差异的问题。

3.2.4　涂层开裂的原因分析

前两次施工的砂浆涂层表面都出现了不同程度的开裂,涂层开裂处环氧树脂有拉丝的情况。当时砂浆表层温度为 $35 \sim 38\,℃$,砂浆层变软,能卷曲,这说明砂浆强度很低。

通过分析认为涂层产生开裂的原因主要是由于砂浆的非正常固化,非正常固化的原因是环氧树脂"爆聚"所致。"爆聚"后的环氧材料对于温度的变化特别敏感。从环氧固化物结构的角度分析,环氧树脂固化应形成三维网络结构,这种结构具有稳定性好,强度高等特点,而线性高分子材料对温度很敏感,受热后强度急剧下降,前两次施工的涂层就是这种现象,这说明环氧固化物没有形成所期望的三维网络结构,出现非正常固化。非正常固化的涂层开裂是由于白天日光照射涂层受热后,表面强度降低或几乎没有强度,夜晚温度降低时涂层表面变硬,或涂层受热后再受到雨水浸泡,这时涂层会出现收缩,这种收缩力很容易把没强度的涂层表面拉裂,这就是砂浆表层开裂的原因。

4　第三次弹性环氧砂浆涂层现场试验

4.1　第三次现场试验前的准备

在第三次现场试验前,对前两次施工中涂层出现的质量问题反复进行了室内分析试验和露天试验,找到了弹性环氧砂浆大面积施工中可能出现影响施工质量的问题,并对原材料选择、砂浆配方和施工工艺等方面均进行了合理的调整,在完成室内试验和露天试验的基础上,于 2004 年 10 月中旬又进行了第三次现场试验。

4.2　施工工艺

4.2.1　混凝土基面处理

用电锤凿除老环氧砂浆层直至新混凝土面,然后用高压空气吹净混凝土表面的灰尘和碎渣。若表面有油渍或有机杂质则用丙酮擦净。

当凿除老环氧砂浆涂层时遇到底层混凝土表面有裂缝时,为了防止裂缝进一步扩展,需对裂缝进行处理。凿出一条宽和深分别为 50 mm 左右的"V"型槽,清除槽内松动颗粒和粉尘,涂底涂料陈化后,用环氧砂浆回填密实并抹平表面,本次试验共处理了 5 条裂缝,总长 20.5 m。

由于涂层靠近导流墙,因此对导流墙与基面连接处进行了特殊处理,即沿墙凿成 2×2 cm 的凹槽嵌填环氧砂浆,以保证环氧材料能与墙体更好地结合。

4.2.2　对伸缩缝的处理

由于伸缩缝处很潮湿,下雨后会有大量明水,这对于弹性环氧砂浆的施工非常不利。为了防止在施工过程中伸缩缝处向上返水,影响涂层质量,在大面积涂抹之前先用潮湿水下环氧砂浆对伸缩缝进行封堵,当弹性环氧砂浆施工完成后,再用切割机进行分缝。

4.2.3　标高定位

为保证涂层的平整度,在施工前要设定标高。以伸缩缝钢板面为基面,用膨胀螺栓调节标高点。

4.2.4　涂层施工

（1）底涂料的涂抹

施工过程中,为保证砂浆对基层混凝土的良好粘接需要涂底涂料(或称基液),作为底涂料的基液要随用随拌,视面积大小决定拌料量。拌好的基液要在 30 min 之内用完,涂刷要薄而均匀,如基液已凝胶无法涂刷应废弃。底涂料涂刷后固化一段时间,再涂抹弹性环氧砂浆,时间的长短视现场温度而定,以手指触之拉丝断开为准。

（2）涂抹弹性环氧砂浆

施工时应用卧轴式拌和机拌制弹性环氧砂浆,控制转速 30 r/min,每批拌料量 30 kg 左右。为确保环氧砂浆涂层与基面紧密粘接,在摊铺砂浆后先用铁锤锤实砂浆层,有利于空气的排出,再用平板振捣器振捣密实。由于施工基面被多次开挖,峰谷值较大,最大的达到 7 cm 以上,一次性浇筑砂浆涂层太厚,因此采用了分层浇筑的办法。第一层捣实后,把砂浆表层轻微拉毛,再进行第二层砂浆的施工。首先在第一层砂浆上涂刷基液,然后浇筑环氧砂浆,第二层砂浆要捣实、找平和收面。

（3）养护

弹性环氧砂浆收面之后要注意养护,砂浆固化前不要触动其表面,要注意防雨淋、防水浸泡。在日光很强时(尤其在夏季)要搭防晒棚,避免未固化的涂层直接在阳光下暴晒。另外,环氧砂浆涂层固化后,其强度未达到使用要求时,避免涂层受到重压和外力的冲击,环氧砂浆养护一般需一周以上。

5　现场施工工艺的总结

5.1　环氧树脂的处理方法不同

前两次施工由于环氧树脂黏度大,采用了加热的方式来降低环氧树脂的黏度,导致环氧树脂材料"爆聚",从而影响涂层质量。第三次施工使用的是低黏度环氧树脂(E51),现场没有加热,因此施工中没有出现"爆聚"现象,涂层整体质量完好。

5.2　使用的环氧黏度不同

由于前两次施工使用的环氧树脂黏度大,给施工带来了困难,为了解决该问题,第三次施工采用了低黏度环氧树脂,并经过试验重新调整材料配比,以使材料施工性能得到解决。

5.3　拌和工艺的不同

（1）浆液的拌和不同:前两次施工浆液搅拌使用的是电动搅拌机,其搅拌速度大于 2 000 r/min,而第三次施工使用的是浆液搅拌机,搅拌速度小于 300 r/min,低速搅拌不会使浆液中产生大量的气泡,提高了涂层的密实性,因此第三次涂层密实性好于前两次。

（2）砂浆的拌和不同:由于目前砂浆拌和机存在缺陷,无法把不同粒径的填料拌和均匀,使得大部分粉料都沉积在容器底部,因此第三次施工时采用了人工拌和。但从长远角度来看,机械化施工是今后的发展方向,因此需要对砂浆拌和机进行改造。

5.4 涂层的涂抹和振捣方法不同

前两次施工采用的是一次性浇筑,浇筑的涂层较厚,不容易振捣密实。第三次施工考虑到越挖越深,因此采取了分层浇筑,以控制每次浇筑涂层的厚度,以便涂层能够排气,降低涂层表面起鼓包的概率。前两次施工把砂浆摊铺在混凝土面上,用平板振捣器振捣,然后收面。由于混凝土面的峰谷值大,直接用平板振捣器不容易把砂浆层振实,容易造成涂层与混凝土粘接不好。第三次施工把砂浆摊铺在混凝土面上,先靠人工用锤把砂浆涂层振实再用振捣器振捣。

5.5 对伸缩缝处理方法不同

前两次施工处理伸缩缝时直接用弹性环氧砂浆封堵。因为弹性环氧在潮湿部位粘接差,并且其固化相对比普通环氧慢,伸缩缝属于渗水部位,第三次施工使用了潮湿水下环氧对伸缩缝进行了处理。

6 现场检测

2005 年 10 月在现场对运行了一年多的第三次弹性环氧涂层试验结果进行了认真检查,并对弹性环氧砂浆涂层进行了现场拉拔测试。采用美国 NJ 仪器公司生产的拉拔试验仪测试黏结强度,拉拔头为 Φ5 cm 的钢块。检测结果表明,拉断的界面大部分为原混凝土部分。在弹性环氧与混凝土之间界面拉断的试件,粘接强度均大于 2.2 MPa,粘接强度小于 2 MPa 的试件均是从混凝土内部拉断的。说明弹性环氧砂浆与混凝土的粘接强度大于原混凝土的抗拉强度。

表 1 列出了三次施工现场成型的试件性能测试结果,通过测试数据可以比较三次现场试验材料和因工艺的不同所造成弹性环氧砂浆性能的差异。

表 1 　　　　　　　　　　　　弹性环氧砂浆性能测试结果

试件编号	龄期(d)	抗拉强度(MPa)	抗压强度(MPa)	粘接强度(MPa)	伸长率(%)	备注
第一次	28	7.23	31.0(压缩50%)	3.96(界面断)	61.8	测试温度 19℃
	90	2.27	16.3	2.19(界面断)	60.4	测试温度 26.5℃
第二次	90	4.6		3.43(界面断)	65.3	测试温度 23℃
第三次	28	18.5	53.5	5.48(砼断)	5.53	测试温度 22.5℃

注:粘接强度是在室内采用"8"字模测量结果

从表 1 可以看出,第三次现场成型的弹性环氧砂浆试块抗拉、抗压强度要高于前两次试块强度,粘接强度也高出前两次施工粘接强度 30% 左右。虽然粘接强度与水泥砂浆试块强度有关,但前两次试验成型的粘接试件在测试中断在界面,第三次施工成型的粘接试件在测试中断在砂浆部位,说明前两次弹性环氧砂浆与基面粘接强度低。对比三次施工弹性环氧材料的伸长率,虽然第三次试验弹性环氧材料的伸长率低于前两次试验材料,但经过强化开裂试验,试件在 −20～80℃ 经过 10 个循环后弹性环氧材料不开裂。以上测试结果说明当弹性环氧砂浆能正常固化、且砂浆密实性好时,其力学性能和抗裂性完全能满足施工要求。

7 结语

新安江水电厂大坝溢流面从 2003 年初到 2004 年底共两年的时间内共进行了三次弹性环氧涂层现场试验,找到了弹性环氧砂浆大面积施工中可能出现影响施工质量的问题,并对原材料选择、砂浆配方和施工工艺等方面均进行了优化,摸索出一套适合于现场大面积施工的施工工艺。通过室内试验及三次现场试验的经验总结,可以得出以下结论:

(1)环氧材料的"爆聚",会使涂层质量下降。引起环氧材料"爆聚"的原因:一是环氧树脂加热后,直接往热态的环氧树脂中加入固化剂;二是环氧树脂与固化剂混合后,长时间放置在容器中。因此这种情况在今后的环氧材料施工中应避免。

(2)搅拌环氧树脂浆液应采用专用低速搅拌机,速度应小于 300 r/min,高速搅拌容易产生大量气泡,造成环氧涂层密实性差。

(3)由于环氧树脂与固化剂的反应为放热反应,当搅拌量大时,反应热不易散失,为了避免热量的累积,所以拌料时间不宜过长,浆液拌和应控制在 3~5 min,砂浆拌和应控制在 5~8 min。另外,拌和容器应选用散热好的材质,且敞口大为佳。

(4)施工时基面的凹处浇筑砂浆后,最好进行人工振捣,这有利于坑凹处内的气体排出,也有利于提高涂层与基面粘接密实。另外,如果施工中一次性浇筑环氧砂浆层较厚,可适当考虑分层施工,分层施工可降低环氧材料的固化收缩,且有利于凹处的排气。

通过一年多的运行考验和现场拉拔试验,结果表明第三次弹性环氧砂浆现场试验取得了成功,达到了预期的结果,为今后采用弹性环氧砂浆技术处理大面积防冲磨工程的应用打下了良好基础。

首都国际机场扩建工程清水池混凝土裂缝成因分析及处理建议方案

王国秉 夏世法 关遇时 甄 理

（中国水利水电科学研究院结构材料研究所）

1 工程概况

北京首都国际机场扩建工程东供水站 1 号清水池平面布置外形尺寸为 $(41 \times 41)\,m^2$，底板厚 60 cm，四周墙体厚 50 cm，均为钢筋混凝土结构，混凝土设计强度等级为 C30S8。清水池内腔净高 5 m，墙体高为 5.9 m，主要受力钢筋的混凝土保护层厚度为 30 mm。

1 号清水池墙体于 2005 年 8 月 30 日开始浇筑施工，采用 2 台泵车连续施工，历时约 9 h，当时浇筑气温白天最高为 33℃，晚间约 20℃. 混凝土为 1 级配泵送商品混凝土，每立方米混凝土水泥用量为 249 kg/m^3，实测混凝土拌和料坍落度为 180 mm。

清水池墙体在竣工 20 余天后，发现有少量微细裂缝，同年 10 月 31 日至 11 月 16 日对水池进行充水试验时，发现四周墙体出现规律性较强的垂直裂缝。为了分析裂缝产生的原因，为后续修补加固提供科学依据，受中建一局集团机场扩建供水工程项目部委托，中国水利水电科学研究院结构材料所于 2005 年 12 月对清水池墙体裂缝进行了检测和成因分析，并对裂缝处理提出了建议方案。

2 现场检测成果

现场对出现的裂缝进行了详细普查，绘制了裂缝分布示意图。对典型裂缝进行了深度测量，使用仪器为美国进口的 V - Meter 超声波仪。裂缝宽度使用读数显微镜测量，其精度可达到 0.05 mm。

从现场检测结果可以看出：

（1）东墙一共出现了 13 条裂缝，均从墙底向上发展形成。裂缝间距在 1.4 ~ 3.4 m 之间，平均间距为 2.7 m；最长裂缝长度 3.3 m，基本位于墙体长度中央位置，裂缝长度呈现从中间向两侧逐渐减小的趋势。

（2）北墙一共出现了 13 条裂缝，均从墙底向上发展形成。裂缝间距在 1.1 ~ 4.4 m 之间，平均间距为 2.5 m；最长裂缝长度 4.5 m，基本位于墙体长度中央位置，裂缝长度从中间向两侧逐渐减小的趋势比较明显。

（3）西墙一共出现了 12 条裂缝，均从墙底向上发展形成。裂缝间距在 1.6 ~ 4.6 m 之间，平均间距为 3.2 m；最长裂缝长度 4 m，基本位于墙体长度中央位置，裂缝长度呈现从中间向两侧逐渐减小的趋势。

（4）南墙一共出现了 20 条裂缝，均从墙底向上发展形成。裂缝间距在 0.5 ~ 3.6 m 之间，平均间距为 1.7 m；最长裂缝长度 3.2 m，基本位于墙体长度中央位置。

另外,池内充水及现场检测结果表明裂缝是贯穿性的。

3 裂缝成因的初步分析

混凝土的裂缝主要由材料、施工、环境、结构与荷载等方面原因造成。根据裂缝的状态和特征大致可分为:应力缝、施工缝、沉陷缝、干缩缝、温度缝等。通过我们现场考察,首先可以排除应力缝和施工缝;其次沉陷缝混凝土受剪拉破坏,一般表现为裂缝宽度较大受温度变化比较小,而1号清水池墙体的裂缝特征与沉陷缝不符;混凝土由于养护不好,失去水分时会产生干缩缝,但干缩缝宽度一般很小,其走向纵横交错,无一定规律性,经现场考察,这种裂缝也可以排除;1号清水池墙体发生的裂缝为垂直裂缝,一般间距在 2 ~ 3 m 左右,这种裂缝有较强的规律性,是典型的施工期混凝土温度应力产生的裂缝。

为了进一步分析1号清水池混凝土裂缝的成因,近似地进行了浇筑块温度应力估算。根据中国水利水电科学研究院研究成果,基础块混凝土不产生贯穿性裂缝,必须满足以下条件:

$$\frac{E_c K_P}{1-\mu}\left[\alpha A_1(T_p - T_f) + \alpha A_2 K_r T_r + A_1 \varepsilon_0 \eta\right] \leqslant \frac{E_c \varepsilon_P}{K} \quad (1)$$

式中:

K_P、α、μ——分别为混凝土的应力松弛系数,线膨胀系数和泊桑比;

E_c、ε_p——分别为混凝土的弹性模量和极限拉伸值;

A_1、A_2——分别为浇筑块的均匀温差约束系数和不均匀温差约束系数,可由式(2)、式(3)得到;

K_r——考虑混凝土早期温升作用的应力折减系数,一般可取 0.70 ~ 0.85;

ε_0——混凝土的自生体积变形,当 ε_0 为膨胀时取负值,ε_0 为收缩时取正值;

η——考虑 ε_0 随龄期发展的折减系数,小于1。若膨胀(或收缩)主要发生在早龄期(如低热微膨胀水泥混凝土),$\eta = 0.05 ~ 0.1$;若其变形主要发生在晚龄期,可取 $\eta = 0.7 ~ 0.9$(如抚顺大坝水泥混凝土);

$$A_1 = 0.690 - 0.195 \frac{E_C}{E_R} + 0.025 \left(\frac{E_C}{E_R}\right)^2 \quad (2)$$

$$A_2 = 0.472 - 0.156\ 7 \frac{E_C}{E_R} + 0.020\ 3\left(\frac{E_C}{E_R}\right)^2 + 0.003\ 72L - 0.000\ 009\ 63L^2 \quad (3)$$

以上两个公式中:

E_R——地基的弹性模量;

L——浇筑块长度;

K——安全系数,由工程等级而定;

T_p、T_f、T_r——分别为混凝土的浇筑温度、稳定温度和水化热温升。

当忽略外界气温变化及不考虑混凝土自身体积变形,则公式(1)可简化为:

$$\frac{E_C K_P}{1-\mu}\left[\alpha A_1(T_P - T_f) + \alpha A_2 K_r T_r\right] \leqslant \frac{E_C \varepsilon_P}{K} \quad (4)$$

根据施工资料计算求得:

93

$E_C = 3.00 \times 10^4 (\text{N/mm}^2)$（取自《水工混凝土结构设计规范》SL/T191 – 96）；

$K_p = 1$（由于时间短，混凝土的徐变性能不能发挥作用）；

$\alpha = 1.0 \times 10^{-5}/\text{℃}$；

$T_p = 25\text{℃}$（取自 1 号清水池施工记录）；

T_f—稳定温度，本工程为施工期最低温度，假定清水池墙体开裂时混凝土最低温度约为 15℃；

E_R—地基的弹性模量，取老混凝土的弹性模量与新浇混凝土一致；

L—浇筑块长度为 41m；

A_1—计算求得为 0.52，A_2—计算求得为 0.472；

根据 1 号清水池工程混凝土施工配合比，计算水化热温升：

$$T_r = \frac{WQ_0}{C\gamma} = 25.4\text{℃}$$

其中：W—每立方米混凝土中的水泥用量，$W = 249 \text{ kg/m}^3$；

Q_0—水泥最终发热量，参照有关资料取 $Q_0 = 250 \text{ KJ/kg}$；

C—混凝土的比热，$C = 1.0 \text{ KJ/kg.℃}$；

γ—混凝土的容重，$\gamma = 2\,450 \text{ kg/m}^3$。

将以上各数值代入公式（4），得到墙体温度应力：$\sigma = 5.33$ MPa。大大超过混凝土早期极限抗拉强度（C30）。

4 裂缝成因分析结论

通过现场检测和裂缝成因初步分析，可以得出如下结论：

（1）1 号清水池墙体裂缝分布具有较好的规律性，平均间距在 1.7 ~ 3.2 m 之间。裂缝均从墙底向上发展形成，长度基本小于墙高 2/3（3.9 m），且中间部位裂缝最长，向两侧长度逐渐减小，这些裂缝与温度裂缝的特征基本吻合。

（2）通过墙体温度应力的近似估算发现：1 号清水池工程混凝土施工期的温度应力大大超过混凝土的早期极限抗拉强度（混凝土等级 C30），因此混凝土产生裂缝是必然的。

（3）1 号清水池墙体特长，在长、宽 41 m 范围内没有设置伸缩缝，墙体 8 月份混凝土浇筑温度较高，墙体混凝土浇筑后，当温升达到最高温度后降温时，因墙体混凝土收缩（温度变形）受到基础底板老混凝土的约束，产生了温度应力，当温度应力超过混凝土的极限强度，或其变形超过了混凝土的极限变形值，混凝土就会出现裂缝。

综上所述：施工期的温度应力是清水池出现裂缝的主要原因。

5 裂缝对结构影响的评估

初步判断，目前这些裂缝的存在不会影响结构的安全与稳定。但若不处理，裂缝渗水将导致混凝土内部钢筋锈蚀。钢筋一旦锈蚀便会降低清水池混凝土结构的耐久性和结构稳定性，严重影响结构的安全，因此建议清水池在使用前必须对裂缝进行防渗处理。

6 结语

针对此次工程的特点,建议采用"缝内灌浆封堵,缝外表层封闭"相结合的处理方法,以恢复清水池的整体功效。

6.1 清水池迎水面混凝土裂缝宽度大于0.15 mm的处理方案

(1)沿裂缝面间隔20~30 cm钻斜孔。

(2)埋灌浆管:清理缝面、埋设灌浆管。

(3)灌浆:灌浆采用高压自控灌浆机灌浆,化学灌浆选用遇水膨胀堵漏浆材。

(4)灌浆结束待一定龄期后,拔掉灌浆嘴,表面用砂浆抹平。

(5)在迎水面沿裂缝表面开凿宽约2 cm,深1 cm的三角槽,清洗裂缝槽面,无粉尘和杂物。

(6)在裂缝槽面内均匀充填水泥基防水材料,抹平。

6.2 清水池背水面混凝土裂缝宽度大于0.15 mm的处理方案

(1)采用化学灌浆处理方法对混凝土裂缝进行处理。

(2)打磨清理裂缝表面并清洗干净,沿裂缝表层涂刷PCS系列防水涂料。

6.3 清水池混凝土裂缝开度小于0.15 mm的处理方案

对于清水池背水面及迎水面混凝土裂缝开度小于0.15 mm的,一般可采取水泥基防渗材料对混凝土裂缝进行表面封闭处理即可。

上述裂缝防渗处理方案已成功地应用于大量水工建筑物混凝土裂缝的处理,并取得了显著效果,可为本次工程处理提供可靠的技术保障。

富春江水电站船闸侧墙混凝土表面防护试验

朱德康[1] 鲍志强[2] 孙志恒[2] 付颖千[2]

(1.富春江水电厂 2.北京中水科海利工程技术有限公司)

摘 要：本文介绍了富春江水电站船闸侧墙采用喷涂聚脲弹性体材料和涂刷弹性环氧涂层材料对混凝土进行防护的试验。试验结果表明，采用喷涂聚脲弹性体材料保护侧墙混凝土的效果很好，值得推广应用。

关键词：船闸 聚脲 弹性环氧

1 前言

水工建筑物中的船闸在过船过程中常常会出现船只对船闸两侧混凝土表面碰撞的现象，导致混凝土表面受到剥蚀破坏。随着时间的增长，这种破损会不断恶化，将威胁船闸建筑物的安全运行。

富春江水电站位于浙江省桐庐县，钱塘江中游富春江七里泷峡谷出口处，是钱塘江干流上唯一的一座大型水电站，下游距杭州约 110 km。该水电站是一座低水头、大流量、河床式水电站。电站水工建筑物有发电厂房、渔道、溢洪道、船闸、左岸挡水坝段及左、右岸灌溉渠首工程。大坝坝顶长度约 560 m，其中溢流坝总长 287.3 m。溢流坝为实体重力坝，最大坝高 47.7 m，溢流堰顶高程 11.6 m，分设 17 个溢流孔。随着船闸运行时间的增长，船闸两侧的混凝土墙面发生了严重的碰撞破坏，严重影响了船闸的安全运行，为了寻找可靠的防护材料及其技术，2006 年富春江水电厂与北京中水科海利工程技术有限公司合作，对大坝船闸侧墙混凝土面防护进行了现场试验，试验采用了喷涂聚脲弹性体材料和涂刷弹性环氧涂层材料两种方案。

2 防护方案及其材料

2.1 方案的选择

由于混凝土为脆性材料，在船体的撞击下很容易成块脱落。为此，需要选择一种具有弹性的防冲撞材料，并要求这种材料具有与老混凝土粘接强度高、本身抗拉强度高、极限拉伸率大、耐老化、方便施工等特点。通过研究，我们选择了喷涂聚脲弹性体涂层和涂刷弹性环氧涂层两种混凝土表面防护方案进行现场试验。

2.2 喷涂聚脲弹性体涂层方案

喷涂聚脲弹性体技术是国外近十多年来，为适应环保需求而研制、开发的一种新型无溶剂、无污染的绿色施工技术，其主要原料是端氨基聚氧化丙烯醚（端氨基聚醚）、端氨基聚醚、液态胺扩链剂、颜料、填料以及助剂组成色浆（R 组分），另一组分则由异氰酸酯与低聚物二元醇或三元醇反应制得(A组分)。A组分与 R 组分通过专用的主机和喷枪进行喷涂聚脲弹性体。该工艺属快速反应喷涂体系,原料体系不含溶剂、固化速度快、工艺简单,可很方便地在立面、曲面上喷涂十几毫米厚的涂层而不流挂。

聚脲弹性体材料具有优异的综合力学性能,本次使用的聚脲弹性体材料的主要性能技术指标见表1。

表1 聚脲材料的主要技术指标

项　　目	指　　标
固含量	100%
凝胶时间	15 秒
拉伸强度	≥16 MPa
扯断伸长率	≥300%
撕裂强度	70 kN/m
硬度,邵 A	80~85
附着力(潮湿面)	≥2 MPa
耐磨性(阿克隆法)	≤80 mg
颜色	浅灰色
密度	1.02 g/cm³

专用界面剂采用 SK14,这是我们研制的一种 100% 固体环氧底漆,可允许在潮湿混凝土或干燥混凝土表面施工。SK14 是一种应用特种高性能环氧树脂,含有排湿基团,能够在饱和潮湿表面涂装和水下固化的高性能产品。具有杰出的基底和内层粘附力,与新或旧混凝土兼容。SK14 界面剂涂刷后要固化 7 h 以上,干燥面的粘接强度较潮湿面略好,粘接强度大于 3 MPa,7 d 时的粘接强度接近最大值。

2.3 涂刷弹性环氧涂层方案

弹性环氧涂层所用的树脂与固化剂均有别于弹性环氧砂浆,弹性环氧涂层按配合比例商品化包装,A组分以树脂为主,B组分以固化剂为主,其他掺加料分别与A、B组分预先混合,现场施工时按规定比例,混合均匀即可涂刷。涂层的厚度可按要求控制在 2 mm 左右,涂层的固化时间为常温下为 4~5 h,该涂层对混凝土、金属、橡胶等材料都有很好的粘接力,可任意弯折、扭曲、不脆、不裂、不折断。涂层变形性能优异,具有较高的伸长率,本次试验现场取样检测结果,其性能指标见表2。

表2 MT 弹性环氧涂层检测结果

测试项目	撕裂强度 MPa	硬度邵氏	拉伸强度 MPa	伸长率%
实测值	65.0	92	10.1	158.1

3 现场施工工艺及施工要求

3.1 聚脲施工工艺

聚脲弹性体喷涂材料的施工过程分为:底材处理、喷涂聚脲和封边施工。

3.1.1 底材处理

底材处理指的是混凝土底材处理。首先用角磨机、高压水枪等清除基底表面的灰尘、浮渣。待水分完全挥发后,用封堵材料对底材表面剥蚀严重的部位进行堵缝找平。待封堵材料固化后,再用高压水枪进行清洗。

如果混凝土表面存在剥蚀面,则先将剥蚀面凿成标准的矩形槽,再用聚合物砂浆填平,刷涂一道专用的界面剂。由于船闸侧墙混凝土防冲撞没有防渗要求,因此不必将混凝土表面小孔洞填平。

3.1.2 聚脲现场喷涂

基底底材处理好后,待界面剂表干时,即可开始喷涂聚脲弹性体涂层。聚脲喷涂应在界面剂施工后 24 h 内进行,如果间隔超过 24 h,在喷涂聚脲前一天应重新刷涂一道界面剂,然后再喷涂聚脲。在喷涂之前,应用干燥的高压空气吹掉表面的浮尘。

聚脲喷涂遍数为 3~4 遍,涂层一次喷成,喷涂厚度为 2.5 mm 以上。喷涂要保证厚度大致均匀。弹性层的喷涂间隔应小于 3 h,如超过 3 h,应打磨已施工涂层表面,刷涂一道活性剂,30 min 后喷涂聚脲弹性层。

在喷涂聚脲弹性层前,在接头和周边处应进行特殊处理,用环氧涂层对喷涂过的聚脲弹性体的收头部位进行封闭压边处理。喷涂完聚脲弹性体涂层后,12 h 内不能有水浸泡。喷涂完后要及时清洗喷涂机具。

3.2 弹性环氧涂层施工工艺

主要施工工艺:基面处理、涂刷底涂料、刷涂弹性环氧涂层(4 遍)、表面养护(固化期间防雨、防晒遮挡)。

3.2.1 基面处理

用打磨机打磨混凝土表面,新表面应平整、无污染、无错台,用压缩空气吹净残渣,再用干净的压力水冲洗表面,擦去浮水,风干表面。在基面边缘处打磨成深约 5 mm 的斜槽。

3.2.2 涂刷底涂料

制备底涂料每次不超过 2 kg,用完后再制备,用扁形棕刷均匀地涂刷在基面上,不许漏刷,不能堆积,要求薄而均匀。待底涂料陈化一段时间后(时间视现场温度而定),刷涂弹性环氧涂层。

3.2.3 刷涂弹性环氧涂层

涂层材料的 TM - A、B 两组分和底涂料的 JEP - A、B 两组分用专用电动浆液拌和机拌料(拌和机转速小于 300 r/min),每次拌和料量视施工面积大小和施工人员组合而定,一般约 2~3 kg,拌和时把计量的 A 组分倒入容器搅拌 1~2 min 再加入 B 组分,在低速下开机拌料,至颜色均匀为止,拌料时间 3~5 min。用扁形棕刷,刷第一遍环氧涂层,厚度小于 1 mm,刷底面要仔细,要薄而均匀,不得有露涂,砂浆表面的气孔一定要用涂料灌入不得留有气泡。涂抹后(视气温而定)待该涂层基本固化(指触发黏或有拉丝)再刷下一道涂料,控制厚度在 2 mm 左右,待其固化。

3.2.4 养护

施工后涂层需注意养护,用彩条布遮挡涂层,在弹性环氧涂层初凝期间要防雨、防晒,养护期间应注意通风,避免人踏、撞击、水浸泡及暴晒。

4 质量检查与验收

4.1 混凝土底材处理

检查基底面的处理,按规定要求处理干净基底面。表面无裂缝、清洁。界面剂固化正常,无漏涂。

4.2 封堵材料施工

基底面局部凹凸部位用封堵材料填平,封堵材料与老混凝土结合要牢固。

4.3 喷涂及刷涂施工

喷涂聚脲涂层前,检查周边的处理是否按制定的方案进行。喷涂聚脲厚度应均匀,无漏涂,固化正常。刷涂弹性环氧涂层要求均匀,无漏涂,固化正常。

5 运行情况的检查

本次现场试验从 2006 年 10 月 20 日开始,10 月 26 日完成喷涂聚脲弹性体材料的施工,10 月 8 日完成涂刷弹性环氧材料的施工。由于通航的要求,在施工期间没有停航,施工结束后马上就经历了通航运行的考验。通过一年的运行后检查,发现弹性环氧涂层被船碰撞后表面有局部破损现象,破损处有脱层,由于风吹日晒及江水浸湿,弹性环氧涂层有老化现象。聚脲弹性体涂层被船碰撞后表面仅有个别地方出现刮痕和破损,但是没有发现脱层和老化现象,总体质量良好。

6 结语

水工建造物常常有防冲撞的要求,富春江大坝船闸侧墙同时采用喷涂聚脲弹性体材料和涂刷弹性环氧混凝土进行防护试验,施工质量良好,通过一年的运行后检查,弹性环氧涂层有老化现象,聚脲弹性体涂层没有发现脱层及老化现象,聚脲总体情况良好。

建议在喷涂聚脲前对基础层混凝土表面进行找平处理,这样可以减少船体对防护层的蹭撞损害,同时增加聚脲弹性体涂层的厚度,由本次实验的厚度从 2.5 mm 增加到 4 mm 左右,这样可以达到更好的碰撞防护效果,有效地保护混凝土表面。本次实验达到了预期的效果,为以后的大面积施工积累了宝贵经验。

丰满大坝全面治理方案的思考

刘致彬

（中国水利水电科学研究院）

摘　要：丰满大坝始建于1937年，混凝土重力坝高91.7 m，全长1 080 m，库容约110亿 m³，装机1 002.5 MW。由于建坝时技术水平差，施工质量低劣，大坝建成后就存在一些严重的先天性不足，虽经以后的续建、改建和多次修补加固，使这些缺陷得到了一定程度的改善，但坝体混凝土低强、不均匀、渗漏、溶蚀及冻害等影响大坝安全运行的问题依然存在。2006年4月国家发展改革委员会同意按基本建设开展丰满大坝全面治理工程的前期工作，本文所建议的丰满大坝全面治理方案仅作为引玉之砖，供讨论参考。

主题词：丰满大坝　病害治理　修补加固　耐久性

丰满大坝始建于1937年，已运行近七十年。目前大坝存在的主要病害是混凝土低强度、不均匀、整体性差、渗漏、溶蚀以及冻害等问题，这些问题严重地影响着大坝的安全运行。因此，国家发展改革委员会同意按基本建设程序开展丰满大坝全面治理工程的前期工作。其关键的一步是全面治理技术措施的选择，这一过程具有很大的难度，它需要考虑到许多因素，包括技术、经济、环境以及实践经验方面的因素等。只有选择了正确的修补加固方法和施工方法，全面治理工作才能奏效。遵照"彻底解决、不留后患、技术可行、经济合理"的原则研究制订全面治理方案，确实是一项极具挑战性的工作。

1　不能放空水库如何治理

因为完全放空库容110亿 m³ 水库的水会严重涉及到经济、社会和环境的后果。同时，还要求在治理过程中，应尽量减少对电厂发电的影响，且保证大坝的正常泄洪能力和对下游供水的要求，确实是一项不寻常的研究课题。在水库不能完全放空（允许适当降低库水位）的情况下，全面治理方案有三种施工方法：

（1）坝上游面水下施工方法，如水下机械锚固土工膜防渗。

（2）坝体内部治理方法，如坝顶向下开槽或坝内置换混凝土形成防渗墙，或坝内高压灌浆等。

（3）坝上游面局部围堰施工法，如采用"浮式拱围堰施工技术"，先围住一个坝段，创造"干作业"环境进行坝上游面防渗层施工。完成后，将拱围堰空腔中的水排出，拱围堰自动升起漂浮在水中，牵引到下一个施工部位，又创造出另一个"干作业"环境施工，周而复始，直至全部完成坝上游面的施工。

本文所建议的全面治理方案，就是在这种"干作业"环境中进行的。至于"浮式拱围堰施工技术"另有专文讨论，不再赘述。

2　大坝主要病害或缺陷及其治理措施

目前，威胁丰满大坝安全运行的主要病害、缺陷及其治理措施列入表1。主要病害或缺陷归纳为五大类,每一类都有不同的治理措施。仅以大坝上游面防渗来说,其防渗措施可以列举出许多。但是,并不是每一种防渗措施都适合丰满大坝的具体情况。大坝迎水面应该是极不透水的,而且还应该是抗冻的、抗裂的。上游面浇筑新混凝土防渗层,但没过多久,防渗层出现贯穿性裂缝,或者新老混凝土之间出现脱离现象,类似工程实例屡见不鲜。大坝整体性很差,在水压力作用下变形较大,防渗层则应该适应这种大变形而不出现裂缝。同时,原坝上游面的裂缝、水平施工缝又不能反射透过新修的防渗层。否则,又会形成新的渗漏途径。正如表1中所示,将每种病害或缺陷的可能治理措施列出后,再进行综合分析,比较给出"建议全面治理方案"。

表1 　　　　　　　　　　　　　大坝主要病害或缺陷及其治理措施

	病害或缺陷	治理措施	建议全面治理方案	预期目的
A	混凝土质量低劣低强、不均匀	(1)(2)(3)	(1)+(2)	(1)抵御水的有害物理化学作用; (2)防护老混凝土进一步劣化,特别是风化、冻结破坏; (3)增加大坝断面
B 整体性很差	纵缝、子纵缝	(3)(5)(6)	(6)	纵缝治理的根本目的是传递荷载,而混凝土塞和水平锚索是传递拉、压、剪的最佳选择
	水平施工缝	(2)(4)(12)(13)	(2)+(13)	上下游面外包高性能混凝土保护以防老混凝土进一步劣化,特别是上游面采用预制预应力混凝土叠合层,适应坝体大变形而保持防渗、抗冻、抗裂等保护功能。
	裂缝			
C	渗漏	(2)(7)(8)(9)(10)(11)(12)(13)	(2)+(13)	坝的上游面应该是极不透水的,而且抗冻、抗裂性能要好;下游面虽不要求抗渗,但在严寒地区应该有抗冻、抗裂要求。
	溶蚀			
	冻害			
D	大坝抗滑稳定及应力安全系数偏低(地震荷载更是如此)	(1)(2)(4)(13)(14)	(2)+(13)+(14)	(1)增大大坝断面,增加坝体重量,可改善坝体应力状态; (2)坝踵廊道可减小坝底扬压力; (3)上游叠合防渗层后设排水网可减小坝内扬压力。
E	大坝泄洪能力不足	(15)(16)	(15)	因为下泄流量与堰上水头的3/2次方成正比,随库水位的升高,下泄流量增加较快,具有较大的超泄能力。

表中符号说明:
(1)上游面外包高性能混凝土
(2)下游面外包高性能混凝土
(3)坝内高压灌浆
(4)预应力锚索
(5)上、下游对穿预应力锚索
(6)混凝土塞+水平预应力锚索
(7)坝顶切槽然后回填混凝土形成防渗墙
(8)坝内顺轴线挖洞并回填混凝土形成防渗墙
(9)上游面喷钢丝网混凝土防渗层
(10)上游面浇筑沥青混凝土防渗层
(11)上游面机械固定土工膜防渗
(12)上游面涂刷或喷涂环氧树脂等高分子材料防渗
(13)上游面预制预应力混凝土叠合层板
(14)坝踵设置帷幕灌浆、排水廊道
(15)降低溢流坝堰顶高程
(16)增加溢流前沿长度

3 全面治理方案建议

丰满大坝目前存在的主要病害或缺陷,如表1所示,可以概括为五方面的问题。首先进行横向分析,对某一种病害或缺陷来说,借鉴国内外大坝修补加固的经验,"治理措施"可以有多种方案,但不都是最佳选择。经过多方面研究、论证及综合分析后,选出较优方案列入"建议全面治理方案"栏内;然后,进行纵向分析,就整个丰满大坝的病害或缺陷而言,"建议全面治理方案"栏内所包含的治理措施有:(1)(2)(6)(13)(14)(15)等六项,但(1)和(13)项有其共同性,又有所不同,(13)可以代替(1);反之,(1)却不能代替(13)。最后,选择(13),这样全面治理方案只留下(2)(6)(13)(14)和(15)共五项,包括内容如下:

(1)上游面采用叠合层防渗防护

如图1所示。

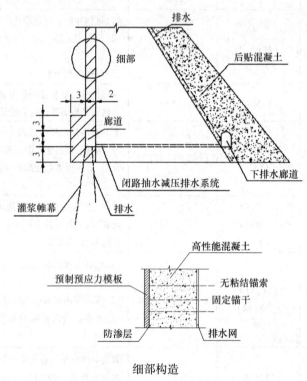

图1 丰满大坝典型剖面(单位:m)

设计要点:

①预制预应力混凝土模板,是由两个单向预制预应力混凝土板互相垂直叠合而成,故模板和新浇混凝土叠合层为双层防渗结构——抗渗性能好。因其柔性仅作为传力结构将荷载传递给原坝体。这样,防渗结构和受力结构共同实现大坝的使用功能。

②由于预制预应力混凝土模板具有水平和垂直两个方向的抗裂性和抗拉能力,于是它可以适应坝体大变形,以抵抗洪水和地震荷载的作用,确保大坝安全。

102

③坝踵设一廊道,以作灌浆、排水和检查。由于新的灌浆帷幕和排水帷幕以及与下游排水廊道连成一体的闭路抽水减压排水系统,使坝基扬压力大大减小。

④由于叠合层背后设有排水网,体现了"先堵后排"的治水原则,使大坝处于"干燥"状态,从而使渗漏、溶蚀、冻融、冻胀破坏得到根治。

⑤由于叠合层本身是由预制预应力混凝土和高性能混凝土构成,其耐久性甚好,可以起到保护原坝体混凝土进一步劣化的作用,从而增加了大坝的耐久性。

类似工程实例,如:

奥地利 Pack 重力坝,高33 m,建于1929—1930年,由于当时技术水平较低,加之所采用的当地骨料中含有大量云母和已分解的长石,致使混凝土强度、抗渗、抗冻性均很差。初次蓄水就发现漏水,且逐年加大,使混凝土不能抗冻,和丰满大坝很相似,采用钢筋网喷混凝土、灌浆等措施仍不能解决坝体渗水这一根本问题,故下决心于1982年10月至1983年7月进行全面修补。其中大坝上游面有:

①坝踵设有灌浆、排水廊道;

②上游面浇筑钢筋混凝土防渗墙,厚0.8~1.2 m;

③新老混凝土之间有排水管设施等。

(2)下游面的治理

从上述表1中可以看出,丰满大坝五大病害或缺陷,在建议全面治理方案栏中,有四项都要求大坝下游面外包高性能混凝土,可见下游面外包混凝土是最佳方案(见图1)。原则上,从坝趾向上高程250 m左右全部新浇足够厚度的高性能混凝土。因为施工前荷载仅由老坝承担,施工后所增加的荷载由整个坝承担,所以需要的断面比一般坝体要大,这是需要重视的一步。

设计要点:

①采用预制预应力混凝土作模板,内浇高性能混凝土,具有抗冻和抗裂性好,及保温作用。

②由于新老混凝土坝体必须作为整体结构承受外力,故对老混凝土坝面必须凿毛处理外,尚需在新老坝体接合面上设键槽和无黏结预应力锚索配合以增加坝体的整体性。

③新老混凝土坝体之间设置排水非常重要,如果渗水透过老坝在新老混凝土接合面内产生内水压力,则对后贴部分的稳定性有严重的影响,因此除在接合面中设排水管外,还要沿老坝下游面横缝中设置排水。

④坝趾向下开挖浇筑混凝土齿墙,并设置坝趾排水廊道,与上游廊道构成抽排降压系统。如日本的王泊坝、南非的洛斯科普(LOSKOP)坝及法国的乌勒坝等均在坝后贴混凝土部分内设有排水廊道。

(3)竖直纵缝的补强加固治理

为了使竖直纵缝更好地传力,一般缝面应设键槽;为了保证坝段的整体性,沿缝面应布置灌浆系统,待坝体温度冷却到稳定温度,缝宽达到0.5 mm以上时再进行灌浆。然而,以上两项根本措施丰满大坝均未得到执行。

竖直纵缝治理的根本目的是传递荷载,根据计算分析,在适当高程,建议平行坝轴线方向跨纵缝首先控洞,宽1.5~2 m,高3~4 m;其次是顺水流方向布置无黏结预应力锚索,最后将洞回填高性能混凝土(掺加适量膨胀剂),以形成混凝土塞。如图2所示,一般认为,混凝土塞和水平预应力锚索是传递拉、压、剪力的最佳选择。和有黏结锚索不同,无黏结锚索的优点是当混凝土塞与坝体混凝土脱开时,附加伸长值将均匀地分布在整个长度上,在锚索中产生较小的应变增量。

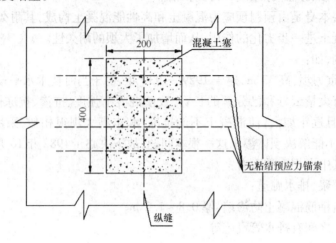

图 2   竖直纵缝的补强加固治理(单位:cm)

(4)降低溢流坝堰顶高程,以增加泄洪能力

不少专家(包括日本、加拿大等)认为丰满大坝泄洪能力不足,而且认为:利用水轮机流量排放洪水是不可靠的。为此建议将所有溢流坝堰顶高程下降一定高度,以增加大坝泄洪能力。因为,当闸门全开启时,下泄流量与堰顶水头的3/2次方成正比,随着库水位的升高,下泄流量增加很快,具有较大的泄洪能力。

关于消力池问题,原设计的池宽与溢流坝段的宽度相等,以获得最好的消能效果。在这种情况下,如果以增加溢流前沿长度而增大泄洪能力,则要对大坝基础进行大量开挖,而且挡水坝段要改建,从保护原有大坝的安全角度考虑,这是不合理的。

(5)坝顶

根据现行《混凝土重力坝设计规范》(DL5108 – 1999)规定,坝顶应高于校核洪水位,坝顶上游防浪墙顶的高程应高于波浪顶高程,而且还应该有安全超高 0.5 ~ 0.7 m。在加固过程中,"用坝顶加高 1.2 m 代替专家提出的增加大坝泄洪能力不足问题"值得商榷。

如果说大坝上下游面已经"穿衣"—采用高性能混凝土防渗—保护的话,那么,大坝戴"帽"—坝顶浇筑无黏结混凝土层,同样是必要的,以避免雨水、雪水渗入坝内。值得指出的是下面一定要设排水。

4   结语

(1)目前大坝是带病工作,混凝土质量低劣、低强、不均匀、大坝整体性很差、冻害严重,大坝没有足够的强度抵抗所有荷载的作用。因此,在完成大坝全面治理之前,水库水位应该降到安全水平。

（2）大坝上游面采用预制预应力混凝土叠合层防渗，使大坝混凝土处于"干燥"状态，同时，坝踵廊道内的防渗帷幕和排水帷幕会使坝体的渗水更少，这将从根本上消除大坝上下游面混凝土的冻害，阻止或延缓了大坝低强混凝土的进一步劣化。

（3）大坝下游面外包足够厚度的高性能混凝土，使大坝断面增大；坝内竖直纵缝采用混凝土塞和水平预应力锚索相结合，使纵缝既可传递压力，又可传递拉力和剪力；同时上游面防渗层，因其柔性可适应坝体的大变形，相当于改善了大坝的整体性。这样就大大改善了大坝的抗滑稳定性和应力状态，可抵御洪水和地震组合荷载的作用，从而使大坝安全运行得到了保证。

（4）由于溢流坝段堰顶高程降低及其闸门启闭设备的更新改造，不仅使大坝的泄洪能力增加，而且确保了大坝泄洪安全。

（5）采取全面治理方案，使大坝上游面增加了可靠的防渗结构，原坝体仅仅作为受力结构，且下游面增加了断面，这样新老混凝土联合作用共同完成大坝的使用功能。由于整个大坝低强，不均匀的老混凝土被 21 世纪新的高性能混凝土包裹起来，大坝耐久性将大大提高，使年近七旬的老混凝土坝焕发新春，预计大坝安全使用年限将延长 50 ~ 80 年。

浅谈普棚水库隧洞混凝土修补方案

袁黎明

（云南省红河州水利水电勘察设计研究院）

摘　要:构件在受力过程中,结合面会出现多种应力,其中关键是剪力和拉力,普棚水库隧洞混凝土修补,新旧混凝土间受裂缝破坏的构件能否协同受力是成功的关键,裂缝的灌浆、锚筋的设置是将有效的措施。

关键词:灌浆　锚筋　混凝土　修补

1　前言

　　普棚水库位于云南省大理白族自治州祥云县城东南部的普棚乡境内,隧洞位于大坝左岸,呈有压布置,全长315.5 m,最大泄流量为73.6 m³/s。隧洞发生过"火烧泄洪洞"事故,长度达30 m余,降低了混凝土强度,事故发生后洞身混凝土出现了15条裂缝和22个漏水点。由于隧洞门槽变形不能启闭,建成后一直没有使用,混凝土表面有笋状及层状钙质结晶覆盖,覆盖面积占隧洞总面积的40%。

2　加固处理

　　根据普棚水库大坝安全鉴定专题报告,隧洞洞身混凝土强度为10.4 MPa,未达到设计要求,按此强度及围岩地质特性复核,洞身衬砌厚应为0.64 m,比实际的厚度0.45 m增加0.19 m。因此,普棚水库泄洪隧洞的加固方法是对裂缝进行灌浆处理,在原有构件上补浇钢筋混凝土,以提高其承载能力,该方法的关键问题是新老混凝土结合问题。

2.1　裂缝修补

　　灌浆是混凝土裂缝内部补强最有效的方法,通过灌浆,可恢复结构的整体性和设计应用状态。本工程裂缝的补强采用水泥灌浆法,由于建设期间围岩未进行过固结灌浆,所以,灌浆孔的设计和布置上兼顾了洞身的固结灌浆,排距为2 m,排内布置4孔(见图1:裂缝补强示意图),终孔直径为38 mm,灌浆孔伸入岩石1.5 m。裂缝处布置骑缝灌浆孔,排距据裂缝分布情况作适当调整,钻孔后先将孔内粉尘和碎屑冲洗干净,采用纯水泥浆灌注,浆液水灰比采用2:1、1:1、0.5:1,灌浆压力为0.3 MPa,裂缝处采用环氧树脂基液粘贴玻璃丝布封缝止浆。按环间分序环内加密原则进行施工,采用单液法灌浆,当吸浆率小于0.01 L/min,并延时5 min作为结束标准,停止灌浆并封孔。

2.2　混凝土补强

　　据有关资料,加固构件在受力过程中,结合面会出现拉、压、弯、剪各种应力,其中关键是剪力和拉力。因此,结合面是加固结构受力时的薄弱环节。主要措施:将原混凝土钢筋保护

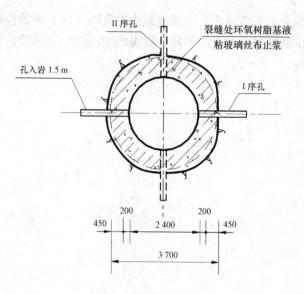

图 1　裂缝补强示意图

层凿除,露出原洞身受力钢筋,按新旧混凝土共同承受应力的工作模式,根据混凝土强度等级 C_{10} 及围岩地质特性进行结构设计,布设 φ14@200 环向受力钢筋,纵向钢筋为 36φ12@10°,设置 12φ12 架立筋与原洞身钢筋焊接(见图 2:混凝土修补结构图),承担新旧混凝土间产生的剪力和拉力,浇灌 C_{25} 细石混凝土,厚度为 20 cm。

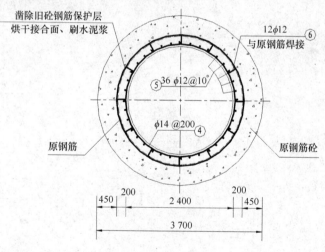

图 2　混凝土修补结构图

为保证洞顶部分混凝土的浇筑质量,高压水冲洗处理面,用风机烘干,刷水泥浆后浇灌细石混凝土,在洞顶 90°~120° 部位采用灌浆法进行施工。

3　结语

普棚水库隧洞工程经过裂缝灌浆、内衬钢筋混凝土的处理,已投入运行,为监测新旧混凝土结合质量、旧混凝土中裂缝是否会向新混凝土中发展进行了现场检查,未发现新浇混凝土出现危害性裂缝,说明隧洞混凝土结构修补取得成功,达到了预期的效果。2006年10月,通过了竣工验收。

浙江义乌巧溪水库除险扩容工程方案论证

唐 毅 许晓东 郑雄伟

（浙江省水利水电勘测设计院）

摘 要：本文针对浙江省重点工程义乌巧溪水库大坝除险扩容,选择了原大坝加高扩容、大坝重建、跨流域调水等五个方案进行方案论证,论证结果不仅使推荐方案在技术经济上更加科学合理,而且还有利于获得广大群众的理解和支持。

关键词：除险扩容 论证 资源水利

1 前言

巧溪水库位于义乌市境内浦阳江支流大陈江上游,坝址位于苏溪镇上游 6 km 处,距义乌市区约 20 km。

巧溪水库于 1958 年动工兴建,1979 年全部建成。水库集水面积 40 km^2,多年平均入库水量 3 062 万 m^3。大坝坝型为多种土石混合坝。大坝高 43.5 m,坝顶高程 166 m,设计洪水位为 163.834 m,总库容 1 085 万 m^3,正常蓄水位为 160.834 m,相应正常蓄水位以下库容 893 万 m^3,死水位为 131.834 m,相应死库容 10 万 m^3。下游灌溉面积 1 720 万 m^3,每年向苏溪镇供水 420 万 m^3,坝后设有装机 2×320 kW 的电站一座。水库现状以灌溉为主,兼顾防洪发电。

根据大坝安全鉴定成果,坝体填筑不能满足现行《碾压式土石坝设计规范》(SL274 - 2001)的要求。大坝左右坝头曾多次出现裂缝,存在不均匀沉降。防渗心墙土质成分较杂,含水量偏高,压缩性中等,上部(孔深 2～15 m)渗透性偏大,不能满足现行规范的防渗要求。泄洪洞为 150 号钢筋混凝土深孔拱涵,位于左坝头坝内,断面尺寸 4.5 m×14 m(宽×高),泄洪洞左侧浆砌石与下部混凝土体存在渗漏通道。大坝安全鉴定为三类坝,需要进行除险加固。

巧溪水库坝址下游大陈江沿岸的苏溪、大陈、郑家坞等防洪能力均在 5～10 年一遇左右,防洪能力偏低,增加水库防洪能力非常必要。同时,义乌生活和工业用水非常紧张。而现有水库规模偏小,水库每年都要发生弃水。因此,对水库进行扩容也很有必要。

巧溪水库临近的大陈江八都溪支流上在 20 世纪 90 年代建有八都水库,其成库条件好,但集水面积相对较小,因此,在方案论证中把向八都水库引水,加高八都水库也作为比选方案。另外,在巧溪水库库尾上游屏风石附近也有较合适的坝址,故把库中库方案也列入比选方案。

2 除险扩容方案

2.1 巧溪水库除险扩容(方案一)

该方案对巧溪水库大坝加高扩容,将老坝上游侧包括坝顶开裂部分坝体砂壳和防渗体挖除,在大坝上游侧加高 21.1 m。

大坝设计洪水标准为 100 年一遇,校核洪水标准为 2000 年一遇,设计洪水位 185.27 m,校核洪水位 186.99 m,正常蓄水位 184 m。水库总库容 3 285 万 m³,正常蓄水位以下库容 2 933 万 m³,死库容 77 万 m³。在原大坝上游侧进行加高,采用钢筋混凝土面板堆石坝方案,坝顶高程 187.10 m,防浪墙顶高程 188.20 m,最大坝高 63.10 m,坝顶长度 288.66 m,上游坝坡为 1:1.4,下游坝坡为 1:1.3。

2.2 巧溪水库除险加高与八都水库加高联合扩容(方案二)

对巧溪水库大坝和临近的八都水库大坝同时加高扩容。在巧溪水库上游屏风石附近新建一座挡水堰,将水库上游部分水量通过无压隧洞引水到八都水库,加高八都水库大坝,以充分利用流域水资源。

(1)巧溪水库除险加高。该方案施工期利用原土石混合坝挡水,不需要施工围堰,减少导流工程量,且能做到施工期部分供水。采用堆石坝型从老坝的下游侧加高,为塑性混凝土防渗墙结合混凝土面板堆石坝。

大坝设计洪水标准为 100 年一遇,校核洪水标准为 2000 年一遇,设计洪水位 176.75 m,校核洪水位 177.79 m,正常蓄水位 175 m。水库总库容 2 269 万 m³,正常蓄水位以下库容 1 999 万 m³,死库容 77 万 m³。大坝加高部分从原大坝坝顶下游侧起坡,加高 12.1 m,加高后坝顶高程为 178.10 m,防浪墙顶高程为 179.30 m,最大坝高 54.1 m,坝顶长度为 266 m,加高部分上游坝坡为 1:1.4,下游坝坡为 1:1.3,坝顶宽 6 m。防渗采用在原大坝坝顶轴线黏土心墙内建塑性混凝土防渗墙,塑性混凝土防渗墙最大墙深 43 m,墙厚 0.8 m,防渗墙头部设趾板,上部为 C25 钢筋混凝土防渗面板,厚 30 cm。

(2)八都水库加高。八都水库坝址集水面积 35.1 km²,正常蓄水位 148 m,正常库容 2 668 万 m³,总库容 3 674 万 m³。拦河坝为钢筋混凝土面板堆石坝,50 年一遇洪水设计,1000 年一遇洪水校核,设计洪水位 152.63 m,校核洪水位 155.23 m。坝顶高程 156 m,坝长 324 m,顶宽 5 m,最大坝高 58 m,上下游坝坡均为 1:1.3,钢筋混凝土防渗面板厚 30 cm,顶部高程 151.88 m。

加高后的八都水库大坝设计洪水标准为 100 年一遇,校核洪水标准为 2000 年一遇,设计洪水位 158.60 m,校核洪水位 160.23 m,正常蓄水位 155 m。水库总库容 4 489 万 m³,正常蓄水位以下库容 3 638 万 m³,死库容 49 万 m³。大坝加高部分在原大坝坝顶靠近下游侧起坡,加高 4.5 m,在原坝顶挡墙底板上加筑混凝土,作为加高面板的基础,面板与混凝土基础间作防渗处理。加高后坝顶高程为 160.8 m,防浪墙顶高程为 162 m,最大坝高 62.8 m,坝顶长度为 403 m,上游坝坡为 1:1.3,下游坝坡为 1:1.3,坝顶宽 6 m,加高上游坡采用 C25 钢筋混凝土防渗面板。

在巧溪水库库区上游屏风石村下游约 0.5 km 处新建一挡水堰,堰顶高程 182.3 m,堰高 3.5 m,其上游侧布置一条无压引水隧洞,将屏风石堰趾以上的部分水引入八都水库,隧洞出口在八都水库库区上游韩界下游约 0.3 km。巧溪水库侧隧洞进口底高程 182 m,八都水库侧隧洞出口底高程 178 m,长约 3.43 km,底坡 1.2‰,隧洞断面采用城门洞型,衬后底宽 1.8 m,高 1.8 m,隧洞进口布置调节闸门一扇。年引水量 631 万 m³。

2.3　巧溪水库除险加固与八都水库加高联合扩容(方案三)

该方案对巧溪水库进行除险加固,不进行扩容。由于巧溪水库库容偏小,考虑将多余水量向八都水库输送,加高八都水库大坝,使八都水库与巧溪水库形成连通库。

(1)八都水库加高。加高后的八都水库大坝设计洪水标准为100年一遇,校核洪水标准为2000年一遇,设计洪水位164.02 m,校核洪水位165.42 m,正常蓄水位161 m。水库总库容5 449万 m^3 ,正常蓄水位以下库容4 623万 m^3 。大坝在下游侧加高10 m,采用面板堆石坝方案,在原坝顶挡墙底板上加筑混凝土,作为加高面板的基础,面板与混凝土基础间作防渗处理。坝顶高程166 m,防浪墙顶高程167.2 m,最大坝高68 m,坝顶长度409 m,上游坝坡为1:1.3,下游坝坡为1:1.3。堆石坝面板厚度为30 cm,大坝加高后,面板下部10 m范围涂防渗漆进行防渗处理。

八都水库与巧溪水库之间布置一条连通隧洞,巧溪水库侧隧洞进口底高程140 m,八都水库侧隧洞出口底高程135 m,隧洞长3.75 km,底坡1.33‰,衬后直径3 m。隧洞进口布置一道平板闸门,控制水流方向。

(2)巧溪水库除险加固。巧溪水库除险加固方案在原大坝坝顶轴线黏土心墙内建塑性混凝土防渗墙,进行全断面防渗处理,最大墙深43 m,墙厚0.8 m。同时整修坝顶路面和防浪墙及下游坝坡。

2.4　新建巧溪水库(方案四)

大坝位于巧溪水库下游约200 m处。

大坝设计洪水标准为100年一遇,校核洪水标准为2000年一遇,设计洪水位185.27 m,校核洪水位186.99 m,正常蓄水位184 m,台汛期限制水位183 m。水库总库容3 285万 m^3 ,正常蓄水位以下库容2 933万 m^3 ,死库容77万 m^3 。大坝采用钢筋混凝土面板堆石坝方案,坝顶高程187.10 m,防浪墙顶高程188.20 m,最大坝高67.10 m,坝顶长度382 m,上游坝坡为1:1.3,下游坝坡为1:1.3,坝体分区填筑,分层碾压。

原巧溪水库大坝作为施工围堰,水库蓄水前废除。

2.5　巧溪水库除险加固与新建屏风石水库联合扩容(方案五)

该方案考虑对巧溪水库进行除险加固,不进行扩容。在巧溪水库上游屏风石附近新建一座水库,利用上下两级水库联合调节,充分利用流域水资源。

(1)屏风石水库。大坝位于屏风石村下游约1 km,水库设计洪水标准为100年一遇,校核洪水标准为2000年一遇,设计洪水位267.53 m,校核洪水位268.50 m,正常蓄水位265 m。水库总库容2 531万 m^3 ,正常蓄水位以下库容2 272万 m^3 。大坝采用钢筋混凝土面板堆石坝方案,坝顶高程269 m,防浪墙顶高程270.2 m,最大坝高102 m,坝顶长度420 m,上游坝坡为1:1.4,下游坝坡为1:1.4。

(2)巧溪水库除险加固。巧溪水库除险加固方案与方案三相同。

3　方案比较与选择

3.1　方案特性

各方案比较见表1。

表 1　方案比较表

项　目	单位	方案一 巧溪扩容	方案二 巧溪加高	方案二 八都加高	方案三 巧溪加固	方案三 八都加高	方案四 新建巧溪	方案五 屏风石	方案五 巧溪加固
1	流域概况								
1.1 流域面积	km²	40	40	35.1	40	35.1	40	25.5	40
1.2 天然来水	万 m³	3 061	3 061	2 888	3 061	2 888	3 061	1 988	1 073
1.3 东塘引水	万 m³			793		793			
1.4 屏风石引水	万 m³	/	-631	631			/		
1.5 入库合计	万 m³	3 061	2 430	4 312	3 061	3 681	3 061	1 988	3 061
2 坝型		面板堆石坝	面板堆石坝	面板堆石坝	面板堆石坝	面板堆石坝	面板堆石坝	面板堆石坝	面板堆石坝
3 必需库容	万 m³	2 856	1 922	970（增加）	838	1 955（增加）	2 856	2 239	838
4 工程规模									
4.1 校核洪水位	m	186.99	177.79	160.23	165.28	165.42	186.99	268.5	165.28
4.3 正常蓄水位	m	184	175	155	162	161	184	265	162
4.5 汛限水位	m	183	174	/	161	/	183	/	161
4.6 死水位	m	138	138	116	138	116	138	190	138
4.2 总库容	万 m³	3 285	2 269	4 489	1 198	5 449	3 285	2 531	1 198
4.4 正常库容	万 m³	2 933	1 999	3 638	978	4 623	2 933	2 272	978
4.7 死库容	万 m³	77	77	221	77	221	77	33	77
4.8 调节库容	万 m³	2 856	1 922	3 417	901	4 402	2 856	2 239	901
4.9 库容系数	/	0.93	0.79	0.79	0.79		0.93	1.13	0.29/0.84
4.10 水量利用率	/	0.80	0.76		0.76		0.80	0.80	
4.11 最大坝高	m	63.1	54.1	62.8	43.5	68	67.1	102	43..5
4.12 坝顶长	m	289	266	403	200	409	382	420	200
4.13 溢洪道形式		闸门控制	闸门控制	闸门控制	闸门控制	闸门控制	闸门控制	开敞式	闸门控制
4.14 溢洪道宽		3＊6	3＊6	2＊6	3＊6	2＊6	3＊6	40	3＊6
4.15 溢洪道顶高程		181	171	152	158	158	181	265	158
4.16 隧洞长	km	/	/	3.43	/	3.75	0	0	0
5 政策处理									
5.1 移民	人	204	204	0	0	0	204	550	0
6 静态总投资	万元	12 598	16 329	13 510	14 328	21 796			

3.2　方案比较选择

方案比较结论如下:

(1)方案二、方案三与方案一相比:①投资较大,特别是方案二,即使巧溪水库老坝全部

112

拆除重建,也不需要这么多投资;② 由于引水隧洞引水流量有限,水资源利用不如方案一充分,将来调度运行也不便。

(2)方案四与方案一相比投资明显偏大。

(3)方案五与方案一相比:①投资最大,相当于重建两个巧溪大坝;②上游迁移人口较多,工作难度较大。

经上述技术经济综合比较,方案一与其他四个方案相比具有明显优势,故推荐方案一即巧溪水库除险扩容方案为优选方案。目前,工程正在施工实施中。

4 结语

本文通过多方案经济技术比较最终选定了巧溪水库除险扩容工程推荐方案。在方案论证过程中,笔者深刻体会到,新世纪水利工程设计已经从工程水利向资源水利过渡[1],一方面要充分合理地利用流域水资源,为当地经济社会持续发展提供保障,同时要考虑区域水资源统一调度、规划,以便尽可能减少工程投资,使工程效益最大化。只有这样,水利工程的建设才能符合科学发展观的要求,才能符合广大人民群众的根本利益。

参考文献

[1] 汪恕诚 《资源水利》 中国水利水电出版社 2005

高寒地区碾压混凝土坝越冬面保温方案研究

夏世法 李秀琳 鲁一晖 岳跃真 王国秉

(中国水利水电科学研究院结构材料研究所 水利部水工程建设与安全重点实验室)

摘 要：某高寒地区碾压混凝土左右岸坝段,原来温控设计提出在上、下游面采用喷涂12 cm厚聚氨酯进行永久保温。根据工地现场左右岸坝段开挖较大的实际情况,对原先上、下游面的保温方案进行了优化,提出对上、下游面喷涂聚氨酯结合填土的保温方案。

三维有限元仿真计算结果表明：本方案能达到较好的越冬保温效果,有效防止上、下游面表面裂缝的产生,且施工方便、节约投资,可为类似工程的保温提供借鉴。

关键词：高寒地区 碾压混凝土 温度控制 仿真计算

1 前 言

高寒地区某碾压混凝土重力坝最大坝高122 m。据多年气温观测资料,大坝所在地多年平均气温2.7℃。冬季气温较低,12月、1月、2月多年月平均气温在-17.5 ~ -20.6℃之间。曾经观测到的极端最低气温为-49.8℃,环境条件极为恶劣。

大坝施工工期为2007年至2009年,根据以往研究成果和工程经验,碾压混凝土坝在浇筑前两年越冬期间及大坝蓄水初期上、下游面极易产生裂缝,必须采取相应的保温措施。前期温控设计研究成果表明：要想有效防止左、右岸岸坡坝段上、下游面表面裂缝的出现,上、下游面需要喷涂厚度为12 cm的聚氨酯材料(等效放热系数为17.13 kJ/(m² · d · ℃))进行保温。

对施工现场进行考察后发现：因工程地质原因,左、右岸坡坝段开挖较大,且涉及的坝段众多(长度约1 000米),如完全采取前期喷涂聚氨酯材料的方案对上、下游面进行保温,则耗费保温材料较多,投资较大。考虑到2007年越冬以前左、右岸坡坝段的浇筑块(高度约15 m,为坝体的基础强约束区)基本位于原地面线以下,本文进行了上、下游面填土加喷涂聚氨酯永久保温方案的可行性研究。

通过三维有限元仿真计算跟踪预报典型坝段2007年越冬前已浇浇筑块在后续两年内温度及应力的变化情况,从而深入地了解推荐方案的保温效果,为现场施工进行温度控制及保温设计提供科学依据。

2 计算模型

2007年越冬前浇筑的坝体浇筑块,计算模型取沿坝轴线方向20 m。基础范围为：在坝踵上游和坝趾下游各取50 m,基础深度也取50 m。

计算整体坐标系坐标原点在坝段坝踵处,x轴为顺水流方向,正向为上游指向下游;y轴为垂直水流方向,正向为右岸指向左岸;z轴正向为铅直向上。

模型边界条件:计算模型地基底面按固定支座处理,地基在上下游方向按 x 向简支处理,地基沿坝轴线方向的两个边界按 y 向简支处理。

计算使用的三维有限元模型见图 1、图 2 所示。

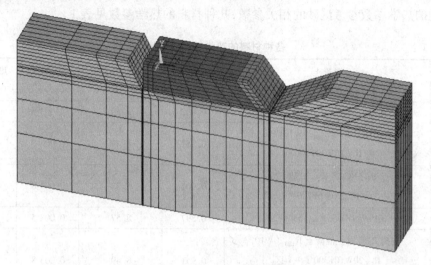

图 1　左右岸典型坝段 2007 年浇筑块三维计算模型图(未回填填土)

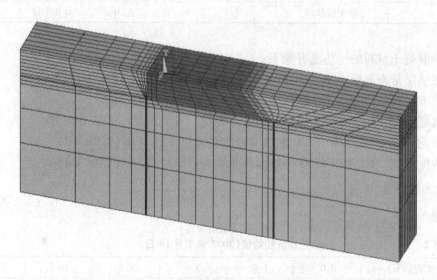

图 2　左右岸典型坝段 2007 年浇筑块三维计算模型图(回填填土后)

3　典型坝段 2007 年浇筑块的施工情况及计算边界条件

3.1　施工浇筑情况

左右岸典型坝段 2007 年浇筑块($\nabla676 \sim \nabla690.5$ m)施工时间为 2007 年 7 月至 2007 年 9 月。其中底部约 3 m 范围($\nabla676 \sim \nabla679$ m),(沿坝轴线方向约 4 m)为高抗硫常态填塘混凝土,于 2007 年 7 月 23 号浇筑完毕;上部 0.5 m($\nabla679 \sim \nabla679.5$ m)为高抗硫常态混凝土基础

垫层,于 2007 年 7 月 26 号浇筑完毕;上部 1 m(∇679.5 ~∇680.5 m)为高抗硫 RCC 碾压混凝土层;顶部 (∇680.5 ~∇690.5 m)为碾压混凝土,其中上、下游部分为二级配 RCC,坝体内部为三级配 RCC。碾压混凝土部分于 2007 年 9 月底浇筑完成。

填土的热学参数参考湿砂的相关参数,几种材料的热学参数见表 1。

表 1 各种材料的热学性能统计表

配合比编号	混凝土强度等级(填土)	比热(kj/kg·℃)	导热系数(kj/m·h·℃)	导温系数(m²/h)	热膨胀系数(10^{-6}/℃)
1	基础垫层混凝土 R_{28}20W8F100	0.982	8.59	0.003 6	9.38
2	二级配 RCC R_{180}20W10F300 R_{180}20W10F300	0.951	8.49	0.003 8	9.25
3	二级配 RCC R_{180}20W6F200 R_{180}20W6F200	0.902	8.38	0.003 8	9.12
4	三级配 RCC R_{180}15W4F50	0.897	8.57	0.003 5	9.01
5	抗硫 RCC 碾压混凝土 R_{180}20W10 R_{180}20W10F300 I – 1 区 R_{180}20W10F300	0.951	8.49	0.003 8	9.25
6	填土(湿砂)	2.09	4.06	0.001 18	8.00

五种混凝土材料的绝热温升如下:
基础垫层常态混凝土 R_{28}20W8F100 绝热温升曲线为:T = 31.6 d/(2.37 + d)
抗硫 RCC 碾压混凝土绝热温升曲线:T = 28.6 d/(2.37 + d)
二级配 RCC R_{180}20W10F300 绝热温升曲线为:T = 24.29 d/(2.06 + d)
二级配 RCC R_{180}20W6F200 绝热温升曲线为:T = 21.9 d/(2.20 + d)
三级配 RCC R_{180}15W4F50 绝热温升曲线为:T = 17.42 d/(2.84 + d)

3.2 温度边界条件

地温见表 2。

表 2 地温初始值(2007 年 7 月 19 日)

距地面深度(m)	0.0	1.0	3.0	6.0	10.0	≥10.0
地温(℃)	26.7	20.5	16.0	12.8	12.0	12.0

(1)上、下游面在浇筑以后回填填土以前覆盖 2 cm 厚聚氨酯保温被进行临时保温,按第三类边界条件考虑。

(2)9 月份以前的浇筑块(∇676 ~∇685 m)上、下游面于 9 月初回填填土保温;9 月份以后的浇筑块于 10 月初回填填土保温。

(3)左侧横缝面按绝热边界处理,右侧横缝面按绝热边界处理;

(4)各混凝土层浇筑时间,浇筑温度见表 3。

表3 坝段各碾压层浇筑特征值统计表

浇筑层	浇筑时间 （年－月－日 时:min）	浇筑时间 （d）	每层高度 （m）	浇筑温度 （m）	备注
1	2007－07－19	0.0	－1.5	18.4	填塘混凝土垫层
2	2007－07－23	4.0	0.0	18.1	填塘混凝土垫层
3	2007－07－26	7.0	0.5	15.1	
4	2007－07－31	12.0	3.0	18.2	
5	2007－08－09	21.0	6.0	18.0	
6	2007－09－01	44.0	6.0	17.0	填土
7	2007－09－25	68.0	9.0	11.2	
8	2007－09－30	73.0	11.5	11.2	
9	2007－10－07	80.0	11.5	10.0	填土

注："浇筑时间（d）"栏目中以 2007 年 7 月 19 号作为计算时间零起点。

（5）表3中1~5层混凝土（7、8月份浇筑完成）在浇筑以后顶面采用2 cm 厚聚氨酯保温被进行临时保温,并采取喷淋方式进行养护,在喷淋状态下,混凝土表面温度基本保持为24℃;7、8层混凝土（9月下旬浇筑完成）浇筑以后顶面也采用2 cm 厚聚氨酯保温被进行临时保温,按第三类放热边界处理;

（6）∇682 ~∇690.5 m 高程碾压混凝土铺设冷却水管进行一期冷却。冷却水管采用高强度聚乙烯管,外径 32 mm,内径 30 mm,通水流量为 20 L/min,通水方向每天倒换一次,采用河水进行冷却,水温取河水多年月平均水温。水管间距:二级配区域采用 1×1.5 m（水平×竖直）,三级配区域采用 1.5×1.5 m 布置。每层通水开始时间为开仓后 0.5 d,通水持续时间 15 d。

（7）越冬面（注:本文所提到的越冬面专指高程为∇690.5 m 的水平面,下同）在冬季停浇期间采用 10 cm 厚 XPS 板 ＋1 m 厚砂土覆盖保温。

（8）大坝第一次蓄水时间为 2008 年 9 月份,蓄水以后考虑上游面填土被浸泡在水中。

（9）计算时段为 2007 年 7 月 19 日至 2009 年 3 月 31 日。考虑了 2007 年越冬、2008 年 9 月份蓄水以及 2008 年越冬的情况。对于外界气温,2007 年 7 月 6 日至 8 月 5 号采用这期间的实测气温,2007 年 8 月 6 号至 2009 年 3 月 31 号采用 2006 年同期实测气温。

4 计算结果

主要进行了如下两个方案的仿真计算:

方案一:上、下游面只回填湿土保温（实际施工过程中,填土不可能完全干燥,因此按保温效果较差的湿土进行考虑）,不采取其他保温措施;

方案二:上游面 2007 年越冬面以下 2.5 m 范围内喷涂 8 cm 厚聚氨酯、其他部位喷涂 3 cm 厚聚氨酯后再回填湿土保温。下游面只对 2007 年越冬面以下 2.5 m 范围内喷涂 8 cm 厚聚氨酯后再回填湿土保温。

方案 1 的计算结果表明:

（1）如果只回填湿土保温:则在越冬面下部 2.5 m 范围上、下游附近混凝土在 2008 年 1

月下旬应力超标(允许应力按 1.8 MPa 控制)。超标原因是在此部位填土的厚度较薄,不能满足 2007 年越冬时外界气温下降导致的保温要求(见图 3、图 4),因此对这部分混凝土,必须采取其他措施进行保温,仅依靠填土不能满足越冬要求。

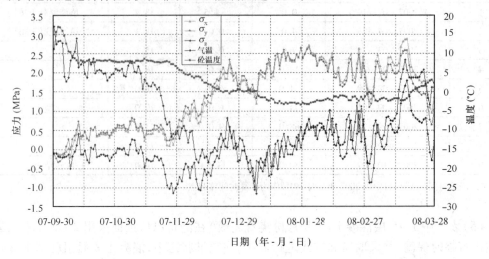

图 3　2007 年上游面典型点(越冬面以下 2.5 m 范围内)温度及应力变化过程线

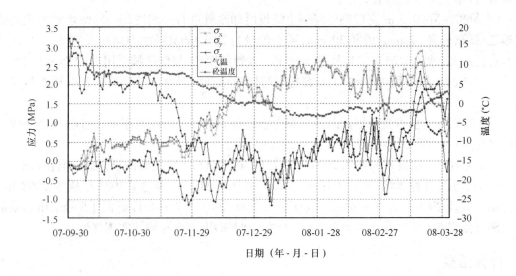

图 4　2007 年下游面典型点(越冬面以下 2.5 m 范围内)温度及应力变化过程线

(2)除越冬面附近,下游面其他部位应力基本满足防裂要求;而上游面其他部位,则会出现应力超标现象。上游面其他部位应力超标的主要原因从典型点温度及应力变化过程线(见图 5)来看是 2008 年 9 月份蓄水导致。由图 5 可以看出:2008 年 9 月份蓄水以后,由于上游填土被浸泡在水中,计算时上游面混凝土按第一类边界条件处理(等于水温),则上游面在蓄水初期及越冬时,由于水温在逐渐降低,导致混凝土应力逐渐增大,从而会出现开裂现象。若上游面混凝土一旦开裂,在水压力的作用下,很可能发展成为深层裂缝,甚至是危害较大的劈头缝,所以必须防止此现象的发生。

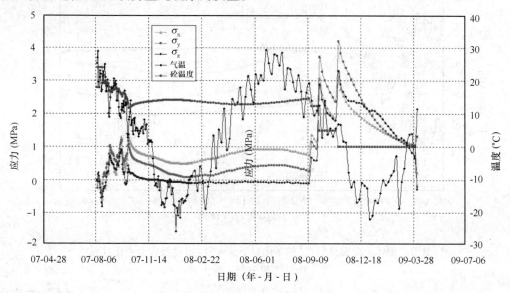

图5 坝体上游面典型点(越冬面以下5 m处)温度及应力变化过程线(上游面只填土)

因此,在方案一计算结果的基础上进行了与方案二的对比计算,方案二的上、下游面保温方案如下:上游面2007年越冬面以下2.5 m范围内喷涂8 cm厚聚氨酯、其他部位喷涂3 cm厚聚氨酯后再回填湿土保温;下游面只对2007年越冬面以下2.5 m范围内喷涂8 cm厚聚氨酯后再回填湿土保温。

方案二的仿真计算结果表明:

在采取上述措施后,上游面基本能防止裂缝的出现,典型点的温度及应力变化过程线见图6、图7;下游面也基本能防止裂缝的出现,典型点的温度及应力变化过程线见图8。

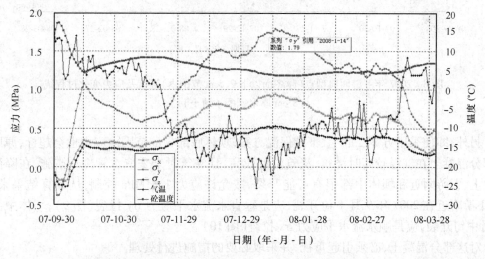

图6 2007年上游面典型点(越冬面以下2.5 m范围内)温度及应力变化过程线
(8 cm厚聚氨酯+填土)

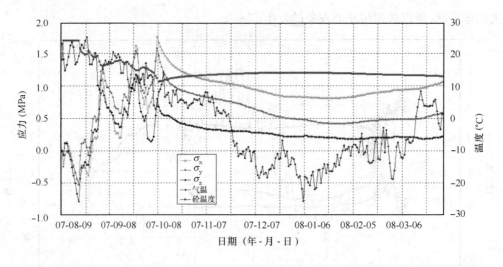

图 7 坝体上游面典型点(越冬面以下 5 m 处)温度及应力变化过程线
(3 cm 厚聚氨酯 + 填土)

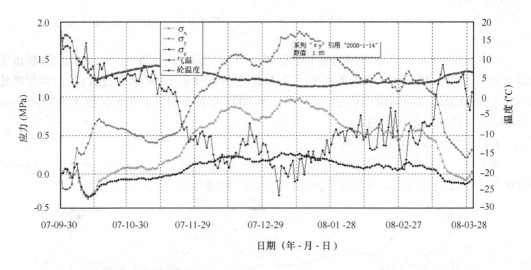

图 8 2007 年下游面典型点(越冬面以下 2.5 m 范围内)温度及应力变化过程线
(8 cm 厚聚氨酯 + 填土)

　　另外,即使采用方案二的上、下游保温方案,坝体底部 3 m 范围内应力也会超标,原因是这部分混凝土在气温较高时浇筑,浇筑温度较高,且浇筑时未采取水管冷却措施,在降温过程中上、下游附近和坝体中部很有可能开裂,按允许应力 1.8 MPa 控制,从计算结果来看,上、下游附近在 2007 年 9 月下旬开裂,应是垂直水流水平应力 σy 拉裂(图 9);坝体中部在 12 月中旬开裂,应是顺水流水平应力 σx 拉裂(图 10)。

　　对这部分混凝土,必须引起重视,并采取必要的措施进行处理。

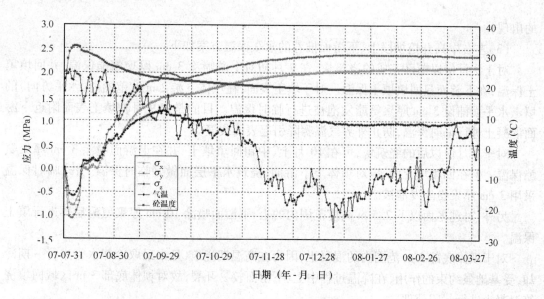

图9   高抗硫碾压混凝土上游点温度及应力变化过程线

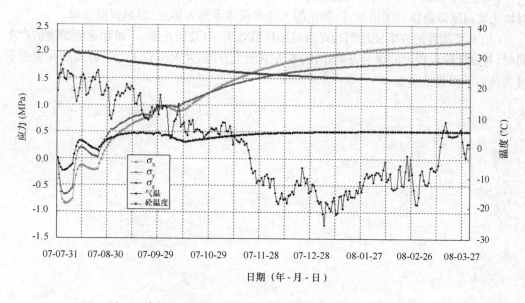

图10   高抗硫碾压混凝土坝体中部点温度及应力变化过程线

5   结语

（1）对左、右岸岸坡坝段，对于9月份浇筑的混凝土铺设水管进行一期冷却通水持续时间为15～20 d是安全有效的，不但对这部分混凝土出现的最高温度"削峰"作用显著，而且可明显改善这部分混凝土后期的应力状态；

（2）对9月份以后浇筑的混凝土，考虑到本地区9月份以后气温骤降频率高、幅度大，为安全期间，建议临时保温被（浇筑层顶面及上、下游面）的厚度增加至3 cm，以防止表面裂缝

121

的出现;

（3）左右岸高开挖坝段上、下游面推荐的永久保温方案如下:

对于9月份以前已完成的浇筑块,在9月初对上游喷涂3 cm厚聚氨酯保温,并回填填土保温,在下游面只回填填土保温。对于填土表面,在坝体下游2 m宽范围内（水平方向）的填土水平面铺设3 cm厚聚氨酯发泡被进行临时保温。目的是对9月初填土表面附近下游面混凝土进行临时保温,防止外界气温骤降引起表面裂缝。

对于9月份以后的浇筑块,可在10月上、中旬回填填土,并在上游面喷涂3 cm厚聚氨酯保温。但在回填填土前,应对坝体上下游面、浇筑水平层面做好临时保温工作,临时保温采用3 cm厚聚氨酯发泡被。

另外,对越冬面以下2.5 m高度范围内的上、下游面喷涂10 cm厚聚氨酯后再进行填土保温。

对于坝体底部3 m范围内的混凝土,因为在高温期浇筑,且未采取冷却水管进行一期冷却,受基础强约束的作用,在降温过程中上、下游面较易开裂,故对坝体底部3 m区域回填浇筑混凝土进行封闭处理。

（4）上、下游面填土料要求较密实,不得存在较大空隙,并且在2008年9月份蓄水以前,对填土表面采取防渗封闭措施,以防止施工用水及雪水渗入填土,影响保温效果。

（5）本文推荐的方案能达到较好的越冬保温效果,有效防止上、下游面表面裂缝的产生。同时,与设计阶段提出的保温方案相比,本方案施工方便、大大节省了上下游面的保温投资,可为类似工程提供借鉴。

冲江河(扩容)水电站引水隧洞施工缺陷处理方法

陈　刚　辜晓原　李国会

(中南勘测设计研究院)

摘　要: 冲江河(扩容)水电站于 2005 年 12 月 30 日进行首次水库蓄水及引水隧洞充水试验,但因施工质量原因而导致失败,引水隧洞发生破坏。经过参建各方的共同努力,历时近 4 个月,完成了引水隧洞的缺陷修补工作,并顺利充水发电。本文简要介绍了引水隧洞发生事故的原因、经过及缺陷处理的具体措施。

关键词: 引水隧洞　高压钢管　缺陷处理　补强

1　工程概况

冲江河(扩容)水电站位于金沙江一级支流硕多岗河中下游河段,在云南省滇西北的迪庆藏族自治州香格里拉县(原中甸县)虎跳峡乡境内。冲江河(扩容)水电站是以单一发电为开发目标的引水式电站,电站装机容量 2×24 MW,工程主要建筑物由首部枢纽和引水发电系统两部分组成,如图 1 所示。

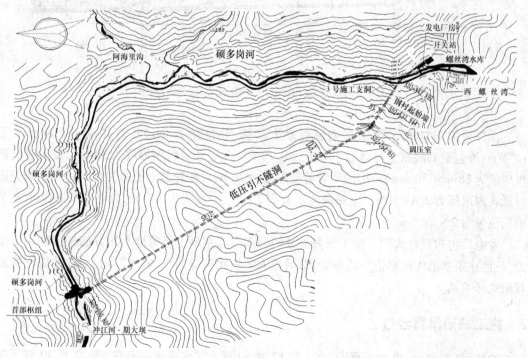

图1　冲江河(扩容)水电站总平面布置图

首部枢纽大坝为混凝土重力坝。坝顶高程 2 471.2 m,最大坝高 33.2 m。大坝全长 104 m,引水系统采用一洞两机供水方式,建筑物由右岸岸塔式进水口、有压引水隧洞、调压井、压力竖井等组成。进水口布置河道右岸坝前约 14 m 处,后接引水隧洞,从进水口至调压井间的引水隧洞长 2 287.08 m,纵坡 0.864 6%,引水隧洞直径 3.3 m,埋深 52~468 m。引水隧洞后设置了直径 6 m 的阻抗式调压井,调压井后的高压管道经上平段、上弯段、竖井段、下弯段与其下平段相连,钢管跨硕多岗河采取浅埋回填的布置方案。调压室后为高压管道,调压井至蜗壳进口的高压隧洞长 742.16 m(②机),包括直径为 3.2 m 的钢筋混凝土衬砌竖井段、直径为 2.8 m 的高压钢管埋管段、"卜"型回填高压钢岔管和直径 1.6 m 的钢支管段。钢筋混凝土衬砌段直径 3.2 m,长度为 325.192 m,在 SD2+612.08 m 桩号处变为地下埋藏式钢管和高压回填钢管段,直径 2.8 m,长度为 375.04 m,如图 2 所示。

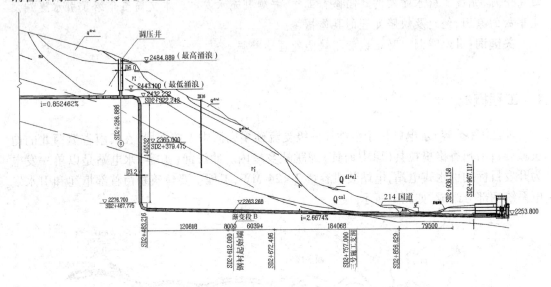

图 2 引水隧洞(SD2+240.000 m 以后)纵剖面图

岔管采用非对称 Y 型钢衬钢筋混凝土岔管,分岔角为 64.5°,直径从 2.8 m 渐变至 1.75 m,外包钢筋混凝土衬砌最小厚度为 0.72 m。岔管主管管壁厚度为 36 mm,支管管壁钢板厚度为 28 mm、36 mm,厂房内明管管壁厚度为 28 mm,支管最大流速为 6.27 m/s。蜗壳进口最大内水压力 2.84 MPa。电站最大水头 212 m,最小水头为 180 m,额定水头 190 m,电站引用流量为 2×15.4 m³/s。

发电厂房布置在大坝下游 3.9 公里处的硕多岗河左岸 I 级阶地平坦开阔地带的中下游处,厂区建筑物沿库尾岸边一线布置,沿河流方向依次布置回车场、主厂房、中控楼副厂房和开敞式开关站。

2 施工缺陷暴露经过

冲江河(扩容)水电站工程于 2005 年 12 月 30 日上午水库下闸蓄水,于 12 月 30 日下午进行隧洞充水,充水至上平洞后(此时最大水头约为 190 m),在高压钢管下平段处的 3 号施工支洞出现涌水,水量很大,将停在公路外侧的汽车冲下河道;同时 3 号支洞上游边坡 2 310 m 高程处冒水,并沿山坡下泄。蜗壳前压力计读数由 193 m 急剧降至 12 m,引水隧洞高压段在内水压力作用下已被严重破坏。经检查,引水隧洞在充水后大量严重的施工缺陷完全暴露出来,导致本次充水彻底失败,主要缺陷有:

（1）3 号施工支洞(桩号 SD2 + 747 m)处最后一个混凝土浇筑段(约 30 m)内有两道钢管沿环缝被撕开,一道为凑合节环缝,一道为该混凝土浇筑段上游端靠近老混凝土衬砌处的钢管环缝。检查发现凑合节焊接环缝宽度达 3 ~ 4 cm,内夹有钢条,焊缝存在未焊透、夹渣、气孔及漏焊现象。

（2）由于 3 号施工支洞堵头混凝土龄期仅有 24 h,且洞顶部回填灌浆质量较差,堵头混凝土无法承受沿不合格钢管焊缝(凑合节)裂隙渗入的高水压,被击穿、冲毁,钢管亦被折断破坏。

（3）低压隧洞和高压隧洞(竖井除外)钢筋混凝土衬砌的环向结构缝内设计均布置了止水铜片,以防止运行期内水外渗,检查时发现环向缝全在渗水,经调查才得知施工时漏设止水铜片。混凝土与钢衬接头处未按设计图纸要求做环向帷幕灌浆。

（4）隧洞钢衬和调压井钢衬的环缝、固结灌浆螺栓孔多处渗水。由于钢衬固结灌浆孔外侧加强板未按设计要求焊接,仅点焊,也未设内丝将封堵钢板拧上,导致漏水。焊接时由于漏水又导致焊缝存在气孔渗水。

（5）后重新对压力钢管进行超声波探伤检查,发现与施工单位提供的探伤报告存在极大的出入(原报告检测的焊缝合格率为 100%),重新检测结果表明压力钢管纵缝与环缝焊接合格率仅有 50%,多处焊缝存在夹渣、气孔和漏焊现象,焊接处 V 型坡口未按图纸要求开在钢管内侧,全部开在外侧。

（6）已实施的回填、固结灌浆质量较差,多处洞顶存在较大的空腔,灌浆孔未按设计要求进行布置。尤其是在隧洞下平段处有一施工用回车场,未回填密实,顶部有 1.5 m 高左右空腔未进行回填灌浆,充水时导致隧洞衬砌混凝土被击穿,形成一个 1 m 左右天窗,水从该处涌出,沿着岩石结构缝外泄,在山坡高程 2 310 m 处喷出。

3　初步分析施工缺陷形成的原因

冲江河(扩容)电站产生如此严重的施工缺陷,经检查认为这些施工缺陷主要是由以下原因造成的:

（1）片面追求施工进度,忽视施工质量。

为了提前发电、追赶工期,在压力钢管制作安装过程中,压力钢管刚刚安装对焊完毕,焊缝未达到冷却时间要求就浇筑外包混凝土。

质量达不到要求,混凝土施工、钢筋施工、钢管制作安装焊接施工都存在一些问题,如焊接材料的保管使用不符合规定;钢管椭圆度、管口错台、焊缝间隙等超出规范规定。钢管焊缝存在大量施工质量缺陷,存在漏焊、夹渣、气孔、焊缝内夹钢筋钢条、焊缝错台等严重缺陷。

（2）下平段部分洞段未进行回填灌浆和固结灌浆就进行充水;钢管凑合节焊接后没按规范要求完全降温后就浇筑堵头混凝土;有施工项目遗漏(比如止水和环向帷幕灌浆),高压隧洞最大灌浆压力仅有 1.5 MPa(设计要求的最大灌浆压力为 2.6 MPa),建筑物质量未达到设计要求。

4 施工缺陷的处理

4.1 压力钢管焊缝一般性焊接质量缺陷的处理

对压力钢管焊缝一般性焊接质量缺陷,按照常规缺陷处理方式进行处理,刨除存在缺陷的焊缝,进行返工焊接,完成处理后再进行探伤复检,确保满足焊接质量要求。对于无法按照常规处理的焊缝缺陷(主要指有贯穿性裂缝、漏焊、焊缝内有填充物的焊缝),在焊缝位置增加 300 mm 宽,18~24 mm 厚的钢板作为补强环进行补强处理。补强环在焊接施工过程中,先打铆钉孔进行塞焊,铆钉孔采用梅花型布置,间距为 300 mm,孔径为 30 mm,然后再将补强环与原钢管贴焊,处理方案如图 3 所示。焊接时采用分段对称退步焊接法和敲击消应法,以有效地减小焊接应力。

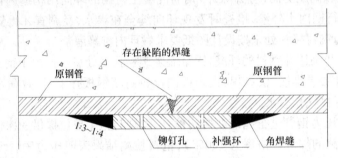

图 3　压力钢管焊缝缺陷处理方案图

4.2 补强环与压力钢管间缝隙处理

补强环与原压力钢管之间采用化学灌浆的方法填补空隙,尽可能地使补强环与压力钢管形成整体。灌浆孔采用带螺纹孔,灌浆结束用螺丝拧紧再焊平。

4.3 错台环缝处理

对环缝错台小于 1/3 压力钢管母材板厚的焊缝,采用 1:3 或 1:4 的缓坡进行过渡堆焊处理。环缝错台超过压力钢管母材板厚 1/3 的焊缝,也用里衬加强环进行补强。补强方式用两片补强环以钢管环缝为中心分瓣。焊接时,先焊接中缝,再焊接边缝。边焊缝应打磨平缓过渡,形成 1:3 或 1:4 的缓坡。

4.4 压力钢管段原漏灌浆部分的处理

对压力钢管段原漏灌浆的部分,进行补充回填和固结灌浆,已经完成灌浆的部分;取试验段进行灌浆试验,检查灌浆效果,根据检测成果,确定是否需进行补强灌浆。

4.5 灌浆孔的缺陷处理

考虑到钢衬固结灌浆孔外侧加强板未按设计要求施工,但又无法在钢衬外侧进行缺陷处理,所以在内侧原灌浆孔开孔部位补焊加强板,焊缝为 1:3~1:4 的缓坡。由于灌浆孔渗水,会影响补焊质量,先在旁边开一直径 10 mm 的小孔,将渗水引出,待加强板焊接完毕后将小孔用螺丝拧紧,封焊止水。

4.6 3 号支洞被破坏的钢管及堵头的处理

将已被撕开破坏的两节钢管及其外包混凝土全部凿除并按原设计图纸恢复,3 号支洞堵头混凝土也全部凿除并按原设计恢复。

4.7 引水隧洞衬砌混凝土段的洞壁蜂窝麻面和孔洞的处理

（1）对渗水水压不大（小于 1 m 水头）、渗水孔较小的孔洞,先将渗水孔凿毛,并把孔壁凿成与混凝土表面接近垂直的形状,用清水洗干净,直接用快硬水玻璃水泥砂浆封堵后,涂刷亲水性环氧基液,再用亲水性环氧砂浆回填,立模加压使之与洞壁平整。

（2）对渗水水压较大（1~4 m 水头）、渗水孔较大的孔洞,首先清除渗水孔壁的松动混凝土,凿成适于下管的孔洞（深度视漏水情况而定）。然后用快硬水玻璃水泥砂浆埋导水管,将渗水集中导出,再采用(1)的处理方法继续处理。

（3）埋设导水管的,待砂浆固化后,把亲水性环氧砂浆搓成条塞入导管将其堵死。

（4）固结灌浆孔存在渗水的,将灌浆孔扫孔重做固结灌浆后再按规范程序封孔。

4.8 一般裂缝或冷缝的处理

（1）低压引水隧洞段。沿裂缝（以裂缝为中心）凿一条宽 7~10 cm,深 4~6 cm 的平底形槽,并清洗干净,刷去松动颗粒。涂刷亲水性环氧基液,回填亲水性环氧砂浆,立模加压使之与洞壁平整。对有漏水的可先用水玻璃水泥砂浆封堵,再采用上述方法处理。

（2）高压管道段。首先按照低压引水隧洞段的处理方法进行嵌缝处理,并在低位缝端埋设灌浆嘴（盒）,在高位缝端埋设出浆（排气）嘴。在嵌缝材料达到强度后,经排气试漏再对冷缝或裂缝采用流动性好的亲水性材料进行骑缝环氧灌浆,灌浆嘴间距 0.5 m,骑缝孔深超过缝深 5 cm,灌浆压力一般控制在 0.2 MPa,以完全止住渗漏水为结束标准。

4.9 结构缝或环向裂缝渗水的处理

（1）低压引水隧洞段。凿槽回填亲水性环氧砂浆,并嵌贴非硫化丁基橡胶密封,涂刷亲水性环氧基液,回填亲水性环氧砂浆,立模加压使之与洞壁平整,覆盖结构缝或环向裂缝达到止水效果,细部结构如图 4 所示。

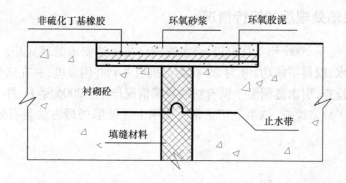

图 4 低压引水隧洞段结构缝或环向缝渗水处理细部结构图

127

（2）高压管道段。首先在未设止水的结构缝两侧打交叉灌浆孔进行固结灌浆，如图 5 所示，然后再采用与低压隧洞相同的方法进行结构缝处理。

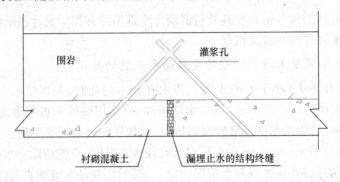

图 5　高压管道衬砌混凝土结构缝缺陷修补方案图

4.10　露筋的处理

将露筋部位沿钢筋凿一宽 10 cm，深 5 cm（设计结构尺寸外）的平底槽，清除松动颗粒（钢筋表面清除干净并除锈），并清洗干净，涂刷亲水性环氧基液，回填亲水性环氧砂浆，立模加压使之与洞壁平整。如钢筋轮廓超出设计洞壁，钢筋上部必须保证 3 cm 厚的保护层，同时环氧砂浆周边与洞壁平顺连接（坡比 1:3～1:4）。

4.11　回车场回填不密实部位的处理

对于回车场未回填密实而遭破坏开天窗的钢筋混凝土衬砌段，先从破坏处预埋 3 根回填灌浆管至回车场顶部空腔，将天窗处混凝土按原图修复浇筑混凝土，混凝土达到一定强度后再对回车场和修复段顶拱进行回填灌浆。

4.12　3 号支洞上部边坡的处理

在 3 号支洞上部涌水的崩塌堆积体边坡上设置三个铅直测斜孔进行观测，边坡出水的渗漏通道钻孔后灌注水泥砂浆封闭处理，并分层在山体内设置排水洞，排除山体内的地下水和渗漏水。

5　引水隧洞缺陷处理后的运行情况

历时三个半月，至 2006 年 4 月中旬，引水隧洞已按上述要求处理完毕。4 月 26 日再次对隧洞进行了充水，取得了成功。4 月 29 日两台机组顺利并网发电，并在运行过程中进行了甩负荷试验。经检查，引水隧洞至今没有新的异常情况产生。2006 年 11 月 18 日，运行单位对引水隧洞进行了放空检查，结果一切正常。说明上述缺陷处理方法是有效的、成功的，达到了预期的效果。

福建水东水电站大坝补强加固的工程经验

王国秉　鲁一晖　刘致彬　张家宏　胡　鹏

（中国水利水电科学研究院结构材料所）

摘　要：中国水利水电科学研究院承担丰满大坝全面治理方案可行性研究及大坝长期安全性评价工作，为吸取国内外已有工程加固的成功经验，现对福建水东水电站大坝补强加固工程的经验进行了较系统的总结，可供类似工程借鉴。

关键词：混凝土大坝　补强加固　经验总结

受东北电网有限公司委托，中国水利水电科学研究院承担丰满六坝全面治理方案可行性研究及大坝长期安全性评价工作，为吸取国内外已有工程加固的成功经验，我们考察了国内若干大坝补强加固工程。现将福建水东水电站大坝补强加固工程的经验介绍一下，可供类似工程借鉴。

1　工程概况

水东水电站位于福建省尤溪县境内，是闽江流域一级支流尤溪梯级水电站的第三级水电站。拦河坝为整体式碾压混凝土重力坝，由左、右岸挡水坝、溢流坝及两岸接头组成。坝顶高程145 m，坝顶长度196.62 m，最大坝高63 m，坝顶宽8 m，上游坝面垂直，下游坝面坡度1∶0.65。溢流坝位于河床中部，溢流前沿净宽60 m，分4孔，每孔净宽15 m，堰顶高程128 m。泄洪消能方式采用宽尾墩—阶梯式—戽池联合消能工。大坝按100年一遇洪水设计，1000年一遇洪水校核。碾压混凝土层厚80 cm，坝体防渗采用上游预制混凝土面板，丙乳砂浆勾缝型式。

该工程于1991年4月开工，1993年底完成大坝主体工程的施工，1995年12月工程正式竣工验收。水东水电站大坝于1999年4月开始进行首次安全定期检查工作，在大坝安全定期检查过程中，专家组对水东大坝的运行状态、大坝安全作了全面的分析，认为水东大坝工作状态总体正常，但部分碾压混凝土存在较严重缺陷，坝体渗漏和析钙严重，坝体扬压力偏高等问题，综合评定水东大坝为病坝，需进行补强加固处理。

水东水电站大坝补强加固设计由原设计单位福建省水利水电勘测设计研究院完成。大坝防渗补强灌浆工程项目由中国水利水电第一工程局中标承建。

2　大坝存在的主要问题

2.1　部分碾压混凝土层面交接不理想，碾压混凝土质量较差

水东水电站大坝在首次安全定期检查中，于2000年3月、10月完成了水东大坝混凝土芯样钻取及压水试验工作，两次钻孔取芯及压水试验均表明：大部分常态混凝土质量较好，透水率q值均小于1 Lu；部分碾压混凝土层面交接不理想、砂浆不均；局部存在骨料架空、蜂

窝及孔洞、碾压不均等现象,大部分透水率 q 值均大于 3 Lu。这说明坝体阻水效果较差,需进行补强处理。

根据坝体钻孔取芯孔位,于 2001 年 5～7 月,在右岸挡水坝段、左岸挡水坝段进行两组灌浆试验,通过本次试验表明:①水东大坝碾压混凝土存在着比较突出的渗漏和强度缺陷问题,但总体而言,大坝为中等透水,渗漏问题更为突出;②针对水东大坝碾压混凝土缺陷问题,采用普通水泥补强灌浆方法处理具有适宜性和有效性。

2.2 大坝坝面存在贯穿性裂缝及预制混凝土面板防渗效果较差

根据大坝水下、水上现场检查结果表明,在大坝上游面桩号 0＋034.000、0＋043.000、0＋159.000、0＋169.000 等处存在坝体贯穿性裂缝。2001 年 10 月对大坝迎水面及进水口进行水下检查,发现桩号 0＋079.500 左右有一条垂直裂缝,裂缝从溢流堰顶圆弧段一直延伸至底部淤积层;桩号 0＋074.000 左右有一条垂直裂缝,裂缝从淤积层往上 3 m(高程 113 m)处一直延伸至底部淤积层;桩号 0＋158.500 左右有一条垂直裂缝,裂缝从水面以上一直延伸至底部淤积层;桩号 0＋106.500 左右高程 115 m 处有一条长度 1 m 多的裂缝;桩号 0＋088.500 左右有一条垂直裂缝,裂缝从高程 120 m 左右一直延伸至高程 113 m 左右结束,裂缝长度约 7 m。由于混凝土预制板间的砂浆及填缝部分质量较差,难以满足单独防渗的要求,需进行补强处理。

3 补强加固方案选定

大坝由于坝体温度应力及碾压混凝土质量较差等原因产生了 4 条贯穿性裂缝,首次安全定期检查中对挡水坝段及泄水坝段采用平面情况进行稳定安全复核计算。计算结果表明坝体稳定有一定的安全余度,但大坝检查钻孔取芯发现坝体部分碾压混凝土存在较大缺陷(混凝土存在孔洞、蜂窝、骨料离析胶结差、甚至仅有卵石骨料),需根据实际情况进行适当的补强处理,以增加坝体的安全余度。此次水东大坝补强加固设计重点解决的关键问题是坝体防渗,控制坝体的渗漏量,以达到低温期 Q 漏 ≤1 L/s,高温期 Q 漏 ≤0.2 L/s,并保证廊道四周基本干燥。为加强大坝防渗效果,减小坝体的漏水量,大坝坝体补强加固处理方案初步拟定大坝补强灌浆方案(方案一)及大坝坝面浇筑混凝土防渗面板处理方案(方案二)进行比较论证,两个处理方案分述如下。

3.1 方案一:大坝补强灌浆方案

大坝补强灌浆方案要求该方案必须对防渗体的透水率提出明确要求。即希望通过进一步对灌浆试验工艺的改进,采用分序加密的灌浆程序,并通过逐序加压适当提高灌浆压力,适当提高浆液浓度等途径,选定符合实际的灌浆参数,使灌浆施工能满足防渗体的透水率小于 1 Lu 的要求。考虑灌浆过程中可能会对上游防渗混凝土预制板造成不利影响,并要防止廊道进水,有一定施工难度和施工风险,遂于 2002 年 2～5 月进行水东大坝二次补强灌浆试验,针对上述问题进行研究。

根据大坝坝体补强(二次)灌浆试验成果分析,采用双排灌浆孔布置形式,比单排孔布置形式的灌浆效果好;左右岸大坝渗漏性质有所差异,左岸以孔隙渗漏特征为主,右岸以孔洞渗漏特征为主。经综合分析确定右岸挡水坝段及泄洪闸坝段灌浆孔孔距为 400 mm,左岸挡水坝段灌浆孔孔距为 500 mm。

施工过程结合大坝补强灌浆可进行上游坝面裂缝处理。采用裂缝两侧错台处理、水下清淤、打毛清洗裂缝两侧混凝土表面、粘贴 SR 止水材料和盖片及 SR 盖片周边封堵。

3.2 方案二：大坝坝面浇筑混凝土防渗面板处理方案

大坝坝面浇筑混凝土防渗面板处理方案要求在材料的选择、防渗层厚度、施工工艺(包括水下清淤、立模、分缝、基础和坝面清扫、浇筑)、止水方式和特殊部位的处理等方面作进一步的论证。处理方案分为大坝水上坝面浇筑混凝土防渗面板和防渗涂料处理、大坝水下坝面浇筑水下混凝土防渗面板处理、大坝坝面裂缝处理、大坝坝体排水恢复。为了尽可能减少对水东水电站的发电影响，并且也便于防渗处理方案更好地实施，确定大坝补强加固阶段，使水库水位降低至满足电站机组运行最低水位要求，即高程 130 m。

大坝坝面混凝土防渗面板结合坝面裂缝设置横向伸缩缝，缝内安置止水铜片止水。在混凝土防渗面板外侧配横向 $\phi 6@300$ mm，竖向 $\phi 8@200$ mm 的钢筋网。为保证新、旧混凝土防渗面板的连接可靠，在坝面每隔 1×1.2 m 梅花形布置锚筋。为防止渗水渗透到新浇筑的防渗面板和坝面预制板之间的交界面上，因此整个防渗面板周边需进行止水处理。上游坝面喷涂 903 聚合物水泥砂浆，厚度 7 mm。

3.3 方案比选

大坝坝体渗漏处理方案分别从施工条件、主要工程量、工程投资、处理可靠性等方面进行综合比较，经比较方案一：大坝补强灌浆方案具有施工条件相对比较好，施工场面相对较优，施工期对电站运行影响较少，施工工艺比较简单，也比较成熟；处理可靠性较高，在加强大坝防渗效果同时，坝体混凝土的整体性和强度也会得到相对提高；并且可根据大坝坝面裂缝处理情况进行分阶段施工，工程投资相对比较节省。方案二：大坝坝面浇筑混凝土防渗面板处理方案，由于大部分工作量在水下施工，施工条件相对比较差，施工场面比较小；施工期由于需电站长时间在低水位运行，对电站运行影响较大；且该方案水下施工难度较大，虽然施工工艺各个程序类似工程实践，但总的施工方案及如此大的水下施工工作量尚无先例；若采用此方案还须对水下施工方法、施工材料如防渗面板混凝土材料及周边缝止水材料等做一些专门的试验研究，因此该方案施工时间及进度就相对较长。综合分析认为大坝补强灌浆方案作为大坝坝体渗漏处理方案相对较优越，故推荐该方案。

4 大坝补强灌浆方案设计

水东大坝坝体防渗补强灌浆主要需完成右岸挡水坝段、泄洪闸坝段、左岸挡水坝段的钻孔、补强灌浆，以及廊道内的浅孔补强灌浆和坝体排水孔钻孔、电视录像孔钻孔等。

4.1 灌浆孔布置

根据大坝坝体补强(二次)灌浆试验成果分析，确定左岸挡水坝段灌浆孔孔距为 500 mm，右岸挡水坝段及泄洪闸坝段灌浆孔孔距为 400 mm。

左右岸挡水坝段补强灌浆孔，采用两排布置，第一排一序孔、二序孔中心轴线位于坝下 $0+002.500$ m，钻孔孔径 75 mm。一序孔中心间距 2 m，灌浆完成后，在与一序孔之间距离 1 m 处钻二序灌浆孔。三序孔中心轴线位于坝下 $0+002.800$ m，于一序孔、二序孔之间，中心间距 1 m,钻孔孔径 75 mm。

溢流坝段补强灌浆孔采用单排布置,一序孔、二序孔中心轴线位于坝下 0 + 005.200 m,钻孔孔径 75 mm。一序孔中心间距 0.8 m,灌浆完成后,在一序孔之间距离 0.4 m 处钻二序灌浆孔。

4.2 钻孔

灌浆孔从坝顶一直深入基岩面以下 3 m,灌浆孔孔径为 φ75 mm,左右岸孔为垂直灌浆孔,最大孔偏应≤0.5%。泄洪闸坝段采用单排孔距 0.4 m 铅直孔,孔深至廊道顶 1 m。廊道内上游侧采用孔径≥40 mm,呈辐射状布置,排间距 0.5 m。廊道内底部为单排孔距 0.5 m 铅直孔,孔深应深入基岩 2~3 m,最大孔偏应≤0.5%。

4.3 灌浆方法

灌浆采用自上而下分段孔口封闭、孔内循环式灌浆,灌段长 2.5~3 m,但不超过 3 m。

4.4 灌浆材料

补强灌浆应选用优质的普通硅酸盐水泥,要求水泥标号不应低于 42.5。在灌浆施工中,第一灌全部采用湿磨水泥灌浆,要求细水泥比表面积应大于 7 000 cm^2/g。当发现透水率大于 40 Lu 时不再采用湿磨水泥,而改用普通水泥浆灌浆。

4.5 灌浆浆液

一、二序孔灌浆采用 0.6∶1 的纯湿磨水泥浆,三序孔采用 2∶1、1∶1、0.6∶1 三个比级的湿磨水泥浆,0.6∶1 的浆液应掺拌高效减水剂。

4.6 灌浆压力

由于灌浆是在坝体内进行,灌浆孔离上游混凝土预制板仅 2.15 m,为确保上游混凝土预制板的安全,在灌浆试验中对上游面防渗面板进行抬动试验,并根据大坝上游面防渗面板进行压水、灌浆抬动。试验结果:本次大坝补强灌浆方案中左右岸挡水坝段最大灌浆压力为1.5 MPa,泄洪闸坝段最大灌浆压力 1.8 MPa。根据灌浆孔所处部位的不同,其各段灌浆压力有所不同,具体参数详见补强灌浆压力表,见表 1。

表 1　　　　　　　　　　　　补强灌浆压力表　　　　　　　　　　　　单位:MPa

部位＼段次	1	2	3	4	5	以下各段
左岸挡水坝段	0.3	0.6	0.9	1.2	1.5	1.5
溢流坝段	0.3	0.7	1.1	1.5	1.8	1.8
右岸挡水坝段	0.3	0.6	0.9	1.2	1.5	1.5

4.7 灌浆结束标准

灌浆结束标准:在规定压力下,当注入率≤0.4 L/min 时,继续灌浆 40 min;或注入率≤1 L/min 时,继续灌浆 60 min 后,灌浆可以结束。

5 灌浆效果

水东大坝补强灌浆方案于 2002 年 10 月开始施工,2003 年 7 月全部完成。根据大坝补强灌浆的各次序灌浆成果,从总体上看:(1)大坝各段的灌浆按次序单位注入量呈递减,透水率呈递降的趋势。大坝灌浆后下游坝面、廊道内的渗漏及湿润状况与加固前相比有明显的减少。(2)2003 年 6 月对水东大坝混凝土超声波检测大部分单孔孔壁混凝土声速及孔间混凝土声速均大于 3 500 m/s。(3)大坝灌浆帷幕线上检查孔压水透水率全部小于 1 Lu。(4)钻孔取芯检查,检查孔的芯样获得率达到 85%,芯样水泥结石与混凝土胶结紧密,说明碾压混凝土中的局部孔洞已被水泥浆液全部和部分充填,起到了防渗加固作用。(5)根据现场运行观测,大坝渗漏量已达到低温期 Q 漏 ≤1 L/s 控制标准,因此表明水东大坝补强灌浆后已满足正常坝的要求。

6 结语

(1)水东大坝的补强灌浆和上游面裂缝处理均已按设计要求实施,经过处理后,大坝运行状态有了很大改善。目前大坝位移正常,下游坝面及廊道内的渗水点大部分已消失,渗漏量明显减少,新设坝体排水孔通畅。检查孔的混凝土芯样、压水试验资料以及超声波检测资料显示,经过补强灌浆后,坝体碾压混凝土的强度、整体性、均质性均有明显提高,透水率较低。大坝可以安全运行。

(2)大坝灌浆施工工艺符合有关规范的规定和设计要求,灌浆过程中耗灰量逐序递减,从水泥灌入量、灌浆后钻孔岩芯结石情况、压水试验成果、声波检测及孔内电视录像资料等综合评判,帷幕灌浆质量优良,灌浆压力与承受水压力之比大于 3,形成的幕体厚度能够满足设计要求;本次大坝补强加固施工过程没有造成对坝体结构的不利影响。大坝补强加固后两年多的运行情况表明,坝内廊道渗漏量已由补强加固前的 3 L/s 下降至目前不足 1 L/s;坝内廊道渗水、析钙现象已有所改善,大坝下游面的潮湿部位高程至少下降了 4 m 左右,大坝浸润线有所下降。因此补强加固工程质量基本达到了预期的目的。

(3)经过本次补强加固处理,水东水电站大坝在安全定检中存在的部分碾压混凝土质量差,坝体渗漏和析钙严重,坝体扬压力偏高等问题已有明显的改善。大坝定检专家组认为水东水电站大坝具备摘除"病坝"帽子和评为正常坝的条件。

水东水电站大坝补强加固工程的成功实践,为类似工程补强加固提供了宝贵的经验。

云南雨补水库导流泄洪洞混凝土防冲磨设计

袁黎明

（云南省红河州水利水电勘察设计研究院）

摘　要：在高速水流的作用下，泥沙（推移质）的运移冲刷，是水工混凝土表面冲刷破坏的主要原因。钢砂混凝土，增强了混凝土的抗冲击韧性，是一种理想的抗冲磨材料，技术上可靠，经济上合理，值得大力推广。

关键词：高速水流　混凝土　防冲磨损

1　概述

我国的江河，以含沙量而著称于世，水利工程多年淤积的泥沙，随着冲沙或泄洪的高速水流运动，所挟泥沙以悬移质为主，对水工混凝土表面产生了冲磨破坏。水工混凝土磨损破坏程度与泥沙运动状态、水流流速、河道含砂量、泥砂颗粒形状及粒径、硬度等有关。

水库泄洪时悬移质颗粒细小，在水流紊动作用下，能与水流一起均衡运行磨损混凝土表面，不具备冲击能力，所以决定水工混凝土强度的是表面硬度而不是韧性，悬沙随水流运动，对水工混凝土表面进行摩擦，造成均匀冲磨剥离。随着磨损剥离程度的增加，由于混凝土非均质性，过流表面形成各种漩涡流，这些漩涡流的强度，随着流速的增大而加剧，继而出现空蚀破坏。

据有关资料统计，在水流流速不大于 10 m/s 时，普通碳素钢表面无明显磨损现象，C_{20}混凝土表面磨损也十分轻微；当水流流速达 18 ~ 20 m/s 时，经较长时间运用，不但钢材会遭到严重破坏，而且 C_{20} 混凝土表面粗骨料裸骨，也会出现冲磨坑；当流速达 20 m/s 时，20 mm 厚钢板历时 2 540 h 即被磨穿。四川省南桠河石棉二级电站冲砂闸、都江堰工程飞砂堰和渔子溪一级电站、黄河三门峡电站泄洪建筑物等工程，在泥沙的磨损、冲击作用下发生了严重的破坏，特别是刘家峡水电站泄洪洞成为全国大型泄洪洞中冲蚀磨损破坏最严重的典型。

2　工程实例

云南省弥勒县雨补水库导流泄流隧洞，其主要任务是施工期导流，工程建成后担负着泄洪和冲砂任务。竖井前为有压隧洞，圆形断面；竖井后为无压隧洞，城门形断面；全长445.55 m，设计流量为 81.3 m³/s，最大水头 51.69 m，竖井内安装 2.5 × 2.5 m，平板钢闸门两道（分别为工作闸、检修闸），经计算各种开度下设计流量时最大流速见表 1：

表 1			开度—流速关系表		
开度(m)	0.25	0.50	0.75	1.00	1.25
流速(m/s)	19.16	19.04	18.99	18.84	18.82
开度(m)	1.50	1.75	2.0	2.25	2.50
流速(m/s)	18.72	18.47	16.08	14.72	13.09

2.1 抗磨材料选用

抗磨材料的选用主要考虑的因素有:磨损后检修的难度、磨损后会不会引起空蚀破坏、空蚀和磨损破坏又会不会影响水工建筑物的安全、现场施工合理性、经济性以及施工过程中是否危害工人健康等。

根据雨补水库导流泄洪隧洞的运用情况,抗磨层选用高标号钢砂混凝土。

2.2 抗冲磨层混凝土强度等级

为了减少混凝土的磨损量以及当建筑物表面被磨损后不发生空蚀,应力求采用高标号混凝土,但混凝土标号高于 45 ~ 50 MPa 时,混凝土现场施工有一定困难。混凝土标号高,水泥用量多,水化热高,致使施工过程中混凝土容易产生裂缝。为此,雨补水库导流泄洪隧洞抗冲磨层混凝土强度等级采用 C_{30}。

2.3 闸体防磨损设计

根据导流隧洞的流速以及水库泥沙的特点,为防止导流泄洪隧洞闸体处产生磨损破坏,采用 C_{30} 钢砂混凝土材料进行防磨损处理。具体方案如下:在闸孔及闸后 10 m 的扩散段,设置厚度为 0.2 m 的 C_{30} 钢砂混凝土,详见图 1。

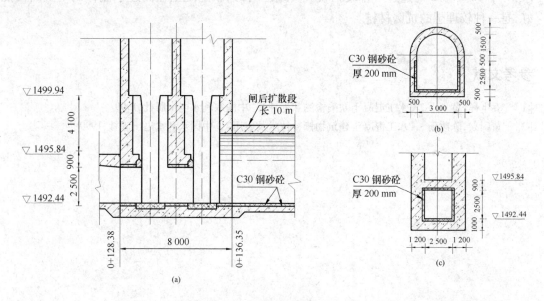

图 1 闸体防磨损结构图
(a)纵断面布置 (b)扩散段剖面 (c)闸孔剖面

135

2.4 钢砂混凝土施工

(1)钢砂混凝土设计

骨料是混凝土抗磨的主要材料,骨料强度较大,硬度越高,其抗磨性能也越高。为了减少泥沙(悬移质)对混凝土磨损后所导致的因表面不平整而引起的空蚀破坏,要求骨料中的软弱颗粒和超硬颗粒含量小于1%。考虑到防磨损层厚度的尺寸,采用骨料粒径为4 cm的二级混凝土;砂采用钢砂,其抗磨性能较一般砂抗磨性能好;水泥采用普通硅酸盐水泥;水灰比采用1:0.35。

经对钢砂混凝土进行配合比试验,采用的配合比为:1:2.68:1.7,在1 m³混凝土中,水泥用量为517 kg、钢砂1 236 kg、碎石879 kg。

(2)钢砂混凝土施工

抗冲磨混凝土标号高,水泥用量大,施工过程中容易产生裂缝,故必须严格控制混凝土入仓温度。为了使混凝土表面层抗冲耐磨,则必须使之与其接触的低标号混凝土结合好。在接触区混凝土浇完后,应立即进行浇筑抗冲磨的钢砂层,中间不得停仓,若有停仓情况,应在两层混凝土之间埋插筋。

抗磨钢砂混凝土入仓应加强振捣,根据气温掌握好闸底板的抹面时间,及时洒水养护28 d,还应在抗冲磨层内布置构造钢筋,以防施工期发生裂缝。

3 结语

弥勒县雨补水库导流泄洪隧洞工程,自1998年投入运行以来,经过了拦河坝截流通水和2003年、2004年冲砂泄洪的考验,闸体钢砂混凝土抗磨性能好,在外观检查中符合规范要求,并于2005年8月通过了省级验收。实践证明,钢砂混凝土在高速水流作用下抗磨性能好,是一种较理想的抗磨材料。

参考文献

[1] 乔生祥,黄华平 《水工混凝土缺陷检测和处理》 中国水利水电出版社,1999
[2] 黄国兴,陈改新 《水工混凝土建筑物修补技术及应用》 中国水利水电出版社,1999

减河防洪闸水工混凝土裂缝分析与防治

吕海江　韩星亮

（北京鑫大禹水利建筑工程有限公司）

摘　要：在现场施工过程中，大体积混凝土浇筑产生的裂缝是施工中常见的现象，也是困扰广大施工技术人员的一项难题。如何控制大体积混凝土不产生危害性裂缝，如何控制裂缝深度以及宽度是工程界比较关注的问题。本文结合实际工程，就混凝土裂缝的概念、分类、形成原因、裂缝控制、如何防治等问题进行了讨论与归纳。

关键词：混凝土裂缝　温度应力　裂缝分析　裂缝防治

1　建设工程结构中混凝土裂缝的概述

众多建筑物或构造物的混凝土结构，在建设过程和使用过程中常出现不同程度、不同形式的裂缝，这是一个相当普遍的现象。

近代科学关于混凝土强度的细观研究，以及大量工程实践所提供的经验都说明，结构物的裂缝是不可避免的，裂缝是一种人们可以接受的材料特征，而科学的要求是将其有害程度控制在允许范围以内。这些关于裂缝的预测、预防和处理工作均称为"裂缝控制"。

工程实践中的许多裂缝并不只是由荷载作用引起的，还包括温度（水化热、气温、生产热、太阳辐射等）、收缩（自生收缩、失水干缩、碳化收缩、塑性收缩等）及地基变形（膨胀地基、湿陷地基、地基差异沉降）、混凝土冻胀等因素。

裂缝是固体材料中的某种不连续现象，属于结构材料强度理论范畴。混凝土强度理论大致可分为四种：唯象理论、统计理论、构造理论、分子理论等，本文以唯象理论为基础，考虑材料的某种构造、结构形式、施工特点、及时间关系，提出结构物裂缝的分析方法。

2　混凝土裂缝的种类

按影响程度分：微观裂缝与宏观裂缝，混凝土的微观裂缝主要有三种形式：（1）黏着裂缝是指骨料与水泥石的粘接面上的裂缝，主要沿骨料周围出现；（2）水泥石裂缝是指水泥浆中的裂缝，出现在骨料与骨料之间；（3）骨料裂缝是指骨料本身的裂缝。这三种裂缝中，前两种较多，骨料裂缝较少。混凝土的微裂主要指黏着裂缝和水泥石裂缝。混凝土中微裂的存在，对于混凝土的基本物理力学性质有重要影响。

混凝土为骨料、水泥石、气体、水分等所组成的非均质材料，在温度、收缩（湿度）变化条件下，混凝土逐步硬化，同时产生体积变形，这种变形是不均匀的。水泥石收缩较大，骨料收缩很小；水泥石的热膨胀系数大，骨料较小。它们之间的变形不是自由的，从而产生相互约束应力。当水泥石产生收缩时引起内应力，这种应力可引起黏着微裂和水泥石变裂。

混凝土微裂是肉眼看不见的。肉眼可见裂缝范围一般以 0.05 mm 为界。一般建筑中，宽度小于 0.05 mm 的裂缝对使用(防水、防腐、承重)都无危险性,大于 0.05 mm 的裂缝称为"宏观裂缝"。宏观裂缝是微观裂缝扩展的结果。

3 裂缝产生的主要原因

通常裂缝的产生原因主要分为两大类,一类是由外荷载(静、动荷载)的直接应力,即按常规计算的主要应力引起的裂缝;另一类是由变形变化引起的裂缝,如水化热、温度差、膨胀、收缩、冻胀等;还有由地基变形等因素引起不均匀沉降而产生的裂缝。

根据经验和资料调查,工程实践中结构物的裂缝原因,属于由变形变化(温度、收缩、冻胀、不均匀沉降)引起的约占 80% 以上,属于由荷载引起的不足 20%。

4 大体积混凝土结构的尺寸要求及裂缝宽度的控制标准

4.1 大体积混凝土结构的尺寸要求

一般现浇的连续墙式结构、地下构筑物及设备基础等都是容易由温度、收缩应力引起裂缝的结构。土木工程中通常将每边最小尺寸大于 80 cm 的混凝土结构,称之为"大体积混凝土结构"。

我国现行《钢筋混凝土结构设计规范》规定:现浇钢筋混凝土连续式结构,处于室内或土中条件下的伸缩缝间距为 55 m,露天条件下为 35 m;无筋混凝土则伸缩缝间距为 20 m 和 10 m,和水工结构相近。

4.2 大体积混凝土结构中混凝土裂缝宽度的控制标准

根据国内外设计规范及有关试验资料,混凝土的最大裂缝宽度的控制标准大致如下:

(1)无侵蚀介质,无防渗要求,0.3~0.4 mm。

(2)轻微侵蚀,无防渗要求,0.2~0.3 mm。

(3)严重侵蚀,有防渗要求,0.1~0.2 mm,不允许出现贯穿性断裂。

5 混凝土裂缝实例分析

5.1 工程实例介绍

北京城北减河治理工程属于潮白河顺义牛栏山—河南村坝整治工程的一个组成部分,城北减河段始点位于潮白河草桥,本次整治河段桩号为:0+000~2+950.806,全长为 2.951 KM。防洪闸工程是城北减河治理工程的单元项目,防洪闸工程 2 级建筑物工程,防洪标准为 50 年一遇,过闸流量 50 年一遇 104.4 m^3/s,20 年一遇 72.3 m^3/s。水闸设计为开敞式平底板水闸,闸门采用平板钢闸门,双向挡水,规格宽高为(6×5)m^2。直段边墙长度为 18 m,高度为 6.2~8.2 m,底宽 2 m,上口宽 0.5 m。挡墙混凝土配合比为:C25F150W4,采用水泥为 32.5 普通硅磁酸盐水泥,水灰比为 0.48。浇筑时采用泵送混凝土,坍落度控制在 14~16 cm 之间,该防洪闸目前正在建设之中,已完成了闸底板、挡墙及防洪闸墩的浇筑任务,两侧挡墙在完成混凝土浇筑后 15 d 左右即发现有纵向裂缝产生,受施工单位的委托,由中国水利水电科学研究院结构与材料所于 2004 年 9 月 22 日至 23 日对减河防洪闸左右岸挡墙的裂缝进行了现场检测。

通过对减河防洪闸挡墙裂缝的现场普查和检测,共发现竖向裂缝89条,裂缝宽度约0.1~0.7 mm不等。对于挡墙两侧基本对称的裂缝,均为贯穿性裂缝。在挡墙一侧发生的裂缝,当缝宽大于0.2 mm时,缝深约为挡墙厚度之半;当缝宽小于0.1 mm时,缝深约20 cm。

5.2 裂缝成因分析

近年来,我国工程界进行了许多有关不同高长比条件下,温度应力分布规律的理论与试验研究。按有限元法计算结果,墙体的温度应力只与高长比(H/L)有关,而与长度绝对值无关。

由于该工程出现裂缝时还未运行,可排除外荷载作用下引起的裂缝或基础不均匀沉降所发生的裂缝,裂缝成因分析如下:

第一种情况,因混凝土是一种弹塑性材料,出现的裂缝是由于混凝土在收缩期间内产生了较大的收缩应力(如:收缩、膨胀、混凝土徐变、泊松比、混凝土疲劳等),在边界条件较强的约束下,混凝土墙体处于受拉状态,结构内部产生较大收缩应力,当其大于混凝土抗拉强度时,在相对薄弱处便出现了裂缝。

第二种情况,由于底板与挡墙不是同时浇筑的(先浇底板,后浇挡墙)。当混凝土挡墙开始收缩变形时,此时基础底板已先前完成了收缩变形,而且弹性模量较高,对挡墙的收缩变形起到较强的约束作用,因此在混凝土墙体中间部位(即1/2~1/3处),沿墙高中下部处于受拉状态。当这种收缩应力大于混凝土抗拉强度时,就会在混凝土相对薄弱部位出现裂缝。

第三种情况,是由于混凝土墙体各部位的内部温度较高和白天晚间的温差等因素而产生的温度应力。采用泵送混凝土时,水泥用量较多,混凝土的坍落度较大,混凝土在硬化的过程中将产生较高的水化热温升,内部最高温度估算可达到70~85℃,加上钢筋混凝土墙混凝土浇筑施工阶段正值夏季高温季节,浇筑温度较高,此时混凝土墙内部会产生较大温度应力,当温度应力大于混凝土抗拉强度时,在相对薄弱处便出现了裂缝。

第四种情况,是由于混凝土墙体比较高、比较长,墙体的高长比远大于0.2时,在不受任何外力荷载的情况下,而由于混凝土墙体本身高长比的作用,使得混凝土墙体产生的内部应力极不均匀,且在温度应力和收缩应力的作用下混凝土挡墙一边受基础底板的约束,产生最大约束应力在约束边,即:挡墙与底板接触部位会产生较大的极不均匀的水平向拉应力,当其大于混凝土抗拉强度时,由中合轴向两侧形成抛物曲线,类似于弹性理论中"边缘干扰"问题,应力分布图呈指数函数规律变化,其裂缝形式应从下而上产生,即在相对薄弱处出现了裂缝。

6 减少混凝土裂缝的几种措施

在施工中,众多因素都会产生混凝土温度应力、收缩应力、不均匀的内部应力等,而导致裂缝的出现,以下简单阐述几种减少混凝土裂缝的措施:

(1)水泥的选择:普通硅酸盐水泥,硬化快、水化热大,凝固时产生的自生收缩使体积缩小。选择低热微膨胀水泥,水化热小,凝固时产生的自生收缩是膨胀,体积变大。故不宜采用普通硅酸盐水泥。

（2）骨料的选择：使用粗骨料，在标准范围内，尽量选用粒径较大的石子；选择磨数为2.3～2.8沙子为宜；从而减少水泥用量及水化热的产生。

（3）水的选择：国家标准的饮用水即可，水中物质含量限制为，pH > 4，不溶物 < 2 000 mg/L，可溶物 < 5 000 mg/L，氯化物（以 CL^- 计）< 1 200 mg/L，硫酸盐（以 SO_4^{2-} 计）< 2 700 mg/L，硫化物（以 S^{2-} 计 mg/L）无要求。

（4）内部降温：

①可掺入粉煤灰，在满足混凝土设计强度下，尽可能掺入优质粉煤灰，技术指标：细度（0.045 mm 方孔筛的筛余）< 20%，烧结量 < 8%，需水比 < 150%，三氧化硫 < 3%，含水率 < 1%。

②可掺入磨细矿渣，技术指标：密度 ≥ 2.8 g/cm^3，比表面积 ≥ 350 m^2/kg，活性指数 7 d ≥ 75%、28 d ≥ 95%，流动性 ≥ 90%，含水量 ≤ 1%，烧失量 ≤ 3%。

③在大体积混凝土中，有条件可掺入大石块，但掺加总量不得超过混凝土体积的 20%。

④混凝土内部预埋冷却水管，通入循环冷却水，可强制降低混凝土水化热的温度。

掺入粉煤灰、磨细矿渣、大石块是改善和易性，减少水泥用量或减少混凝土用量，降低水灰比，减少水化热，降低混凝土的温度，以控制和减少混凝土裂缝的产生。

（5）混凝土配合比：分一级配、二级配、三级配，在使用的过程中，要选择优化后的级配，降低水化热的产生，一般混凝土浇注后 4～15 h，水泥水化反应激烈，内部温度可达 65～85℃左右。

（6）选用外加剂：如缓凝剂、YJ－2 型减水剂或缓凝型减水剂—木质素磺酸钙等。掺入减水剂，可以在保证混凝土合理坍落度的同时，大大提高水泥拌和物的流动性，且大幅度降低用水量；在保持强度恒定值时，则能节约水泥 12%～20%。选择优质的复合外加剂能提高混凝土的抗渗、抗冻及耐腐蚀性，增强构件的耐久性。

（7）减少温度应力：在拌和混凝土时，还可掺入适量的微膨胀剂或膨胀水泥，使混凝土得到补偿收缩，可抵减混凝土的温度应力和收缩应力。

（8）入模要求：

①砂石骨料在搅拌前，可用冷水降温，但必须严格控制搅拌时的用水量；

②所有骨料应防止太阳暴晒，搭设凉棚，并设通风口；

③在搅拌时可掺入磨细的冰粉，降低混凝土的温度，以减少水化热的产生；

④在混凝土入模时，可采取措施改善和加强模内的通风，加速模内热量的散发；

⑤控制混凝土入模温度小于 20℃。

（9）混凝土浇注时间：选择适宜的气温，避免炎热的天气，如下午 4:00 以后，也使混凝土硬化时间赶到第二天的中午，以减少内外温度的温差，如内外温差 > 25℃ 以上时，混凝土则易产生裂缝。

（10）保温和保湿：在混凝土浇注之后，避免暴晒，缓缓降温，充分发挥混凝土徐变的特性，降低产生的温度应力。做好混凝土的保温和保湿，避免发生急剧的温度梯度的产生，控制和减少混凝土的裂缝出现。

（11）拆摸时间的控制：采用长时间的养护，规定合理的拆摸时间，延缓降温时间和速度，充分发挥混凝土的"应力松弛效应",能避免出现混凝土裂缝的几率。

（12）拆模后的养护：在混凝土拆模之后，采用合理的养护措施，如无纺布、塑料布、草袋子等等，避免由于脱水而产生的混凝土表面龟裂。

（13）温度的控制：加强测温和温度监测，实行信息化控制，随时控制混凝土内的温度变化，内外温差控制在25℃以内，基面温差和基底面温差均控制在20℃以内，及时调整保温和养护措施，使混凝土的温度梯度和湿度（会产生温差）不宜过大，以有效控制有害裂缝的出现。

（14）选用良好级配的粗骨料，严格控制其含泥量。采用振捣棒振捣时，要快插慢拔，上下略有抽动，加强混凝土的振捣质量，提高混凝土与钢筋的握裹力，从而提高混凝土的密实度和抗拉强度，减少收缩变形和增强混凝土抵抗变形的能力，确保施工质量。

（15）调整施工方法：采用二次投料法，二次振捣法，浇注后及时排除表面积水，加强早期养护，提高混凝土早期或相应龄期的抗拉强度和弹性模量。

（16）设置后浇缝：当大体积混凝土表面尺寸过大，可以适当设置后浇缝，以减少外应力和温度应力，同时也有利于散热，降低混凝土的内部温度。后浇缝可留成公母槎或台阶槎。

（17）合理安排施工程序：

①合理安排浇灌速度和浇灌流程，由于浇灌速度越快或不正确浇灌流程，都会使裂缝的险情增加；

②严格控制混凝土在浇筑过程中的均匀上升，避免混凝土拌和物堆积过大的高差；

③在结构完成后及时回填土，避免侧面长期暴露。

（18）设置后浇带：采取分成或分块浇筑大体积混凝土，合理设置水平或垂直施工缝，在合理的位置设置施工后浇带，以放松约束程度，减少每次浇筑长度的蓄热量，防止水化热的积聚，减少温度应力。

（19）释放约束应力：设计人员在大体积混凝土基础或岩石地基之间可设置滑动层，如采用平面浇沥青胶铺砂或刷热沥青或铺卷材，在垂直面、键槽部位设置缓冲层，如铺设30～50 mm厚的沥青木丝板或聚苯乙烯泡沫塑料，以消除嵌固作用，释放约束应力，将能控制和减少混凝土的裂缝产生。

（20）改善配筋：为了保证每个浇筑层上下均有温度筋，可建议设计人员将分布筋做适当调整，减少混凝土保护层的厚度。温度筋宜分布细密，一般用 Φ8 钢筋，双向配筋，间距15 cm，这样可增强抵抗温度应力的能力。一般构造配筋率约为 0.2% ～0.5%，抗不均匀沉的受力配筋率大 0.5% 以上，屋盖结构受弯构件造配筋率为1% ～1.5%，桁架受拉构件造配筋率为5% ～10%。

（21）选择低标号的混凝土：设计人员在满足构件的设计强度的同时，要选择低标号混凝土，混凝土标号越高，水泥的标号就会提高，水泥的用量就会增多，裂缝出现的机率就大；当水泥用量为400～500 kg/m³，混凝土墙和混凝土板的裂缝出现几率很大。

（22）在刚浇筑的混凝土表面喷涂或贴保温板，减少混凝土的内外温差。工程实践和理论研究表明，这是防止和减少混凝土裂缝的有效措施。

（23）混凝土墙体高长比的选择：设计人员最好选择混凝土墙体的高长比≤0.2（即 H/L≤0.2），在此范围内，采用均匀受拉（压）的假设，这已被国内外水工结构理论和试验研究所证实;当混凝土墙体的高长比远大于0.2(即H/L>0.2)时,墙体内部应力分布极不均匀,一边受地基约束,产生最大约束应力在约束边,离开约束边向上,应力迅速衰减,应力高度影响范围为0.4 L,应力长度影响范围为0.38~0.46 L,在温度应力和收缩应力的作用下,挡墙与底板接触部位产生了较大的极不均匀的水平向拉应力,应力由中合轴向两侧形成抛物曲线,类似于弹性理论中"边缘干扰"问题,呈指数函数规律。其裂缝形式为自下而上产生。

7 结语

本文所叙述的裂缝系非受外力的裂缝,就此类裂缝而言,对结构稳定性一般不构成危害,不影响构件承载功能。但对混凝土结构的耐久性有影响,对结构构成安全隐患,需要进行以防渗为主的处理。文中归纳的几种减少混凝土裂缝的措施对今后大体积混凝土的设计和施工具有参考意义。

东江水源一期工程隧洞存在的问题及修补方案

汤金伟[1]   朱新民[2]   胡   平[2]   卢正超[2]

（1.深圳市东江水源工程管理处 2.中国水利水电科学研究院）

摘   要：本文分析了东江水源一期工程隧洞产生裂缝的原因，提出了城市供水隧洞裂缝处理的特点和前提条件，为制定合理的修补方案提供了依据。

关键词：东江水源一期工程   隧洞   裂缝处理

1   前言

深圳市东江水源工程是为解决深圳城乡缺水矛盾，由深圳市政府投资兴建的市"九五"重点建设项目。该工程由东部供水水源工程及供水网络干线工程两部分组成，自惠阳市境内的东江和西枝江取水，输水线路按山脉自然走势布置，由东向西至宝安区西部，全长约136 km，采用全封闭式输水。一期工程设计年引水规模3.5亿 m^3，总投资37.99亿元。二期工程建成后，年引水规模可达7.2亿 m^3。一期工程于1996年11月30日动工，2001年12月28日建成通水；二期工程正在建设中。

东江水源工程沿线的主要建筑物有：泵站、隧洞、箱涵、渡槽、地下埋管、跨河（路）建筑物、倒虹吸管以及沿线分水、检修建筑物等。其中隧洞74.3 km，包括无压隧洞12座，长66.8 km；有压隧洞5座，长7.5 km。隧洞长度占输水线路总长50%以上。

东江水源一期工程运行后，部分隧洞出现了不同类型、不同程度的裂缝，以4~6号隧洞最为严重，引起管理部门的高度重视。

2   隧洞裂缝初步调查情况

东江水源工程4号隧洞位于深圳、惠阳交界处，在惠阳秋长至新墟国道旁，总长6.22 km，前后分别连接布仔河渡槽和白石洞渡槽；5号隧洞位于惠阳白石洞村，总长2.093 km，前后分别连接白石洞渡槽和大坝倒虹吸管；6号隧洞位于深圳坪地镇年丰村，总长3.28 km，前后分别连接大坝倒虹吸管和獭湖泵站。4~6号隧洞全部为城门洞型无压隧洞，C20W8混凝土衬砌，内净空尺寸为4.1 cm×5.25 m，设计纵坡1/2 000，设计流量为30 m^3/s。2006年停水检修期间，曾对4~6号隧洞出现的超过5 m长的裂缝进行初步调查，结果如下：

4号隧洞检查了78.78%的洞段，发现超过5m长的纵向裂缝147条；5号隧洞检查了86%的洞段，发现超过5 m长的纵向裂缝17条；6号隧洞检查了79.27%的洞段，共发现超过5 m长的纵向裂缝83条。

4~6号隧洞超过5 m长的混凝土裂缝具有以下特点：

（1）绝大部分纵向裂缝位于隧洞近起拱处，左右侧墙均有分布，走向弯曲不规则，时有分岔、转折。

（2）大部分纵向裂缝为贯穿性裂缝，有渗水或钙质析出，多有石钟乳形成。

（3）2005年进行了环氧树脂临时处理后的裂缝又发现有钙质析出现象，局部已处理洞段出现了新的贯穿性裂缝，显示裂缝发展很快。

（4）多条纵向裂缝和环向裂缝、施工缝交叉，且常见裂缝的起、止点位于交叉处。

（5）出现多条长度超过20 m的纵向裂缝，最长的纵向裂缝达38.4 m。

（6）局部裂缝较密集，有大量环向裂缝和小于5 m的纵向裂缝未调查统计。

3 隧洞裂缝原因分析

为查明隧洞裂缝原因，对4～6号隧洞的地质情况、设计资料、运行情况、混凝土强度进行了分析，认为隧洞裂缝的主要原因有以下几点：

3.1 隧洞地质条件差，6号隧洞洞轴线选择不当

4号隧洞两端，5号隧洞大部分和6号隧洞的围岩为下石碳统测水段地层，岩性主要为中、细粒长石石英砂、粉砂岩、含碳泥质砂岩、砂质泥岩，岩石软弱，岩体破碎，易风化，风化层较深。5号隧洞进口和6号隧洞大部分为强、弱风化，岩体呈碎石状松散结构和碎块镶嵌结构，围岩稳定性差。4号隧洞中段大部分通过围岩为花岗岩，新鲜岩石单轴抗压强度为150 MPa左右，岩石致密、坚硬、完整性好，围岩稳定性好，但在隧洞进口段和出口段的测水组岩石分别受F6断层和花岗岩侵入的影响，岩体破碎，加之岩石抗风化能力差，两处的岩体贴风化壳较深，隧洞岩石多呈强弱风化。5号隧洞岩层走向几乎平行于洞轴线，倾角平缓，围岩稳定性较差。6号隧洞大部分洞段与F7断层走向平行，处于断层破碎带影响范围内。因此结论为，4号、5号隧洞工程地质条件较差，6号隧洞工程地质条件差。

根据《水工隧洞设计规范》（DL/T5195－2004）规定，隧洞与岩层层面、主要构造面及软弱带的走向应有较大的夹角，其夹角不宜小于30°；对于薄层岩体，特别是层间结合疏松的高倾角薄层岩层，隧洞轴线与层面走向夹角不宜小于45°。6号隧洞洞轴线与F7断层平行，开挖中出现大小塌方42段，这与洞轴线选择不当有关。

3.2 隧洞衬砌受力状态与设计出入较大

4～6号隧洞为无压输水隧洞，承受的载荷包括围岩压力、衬砌自重、地下水压力、隧洞内部静水压力、灌浆压力等。

4号隧洞中段为花岗岩，绝大部分厚70～120 m，岩体作用主要为岩体初始地应力及局部块体滑移作用。其余洞段均为软弱、破碎结构的砂岩和泥岩，围岩压力为其主要作用。4～6号隧洞所处地域属于岩体初始地应力场以重力场为主的区域，该地区岩层平缓、未经受较强烈地震影响、具有全分化或强风化带等明显标志，岩体垂直地应力的大小近似等于洞室上覆盖的重力。但是，4～6号隧洞有多段受断层和花岗岩侵入的影响，岩体破碎，这些洞段处于由重力场和构造应力场叠加而成的岩体初始地应力场。此时，水平地应力普遍大于垂直地应力，最大水平地应力与垂直地应力之比一般在0.5～5.5之间，因此，对4～6号隧洞大部分处于软弱、破碎围岩的洞段，需要计算垂直均布压力和水平均布压力。

4～6号隧洞大部分洞段都承受较大的外水压力，最大外水压力0.6 MPa，由于隧洞大部分处于软弱、破碎围岩的洞段，渗流体积力就有可能很大，此外，由于外水内渗，围岩将进一

步产生变形,或使节理、裂隙、夹层、断层等软弱面产生松动、滑移或坍落,使作用在衬砌上的围岩压力加大。

4~6号隧洞的裂缝绝大部分位于隧洞近起拱处,走向基本上与主拉应力方向垂直,裂缝宽度较大,且沿长度和深度方向有明显变化,由较宽一端向较细一端伸展,缝宽受温度变化的影响较小,从这些特点可以判定,4~6号隧洞的纵向裂缝属于荷载裂缝。显示隧洞衬砌受力状态与设计出入较大。

4~6号隧洞设计采用的支护形式如下:①在Ⅰ、Ⅱ类围岩洞段采用A型断面支护型式,即一次支护为随机锚杆,二次支护为25 cm厚素混凝土衬砌;②在Ⅲ类围岩洞段采用B型断面支护型式,即一次支护为喷5 cm厚C20混凝土,二次支护为25 cm厚素混凝土衬砌;③在Ⅳ类围岩洞段采用C型断面支护型式,即一次支护为挂网喷10 cm厚C20混凝土,二次支护为30 cm厚素混凝土衬砌;④在Ⅴ类围岩洞段采用D型断面支护型式,即一次支护为1 m一榀钢拱架,挂网喷12 cm厚C20混凝土,二次支护为30 cm素混凝土衬砌;⑤隧洞进出口是Ⅴ类围岩时,在进出口15 m处采用D型断面加强支护,即一次支护为1 m一榀钢拱架、系统锚杆、超前小导管灌浆、挂网喷12 cm厚C20混凝土,二次支护为40 cm厚单筋(Φ20)混凝土衬砌。隧洞开挖后随即进行一次支护,全部贯通后进行二次支护,二次支护混凝土分缝长度为9~12 m。隧洞设计有顶拱的回填灌浆,没有固结灌浆。

隧洞混凝土和钢筋混凝土衬砌的作用有不承载和承载两种,承载是为了加固围岩、或与围岩、或与第一次支护共同承担载荷,根据《水工隧洞设计规范》(DL/T5195-2004)的规定,隧洞衬砌按承载能力极限状态设计时,可采用允许开裂设计。如按限裂设计,就必须增加钢筋,采用钢筋混凝土衬砌。按照《水工隧洞设计规范》(DL/T5195-2004)11.1.7条的规定,还应研究通过固结灌浆改善围岩岩性等措施的可能性。而本工程设计中,在Ⅳ、Ⅴ类围岩洞段(除了Ⅴ类围岩洞口段),采用的全部是素混凝土衬砌,而且没有固结灌浆,这显然是采用了允许开裂设计,表明设计对衬砌受力状态考虑不足,出入较大。

4~6号隧洞均采用了城门洞型,城门洞型隧洞在起拱处是应力集中区,当衬砌内力超过混凝土强度设计值时,混凝土就产生裂缝。因此,在允许开裂设计时,城门洞的起拱处出现大量荷载裂缝是必然的。

3.3 隧洞运行期温度应力对荷载裂缝的形成贡献较大

东江水源一期工程隧洞衬砌运行期的温度应力,主要受东江水温降控制,因为本工程取用的是东江表层水,水温变化较大,冬季最低只有1~2℃,而隧洞内温度主要受地温控制,通常保持在12℃左右,温降年变幅就有10℃。

在运行期,施工期的温度影响已经基本消失,隧洞及围岩在年内受准稳定温度场控制。衬砌内缘温度随洞内水温周而复始地作余弦变化,衬砌和围岩内任一点的温度也以同一周期作余弦变化,但随着距衬砌内缘的距离的增加,温度变幅逐渐减小,在时间上的相位差逐渐增大。

运行期衬砌内缘的温度变幅最大,因此产生的温度应力也最大;沿衬砌厚度方向,随着距衬砌内缘的距离的增加,温度应力逐步递减。按无压隧洞、C20W8素混凝土、衬砌厚度40~50 cm、洞内水温年变幅为10℃计算,其他模拟计算参数见表1。

表1 衬砌运行期温度应力模拟计算参数

模拟指标名称		衬砌混凝土	围岩	
名称	单位		花岗岩	砂岩
导温系数(a)	m²/h	0.0037	0.006 5	0.006 5
导热系数(λ)	KJ/(m·h·℃)	9.27	13.82	13.82
线膨胀系数(α)	1/℃	0.7 ′10 −5	0.6 ′10 −5	0.6 ′10 −5
泊松比(μ)		0.16	0.30	0.30
弹性模量(E)	104 MPa	2.2	6.0	3.0

隧洞衬砌运行期温度应力模拟计算结果见表 2 及图 1。由图表可见,在温降年变幅为 10℃的前提下,衬砌内缘的最大温度拉应力在花岗岩洞段(4 号隧洞中段)达到 1.26 MPa,在砂岩洞段(5 号、6 号隧洞和 4 号隧洞进出口段)接近 1 MPa。由此可见,运行期的温度应力对荷载裂缝的形成作用较大。

表2　　　　隧洞衬砌运行期温度应力模拟计算结果(洞内水温年变幅10℃)

距衬砌内缘的距离(cm)	最大拉应力(MPa)	
	围岩为花岗岩	围岩为砂岩
0	1.26	0.85
5	1.06	0.77
10	0.95	0.72
15	0.88	0.66
20	0.80	0.60
25	0.75	0.57
30	0.70	0.53
35	0.65	0.48
40	0.60	0.44
45	0.54	0.41
50	0.50	0.39

3.4　混凝土衬砌质量缺陷

混凝土衬砌施工中,主要采用人工入仓,城门洞顶拱入仓和振捣困难,混凝土浇筑质量较差,存在施工冷缝、施工期温度裂缝、蜂窝、麻面等缺陷。回填灌浆质量较差,没有进行固结灌浆,混凝土衬砌与围岩之间存在较大的空隙。

在施工期质量检查中,出现过多次混凝土抽样检查不合格的现象。混凝土强度低,均匀性差是产生裂缝的内在原因。

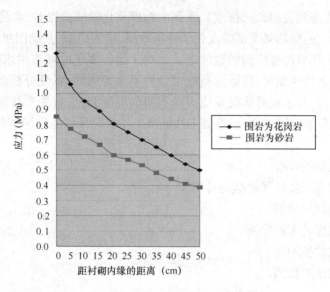

图 1　运行期隧洞衬砌温度应力沿厚度变化图

4　缺陷处理建议方案

4.1　城市供水隧洞裂缝处理的特点

为了保证向城市稳定供水,城市供水隧洞每年的检修时间固定,时间很短。因此,城市供水隧洞混凝土裂缝处理问题,除了具备一般水工隧洞裂缝处理的特点以外,还具备以下特点:

（1）需要采用快速的裂缝及围岩状态探测手段。

（2）应配置布局合理的裂缝监测设备网络。

（3）快速施工手段。

（4）高性能无毒无污染修补材料。

（5）湿基面作业。

4.2　裂缝处理的前提条件

根据上述特点,对于城市引水隧洞的混凝土裂缝处理,必须具备以下条件:

（1）进行隧洞缺陷的详细调查,采用高速先进的探测仪器,在正常停水检修期,进洞快速探测裂缝情况、衬砌与围岩间的实际状态等。

（2）全线配置布局合理的监测网络,可以实时监测典型裂缝的发展情况。

（3）具有城市引水隧洞裂缝修补资质和经验、熟练掌握先进施工工艺的专业修补施工队伍。

4.3　隧洞缺陷详细调查

隧洞混凝土裂缝主要由材料、施工、环境、结构与载荷等多方面的原因造成,正确判断混凝土结构物的裂缝成因,是一项非常艰难细致的工作,需要研究、调查的项目及试验很多。

其中包括裂缝的详细调查(形态、深度)、水泥的物理及化学试验数据、水泥凝结试验数据、骨料试验数据、混凝土的取芯强度试验及化学分析数据、施工记录、基础图纸、荷载条件调查数据、地基调查数据、环境温度监测数据等等。而对于运行多年的城市供水隧洞而言,通常由于输水隧洞长、停水检修期短、原始地质施工资料不全等因素,系统分析混凝土裂缝成因的条件往往不足。因此对于裂缝状况及成因尚不明确的隧洞,应首先安排混凝土缺陷的详细调查,进行混凝土质量检测,对隧洞混凝土性能及工作状况尽可能作详细的了解。检测项目包括:

(1)混凝土缺陷的普查。

(2)混凝土内部密实性和缺陷的检测。

(3)混凝土裂缝的检测。

(4)混凝土强度的无损检测。

(5)钢筋锈蚀的检测。

(6)混凝土碳化的检测。

4.4 隧洞裂缝监测

鉴于城市引水隧洞的重要性,应全线配置布局合理的监测网络,实现裂缝的实时监控。如果监测设计测点较少且布置分散,难以起到理清裂缝原因、监控隧洞运行性态的作用。在设计监测网络时,应兼顾温度变化、裂缝开度、结构位移、固结灌浆效果、外水压力等方面,同时还应注意以下几点:

(1)对裂缝较多、缝宽较大的区段,适当增加安装垂直跨缝表面测缝计,监测频次2次/月;必要时还可布设收敛测点。

(2)对于荷载裂缝原因明确且存在一定发展趋势的断面,通过增加测缝计及应变计的测量频次,进行较严密的监控,在条件许可时,可考虑实施自动化监测。

(3)及时对监测资料进行整理和必要的综合分析,以明确裂缝原因,监控发展趋势。

4.5 建议处理方案

为避免裂缝继续快速发展,建议目前首先采取恢复整体性和加强耐久性的修补措施,以提高衬砌和围岩的联合承载能力,提高混凝土抗渗性,处理方案如下:

(1)回填灌浆和固结灌浆

回填灌浆和固结灌浆是目前解决水工隧洞防渗的最有效措施之一,固结灌浆还能提高衬砌和围岩的联合承载能力,减少载荷裂缝。

应注意结合地质条件合理选择灌浆深度和压力,最好经试验后确定,由于原设计没有进行固结灌浆,因此,应全断面固结灌浆,回填灌浆可只在顶拱脱空区进行。按先回填灌浆后固结灌浆的顺序进行。

(2)进行裂缝化学灌浆处理

对缝宽超过0.2 mm的裂缝进行化学灌浆处理,灌浆材料应使用无毒环保、低黏度、亲水性好、可灌性好、黏结强度高、遇水膨胀并具有柔弹性,适应一定温度变形能力的灌浆材料。固化时间应与衬砌厚度匹配,对40~50 cm厚混凝土裂缝的灌浆,固化时间控制在20 s左右。建议使用无毒水溶性聚氨酯。化学灌浆尽可能安排在低温季节施工。

（3）进行表面封闭处理

对缝宽小于0.2 mm的裂缝和混凝土抗渗性能较差的洞段，进行喷涂封闭处理。喷涂材料应使用无毒环保、固化速度快、凝胶时间短、湿基面黏合强度高、低黏度、抗拉强度高、在裂缝中能够深入渗透的材料，建议使用聚脲弹性体材料、水泥基渗透结晶型防水材料或改性环氧树脂浆液。

（4）经过上述措施处理后，根据监测结果，对局部载荷裂缝继续有发展的裂缝，进行局部补强加固，提高混凝土的受力性能，可采用碳纤维补强加固或钢板补强加固技术。

沥青混凝土防渗面板滑动接头的试验研究

郝巨涛　刘增宏　瞿　扬　陈　慧

（中国水利水电科学研究院）

摘　要：本文通过各种模型试验，对沥青混凝土面板在滑移过程中产生的应力和应变进行了研究。研究结果表明，BGB 塑性垫层材料可在较小的滑动位移下对面板拉应力和拉应变进行调整，确保面板在滑移过程中不开裂。同时这种垫层材料对面板滑移速度和水压力大小均不敏感，这对于适应面板在各种情况下的滑移十分有利。由于面板在滑移中的破坏受面板内产生的拉应力控制，进行滑移垫层设计时应尽量减小面板中的拉应力。另外，采用这种垫层材料，沥青混凝土面板在 1 MPa 的水压和 ≤0.76 的滑移缝长比作用下确保不漏水。

关键词：沥青混凝土面板　滑动接头　BGB　模型试验

1　问题的提出

目前张河湾、西龙池、宝泉抽水蓄能电站正在开工建设，这些工程的沥青混凝土防渗面板均存在与刚性混凝土结构的连接接头问题。如西龙池上、下库进出水口钢筋混凝土面板与沥青混凝土面板的接头、宝泉沥青混凝土面板与副坝混凝土的接头等。参考以往的工程经验，这些工程均采用了滑动式接头的连接方式。以往工程中，在沥青混凝土面板接头部位发生开裂导致漏水的例子很多。美国的 Ludington 抽水蓄能电站上池（1972 年）、德国 Waldeck - II 抽水蓄能电站上池（1973 年）均在进水口建筑物周围发生了渗漏，所以全库沥青混凝土面板防渗的漏水往往发生在接头处，接头连接结构是工程的薄弱环节。我国的牛头山、车坝等，滑动接头滑动能力不足，甚至不滑动，致使接头部位的沥青混凝土面板在坝体沉陷过程中产生的拉力过大，导致面板开裂，所以接头连接结构同样是工程的薄弱部位。

设置滑动接头的目的是，使沥青混凝土防渗面板在坝体沉陷过程中沿刚性混凝土结构表面滑动，减小沥青混凝土面板在沉陷过程中的受力，防止其发生开裂破坏，同时还应确保接头在滑动过程中不漏水。滑动接头设计的关键是接头结构和接头材料。本文通过模拟试验，对某抽水蓄能电站的接头形式进行论证，为工程设计提供依据。

2　接头结构及接头材料

研究的沥青混凝土防渗面板接头形式见图 1。图中接头搭接部分的沥青混凝土面板长 75 cm，厚 15 cm，面板下设塑性过渡料，或称柔性滑动垫层材料。当沥青混凝土面板发生位移时，它应能在垫层材料上滑动而不被拉断，且应不漏水。

以往工程中主要采用改性沥青类材料作为接头垫层材料。1988 年南谷洞水库施工时曾采用 SBS 改性沥青作为接头材料。1996 年天荒坪工程采用 IGAS 作为接头垫层材料，IGAS 也是一种改性沥青材料，需要热施工涂抹在混凝土表面上。改性沥青材料的问题主要是对

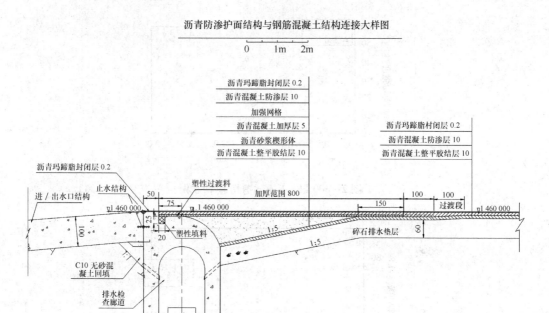

沥青防渗护面结构与钢筋混凝土结构连接大样图

0   1m   2m

沥青玛蹄脂封闭层 0.2
沥青混凝土防渗层 10
加强网格
沥青混凝土加厚层 5
沥青砂浆楔形体
沥青混凝土整平胶结层 10

沥青玛蹄脂衬闭层 0.2
沥青混凝土防渗层 10
沥青混凝土整平胶结层 10

沥青玛蹄脂封闭层 0.2
止水结构
塑性过渡料
进 / 出水口结构
∇1 460 000
50
75   ∇1 460 000
加厚范围 800
100   100
过渡段
∇1 460 000
25
20
塑性填料
150
1:5
碎石排水垫层
60
1:5
C10 无砂混凝土回填
排水检查廊道

图 1   沥青混凝土防渗面板接头形式图

温度过于敏感,常温下变形性能较好,低温则下降较多。本研究参照 IGAS 的性能,对混凝土面板坝的 GB 接缝止水材料进行改进,研制成了 BGB 塑性填料。BGB 塑性填料在原来 GB 填料的基础上,柔性进一步加大,更适合沥青混凝土防渗工程的特点。经常规试验,BGB 的扯断伸长率为 320%,针入度为 136 d/mm,下垂度为 0.8 mm,密度为 1.35 g/cm^3。

结合接头性能的特点,这里采用直剪试验方法,考查了 BGB 在不同温度下的剪切性能,试验结果见图 2 和图 3。图 2 是在恒定垂直压力 300 kPa 作用下,对不同温度下的 BGB 检测其剪切强度与剪切速率的关系。结果是剪切速率对剪切强度基本没有影响。在 14~16℃下基本没有影响,在 2~4℃低温下影响很小。这一性能表明 BGB 材料对不同的面板滑移速度适应性好,滑移中产生的剪切力变化小,数值也很小。图 3 是在恒定剪切速率 0.8 mm/min 作用下,对不同温度下的 BGB 检测其剪切强度与垂直压力的关系。结果是垂直压力对剪切强度基本没有影响。在 14~16℃下没有影响,在 2~4℃低温下影响很小。这一性能表明 BGB 材料对不同水压力的适应性好,滑移中产生的剪切力不会随水压力的增大发生明显变化。改进后 BGB 的这些性能对于抽水蓄能电站的运行来说是十分有利的。

3   接头垫层结构的模型试验

3.1   结构弹性分析

根据图 1 所示的防渗面板接头形式,其结构分析简图见图 4。设垫层材料和沥青混凝土面板的厚度分别为 h_1 和 h_2,垫层搭接长度为 L。面板在端部拖曳力 F 的作用下沿垫层材料表面滑动。按照弹性分析,假设沥青混凝土的弹性模量为 E,垫层材料的剪切模量为 G。则

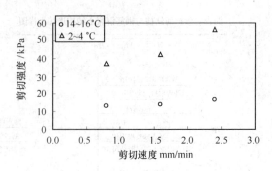

图 2 300 kPa 下不同剪切速率结果

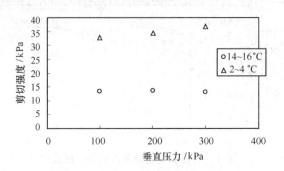

图 3 0.8 mm/min 下不同垂直压力结果

依据图的受力分析简图,可得下面平衡方程(1),其中任意点 x 处面板与垫层材料之间的剪应力为 τ,面板中心拉力为 f,弯矩为 M。

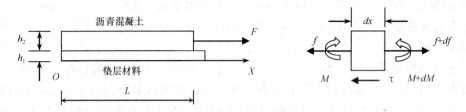

图 4 沥青混凝土面板受力分析图

$$\frac{df}{dx} = \tau, \quad \frac{dM}{dx} = \frac{h_2 \tau}{2} \tag{1}$$

假设面板某点的 x 向位移为 u,垫层内剪应力沿垫层厚度 h_1 均匀分布,则根据虎克定律和几何方程有:

$$f = E h_2 \cdot 1 \cdot \frac{du}{dx}, \quad \tau = G \frac{u}{h_1} \tag{2}$$

将(2)代入(1),并考虑图 4 中的边界条件 $f|_{x=0} = 0$,$f|_{x=L} = F$ 可得用端部拉力 F 表示

的解为(3)式,其中 $\lambda^2 = \dfrac{G}{Eh_1 h_2}$。

$$\frac{u}{F} = \sqrt{\frac{h_1}{GEh_2}}\frac{\cosh\lambda x}{\sinh\lambda L}, \quad \frac{f}{F} = \frac{\sinh\lambda x}{\sinh\lambda L}, \quad \frac{\tau}{F} = \lambda\frac{\cosh\lambda x}{\sinh\lambda L}, \quad \frac{M}{F} = \frac{\lambda h_2}{2}\frac{\cosh\lambda x}{\sinh\lambda L} \quad (3)$$

上面分析中,λ 是重要参数,它可以用 $x=0$、$x=L$ 处的实测位移值,按照下式计算。相应可以得出 E、G。

$$\lambda = \frac{1}{L}\cosh^{-1}\left(\frac{u_L}{u_0}\right), \quad E = \frac{F}{u_L\lambda h_2\tanh(\lambda L)}, \quad G = \lambda^2 Eh_1 h_2 \quad (4)$$

3.2 结构滑移模型试验

本试验要求论证接头部位的面板是否可以滑动,检验面板在滑动过程中是否会开裂。试验中面板沥青混凝土的沥青含量为 7.5%(油石比),骨料最大粒径为 16 mm,矿料 0.074 mm 通过率为 14%,级配指数为 0.25。试验模型装置见图 5。模型制作采用 10 cm 厚、50 cm 宽的混凝土板,其上按要求的厚度 h_1 粘贴垫层材料,填料上摊铺 150 mm 厚的沥青混凝土板,并用振动夯板压实。沥青混凝土面板与水泥混凝土板的搭接长度为 75 cm。在图 5 中 A、B、C 点设有百分表,可以量测沥青混凝土板和水泥混凝土板之间的相对位移。千斤顶配有压力表,可以量测沥青混凝土面板的端部拉力 F。试验结束时曾用 Φ100 mm 的取芯机钻取包含沥青混凝土、BGB 垫层材料和水泥混凝土的芯样,芯样检查表明,BGB 与上下板之间粘接十分紧密。

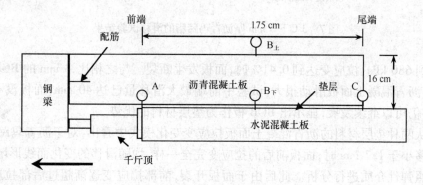

图5 结构模型试验装置示意图

(1)不同垫层材料的差别

选用 3 mm 厚的 BGB 板和 3 mm 厚的沥青玛蹄脂作为垫层材料,分别进行滑动试验。试验温度为 3℃,BGB 的滑移速度为 0.45 mm/min,玛蹄脂的滑移速度为 0.08 mm/min。试验结果见图 6 和图 7。图中的前端拉应变按照 $(u_A - u_B)/L_{AB}$ 计算,后端拉应变按照 $(u_B - u_C)/L_{BC}$ 计算。

对比后可知,尽管沥青玛蹄脂的滑移速度仅为 BGB 板的 1/6,其前端拉应力还是高于 BGB 板的前端拉应力,最大值为 683 kPa,约为后者最大值的 4.4 倍。其沥青混凝土板中的拉应变也高于 BGB 板的拉应变,最大值为 0.56%,约为后者最大值的 4.8 倍。采用 3 mm 的沥青玛蹄脂作为垫层材料,沥青混凝土面板滑动很小,前端最大滑移量仅为 3.4 mm。且当

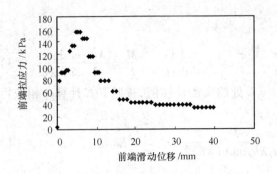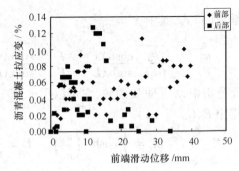

图6 3℃下3 mm厚BGB板的滑移试验结果

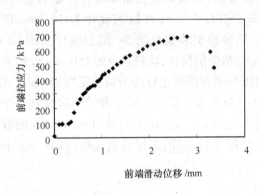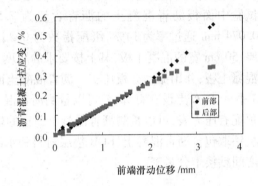

图7 3℃下3 mm厚沥青玛蹄脂的滑移试验结果

拉应力达到680 kPa、拉应变达到0.41%时,面板发生断裂。与之相比,3 mm的BGB板作为垫层材料,沥青混凝土面板滑动很大,试验中前端最大滑移量已达40 mm,面板没有任何裂纹,且滑移仍可以继续发展,显示出BGB板作为垫层材料的优势。

另外从两种垫层材料的沥青混凝土面板拉应变变化模式中看出,对于沥青玛蹄脂垫层,当前端滑移小于1.7 mm时,面板前后的拉应变完全一样,均随滑移的变化而线形增大,此时应可以按照弹性介质进行分析。此后由于面板开裂,前部拉应变逐渐超过后部拉应变。另外根据实测记录,整个过程中沥青混凝土面板的末端位移 u_c 均为零,即末端根本没有滑动。据此,沥青玛蹄脂应称为不滑动垫层材料。

对于BGB垫层材料,当前端滑移小于5 mm时,面板前后的拉应变基本一样,大致随滑移的变化线形增大。此后由于垫层材料开始屈服,前后应变呈现跳动发展。且当前端滑移大于20 mm时,沥青混凝土面板的后部拉应变逐渐减小,并趋于零,即呈现C点跟着B点滑移的趋向。面板前部拉应变则基本保持在0.1%的水平,不再增大。

(2)不同温度下BGB板滑移的差别

选用10 mm厚的BGB板分别进行10℃和3℃时的滑动试验。10℃时试验的滑移速度为0.45 mm/min,3℃时试验的滑移速度为0.81 mm/min。鉴于前面第二节所述,BGB材料对滑移速度不敏感,这样对比的差别应不大。试验结果见图8和图9。

经过对比得知,3℃下试验的前端拉应力仅略大于10℃时的试验,最大值为105 kPa,比

154

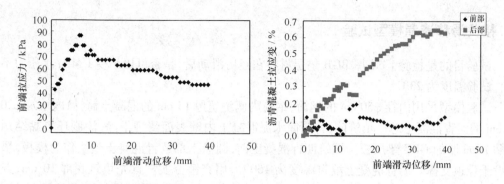

图8　10℃下10 mm厚BGB板的滑移试验结果

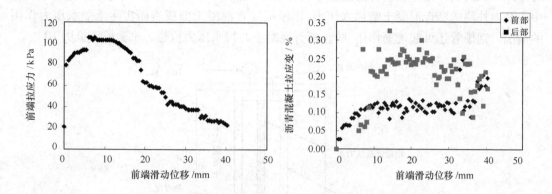

图9　3℃下10 mm厚BGB板的滑移试验结果

后者大20%。但是3℃下试验的拉应变却小于10℃时的试验,最大值为0.32%,比后者小一倍。对于应变这一现象的解释是,温度较低时,BGB材料将在较小的应变下进入塑性状态,因此可以较早地对沥青混凝土面板的拉应变进行调整。这一点与下面厚度的对比是类似的。

将图6和图9进行对比可以看出,同是在3℃下试验,BGB厚度较小时虽然前端拉应力较大,前者最大值为155 kPa(3 mm厚),后者为105 kPa(10 mm厚),但是BGB厚度较小时的应变却较小,前者最大值为0.127%(3 mm厚),后者为0.324%(10 mm厚)。理由是类似的,因为厚度较小的BGB板可以较早地进入塑性状态,较早地对沥青混凝土面板的拉应变进行调整,相应的沥青混凝土拉应变也较小。

上述结果对于选择垫层材料的厚度是有意义的。即当沥青混凝土面板的断裂受拉应力控制时,应当选择较厚的BGB板;当沥青混凝土面板的断裂受拉应变控制时,应当选择较薄的BGB板。对比同为下3℃时的滑移试验图7和图9,玛蹄脂垫层材料的断裂拉应变为0.41%,其与BGB垫层材料的最大拉应变0.324%相差无几,但应力相差很大。由于前者发生了断裂,表明沥青混凝土在低温下的断裂应当受拉应力控制,这时选择较厚的BGB板是有利的。

4 接头滑移渗漏模型试验

试验目的是检验 1 cm 厚 BGB 垫层材料在经历滑动后,是否可以承受 1 MPa 水压力不漏水。试验温度为 23℃。

试验模型采用内径 φ50 cm 的钢筒,钢筒内侧浇筑厚 15 cm 的混凝土筒,筒内填筑 φ20 × 50 cm 的沥青混凝土芯。填筑前,将圆筒水泥混凝土内壁表面清理干净,涂刷环氧黏结剂后粘贴 1 cm 厚的 GBG 垫层板。填筑沥青混凝土前,圆筒下部放置混凝土垫块作为模板,垫块下设千斤顶支撑。沥青混凝土填筑温度为 160℃,用夯锤夯实。首先填筑底部 10 cm,夯实后放入长 φ4.2 × 40 cm 的加强钢栅管,然后在钢栅管外测继续分层填筑沥青混凝土。钢栅管壁厚 4 mm,其作用是在沥青混凝土芯的中心形成 φ4.2 × 40 cm 的注水孔,试验时可从该中心孔向外测的沥青混凝土施加水压力,以模拟沥青混凝土面板表面实际承受水压力作用的情况。钢栅管还可起配筋作用,防止沥青混凝土芯被水压力拉裂。试验模型见图 10。

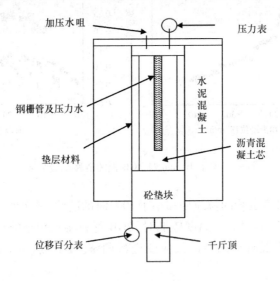

图 10 接头滑移渗漏试验模型

试验时水压力为 1 MPa。通过调节千斤顶对混凝土垫块的支撑,使沥青混凝土芯在水压力作用下以约 1 cm/h 的速率向下滑移,并观察渗漏情况。在试验前 15 h 内,渗漏量维持在 86 ~ 50 ml/h,并逐渐减小,且压力始终维持在 1 MPa。渗漏是由于 BGB 垫层材料粘贴不完全密封造成的。随着时间延长,BGB 垫层板发生滑移自密实,渗漏逐渐减少,直至小于 50 ml/h。至第 20 h,当累计滑移达到 20 cm 时渗漏完全停止。此后一直无渗漏发生。到第 56 h,当累计滑动位移达 38 cm 时,出现大量漏水,水压力下降,试验终止。由于起始接缝长度为 50 cm,此时达到的滑移缝长比(滑移值与接缝长度之比)为 0.76。试验结束后检查发现,沥青混凝土芯依然完好,BGB 垫层已发生破坏。

该试验结果表明,采用 10 mm 厚 BGB 板作为垫层材料,在常温 23℃ 下,可以承受 1 MPa 水压力以及 0.76 的滑移缝长比作用不漏水。

5 结语

通过以上试验和分析可以得出以下结论：

（1）BGB 塑性填料可以作为沥青混凝土防渗面板的垫层材料使用。它对面板滑移速度和面板表面的水压力作用不敏感，滑移中产生的剪切应力变化及数值都较小；

（2）当面板滑移 0.5～1 cm 时，BGB 垫层材料（3～10 mm 厚，75 cm 长）就开始进入塑性滑移状态，此时在沥青混凝土面板端部产生的拉应力以及面板前部产生的拉应变将不再增大，使面板在较小的拉应力和拉应变状态下发生滑动；

（3）采用 3～10 mm 厚、75 cm 长的 BGB 垫层材料可确保 15 cm 厚的沥青混凝土面板在滑移过程中不发生裂纹。同样情况下，采用 3 mm 厚沥青玛蹄脂作为垫层材料，沥青混凝土面板在端部位移不到 3 mm 时就被拉断；

（4）沥青混凝土面板的断裂破坏在低温下基本受拉应力控制，此时选用相对较厚的 BGB 垫层材料可以有效地减少沥青混凝土面板在滑移中的拉应力，确保面板不开裂；

（5）在 1 cm 的 BGB 垫层材料上，沥青混凝土面板在 1 MPa 的水压力和不大于 0.76 的滑移缝长比作用下，可确保不漏水。

沥青混凝土防渗面板与黏土铺盖之间接触渗透性能的试验研究

郝巨涛 刘增宏 瞿扬 陈慧

（中国水利水电科学研究院结构材料研究所）

摘要：本文结合宝泉工程进行了沥青混凝土面板与黏土铺盖之间接触渗透性能的研究，通过试验得到了不同界面连接形式和土体有无界面滑动情况下的临界渗透坡降和破坏渗透坡降，并依此对工程的接触渗漏安全性进行了评价。对于界面设置网格加强形式，试验研究表明，应防止土体相对于网格的滑动，避免将网格粘贴在沥青混凝土面板上。

关键词：沥青混凝土防渗面板 土体接触渗透 网格加强 宝泉

1 引言

宝泉抽水蓄能电站位于河南省辉县市的峪河上，总装机容量 1 200 MW。上水库采用全库防渗方案，主坝最大坝高 92.5 m，副坝坝高 36.9 m。库岸坡度 1:1.7，坝坡、库岸均采用沥青混凝土面板简式防渗结构，厚度为 20.2 cm，防渗面积 16.6 万 m²。库底采用黏土防渗，厚度 4.5 m，铺盖面积 15 万 m²。沥青混凝土面板插入黏土铺盖下面形成整体防渗体系。宝泉抽水蓄能电站是国内第一座采用沥青混凝土面板和库底黏土铺盖联合防渗形式的抽水蓄能电站。以往国内也进行过沥青混凝土面板岸边接头形式的研究和工程实践，但对沥青混凝土与黏土的接触防渗问题还很少研究。此前，美国于 1972 年修建的 Ludington 抽水蓄能电站也采用了这一防渗形式，但工程遇到了很多问题，并进行了长时间地修补处理。为此进行沥青混凝土面板与黏土铺盖联合防渗形式的研究，对于该工程今后的长期安全运行至关重要。宝泉工程在进行黏土铺盖设计时，曾对相关的重要问题之一，沥青混凝土与黏土的接触渗透特性进行了试验研究，以确定允许接触渗透坡降，为接触长度的设计提供依据。试验中考查了三种接触界面情况，即①沥青混凝土与黏土界面；②封闭层沥青玛蹄脂与黏土界面；③沥青混凝土 + 网格与黏土界面。本文将就这一试验研究工作进行介绍。

2 试验材料及试验方法

试验中沥青混凝土采用欢喜岭 90 号水工沥青拌制，沥青含量为 6.9%（油石比），骨料最大粒径为 13.2 mm，级配指数为 0.35。封闭层沥青玛蹄脂按照沥青：矿粉 = 30:70 的比例配制。黏土采用当地土料，渗透系数 1.86×10^{-6} cm/s，塑性指数 21.2，天然含水量 20.5%，最优含水量约为 19.2%，最大干密度 1.67 g/cm³（25 击），比重为 2.77，液限含水量为 $W_L = 40.1\%$，塑限含水量为 $W_P = 20.3\%$，塑性指数为 IP = 19.8%。加强网格为 GG050 型玻璃纤维土工网格，其纵、横向抗拉强度 ≥50 kN/m，网孔尺寸为 25×25 mm，抗拉伸长率 < 4%，耐温性能为 $-100 \sim 280℃$。

上述沥青混凝土、黏土和加强网格均为工程中采用的实际材料。接触渗透试验装置见图 1。采用钢法兰套筒作为试验装置外壳，内部回填沥青混凝土，中心填黏土芯，下部为进水口，上部设出水口。黏土芯按照最优含水量试验条件回填，直径为 d，高为 h，上下设沙砾石垫。试验时首先从模型下部进水口采用小压力注水，并持续足够时间，待模型顶部出水口出水黏土饱和。饱和过程需要 10 多天甚至一个月。然后开始逐步增大水压力，并进行渗流量测试，得出水压力和渗流量的关系。对于每级水压力，当渗流量稳定不变后才施加下一级水压力。当水压力增大到一定数值 p_{CR}，水压力和渗流量关系发生明显变化，且黏土芯未出现任何破坏迹象时，既表明黏土与沥青混凝土之间发生渗透破坏，由相应的水压力 p_{CR} 可得临界渗透坡降 i_{CR}。这时仍可继续增大水压力，直至模型渗流量激增、水压力无法保持时试验终止，相应的渗透坡降为破坏渗透坡降 i_F。一般 $i_F/i_{CR} \geqslant 1$。

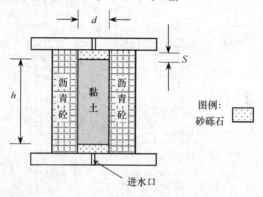

图 1　接触渗透试验装置图

3　试验研究结果

3.1　界面无相对滑动

试验中采用引言部分所述的三种界面条件。其中第三种界面是在沥青混凝土表面涂刷封闭层沥青玛蹄脂后，粘贴 GG050 型玻璃纤维土工网格。铺设网格前首先在沥青混凝土上均匀地涂一层乳化沥青，然后将网格铺在沥青混凝土表面，拉平并粘好。试验中采用的网格搭接宽度为 30～50 cm，最后分层摊铺夯实黏土。不同界面及试验条件下试验结果见表 1 和图 2～4。

表 1　　沥青混凝土与黏土渗透试验结果汇总表

编号	界面类型	土芯直径 d/cm	土芯高度 h/cm	临界渗透坡降 i_{cr}	破坏渗透坡降 i_F	破坏坡降比 r_i	有无浑水情况
1	①	10.5	3.6	97.2	166.7	1.71	有
2	②	10.5	3.6	97.2	>136.1	>1.40	无
3	②	30	50	70.0	80.0	1.14	有
4	②	10	18	80.6	144.4	1.79	无
5	③	10	20	105.0	127.5 *	1.21	无

* 注：此时渗流流速只是略微增大，结构并没有出现破坏，并仍可以继续增大水压力。

159

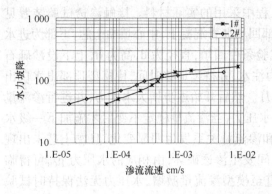

图2 1号、2号界面渗透试验结果   图3 3号、4号界面渗透试验结果

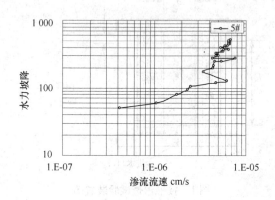

图4 5号界面渗透试验结果

从上面试验结果中可以看出，界面渗透结构存在临界渗透坡降 i_{CR}，当渗透坡降 i 超过 i_{CR} 时，$\Delta V/\Delta i$ 将增大。同时界面①和界面②的 i_{CR} 差别很小，为 70 ~ 97，表明采用封闭层沥青玛蹄脂涂刷界面，对于提高 i_{CR} 没有作用。其中 3 号试验采用较大的试验模型装置，土芯直径和高度均较大，得到的 i_{CR} 偏小，并且破坏时有浑水出现，根据模型制作过程分析，系由土芯击实密度略为偏小所致。对于界面③，当界面设置网格加强时，i_{CR} 并没有明显增大，即 i 小于 i_{CR} 时网格的作用不明显。设置网格加强的作用表现在 i 大于 i_{CR} 时的界面渗流情况。上述各组试验整个试验过程中，未见黏土芯表面有任何破坏迹象。

从图2和图3看出，界面没有网格加强时，i 大于 i_{CR} 后渗流流速急剧增加，致使试验终止。而从图4看出，界面设置网格加强且 i 大于 i_{CR} = 105 时，当渗流流速由 2.5×10^{-6} cm/s 增至 6.2×10^{-6} cm/s 后，流速又开始减小，并持续徘徊在 3.4×10^{-6} cm/s ~ 6.9×10^{-6} cm/s 之间。其间当 i = 250 时又出现一次渗流流速激增，由 5.4×10^{-6} cm/s 增至 7.6×10^{-6} cm/s 时，其后流速又徘徊在 4.3×10^{-6} cm/s ~ 6.9×10^{-6} cm/s 之间。将破坏渗透坡降 i_F 与临界渗透坡降 i_{CR} 的比值称为破坏坡降比 $r_i = i_F/i_{CR}$，则界面没有网格加强时，r_i = 1.14 ~ 1.79，变动范围较大；界面设置网格加强时，$r_i > 5$，与没有网格相比，数值有很大提高。另外，有网格加强的界面，i 大于 i_{CR} 后渗流流速较小，为 10^{-6} cm/s 量级；无网格加强的界面，i 大于 i_{CR} 后渗流流速较大，为 10^{-4} ~ 10^{-2} cm/s 量级。根据这些试验结果，如果将界面黏土颗粒开始移动、并开始在局部堆积时的渗透坡降与临界渗透坡降 i_{CR} 相对应,将界面黏土堆积部位发生水力破坏、集中渗流通道即将贯通时的渗透坡降与破坏渗透坡降 i_F 相对应,则网格的设置可以阻止界面黏土颗粒的移动,增加局部堆积抵抗水力破坏的能力。

在进行沥青混凝土界面试验研究时,也曾对水泥混凝土与黏土界面进行了试验,以进行对比。发现水泥混凝土与黏土界面无网格加强时, $i_{CR} = 67$,$r_i = 1.35$,并出现浑水;有网格加强时, $i_{CR} = 117$,$r_i = 2.85$,并出现浑水。表明水泥混凝土界面在抗渗透破坏略逊于沥青混凝土界面,但差别不大。

3.2 界面有相对滑动

在以上试验基础上,采用较大的试验装置,进一步进行了在黏土芯相对于沥青混凝土发生滑移时的接触渗漏试验。试验黏土芯直径 $d = 30$ cm,黏土芯上表面距离沥青混凝土顶面 5 cm。界面为两种,其一为沥青混凝土与黏土直接接触;其二为在沥青混凝土面铺设加强网格,然后与黏土芯接触。

对于沥青混凝土与黏土直接接触、无网格加强的模型,土芯高度为 $h = 45$ cm,首先在 5 ~ 10 m 水柱压力(水力坡降 10 ~ 20)作用下,缓慢移动土芯。历时 46 h,土芯累计移动 3.1 cm,相对于土芯高度的滑动比为 0.069(= 3.1/45)。期间在 4 ~ 6 h 时,土芯表面略有渗水,至 7 h 后渗水停止。土芯位移结束后,在其顶部剩余的约 2 cm 深度空间内回填沙子,上盖板以阻止土芯的进一步位移,然后施加 5 ~ 10 m 水柱的水压力。施加水压力后 48 h 开始出现渗水。当水力坡降由 82 升至 111 时,渗透流速自 8.7×10^{-5} cm/s 开始降低,直至 1.2×10^{-6} cm/s,期间持续 4 d。当坡降增至 132 时出现浑水,渗透流速为 8.2×10^{-5} cm/s,水压力无法保持,试验终止。由于土颗粒沿界面移动可能造成渗漏量的波动变化,本试验的临界渗透坡降应为 $i_{CR} = 82$,破坏渗透坡降应为 $i_F = 132$,$r_i = 1.61$。

对于沥青混凝土与黏土之间设置网格加强的模型,土芯高度为 $h = 36$ cm。首先在 10 ~ 25 m 水柱压力作用下,缓慢移动土芯。历时 33 d,土芯累计滑移 1.7 cm,相对于土芯高度的滑动比为 0.047,这时土芯表面已有渗水。值得注意的是,无网格加强的模型在 5 ~ 10 m 水柱压力下,46 h 土芯的相对滑动比就达 0.069,由此可见网格起了阻止土芯滑动的作用。在土芯顶部填沙子,上盖板后加水压力,其渗透试验结果见图 5,试验总历时仅为 2.5 h。试验一开始土芯渗漏相对较大,渗流流速达到 3.9×10^{-4} cm/s,是无网格土芯起始渗流流速(1.7×10^{-5} cm/s)的 23 倍,表明界面黏土已在网格的阻滑过程中发生了一定的破坏。当水力坡降上升至 72 时,渗漏流速激增,并在坡降达到 83 时出现浑水。此时渗流流速达 1.1×10^{-2} cm/s,是无网格土芯出浑水破坏时渗流流速(8.2×10^{-5} cm/s)的 134 倍。表明土芯界面相对于无网格试件发生了严重得多的破坏。由于最后渗漏量过大,并已出现浑水,且没有看到土芯界面破坏后有任何自愈现象,故试验终止。本试验的临界渗透坡降应为 $i_{CR} = 72$,破坏渗透坡降应为 $i_F = 83$。

上面的试验结果是在土芯相对滑移 1.7 cm 下得到的。由于试验采用网格的网眼尺寸是 25×25 mm,相对滑移与网眼尺寸之比达到 0.68。在这种情况下,土芯已经沿接触界面发生了严重破坏,发生了较大的接触渗漏。因此,合理地选择网眼尺寸,对于确保土芯在接触边界不致发生剪切破坏,是十分重要的。

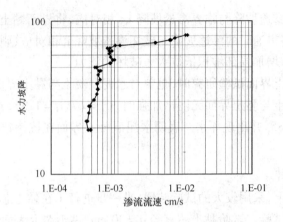

图 5　有网格及相对滑移的渗透试验

4　结语

通过以上试验可进行如下分析。

首先在沥青混凝土面板和黏土铺盖之间的接触渗漏是存在的,试验中土芯也观察到了界面出浑水,导致渗漏量加大的现象。根据3.1节无界面滑移的渗透试验结果,在没有网格加强时,界面的临界渗透坡降为70~97。根据目前设计,宝泉的黏土铺盖厚度为4.5 m,相应的渗透坡降不大于10。因此在无界面滑移的情况下,这一铺盖厚度是安全的。

当界面有滑移时,土体沿界面将出现一定的松动。根据3.2节有界面滑移,但没有网格加强的试验结果。当渗透坡降小于82时,土体的渗透速度随着渗透坡降的加大逐渐增大,表明其内部结构还是稳定的;但当渗透坡降在82~111之间时,渗透速度反而降低,表明土体颗粒发生移动,并淤堵了渗漏通道。上面也是据此判断82为临界渗透速度的。因此,当界面滑动比(滑移值与接触长度之比)不大于0.069时,4.5 m的铺盖厚度也应是安全的。

试验研究结果表明,对于网格加强应慎重,如果使用得当,对工程是有益的。在无界面滑移的情况下,3.1节的试验结果已表明,采用网格加强虽不能增加临界渗透坡降,却可以限制渗透坡降超过临界坡降后渗透速度的发展,制约土颗粒沿界面的移动,增加渗透破坏坡降,对于防止接触渗漏破坏是十分有益的。

但是,当网格粘贴在沥青混凝土表面且土体滑移时,土体相对于网格产生相对位移,网格将扰动界面处的土体结构,导致界面渗漏加大。此时设置网格不仅无益,而且有害。为此设置网格加强时,防止土体相对于网格的滑动十分重要。应采用不带黏结剂的加强网格,避免将网格粘贴固定在沥青混凝土面板上,使网格能够随同土体一起滑动。因此合理的设计产生的结果应当是,由土体防止界面渗漏,由网格限制土体内土颗粒的迁移。

二滩坝下水垫塘布置与运行维修

周鸿汉

（中国水电顾问集团成都勘测设计研究院）

摘　要:本文对二滩水垫塘的布置进行了描述,并对水垫塘的运行情况和水力学原型观测作了简略的介绍。二滩水垫塘运行时间九年,前后经五次抽水检查,总体运行情况良好。文中较为详细地叙述了水垫塘的检查和维修情况,并提出水垫塘安全运行应注意的相关事项。

关键词:水垫塘　布置　运行维修

1　工程概况

二滩水电站位于四川省雅砻江下游,距攀枝花市 46 km。大坝为混凝土双曲拱坝,坝顶弧长 774.69 m,最大坝高 240 m。电站枢纽采用坝身孔口和泄洪洞联合泄洪方式,坝身设 7 个表孔和 6 个中孔,右岸布置两条大型明流泄洪洞,泄水建筑物按千年一遇洪水流量 20 600 m^3/s 设计,按五千年一遇洪水流量 23 900 m^3/s 校核,总泄洪功率达 39 000 MW。表孔、中孔和泄洪洞三套泄洪设施的泄洪能力相当,各套泄洪设施分别单独与电站发电流量相组合,则可承担电站常年洪水的下泄任务。拱坝下游为大型混凝土衬砌水垫塘,以消刹泄洪带来的巨大能量,减轻对下游狭窄河床的冲刷。

拱坝和水垫塘布置见图 1 和图 2。

2　水垫塘主要工程地质条件

水垫塘区域两岸谷坡在天然条件下呈"V"形河谷,枯水期水面宽约 80~100 m。基础及边坡分别由正长岩和玄武岩两部分组成。正长岩岩体完整,具有较好的抗冲性能,二层玄武岩岩石破碎,抗冲性能较差。河床覆盖层一般厚 20~28 m,河床基岩顶面高程为 980~1 000 m。坝区地应力较高,河床 954~976 m 高程实测地应力 60~65 MPa。

水垫塘底板的基础以正长岩为主,岩性较为单一;以Ⅱ级和Ⅲ岩级为主,不存在大范围的软弱破碎岩体,整体条件尚属优越。

水垫塘两岸边坡高约 140 m,总体坡度约 40°,设五级宽 3~5 m 的马道。边坡岩石以弱风化的正长岩为主,岩体工程地质条件较好。

3　水垫塘布置

3.1　水垫塘水力学特征参数

（1）坝身泄洪流量

设计流量:13 200 m^3/s;

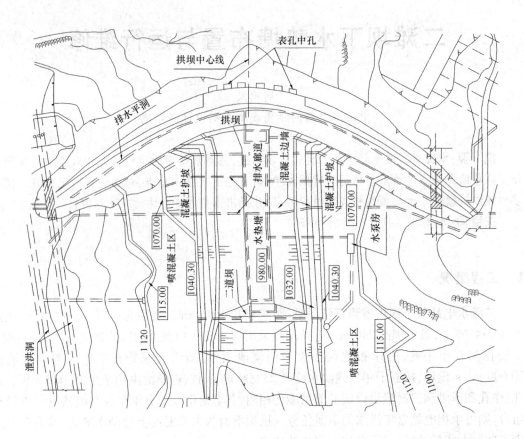

图1 水垫塘平面布置图

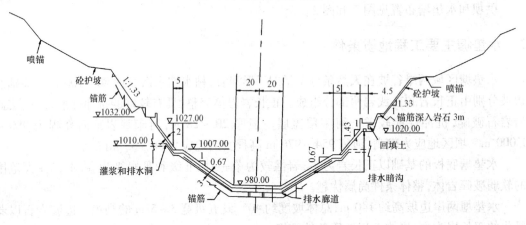

图2 水垫塘横断面图

校核流量:16 300 m³/s。

(2)坝身泄洪功率

设计工况:21 500 MW;

校核工况:26 600 MW。

164

（3）最大泄洪水头：186.2 m（稳定泄洪情况）。

（4）塘内水垫厚度

设计工况：54.8 m；

校核工况：56 m；

最小水垫厚度：32 m。

（5）水垫塘内单位水体消能率

设计工况：11.5 kW/m³；

校核工况：13.5 kW/m³。

（6）水垫塘底板最大冲击动水压力（模型试验值）：14.1 × 9.81 kPa。

（7）水垫塘底板最大水流流速（模型试验值）：约 18 m/s。

3.2 水垫塘布置

水垫塘由水垫塘护底板、边墙、二道坝和二道坝下游护坦等组成。水垫塘横断面为复式梯形、钢筋混凝土衬护结构，水垫塘两侧顶高程（检修公路高程）为 1 032 m，底板顶面高程 980 m；水垫塘底宽 40 m，长 300 m；在高程 1 007 m 处设 5 m 宽马道，马道以下边坡坡度为 1∶1.5，马道以上为 1∶0.7；底板厚度在桩号 0 + 82.0 m 上游大于 5 m，桩号 0 + 82.0 ~ 0 + 131.0 m 为 5 m，桩号 0 + 131.0 m 下游为 3 m，边墙厚度在高程 1 007 m 以下为 3 m，在高程 1 007 m 以上为 2 m。底板及边墙 4.5 m 高度以下表层设置厚 40 cm、C60 硅粉砼护面。为增加硅粉砼和普通砼的结合能力，采用硅粉砼与普通砼一次浇注、不留施工缝的施工方式。水垫塘底板与基岩间设有 φ32、间距 2 m、深入基岩 4 m 的锚筋。

水垫塘末端设置二道坝，为水垫塘提供检修条件，兼有壅高水位、稳定水跃、阻挡回砂的作用。二道坝坝型为重力坝，上游坡采用 1∶1.67，下游坡采用 1∶1.25，坝顶全长 142 m，中部坝顶高程 1 012 m。为减小水垫塘检修时修筑临时围堰的难度，于 2003 年汛前，将二道坝坝顶高程加高了 3 m 至 1 015 m 高程。

沿二道坝布置了一道灌浆帷幕和两道排水帷幕，以降低二道坝及水垫塘底板的扬压力，增加二道坝和水垫塘的稳定性。二道坝和水垫塘排水廊道相通，形成独立的排水系统，并在水垫塘左岸设专用深井水泵房。

为避免坝趾及近坝岸坡被淘刷而危及二道坝安全，在二道坝下游设置了长 40 m 的混凝土护坦，护坦厚 5 m，护坦顶部高程 985 m，护坦与基岩间采用锚筋锚固，护坦及边墙末端均设底宽 3 m 的齿槽，齿槽嵌入基岩 3 m，以防止回流淘刷。

4 水垫塘运行情况

4.1 泄洪情况

二滩拱坝坝身设有 7 个表孔、6 个中孔和 4 个放空底孔。水垫塘 1998 年开始投入使用，至 2005 年已正常运行八年，表、中孔累计运行时间 51 804 h，总泄洪量 1 549 亿 m³。其中 7 个表孔累计运行时间 7 963 h，平均每孔运行时间 1 138 h，表孔总泄洪量 147 亿 m³，平均每孔泄洪量约 21 亿 m³；6 个中孔累计运行时间 43 841 h，平均每孔运行时间 6 263 h，中孔总泄洪量 1 402 亿 m³，平均每孔泄洪量约 234 亿 m³。中孔里面，3 号中孔的运行时间和泄洪量最大,分别达到 11 801 h 和 376 亿 m³。从上述统计数据看,坝身泄洪以中孔为主,而中孔中,又以处于坝身中线附近的中孔为主。

二滩水电站各年泄洪总量和泄洪流量统计(包括两条岸边泄洪洞),如表 1 所示。

表 1　　　　　　二滩水电站 1998—2005 年泄洪总量和泄洪流量统计

年　份	年泄洪总量(亿 m³)	最大泄洪流量(m³/s)
1998	572	8 670
1999	472	9 216
2000	376	6 670
2001	285	9 530
2002	108	6 330
2003	231	7 380
2004	176	6 000
2005	217	8 590
合计	2 437	

4.2　水垫塘水力学原型观测

1999 年 10 月对二滩水电站水垫塘进行了水力学原型观测。二滩水电站水垫塘水力学原型观测包括表孔全开、中孔全开及表、中孔联合开启等 13 个工况,库水位约 1 200 m,最大泄水流量约 8 000 m³/s,其主要成果如下:

(1)在各种泄水工况下水垫塘底板时均压力分布均匀,未出现较大的高峰。最大动水冲击压力为 5.9×9.81 kPa,小于模型试验的 11.5×9.81 kPa。且未超过允许值 15×9.81 kPa。

(2)表孔泄水对底板的冲击压力远大于表、中水舌对撞后对底板的冲击压力,水舌空中对撞能够有效地减小水垫塘底板上的冲击压力。

(3)水垫塘底板上的脉动压力均方根值在各种工况下均较小。4 号表孔全开和 2 号、3 号、4 号、5 号表孔和 1 号、2 号、5 号、6 号中孔联合开启时最大脉动压力均方根值分别为 2.89×9.81 kPa 和 2.6×9.81 kPa。脉动压力的谱密度分布为正态分布。

(4)在 4 号表孔单独开启过程中,由于水垫塘内水垫相对较浅,最大脉动压力均方根值达 5×9.81 kPa(约为开启后稳定泄水的 2 倍)。

(5)基础扬压力受到泄水影响,主要体现在扬压力的波动特性上,时均扬压力值较小,但瞬时最大值达到 4.96×9.81 kPa,随水位的上升和泄洪流量的加大扬压力瞬时最大值还将增大。

(6)根据泄洪时水垫塘流态观察,水垫塘二道坝出流流态比较平稳,且波动不大,说明水垫塘的二次能量较小。

166

5 水垫塘检修情况

自二滩电站 1998 年 5 月首次蓄水运行半年后对水垫塘进行了首次检查,主要检查水垫塘的磨蚀情况、结构缺陷等。首次抽水检查发现,水垫塘内有大量施工废弃物,如,大量成卷的钢筋和两端磨圆了的钢筋、没有棱镜的木板等,还有较多的岩块和碎石,水垫塘除了局部磨蚀以外,未发现更多的缺陷。在对水垫塘内部进行清理的同时,还在水垫塘两侧增加了80 cm 的挡坎,防止异物进入水垫塘造成损坏。

2000 年、2002 年、2004 年和 2006 年年初,水垫塘均进行了抽水检查。

2002 年进行的第三次抽水检查,检查发现水垫塘底板混凝土出现局部磨损,最大深度为 20 cm 多,磨损严重部位主要分布在水垫塘中孔落水区附近的底板与边墙交界处,对磨损严重部位采用了硅粉混凝土修补,并有几家单位在水垫塘底板作了环氧砂浆抹面试验块。

2004 年 2 月份水垫塘抽水检查结果表明,边墙部位未发现明显磨损的迹象;坝后至表孔落水区范围内(相对静水区)的底板上,未发现明显磨损;表孔水舌冲击区底板表面有轻微磨损;中孔水舌冲击区底板表面磨损相对较大和较深,水垫塘磨损面积约为 $3\,500 \sim 4\,500$ m²(磨损深度约为 $2 \sim 5$ mm),水垫塘总的磨损情况与 2002 年抽水检查时的情况相比,底板磨损程度有所加剧,但扩大不十分明显,其磨损程度仍属于正常范畴。2002 年初在底板与边墙交界处的混凝土修补块运行情况良好;在水垫塘底板的环氧砂浆抹面试验块中,有的试验块效果较好,试验块表面未发现明显的磨损。2004 年对磨损较严重的中、后部水垫塘塘底(主要是中孔水流落水区)进行了大面积改性环氧砂浆抹面保护。对塘底板磨损深度超过1.5 cm 的地方采用改性环氧砂浆抹面,抹面厚度一般为 $1.5 \sim 2$ cm。改性环氧砂浆的技术特性要求:28 d 抗压强度大于 90 MPa;抗拉强度大于 10 MPa;28 d 与混凝土的黏结强度大于5 MPa;线膨胀系数小于 $30 \times 10^{-6}/$C。

2006 年年初,对水垫塘进行了第五次抽干检查,水垫塘内主要水流冲击区未发现较明显的冲刷破坏,仅在环氧砂浆抹面上,发现有轻微的表面小麻点。

6 二道坝下游的河床冲刷情况

自从电站投运以来,对二道坝下游河道水下地形共进行了三次全面的量测,测量的时间分别为 2002 年、2003 年和 2005 年。从三次测量成果来看,其水下地形未发生大的改变。紧邻二道坝下游的冲刷坑底部高程为 985.5 m(2002 年测值),略高于护坦高程。2003 年汛前,对二道坝加高了 3 m,从 2005 年的水下地形测量数据来看,并未因此使得二道坝下游冲坑更深。二滩水电站 2002、2003 与 2005 年尾水河道纵断面中心线和深泓线对比示意图分别参见图 3 和图 4。

7 结语

二滩水电站经九年时间运行,其间出现的最大洪峰流量为 10 800 m³/s,最大下泄流量9 530 m³/s,枢纽总泄洪量 2 437 亿 m³,其中经由拱坝坝身的总泄洪量 1 549 亿 m³,约占枢纽

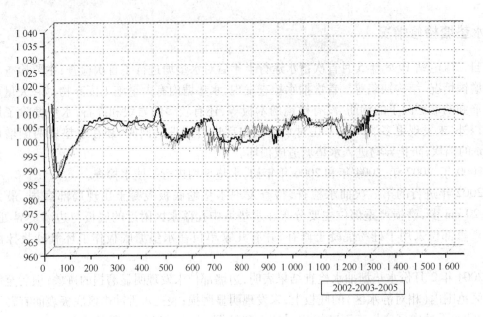

图 3　二滩水电站 2002、2003 与 2005 年尾水河道纵断面(中心线)对比示意图

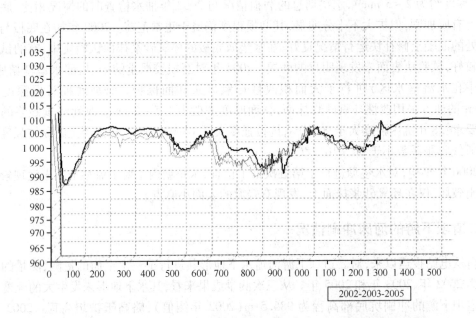

图 4　二滩水电站 2002、2003 与 2005 年尾水河道纵断面(深泓线)对比示意图

总泄量的 2/3。水垫塘的运行状况表明其工作状态良好。

根据以往运行维修经验,为了维持水垫塘的安全经济运行,笔者认为:

(1)水垫塘抽水检查间隔时间宜为 3~5 年,电厂运行人员可根据水垫塘以后的具体运行情况对抽水检查间隔时间进行调整。当遇到中、大洪水时(30 年一遇以上的洪水)或有较多坚硬固体物质进入水垫塘时,宜在当年汛后对水垫塘进行及时抽水检查。一般情况下,水垫塘抽水、排水系统正常有效运行,对于保证水垫塘整体稳定是十分重要的;另一方面,应尽量避免坚硬固体物质进入水垫塘内,以降低水垫塘的磨损程度。当满足上面两方面条件时,就可延长水垫塘抽水检查的间隔时间。

（2）从 2005 年测得的二道坝下游水下地形成果看,二道坝加高后未对二道坝下游河道造成不利影响。鉴于工程运行时间不长,且未经过大洪水的考验,对二道坝下游河道的影响有待继续观察。

白山水电站高孔挑流鼻坎开裂原因分析

叶远胜 冯 林 吴春雷 王德库 李艳萍 姜雪宾

（中水东北勘测设计研究有限责任公司科学研究院）

摘 要：白山水电站高孔挑流鼻坎导墙、反弧段、鼻坎正立面均不同程度出现裂缝。本文根据现场调查及检测结果，以混凝土材料的变形性能为出发点，分析了混凝土开裂的原因，同时提出采用相对干缩率（表层混凝土干缩值与深层混凝土干缩值之差）作为混凝土抗裂性能计算基础参数的观点。

关键词：白山水电站 高孔 挑流鼻坎

1 概述

白山水电站坝体混凝土于 1976 年 5 月开始浇筑，1986 年一期工程竣工。大坝施工期间，主体工程混凝土冬季施工长达 6 个冬季，共浇筑混凝土 84.7×104 m³，占混凝土总量的 32.4%。该工程地处寒区，多年平均气温 +4.3℃，11 月份多年平均气温 −3.7℃，3 月份多年平均气温 −3.1℃。白山地区的最低气温 −36.6℃，最高气温 35.6℃，极端温差为 72.2℃。白山水电站地处高寒山区，故寒潮降温幅度较大，每年 10 月至翌年 2 月，平均每月寒潮 2～3 次，最大寒潮温差可达 16℃，最长持续时间达到 11d。

白山混凝土冬季施工时为防止新浇筑的混凝土早期受冻和防止温差过大而产生裂缝，制定了如下标准：①新混凝土防冻标准：要求混凝土受冻临界强度 ≥5 MPa，用混凝土成熟度作为控制标准，采用混凝土成熟度值为 1 800℃·h；②坝体混凝土温差控制标准：允许基础温差及上下层温差为 26℃。超过允许温差时混凝土表面应进行保护，保温层的放热系数 β=2.2 W/(m²·k)；③日最低气温 ≥ −15℃，风速 ≤3 级，浇筑时间 ≤5 h，可以露天浇筑，浇筑后顶面保温；④日最低气温 < −15℃，必须在暖棚内浇筑混凝土，混凝土达到允许受冻临界强度即可拆除暖棚；⑤混凝土侧面保温材料先后采用草垫、木丝板、粗毛毡等。

经过 20 年运行，白山水电站大坝高孔坝段（编号分别为 14 号、16 号、18 号、20 号）挑流鼻坎导墙、反弧段、鼻坎正立面均出现不同程度裂缝。现场调查及超声检测结果见表 1。

表 1　14～20 号高孔坝段鼻坎裂缝统计表

坝段	裂缝编号	裂缝宽度范围(mm)	裂缝深度(m)	裂缝数量	裂缝累计长度(m)
14 号坝段	14−1～14−24 号	0.2～3.8	0.31～2.00	24	166.2
16 号坝段	16−1～16−9 号	0.6～3.2	0.57～2.15	9	72.0
18 号坝段	18−1～18−15 号	0.2～3.3	0.35～4.20	15	143.2
20 号坝段	20−1～20−20 号	0.3～3.4	0.30～4.16	20	185.1
合计				68	566.5

170

2 挑流鼻坎裂缝分布规律

14～20 号坝段鼻坎裂缝经现场调查发现其分布存在如下规律：

2.1 导墙裂缝

导墙裂缝基本为独立裂缝，出现的位置大致有以下几处：

（1）导墙裂缝中危害性最大的贯穿裂缝均分布在导墙的拐点或靠近拐点的位置。

（2）部分裂缝出现在导墙两拐点间直线段的中间部位。

（3）裂缝从导墙与反弧段相接的位置产生并向导墙顶部发展。

2.2 反弧段裂缝

反弧段溢流面裂缝多数为网状缝，少数为独立缝，独立裂缝基本与溢流面中心线垂直且相互平行。

2.3 出水口正立面裂缝

出水口正立面的裂缝均为独立缝，分布规律如下：

（1）在所检测的 4 个坝段挑流鼻坎中，仅 16 号坝段鼻坎正立面 307.5 m 高程有一水平裂缝（编号为 16 - 8 号），其余均为竖向裂缝。

（2）竖向裂缝出现的位置基本在出水口断面中心线附近。

3 挑流鼻坎混凝土的技术要求和设计配合比

混凝土中原材料的组分及用量决定了混凝土的力学性能、变形性能和热学性能。在分析混凝土开裂的原因时，首先就要考察混凝土的配合比。

由于缺乏挑流鼻坎混凝土浇筑的施工配合比，本次研究仅采用设计配合比来分析其开裂原因，虽然不能准确反映混凝土施工的实际情况，但也能定性说明问题。

3.1 挑流鼻坎大体积混凝土设计配合比

根据《白山水电站五料场沙砾石检验及大坝混凝土配比试验综合报告》（水利电力部东北勘测设计院科研所，1976 年 5 月），白山大坝施工期大体积混凝土配合比主要分为甲、乙、丙三类混凝土。其主要技术要求如下表 2 所示。

表 2　　　　　　　　　白山电站混凝土技术要求

混凝土类别	主要应用部位	技术要求	附注
甲类混凝土	上下游水位变化区	$R_{90}250$ 号 S8D200	
乙类混凝土	基础部位	$R_{90}250$ 号 S8D50	有温控要求 28d $R_{拉}$ >17.7 kg/cm²
丙类混凝土	内部	$R_{90}200$ 号 S4D50	

据上表主要应用部位推断，白山大坝高孔挑流鼻坎应为乙类混凝土，其配比技术要求为 $R_{90}250$ 号 S8D50，其他指标详见表 3。

表3				白山电站乙类混凝土设计配合比				
水灰比	砂率 (%)	用水量 (kg)	水泥用量 (kg/m³)	设计试验极限拉伸值结果(×10⁻⁴)				
				3 d	7 d	14 d	28 d	90 d
0.50	22	97	194	0.72	0.86	0.90	0.97	1.05
备注	1. 混凝土砾石级配(从大到小)40:25:15:20。 2. 表中用水量和水泥用量均为乙类混凝土的平均用量。 3. 极限拉伸值为抚顺600号水泥配制的乙类混凝土的极限拉伸值,14 d值为内插值。 4. 外加剂为木钙。							

3.2 溢流面混凝土设计配合比

溢流面混凝土有抗冲刷和抗气蚀要求,其混凝土标号为 $R_{28}350$ 号 S8D250。根据《白山溢流坝面抗冲刷、抗气蚀混凝土试验报告》(水利电力部东北勘测设计院科研所,1978 年 12月),白山大坝溢流坝面混凝土配合比如表4所示。

表4				白山电站溢流坝面混凝土设计配合比		
骨料 级配	水灰比	砂率(%)	用水量 (kg)	水泥用量 (kg/m³)	砾石用量	
					5 ~ 20 mm	20 ~ 40 mm
一级配	0.35	33	145	410	1 302	—
二级配	0.34	27	123	360	594	890
备注	1. 一级配混凝土外加剂为 MF 0.75%,木钙0.2%,消泡剂0.04%。 2. 二级配混凝土外加剂为 NNO 0.75%,木钙0.2%。					

4 挑流鼻坎混凝土的变形性能分析

4.1 混凝土浇筑温度和温升

裂缝的产生和发展往往是诸多因素共同作用的结果,除了与混凝土材料自身性能有关外,还与混凝土的浇筑温度、浇筑后混凝土的温升情况及混凝土与多年平均气温的温差等有关。表5为摘录自《白山溢大坝混凝土的抗裂性》(水利电力部东北勘测设计院科研所,1981年2月)试验报告中有关白山大坝1980年各月浇筑平均温度、温升和最大温差的情况。

表5						1980 年各月浇筑平均温度及温升						
月 份	1	2	3	4	5	6	7	8	9	10	11	12
入仓温度(℃)	10.0	10.0	11.0	12.5	15.3	19.0	23.3	23.0	17.0	13.0	11.0	10.0
最高温度(℃)	20.0	22.6	26.0	31.0	37.0	41.0	47.6	44.0	35.0	30.0	25.0	22.0
温升值(℃)	10.0	12.6	15.0	18.5	21.7	22.0	24.3	21.0	18.0	17.0	14.0	12.0
最大温差(℃)	15.7	18.3	21.7	26.7	32.7	36.7	43.3	39.7	30.7	25.7	20.7	17.7

4.2 白山大坝挑流鼻坎混凝土的变形

挑流鼻坎大体积混凝土包括反弧段混凝土和导墙混凝土。根据收集到的设计资料分析,反弧段混凝土应由一级配(或二级配)面层混凝土和四级配基础混凝土两部分组成。

混凝土的体积变形主要包括混凝土的限制干缩变形、温度变形及自生体积变形。变形产生的原因为混凝土中所含水分的改变、化学反应、温度变化。

4.2.1 极限拉伸值 S_K

四级配混凝土各龄期极限拉伸值如表6所示。在抗裂计算中,混凝土的极限拉伸值和徐变系数是两个重要参数,由于徐变产生的应力松弛能够部分抵消混凝土所受到的拉应力,所以在考虑混凝土长期抗裂性时,应把徐变考虑进去。本次分析参考其他工程徐变系数试验结果,在考虑徐变后混凝土各龄期的极限拉伸取值如表6所示。

表6   考虑徐变后混凝土极限拉伸值

龄 期(d)	3	7	14	28	≥90
极限拉伸值 S_{K0}($\times 10^{-4}$)	0.72	0.86	0.90	0.97	1.05
徐变系数	2.0	1.8	1.6	1.5	1.3
考虑徐变影响后的极限拉伸值 S_K($\times 10^{-4}$)	1.44	1.55	1.44	1.46	1.37

4.2.2 自生体积变形 S_J

混凝土依靠胶凝材料自身水化引起的体积变形称之为自生体积变形,主要取决于胶凝材料的性质。普通水泥混凝土的自生体积变形大多为收缩变形,少数表现为膨胀变形。

施工期观测数据表明,白山大坝混凝土自生体积变形为膨胀变形,各龄期变形值 S_J 取值如表7所示。

表7   挑坎大体积混凝土不同龄期自生体积变形

龄 期(d)	3	7	14	28	≥90
自生体积变形 S_J($\times 10^{-4}$)	0.18	0.24	0.40	0.50	0.70

4.2.3 混凝土的温度变形 S_T

在绝对约束条件下,混凝土随着温度的变化而发生膨胀或收缩变形,这种变形称之为温度变形。混凝土的温度变形可用公式 $S_T = \triangle T \times \alpha$ 计算;式中 $\triangle T$ 为混凝土各龄期内外温差之最大值。α 为混凝土线膨胀系数,白山大坝内实测的线膨胀系数变动范围为 $7.0 \sim 9.0 \times 10^{-6}/℃$,平均值 $\alpha = 8.2 \times 10^{-6}/℃$。

理论上,当 $\triangle T \times \alpha$ 大于极限拉伸值 S_K 即出现裂缝。但在实际工程中,由于约束条件、混凝土塑性等方面的因素影响,$\triangle T$ 即使超过 S_T/α 很多也不会开裂。因此,温度变形与极限拉伸值的关系可用下式表示:

$$\frac{\alpha \triangle T}{K} \geqslant S_T$$ 式中:k 为数倍于1的常数,取决于约束条件和塑性变形。

本工程中各龄期混凝土可承受的温度变形为其同龄期极限拉伸值,对应的温差如表8。而在上文表5中,1980年浇筑的混凝土,最大温差达到43.3℃,平均温差27.5℃,由于资料中未显示裂缝出现的临界温度,故计算K值时按设计允许最大温差26℃计算,各龄期K值计算结果详见表8。

表8　　　　　　　　　　挑坎大体积混凝土不同龄期 K 值

龄　　期(d)	3	7	14	28	≥90
考虑徐变影响后的极限拉伸值 S_K($\times 10^{-4}$)	1.44	1.55	1.44	1.46	1.37
理论计算允许温差 $T_2 S_K/\alpha$(℃)	17.6	18.9	17.6	17.8	16.7
设计允许最大温差 $T_1 K \times S_K/\alpha$(℃)	26	26	26	26	26
$K(T_1/T_2)$值	1.48	1.38	1.48	1.46	1.57

4.2.4　混凝土的相对干缩变形 S_2

混凝土干缩是由于其内部自由水损失导致湿度降低而引起的体积收缩,混凝土体积收缩量直接受其内部湿度变化的影响。自由水损失主要导因有蒸发及参与水泥水化反应。

对大体积混凝土而言,其整体干缩是客观存在的。以往对干缩的认识仅注意到混凝土的表层干缩,而认为深层混凝土的体积是不发生变化的。忽视了水泥水化持续进行所导致自由水不断损失而引起的混凝土整体收缩。因此,不能简单地采用试验室条件下的干缩值作为混凝土抗裂计算基础参数,而忽视混凝土内部由于水泥水化消耗自由水导致湿度降低所引起的体积收缩。所以,在进行混凝土抗裂性能计算时,应采用混凝土相对干缩变形值(表层混凝土干缩值与深层混凝土干缩值之差)作为混凝土抗裂性能计算基础参数。

自然界中的混凝土受环境湿度影响,水分的散失和吸收始终处于动态平衡,已经发生的表面干缩约有40%~70%左右是可逆干缩,即在适当的湿度条件下,这部分干缩是可以恢复的。因此,很多时候达不到试验室条件下得到的最大干缩值。同时,混凝土的约束条件也不可能绝对约束,当表层与其内部变形趋向一致时,因整体变形协调而降低干缩的危害。由于缺乏白山电站鼻坎混凝土有关干缩的数据,因此借鉴其他工程抚顺中热42.5级水泥三、四级配混凝土的干缩率成果,结合表3所列设计配合比,同时考虑配筋的影响、干缩的可逆性及现场施工时采取的保温、养护措施,不同龄期相对干缩率取值见表9。

表9　　　　　　　　　　挑坎大体积混凝土不同龄期相对干缩率

龄　　期(d)	3	7	14	28	≥90
相对干缩率 S_2($\times 10^{-4}$)	0	−0.2	−0.3	−0.4	−0.5
备　　注	混凝土浇筑前几天养生及时,考虑湿胀与干缩抵消,故取3d龄期混凝土相对干缩为0。				

4.2.5　挑坎大体积混凝土开裂可能性分析

根据表6~9,可以计算出大体积混凝土在各个龄期可承受的缓慢降温时的温度变形和最大温差,如表10所示。

表 10　　　　挑坎大体积混凝土不同龄期可承受温度变形和最大温差

龄　期（d）	3	7	14	28	≥90
极限拉伸值 S_k（×10^{-4}）	1.44	1.55	1.44	1.46	1.37
自生体积变形 S_j（×10^{-4}）	0.18	0.24	0.40	0.50	0.7
相对干缩率 S_2（×10^{-4}）	0	−0.2	−0.3	−0.4	−0.5
混凝土可承受最大温度变形（×10^{-4}）	1.62	1.59	1.54	1.56	1.57
混凝土线膨胀系数 α（×10^{-6}/℃）	8.2	8.2	8.2	8.2	8.2
K 值	1.48	1.38	1.48	1.46	1.57
最大温差（℃）	29.2	26.7	27.8	27.7	30.0

5　分析与讨论

5.1　导墙混凝土裂缝

　　表 10 中,混凝土各个龄期所能承受的最大温差均大于白山电站施工期要求的最大温差 26℃。但混凝土在 3~90 d 龄期,抵抗温差的能力存在一个由强到弱再由弱到强的过程。

　　分析认为,混凝土浇筑后的前几天,强度较低,弹模较小,存在较大的塑性变形,因此能承受较大的温降变形;而后一段时间,随着胶凝材料水化反应的进行,弹模增大,但与基岩或基础混凝土的弹模相比尚有一定差距,表现为变形受到较大约束,抵抗温差能力降低;当龄期延长后,其弹模与基础混凝土的弹模接近,变形趋于一致,抵抗温差的能力再度增强。

　　虽然白山电站施工期制定了严格的防冻标准并采取了相应的保温措施,但像导墙这样的结构完全做到侧面保温并在拐点这样的突变部位加强防护也是比较困难的。

　　分析认为导墙裂缝出现的最早时间应是在该部位混凝土浇筑后不久,开始出现时应为表面裂缝,由于裂缝出现后长期暴露,在降温过程中裂缝会逐步向纵深发展,而且每经历一次寒潮,裂缝还会继续延伸。同时,其他一些因素如干缩、冻胀,进一步加剧了裂缝的发展,使表面裂缝逐渐发展成贯穿裂缝。

5.2　挑坎正立面混凝土裂缝

　　表 10 中所列温差数据均为混凝土承受缓慢降温时的最大温差。若混凝土表面在短期内因寒潮急剧收缩,使得混凝土的徐变、塑性等缓解受拉的因素得不到发挥,约束条件不能得到改善,混凝土仅能发挥出 $S_k = 1.05 \times 10^{-4}$ 的抵抗温降变形的能力。据式 $\triangle T = S_T / \alpha$ 计算,大约 13℃ 的寒潮温差就足以使混凝土表面产生裂缝。

　　因此,14~20 号坝段挑流鼻坎出水口正立面位于中线附近的竖向裂缝应是在浇筑后或运行期遇到气温骤降,混凝土产生收缩而产生的温度裂缝。

5.3　反弧段混凝土裂缝

　　反弧段的结构形式易在夏、冬两季积水（雪）,使混凝土保持较高的湿度,而春秋两季风速较大,气候较干燥,混凝土会有较多的失水。表 9 中所列的挑坎大体积混凝土不同龄期的相对干缩率,是在考虑混凝土整体收缩变形的基础上提出的。然而混凝土的绝对干缩率最

175

终为$200 \times 10^{-6} \sim 1\,000 \times 10^{-6}$,基本和龄期$\geqslant 90\ \text{d}$并考虑徐变和自生体积变形影响情况下混凝土的极限拉伸值($S_k = 2.0 \times 10^{-4}$)相当。因此,运行期混凝土若在短期内快速失水,表面将产生较大的干缩,混凝土的徐变效应不能发挥,失水引起的体积收缩会受到基础混凝土的约束产生表面裂缝。

另外,反弧段面层混凝土为二期薄层一级配或二级配混凝土,水泥用量较高,若混凝土浇筑时对表面过度抹压使水分及水泥砂浆聚积到混凝土表面而增大收缩,也会产生裂缝。

综上所述,挑坎导墙混凝土裂缝应出现在该部位混凝土浇筑后不久,而反弧段和挑坎正立面混凝土不仅在施工期因保温或养生不到位可能出现裂缝,在运行期也可能因寒潮和快速失水而产生裂缝。

6 结语

(1)分析认为在混凝土浇筑早期和运行期均有可能出现温度裂缝和干缩裂缝。就本工程而言,导墙和出水口正立面裂缝为温度裂缝,反弧段表面的网状裂缝为干缩裂缝,反弧段表面的独立裂缝为温度裂缝。

(2)裂缝产生后,冻胀和寒潮成为其主要促进因素。水由液态转变为固态,体积增大1.09倍,使结冰的混凝土内部组织结构受到膨胀而破坏。反弧段容易积水结冰,因此,冻胀对反弧段混凝土裂缝的发展具有明显的促进作用。寒潮的作用是使混凝土在短期内产生较大的收缩变形。1次10℃的气温骤降,将使混凝土产生0.82×10^{-4}的收缩变形,由此产生的拉应力将使裂缝开度增大并向纵深发展。

(3)裂缝产生后长期暴露,气温骤降、冻胀等因素将加剧其发展,使表层裂缝向深层和贯穿裂缝发展,建议对已发现裂缝尽快处理。

三、水工建筑物的检测与评估

北京十三陵抽水蓄能电站尾水隧洞无损检测及混凝土裂缝处理

张秀梅[1]　孙志恒[2]　夏世法[2]　鲍志强[2]

（1.华北电网有限公司北京十三陵蓄能电厂 2.中国水利水电科学研究院结构材料研究所）

摘　要：十三陵抽水蓄能电站自建成以来已运行多年，为掌握尾水隧洞混凝土衬砌的工作状况，需要对尾水隧洞进行全面检查。本文介绍了对1号和2号尾水隧洞混凝土质量进行无损检测的方法和检测结果，指出目前尾水隧洞存在的主要缺陷是衬砌混凝土出现了大量的环向和纵向裂缝，这些裂缝的存在，会影响混凝土的耐久性和隧洞的正常运行。本文提出了对这些裂缝的处理方案及主要材料特性，通过采用了先进的高压灌浆设备和施工工艺，在较短时间内对尾水隧洞中部分较严重的裂缝进行了灌浆处理，取得了良好效果。对类似隧洞混凝土裂缝的防渗堵漏及补强加固具有借鉴意义。

关键词：隧洞　无损检测　裂缝　化学灌浆

1　前言

十三陵抽水蓄能电站位于北京市昌平区境内，利用已建成的十三陵水库为下库，在其左岸蟒山山岭后的上寺沟建造上库，发电厂房及附属洞室位于蟒山内，有引水系统和尾水系统连接上库和下库。电站装机容量4×200 MW，采用一管两机布置方式，由1号和2号两个独立的水道系统组成。其中尾水隧洞洞径5.2 m，埋深30～220 m。引水隧洞长835 m，为钢筋混凝土结构。

国家电力监管委员会会统大坝安全监察中心要求水电站大坝每五年进行一次定期安全检查与鉴定，十三陵抽水蓄能电站自建成以来已运行多年，为掌握尾水隧洞混凝土衬砌的工作状况，需要对水工建筑物进行全面检查。为此，我们于2005年和2006年利用机组大修间隙，分别对1号和2号尾水隧洞混凝土衬砌的工作现状和混凝土质量进行了检测。此次检测依据《混凝土坝养护修理规程》（SL230－98）和《水工混凝土试验规程》（DL/T5150－2001）。

2　检测内容及方法

本次检测中使用了从国外引进的先进检测设备，包括：SIR－2000型探地雷达、GECOR 8钢筋锈蚀仪、PROFOMETER 5 Modell SCANLOG 钢筋定位仪、数显回弹仪、超声波仪等。检测项目包括：

（1）混凝土质量普查　调查裂缝的形式、宽度、长度、发生的部位和分布情况以及其他混凝土缺陷（蜂窝、麻面、错台、漏水点等）。由于衬砌混凝土的裂缝严重，对引水隧洞的运行影响较大，为此，检测首先对衬砌混凝土的裂缝进行了详细的普查，包括裂缝的宽度、长度及分布等；其次，选择典型的有代表性的裂缝，用超声波测试混凝土裂缝深度，基本原理是利用超声波绕过裂缝末端的传播时间来计算裂缝的深度。

（2）混凝土强度的检测　混凝土强度的检测采用无损检测，无损检测是指在不破坏原混凝土结构的前提下，采用仪器设备对混凝土强度作出正确的判断，常用的无损检测混凝土强度的方法有回弹法、超声波法、超声回弹综合法、表面波法和拔出法等。我们依据《水工混凝土试验规程》（DL/T5150—2001）的有关规定，采用回弹法对尾水隧洞衬砌混凝土的强度进行了大面积的检测。

（3）混凝土碳化深度的检测　混凝土的碳化过程是指大气中的 CO_2 在一定的湿度和温度条件下与水泥水化产物中 $Ca(OH)_2$ 反应生成 $CaCO_3$，使混凝土碱度下降的过程，混凝土被完全碳化后，pH 值为 9。当碳化作用使得钢筋周边混凝土的 PH 值约等于 11.5 左右时，钢筋表面的钝化膜就会被破坏，钢筋将产生电化学反应生成 $Fe(OH)_3$，导致钢筋锈蚀。混凝土碳化测试方法按照《普通混凝土长期性能和耐久性能试验》（GBJ-82-85）有关规定进行。

（4）钢筋锈蚀状态的检测　混凝土结构物中的钢筋锈蚀，实际上是钢筋电化学反应的结果。钢筋锈蚀将使混凝土握裹力和钢筋有效截面积下降，而且钢筋生锈后，其锈蚀产物的体积可比原来增长 2~4 倍，从而在其周围的混凝土中产生膨胀应力，最终导致钢筋保护层混凝土开裂、剥落，从而降低结构的承载能力和稳定性，影响结构的安全。导致钢筋产生锈蚀的原因主要有以下两方面：一是混凝土碳化深度已超过了混凝土保护层的厚度；二是 Cl^- 等酸性离子的侵蚀作用。钢筋锈蚀的检测是按照《水工混凝土试验规程》（DL/T5150-2001）中有关混凝土中钢筋半电池电位方法，采用钢筋锈蚀测量仪进行测量。其基本原理是：混凝土中钢筋半电池电位是测点处钢筋表面微阳极和微阴极的混合电位。当构件中钢筋表面阴极极化性能变化不大时，钢筋半电池电位主要决定于阳极性状：阳极钝化，电位偏正；活化，电位偏负。

（5）混凝土钢筋保护层厚度的检测　混凝土钢筋保护层厚度对钢筋的防护和保证钢筋与混凝土之间的粘接力具有重要意义，其大小可通过专用设备进行无损检测。检测中使用的是瑞士 PROCEQ 公司的 PROFOMETER 5 Modell SCANLOG 型钢筋定位仪。通过多功能探头、扫描车和处理单元等，可测量结构或构件的保护层厚度、钢筋直径、钢筋网分布和区域钢筋保护层分布等，最大探测深度为 15 cm。

（6）尾水隧洞衬砌混凝土内部缺陷探地雷达检测　混凝土内部缺陷检测采用美国地球物理勘探仪器设备公司（GSSI 公司）生产的 SIR-2000 型探地雷达仪，根据探测目的及尾水隧洞衬砌混凝土的实际情况，分别选用了 400 MHz 和 900 MHz 天线，部分测线进行了两种天线的对比试验，采用连续测量工作方式，每 2 m 打一测量标记，现场进行了数据采集参数选取的试验工作，确定了增益、滤波等参数，确定每秒钟扫描次数为 64 次，400 MHz 天线采集窗口长度为 50 ns（纳秒）和 60 ns，带通滤波为 100~1 000 MHz；900 MHz 天线采集窗口长度为 30 ns，带通滤波为 300~1 800 MHz，采用 4 点增益自动调整。

3 检测结果

3.1 1号尾水隧洞的检测结果

从普查结果来看,1号尾水隧洞混凝土外观质量较好,普查共发现62条裂缝,其中有19条裂缝宽度大于或等于0.2 mm,宽度大于0.2 mm大部分裂缝的深度较深,有些裂缝已贯穿衬砌,且大部分存在渗漏,对隧洞钢筋混凝土构成了一定的危害,需要进行灌浆处理。环向裂缝28条,纵向裂缝34条,裂缝总长700 m左右。

1号尾水隧洞衬砌混凝土强度的离散性较大,但混凝土强度均大于25 MPa。1号尾水隧洞混凝土碳化程度较轻,平均碳化深度小于3 mm,远远小于混凝土实际保护层厚度,因此,目前混凝土的碳化不会对混凝土内的钢筋构成危害。钢筋锈蚀检测结果表明,目前1号尾水隧洞混凝土衬砌钢筋处于未锈蚀状态,对建筑物尚不构成危害。

由探地雷达检测结果可知,混凝土衬砌厚度不均匀,基本上都大于设计厚度,大部分测线的隧洞围岩存在超挖现象;部分测线存在富水区;钢筋保护层厚度不均匀,部分伸缩缝附近的钢筋保护层厚度相差较大,钢筋保护层厚度基本上都大于设计厚度;混凝土浇筑比较均匀,质量较好,在测线范围内没有发现混凝土不密实和脱空的现象。

3.2 2号尾水隧洞的检测结果

2号尾水隧洞混凝土外观质量较好,普查共发现环向裂缝38条,纵向裂缝80条,裂缝总长1 200 m左右。环向裂缝长626.12 m,宽度在0.2~0.8 mm之间,宽度在0.5 mm左右;宽度大于0.2 mm的纵向裂缝共47条,总长为337.08 m,裂缝深度较深,部分已贯穿衬砌。环向裂缝大部分出现在两条伸缩缝中间,纵向裂缝主要分布在左、右侧腰部附近、底部及顶拱位置。

2号尾水隧洞混凝土强度的平均值为29.82 MPa,标准差为3.45 MPa,变异系数为0.12,检测结果表明衬砌混凝土强度满足设计要求,混凝土施工质量较好。混凝土衬砌的碳化深度不严重,平均碳化深度小于3 mm,远远小于混凝土实际保护层厚度。钢筋锈蚀检测结果表明2号尾水隧洞混凝土衬砌钢筋处于未锈蚀状态。

探地雷达和钢筋定位仪检测结果表明,混凝土衬砌厚度不均匀,基本上都大于设计厚度50 cm,最大值达到150 cm。大部分测线的隧洞围岩存在超挖现象,钢筋保护层的厚度不均匀,特别是在伸缩缝附近的钢筋保护层厚度相差较大。探地雷达检测表明,除顶拱测线部分存在富水区及钢筋保护层厚度不均匀外,在测线范围内没有发现混凝土不密实和脱空的现象,表明混凝土浇筑比较均匀,质量较好。

上述检测结果为下一步对尾水隧洞的质量评估和局部缺陷处理提供了科学依据。

4 1号、2号尾水隧洞裂缝处理

通过对1号、2号尾水隧洞的无损检测结果表明,在运行十年后,衬砌混凝土的强度满足设计要求,混凝土碳化较浅,钢筋未锈蚀,混凝土内部无明显的脱空现象,目前衬砌混凝土的主要缺陷是混凝土的纵向裂缝和环向裂缝,裂缝的存在直接威胁着混凝土内部的钢筋锈蚀,对尾水隧洞结构的耐久性极为不利。根据《混凝土坝养护修理规程》(SL230-98),按钢筋混凝土结构耐久性要求,需要对这些裂缝进行处理。

4.1 裂缝处理方案及主要材料性能

1号、2号尾水隧洞环向裂缝基本上位于两条伸缩缝中部,纵向裂缝大部分位于洞顶及下部两侧。经过研究,对裂缝的处理方法采用内部进行化学灌浆及表面封闭的综合处理方案,该方案可以在裂缝内部的钢筋周围形成保护层,防止内外水沿裂缝渗漏,同时对裂缝处的混凝土进行补强加固。

化学灌浆材料采用水溶性聚氨酯,该材料是一种在防水工程中普遍使用的灌浆材料,其固结体具有遇水膨胀的特性,具有较好的弹性止水,以及吸水后膨胀止水的双重止水功能,尤其适用于变形缝的漏水处理。针对现场裂缝分布情况,对以防渗为主的环向裂缝采用的灌浆材料的主要性能指标见表1。

表1 水溶性聚氨酯化学灌浆材料主要性能指标

试验项目	技术要求	实测值
黏度(25℃,MPa·s)	40~70	45
凝胶时间(min) 浆液:水=100:3	≤20	7.7
粘接强度(MPa)(干燥)	≥2.0	2.6

裂缝内部化学灌浆完成2~3 d以后,在裂缝表面采用PCS-3型柔性防水材料进行封闭,PCS-3型柔性防水材料的耐水性和抗冲刷效果好,与混凝土之间的黏结强度可达3 MPa以上。

4.2 裂缝化学灌浆施工工艺

本次灌浆采用高压化学灌浆技术,该灌浆技术需要使用专用高压设备和专用的灌浆嘴。避免了开槽破坏混凝土的弊病,施工速度快,灌浆效果好。具体工艺为:沿混凝土裂缝两侧打斜孔与缝面相交,混凝土表面孔距裂缝10 cm左右,孔距为0.3~0.5 m(视裂缝宽度而定),孔深距表面20 cm以上。灌浆孔造好后,清孔。在已洗好的灌浆孔装上专用的高压灌浆嘴(只能进浆,不能出浆),将灌浆嘴打入斜孔内,进行高压灌浆,灌浆压力要分级施加,以0.2 MPa为一级,在某级灌压下,若吸浆量小于0.05 ml/min时,升压一次,直至达到最高灌浆压力,采用的最高灌浆压力如下:

当裂缝宽度≥0.5 mm,灌浆压力8~10 MPa;

当裂缝宽度<0.5 mm,灌浆压力8~14 MPa。

灌浆结束标准,当所灌孔附近的裂缝出浆且出浆浓度与进浆浓度相当时,结束灌浆。

在灌浆过程中,首先是灌浆孔附近的裂缝出气、出水,随后出稀浆,最后才出浓浆。每孔平均灌浆时间约20 min。如果两孔之间的裂缝渗水,需要在两孔之间补孔灌浆。每条缝的灌浆过程要连续进行,灌浆时要认真做好灌浆记录。灌浆结束,待凝三天后,将灌浆嘴打入孔内,然后用快速砂浆将孔压实抹平。沿灌浆缝的混凝土表面打磨,打磨宽度15 cm,清洗表面后涂刷两遍PCS-3柔性防水涂料,厚度为1 mm以上,由于洞内较潮湿,要求养护4 d以上才能通水。

5 结语

十三陵抽水蓄能电站尾水隧洞进出要从较小的进人孔出入,洞内环境条件较差,我们在检测中采用了先进的无损检测设备,设备体积小,检测速度快。通过全面检测,对发电尾水隧洞工作状况有了全面的了解,发现了衬砌混凝土出现的裂缝是影响隧洞安全运行的主要因素,检测结果对下一步缺陷处理提供了可靠依据。

实践证明,混凝土裂缝处理采用内部化学灌浆,表面封闭的综合方案是可行的,裂缝灌浆采用先进的快速高压灌浆技术,在短时间内完成了对重点裂缝的处理,并在现场随机取样进行了压水试验,均满足设计要求。通过运行两年后的检查证明,采用高压灌浆技术处理后的裂缝止水效果很好,较常规的灌浆工艺施工速度快,因此,这种高压灌浆工艺值得推广。

参考文献

[1] 孙志恒 鲁一晖 岳跃真 《水工混凝土建筑物的检测、评估与缺陷修补工程应用》 中国水利水电出版社 2004.1

三峡工程水工建筑物维护检修初探

范进勇　徐新田

（三峡水力发电厂机械水工部）

摘　要： 水工建筑物的安全运行是大坝发挥其功效和实现发电效益的基础。在三峡工程初期运行期，逐步对各水工建筑物开展了维护检修工作，及时消除了缺陷，确保了水工建筑物的安全运行。但由于工程投入运行的时间不长，维护检修方式也正处于探索阶段，在已进行的维护检修过程中逐渐暴露出一些需要解决的问题，需尽快对一些特殊部位的检修手段和方式、检修周期等进行研究。

关键词： 三峡工程　水工建筑物　维护检修

1　工程概况

长江三峡水利枢纽工程（以下简称"三峡工程"）是开发和治理长江的关键性骨干工程，包括大坝、水电站厂房、通航建筑物和茅坪溪防护大坝等建筑物，是一个具有防洪、发电、航运、供水等巨大效益的综合水利枢纽。

枢纽建筑物布置的总体格局为：泄洪坝段位于河床中部，两侧分别为左岸厂房坝段、右岸厂房坝段及左右两侧的非溢流坝段，电站厂房分列在左、右岸厂房坝段后，通航建筑物布置在左岸，茅坪溪防护大坝布置在右岸，并在右岸预留了地下电站。

三峡工程大坝为混凝土重力坝，坝顶长度 2 309.5 m，坝顶高程 185 m。泄洪坝段设有 22 个溢流表孔、23 个泄洪深孔和 22 个导流底孔，为工程建设期和运行时的主要泄洪设施，其中导流底孔已于 2007 年汛前全部封堵完毕。此外，还设置了 3 个排漂孔、7 个排沙孔，除完成排漂和排沙任务外，在特殊情况下还参与泄洪。

三峡工程电站厂房为坝后式厂房，由上游副厂房、主厂房、下游副厂房及尾水渠等建筑物组成，共安装 26 台单机容量为 700 MW 的水轮发电机组。电站引水压力管道采用单机单管引水方式。

2　工程建设期混凝土缺陷处理概述

2.1　工程建设期混凝土缺陷的处理

三峡工程的建设始终把质量放在第一位。从工程建设初期开始，就建立了各级质量保证体系和规章制度，并在建设过程中不断得到充实和完善。在工程施工过程中，严格进行质量监控和管理，努力确保混凝土的施工质量。但由于工程规模巨大，各类技术条件复杂，且受到多种因素的影响和条件制约，特别是施工过程中由于自然、人为等因素的影响，不可避免地出现了一些质量缺陷。本着"不留隐患"的原则，在业主的精心组织下，进行了大规模全面细致的混凝土质量检查和缺陷处理。

在缺陷处理过程中,及时明确处理的方法和标准,充分利用已有成熟经验的材料和工艺,并力争在全工地同类型缺陷尽量统一标准、材料和处理方法,从而最终形成了一套统一的标准,如《三峡工程混凝土裂缝评判和处理规定》、《三峡工程混凝土缺陷检查及处理规定》等。

同时,严格缺陷处理程序。首先,由监理组织参建各方对各部位进行全面细致地检查,确定缺陷部位和类型,并对缺陷进行素描。然后,按照设计标准和要求,选定部位进行材料和工艺性试验,以确定合适的修补材料和施工工艺。在大面积处理开始前,还须确定样板部位。最后,组织人员和材料进场开展处理工作。

在处理实施时,加强了对施工过程全方位的质量监控。在原材料方面,所有的缺陷处理材料均经过认真地调查、室内和现场试验比选,每批产品均须提供产品质量合格证书,并严格抽样检测;对材料进行现场工艺性试验,使生产工艺达到现场实际操作的标准和要求。在人员方面,对从事修补工作的监理、施工技术人员和工人进行修补工艺技术交底,并进行现场操作培训,取得合格证后方能上岗作业。在工艺控制方面,按照标准和要求,制定了规范的工序检查和验收表,确定了关键工序验收制度,上一道工序验收合格后才能进入下一道工序。在修补过程中,实行全过程旁站监理。修补完成后及时跟进养护,同时对修补面进行一定数量的现场取芯、拉拔检测和分析,并进行整体验收。

2.2 缺陷处理典型实例——三峡工程导流底孔过流面缺陷处理

三峡工程导流底孔位于泄洪坝段最底部,共有22个,承担着三峡三期工程导流及围堰发电期泄洪的重要任务。导流底孔为有压管接明流泄槽和出口挑坎的结构形式,宽6 m,长110 m,为跨横缝布置,过水断面四周采用厚1 m 的 $R_{28}400S10$ 抗冲磨混凝土。在库水位高程135 m 运行时,导流底孔有压段出口流速达33 m/s 以上,高速水流携带的悬移质和推移质将对过流面产生撞击、摩擦,在冲磨破坏严重时,会进一步诱发气蚀破坏。因此,对其施工质量要求很高,对出现的错台、砂线、气泡、渗水点、蜂窝麻面、裂缝等缺陷必须经过精心修补和严格处理。

设计要求的修补原则及标准:①不允许有垂直升坎或跌坎,不平整高度(以1 m 直尺测量)不大于5 mm;顺流向坡度不陡于1:30,垂直流向不陡于1:10,对难以满足上述标准的部位,采取高磨、低补的方法处理。②修补材料的性能指标要求不低于表面抗冲磨混凝土原设计指标。

具体处理措施为:对错台、挂帘主要采取打磨方式,打磨后表面涂刷一层环氧胶泥。对蜂窝麻面分类处理,即对深度≥5 mm 的蜂窝麻面,凿除后回填环氧砂浆;对深度≤5 mm 的蜂窝麻面,打磨后表面涂一层环氧胶泥。对渗水点(缝面)的处理为,先在周边布置钻孔进行压水检查,查清架空范围,再采取灌注水泥浆处理。对直径>2 mm 的气泡,用小钢钎凿开,分层回填环氧胶泥;对直径<2 mm 的气泡,表面涂刷环氧胶泥;对气泡直径和深度均>5 mm 且数量多的密集区域,指定范围后按麻面进行处理。对过流面裂缝的处理,根据缝宽δ将裂缝分为三类,即δ<0.1 mm 为 A 类裂缝,0.1 mm≤δ<0.2 mm 为 B 类裂缝,δ≥0.2 mm 为 C 类裂缝。对 A 类裂缝采用表面清理干净后,表面刮环氧胶泥或涂环氧基液;B 类裂缝处理方法是凿宽80 mm、深25～30 mm 的矩形槽,长度按缝长两端各加30 cm,然后用环氧砂浆嵌填,再在表面满刮环氧胶泥;C 类裂缝采取化学灌浆的方法进行处理。对面积大于0.5 m² 的

修补面的处理,则采取在布置锚杆的结构措施后,分层回填环氧砂浆。

导流底孔过流面的修补质量,通过大量的检测试验和二期基坑进水前两年的酷暑寒冬考验,证明所选修补材料和工艺均满足要求。

从2002年9月导流底孔首次开启运行,至2007年汛前导流底孔全部封堵完毕,导流底孔过流运行共计约11 900 h。其间,曾进行过两次全面检查,除局部极其少量的微小破损和裂缝外,导流底孔过流面均保持完好。运行实践再次证明,导流底孔的缺陷处理是成功的,修补质量经过了运行的考验。

2.3 工程建设期混凝土缺陷处理经验对运行后维护检修的启示

三峡工程建设期混凝土缺陷处理,进行过大量的试验,涉及到许多材料和新技术、新设备,有一套成熟的施工工艺和经验,对混凝土缺陷预防、缺陷的检测和处理、缺陷的消除等方面都有很好的借鉴意义。其成功的实践经验,不仅消除了水工建筑物投入运行时的隐患,而且为工程运行期水工建筑物的维护检修提供了有益的参考,至少有以下几个方面:

(1)在缺陷处理过程中,通过试验和生产实践论证,找到了很多适合三峡工程混凝土缺陷修补的材料和施工工艺,也总结了一些成熟的缺陷处理方法和经验。因此,在维护检修时,应尽量采取已在三峡工程中成功运用的成熟的材料、技术和施工工艺。

(2)在水工建筑物的运行过程中,不可避免地会产生各种各样的缺陷,但只要认真对待,经过全面细致地检查、客观分析原因,选择合适的修补材料和施工工艺,并进行严格处理,最终可以保证缺陷处理的质量,从而使得最后的混凝土质量达到较为完善的程度。

(3)混凝土缺陷处理力争一次性成功,同时应尽可能地不扰动或少扰动老混凝土,更不能产生新的缺陷。

(4)应该确保缺陷处理在设备、人力等资源上的投入,尤其是一定要有经验丰富的技术人员和施工人员,并在处理工作开展前对施工人员进行足够的技术培训和指导。

(5)缺陷处理过程应严格按标准要求、工序及程序规范操作,并加强施工全过程的质量控制和监督。

(6)在保持原来好的经验、材料、标准及施工工艺、处理程序等基础上,应力求使用一些新的材料、工艺和技术,使得维护检修工作既能保证高质量,又能操作简单、方便、快速,并尽可能减少不利因素的影响,节省人力、时间。但要注意,新引进的材料应进行现场工艺性试验,满足相应的标准和要求,并确定合适的施工工艺。

3 工程运行初期水工建筑物的维护检修

2006年10月,三峡水库蓄水至156 m高程,三峡工程进入初期运行期。从2002年5月三峡二期基坑进水,大坝开始挡水以来,三峡工程各部位水工建筑物陆续投入运行,同时,也开始对部分水工建筑物特别是泄水建筑物逐步开展维护检修工作。

迄今为止,在枯水期,已连续进行过三个年度的水工建筑物维护检修工作。由于三峡工程各水工建筑物投入运行的时间不长,投入运行前又经过了严格的尾工处理,因此未发现重大的缺陷。维护检修工作还处于探索阶段,目前主要是在消除小缺陷的基础上,重点是对泄水设施等重要建筑物进行防护处理。下面简单地介绍近几年对三峡工程泄水建筑物的维护检修情况。

3.1 缺陷类型

泄水建筑物一般出现的缺陷有:①气泡;②局部破损;③渗水施工缝;④裂缝。此外,由于高速水流的冲刷,一些部位有表面刮痕和混凝土表面颗粒松动的现象。

3.2 缺陷处理的一般步骤和原则

缺陷处理的一般步骤为:进行缺陷普查并绘图—确定修补方法和修补材料,包括修补材料检验—进行基面处理和验收—修补施工,包括各工序验收—整体验收。

处理的一般原则是:对过流面相对较差的部位尽量进行防护处理;尽量少损坏混凝土母体;保证过流面平顺。

3.3 修补方法和材料的确定

(1)气泡:根据气泡的大小和密集程度,点刮或满刮环氧胶泥。

(2)局部破损:一般采取沿破损面边缘切成规则形状并凿除后,分层嵌填环氧砂浆,表面再刮环氧胶泥防护。

(3)渗水施工缝:采用沿缝切槽埋管后封缝进行灌浆的方法处理,表面涂刮环氧胶泥进行防护。

(4)裂缝:经检查,一般为宽度 <0.1 mm 的细缝。对有湿痕且析钙的裂缝,一般骑缝贴嘴灌注化学浆材补强后,表面刮环氧胶泥处理;对浅表层干缝,一般沿缝两侧各 10 cm 和缝端各 50 cm 满刮环氧胶泥处理,以防止水的浸入。

(5)混凝土表面冲刷部位的处理:确定处理范围后,一般对其进行满刮环氧胶泥防护。

3.4 施工工艺和质量控制

(1)环氧胶泥施工

①基面处理:清除混凝土表面松散表皮和松动颗粒(对气泡扩孔并清理),将基面清理冲洗干净后,烘干或自然风干基面。

②涂刮:先用环氧胶泥把混凝土基面上的孔洞填补密实,固化后进行胶泥涂刮,分两次或多次进行,来回刮和挤压,将修补气泡内气体排尽,以保证孔内充填密实及胶泥与混凝土面粘接牢靠。修补后胶泥面应光洁平整,表面不能有刮痕。

③养护:进行保温养护,温度控制在 20±5℃,养护期 5~7 d,在养护期内不得受水浸泡和外力冲击。

④质量检查:一般进行外观检查,以不出现胶泥起泡为合格。

(2)环氧砂浆施工

①环氧砂浆力学指标:抗压强度≥60 MPa;与混凝土面黏结强度≥2 MPa。

②环氧砂浆的修补厚度应≥5 mm。因此,在破损部位修补环氧砂浆时一般要求凿除深度 >5 mm。

③为保证黏结质量,对修补混凝土面进行清理,达到清洁、干燥的标准。

④为使混凝土面与环氧砂浆保持良好的黏结力,需先涂刷一薄层环氧基液,用手触摸有显著的拉丝现象时(约 30 min)再填补环氧砂浆。

⑤在修补立面时,特别要注意上部砂浆与混凝土的结合,以防止脱空。

⑥当修补厚度超过 20 mm 时,应分层涂抹,每层厚度为 10～15 mm,且一次涂抹的面积不宜过大。立面修补时,一次填补的高度不宜超过 50 cm。

⑦修补完成后的养护,温度控制在 20±5℃,养护期 5～7 d,在养护期注意保温和防晒,并不得有水浸泡或其他冲击。

⑧质量检查:修补完成 7 d 后,用小锤轻击表面,声音清脆者为合格;若声音沙哑或有"咚咚"声音者,说明内部有结合不良好的现象,应凿除重补。

(3)过流面需灌浆裂缝的处理

采用骑缝贴嘴灌浆,由低向高、由一侧向另一侧逐孔灌注,当吸浆为 0 时屏浆 30 min 结束。灌浆完成 2 d 后,剥掉贴嘴材料进行表面涂刮环氧胶泥处理。

3.5 修补后的效果

经过一个汛期的运行后,对前一次的修补情况进行检查,发现修补后的效果明显,特别是有环氧胶泥保护的混凝土部位其冲刷磨损程度明显好于未刮环氧胶泥的部位。

3.6 小结

(1)在三峡工程泄洪建筑物(主要是泄洪深孔)投入运行后进行的第一个年度检修时,曾发现个别深孔局部部位有面积较大的破损(约 0.5 m²)、原修补部位环氧砂浆冲失等现象,且破损大都集中在分缝部位或侧墙接近底板的部位。经分析其原因,认为可能是在原来修补时,个别部位未按要求的工艺施工,在分缝部位修补时处理不当所造成,经重新修补处理后,运行效果良好。

(2)经过对三年的检查情况对比,在第一次检查时所发现的问题相对最多,这也说明了未按要求处理好的缺陷和薄弱部位是不会通过运行的考验的。同时,从另一方面看,在水工建筑物第一次运行后,一定要全面细致地予以检查,通过运行来检查修补的真正效果以及暴露出的质量较差部位,并认真进行再次处理,避免缺陷进一步扩大。

(3)随着三峡工程泄洪建筑物运行时间的增加,侧墙过流部位的冲刷磨损也会逐渐加大,特别是修补部位与周边混凝土面之间的平整度、表面的气泡等问题会越来越突出,因此,应尽早实施对主要泄洪建筑物侧墙的防护处理。

(4)近几年三峡工程水工建筑物的维护检修工作基本上遵循了建设期缺陷处理的方式,缺陷处理标准、材料和施工工艺也相同。从实践上看,满足了修补质量和防护要求,取得了良好的效果。

4 值得探讨的几个问题

在三峡工程水工建筑物近几年的维护检修过程中,逐渐暴露出了一些需要进一步研究解决的问题,很多问题现在还处于探索阶段,需要进行细化和规范,形成一整套维护检修方案,从而指导维护检修工作。

(1)一些特殊部位的检修手段和方式问题。三峡工程规模巨大,包含各种形式的水工结构,对不同水工建筑结构维护检修时所采取的手段和方式,将直接影响着维护检修的质量、安全和效率。例如,泄洪深孔位于泄洪坝段三层孔口的中间一层,是三峡工程最重要的泄水设施,每年运用时间长,启闭操作频繁,运用水头高,水位变幅大,最大流速超过 35 m/s,其底板坡度为1:4,长约80 m。万一该部位发生局部破损等缺陷,使用何种手段和方式对缺陷进行及时有效的处理,特别是侧墙较高部位缺陷的处理,值得研究。又如,电站机组压力引水钢管,每条钢管轴线总长122.8 m,其坝坡斜直段部分平行于1:0.72的下游坝坡,对压力钢管进行检查十分困难,因此,对该部位也应研究有效的检查手段。

（2）水工建筑物检修周期的问题。譬如,三峡工程过流设施众多,如26台机组的进水口、各泄洪设施的进口部位、机组尾水管等,除泄洪深孔、溢流表孔和排漂孔工作门以下过流道常年可见外,其他过流设施均在水下,因此,应制定合理的检修周期,根据实际情况进行维护检修工作。

（3）水下检查的问题。三峡水库枯季消落水位155 m,进水口部位最小水深都大于40 m,采取什么方式和手段对水下结构进行检查,对发现的问题进行处理,也是要研究的问题。

（4）新材料、新设备和新工艺的引进问题。随着材料及设备水平不断地发展,三峡工程水工建筑物的维护检修也应该不断引进新材料和新设备,以及相适应的施工工艺,使得修补工作保质、高效和环保。

5 结语

三峡工程水工建筑物在建设期进行了卓有成效的混凝土缺陷处理,尽量不给工程运行留下任何质量隐患,其缺陷处理标准、方式、材料和工艺的成功实践和经验,指导了水工建筑物投入运行后的维护检修工作,并已成功实施了枯水季的维护检修,保证了工程的安全正常运行。但随着水工建筑物运行时间的增长、投入运行的水工建筑物数量增多以及在已进行的维护检修工作中所发现的问题,我们必须尽快对一些特殊部位水工结构的维护检修手段、方式方法及周期等进行研究。

漳泽水库溢洪道工程检测与缺陷处理

王国秉[1]　任建营[2]　鲍志强[1]　李守辉[1]　夏世法[1]　甄　理[1]
（1. 中国水利水电科学研究院结构材料研究所 2. 山西省漳泽水库管理局）

摘　要：本文介绍了山西省漳泽水库溢洪道工程应用探地雷达等先进技术对混凝土底板的内部缺陷、密实性、裂缝性状、混凝土强度、碳化深度、钢筋锈蚀、混凝土抗冻性能等检测的主要成果，并对缺陷处理方案提出了建议。

关键词：溢洪道　工程检测　缺陷处理

1　工程概况

漳泽水库位于海河流域漳卫南运河水系山西省长治市北郊浊漳河南源干流，是一座以工业和城市供水、农田灌溉和防洪为主，兼顾养殖、旅游的大（Ⅱ）型水库工程。总库容4.127亿 m³，控制流域面积3 176 km²。水库的安全与否直接关系到下游长治市郊区、潞城市、襄垣县三个县市的人民生命财产安全问题。

漳泽水库大坝于1959年11月动工兴建，1960年4月竣工蓄水。"八五"期间进行了全面的除险加固改扩建。

大坝为均质土坝，全长2 514 m，最大坝高22.5 m。溢洪道位于大坝右端，闸室为胸墙式，设弧形钢闸门4孔，每孔尺寸为9.2×6.6 m，启闭设备为2×400 kN的油压启闭机。溢洪道由闸墩、闸室、底板、两侧边墙、一个二道堰及尾水挑流坎等结构组成，全长304 m，泄槽宽44 m，最大泄量2 100 m³/s。由于改建时溢洪道底板混凝土设计标号较低，经过十几年的运行，底板混凝土表面冻融剥蚀较严重，部分钢筋外露，泄槽底板局部裂缝也较严重，已对水库溢洪道的安全运行和耐久性构成一定危害。为全面了解目前溢洪道混凝土工程的缺陷和病害，2006年12月受山西省漳泽水库管理局的委托，对溢洪道工程进行了较全面的无损检测，旨在对漳泽水库溢洪道的工程质量进行整体评价，为根治缺陷的修补加固处理方案提供科学依据。

2　检测项目和方法

2.1　混凝土缺陷普查与裂缝检测

为了对溢洪道混凝土目前的外观质量状态有一个宏观的了解，需进行混凝土外观质量的普查，主要调查裂缝的形式、宽度、长度、发生的部位和分布情况，以及其他混凝土缺陷（剥蚀、蜂窝、麻面等）。裂缝宽度由读数显微镜测量，精度为0.01 mm。采用CTS-45型非金属超声波检测分析仪；按照《水工混凝土试验规程》（DL/T 5150-2001）中"超声波检测混凝土裂缝深度方法（平测法）"检测混凝土的裂缝深度。

190

2.2 混凝土强度检测

混凝土强度是衡量混凝土质量的一个重要参数,通过对混凝土强度的检测,可为正确评估混凝土结构物的安全和稳定提供可靠依据。本次混凝土强度的检测采用回弹法,应用的仪器为中型回弹仪,按《回弹法检测混凝土抗压强度技术规程》(JGJ/T 23 - 2001)有关规定进行。在此基础上,钻取适量典型的混凝土芯样,实测混凝土的抗压强度,以资复核。

2.3 混凝土碳化深度检测

混凝土的碳化是指混凝土的一种粉化、疏松现象。混凝土因水泥水化生成产物中存在 $Ca(OH)_2$ 呈现碱性,而钢筋混凝土中防止钢筋锈蚀的表层钝化膜只能在这种碱性环境下才能稳定存在。混凝土的碳化过程是指大气中的 CO_2 在一定的湿度和温度条件下与水泥水化产物中的 $Ca(OH)_2$ 反应生成 $CaCO_3$,使混凝土碱度下降的过程,混凝土完全碳化后,pH 值为 9。当碳化作用使得钢筋周边的 pH 值等于 11.5 左右时钢筋表面的钝化膜就会破坏,钢筋将产生电化学反应生成 $Fe(OH)_3$,导致钢筋锈蚀。一旦钢筋锈蚀,则将产生体积膨胀,当膨胀应力超过混凝土的抗拉强度时,混凝土将产生顺筋向裂缝,严重时会产生混凝土剥落从而危及混凝土结构的安全。

混凝土碳化测试方法按照《水工混凝土试验规程》(DL/T 5150 - 2001)有关规定进行。

2.4 钢筋锈蚀状态检测

混凝土结构物中的钢筋锈蚀,实际上是钢筋电化学反应的结果。导致钢筋产生锈蚀的原因主要有两方面:一是混凝土碳化深度已超过了混凝土保护层的厚度;二是 Cl^- 等酸性离子的侵蚀作用。

钢筋生锈后,其锈蚀产物的体积比原来增长 2~4 倍,在其周围的混凝土中产生膨胀应力,最终导致钢筋混凝土保护层开裂、剥落,从而降低结构的承载力和稳定性,影响结构的安全。钢筋锈蚀的检测按照《水工混凝土试验规程》(DL/T 5150 - 2001)有关混凝土中钢筋的半电池电位方法,采用目前国外最先进的 GECOR8 钢筋锈蚀测量仪进行,评估钢筋锈蚀区域的风险。

2.5 底板混凝土内部缺陷及基础脱空情况的探地雷达检测

本次检测选择了目前国内外技术最先进的探地雷达工作方法。该方法是基于目标物与周围介质电性存在较大差异的假设。利用探地雷达高频电磁脉冲波的反射原理来实现探测目的。

探地雷达电磁脉冲波的反射脉冲信号的强度不仅与传播介质的波吸收程度有关,而且也与被穿透介质界面的波反射系数有关,垂直界面入射的反射系数 R 的模值和幅角,可用下式表示:

$$|R| = \sqrt{(a^2 - b^2) + (2ab\sin\phi)(a^2 + b^2 + 2ab\cos\phi)}$$

$$ArgR = \phi = \tan^{-1}(\sigma_2/\omega\varepsilon_2) - \tan^{-1}(-\sigma_1/\omega\varepsilon_1)$$

式中: $a = \mu_2/\mu_1$, $b = \sqrt{\mu_2\varepsilon_2 \sqrt{1 + (\sigma_2/\omega\varepsilon_2)^2}}/\sqrt{\mu_1\varepsilon_1 \sqrt{1 + (\sigma_1/\omega\varepsilon_1)^2}}$

μ, ε, σ 分别为介质的导磁系数、相对介电常数和电导率,下角标 1 和 2 分别代表入射介质和透射介质。

从上式可看出,反射系数与界面两边介质的电磁性质和频率 $\omega = (2\pi f)$ 有关。

两边介质的电磁参数差别大者,反射系数也大,同样反射波的能量亦大。探地雷达利用主频为数十兆赫(MHz)至千兆赫波段的电磁波,以宽频带短脉冲形式,由地面通过天线发射器(T)发送至地下,经地下目的体或地层的界面反射后返回地面,为雷达天线接收器(R)所接受。当混凝土内部存在均质性的变化或某种缺陷(如空洞、松散体、异物等)时,雷达图像将呈现出异常变化。

本次检测采用美国地球物理勘探仪器设备公司(GSSI 公司)生产的 SIR - 2000 型探地雷达仪,根据探测目的,选用天线频率为 900 MHz、400 MHz,采用连续测量的工作方式。该仪器的特点是:系统高度集成化、数字化、操作菜单化,天线屏蔽干扰小,探测范围广,分辨率高,具有实时数据处理和信号增强的特点,可进行连续透视扫描,现场实时显示二维彩色图像,可应用于各类地下目的物及目的层的检测与探测。雷达探测透视扫描的所有记录数据,在现场转储在计算机硬盘上,对数据进行初步处理,室内用计算机进行详细处理。数据与资料的处理基本可分为两个阶段:一是对记录图像进行巡视,然后会诊、查证、确认标志层与异常,确定详细处理的有关参数和使用程序。二是用雷达专用软件 RADAN 3.0 V 和图像处理软件及我所自行开发编制的相应软件对现场采集的数据进行正式处理,打印出图。

2.6 混凝土抗冻性能检测

混凝土抗冻性是评定混凝土抗冻性能的重要指标,特别是在我国北部地处寒冷地区的水工建筑物,都要求混凝土具有较高的抗冻性。

为了了解目前溢洪道底板混凝土的抗冻性能,在现场采用 φ100 mm 钻机钻取 3 根长度大于 40 cm 的混凝土芯样,采用室内快速冻融法测试混凝土的抗冻性能,以确定混凝土的抗冻等级。

本次芯样抗冻性能的试验是采用日本产的快速冻融机进行测试,试验参照《水工混凝土试验规程》(DL/T 5150 - 2001)的有关规定进行。

3 检测主要成果与分析

3.1 混凝土缺陷普查与裂缝检测结果

此次普查对象主要是溢洪道底板混凝土,检测项目包括底板混凝土的裂缝分布,底板混凝土外观缺陷等描述。

普查结果表明,漳泽水库溢洪道混凝土底板90%以上面积存在冻融剥蚀破坏,最大剥蚀深度达到 10 cm,并且部分混凝土底板钢筋外露、锈蚀严重,钢筋截面积严重减小,在没有被冻融剥蚀破坏的混凝土底板普遍存在龟裂和裂缝,通过对混凝土底板质量普查,共发现 13 条较严重裂缝,具体裂缝情况详见表1。

表 1		溢洪道底板裂缝统计表		
序号	部位		裂缝长度（m）	最大裂缝宽度（mm）
1	左侧距闸墩 124 m 水平缝		22.7	0.9
2	距闸墩 119.5 ~ 145 m、左侧墙 15.2 m 处纵向贯穿缝		28.7	1.0
3	右侧距闸墩 125 m 水平缝		20.0	0.8
4	距闸墩 110 ~ 145 m、右侧墙 15.3 m 外纵向贯穿缝		39.7	1.0
5	距闸墩 155 ~ 160 m、左侧墙 4.0 处纵向缝		2.2	0.8
6	距闸墩 155 ~ 165 m、左侧墙 8.2 m 处纵向缝		4.9	1.1
7	距闸墩 158 ~ 162 m、右侧墙 26.4 m 处纵向缝		1.6	0.8
8	距闸墩 158 ~ 165 m、右侧墙 23.2 m 处纵向缝		8.1	0.7
9	距闸墩 157 ~ 158 m、左侧墙 16.9 m 处水平裂缝		3.6	0.9
10	距闸墩 152 ~ 165 m、右侧墙 9.5 m 处纵向缝		4.9	0.7
11	距闸墩 158 ~ 165 m、左侧墙 8.1 m 处纵向缝		1.5	0.6
12	距闸墩 160 ~ 165 m、左侧墙 6.4 m 处纵向缝		5.7	0.6
13	距闸墩 117 m、左侧墙 9.4 m 处水平裂缝		4.8	1.5

注：左侧、右侧指人面向溢洪道下游而规定的方位

为了了解裂缝的深度，对上述典型裂缝，用超声波仪进行了深度测量，测得裂缝平均深度为 18.4 ~ 24.5 cm，由于裂缝内含有杂物，实际裂缝深度应大于超声波检测值。

3.2 混凝土强度的检测结果

对溢洪道底板混凝土强度的检测主要采用回弹法进行，并取少量的混凝土芯样来实测混凝土的强度，对回弹推定混凝土强度进行复核。

此次对漳泽水库溢洪道底板回弹检测混凝土强度，主要集中在溢洪道下游，因上游靠近闸墩 100 m 范围内适合回弹检测的混凝土表面被冰覆盖无法进行检测。回弹前先将每个测区用砂轮将表面磨平整后进行回弹。每个测区弹 16 个测点，每个测区间隔 1 ~ 2 m。回弹法虽然被定为行业标准，但其检测精度还是受到一些客观因素的影响，如混凝土碳化层厚度、表面平整度、含水率等，因此不宜单独采用这种方法来确定混凝土强度，还必须钻取一定数量的混凝土芯样来对混凝土强度进行实测复核。但钻孔取芯会对建筑物造成损伤（特别是薄壁结构），所以不宜多取。钻孔取芯检测混凝土强度，无需进行某种物理量与强度之间的换算，普遍认为它是一种直观、可靠和准确的方法，被制定在水工混凝土试验规程中。此次在对溢洪道底板混凝土强度检测过程中，共钻取了 8 根混凝土芯样，其中选择了 1 号、2 号、3 号、7 号、8 号代表性芯样进行抗压强度的检测。

用回弹法检测推定的混凝土强度和钻孔取芯实测混凝土强度结果见表 2、表 3。

表2 溢洪道底板混凝土强度回弹检测结果统计表

桩号 (以闸墩为起始零)	回弹测区数	推定强度(MPa)		
		最大值	最小值	平均值
100～110 m	4	15.24	13.28	14.30
110～120 m	9	20.68	12.87	15.87
120～130 m	8	23.26	10.42	17.81
130～140 m	5	17.03	13.91	15.35
140～150 m	13	21.70	16.16	19.55
150～160 m	-	-	-	-
160～170 m	2	18.93	18.11	18.52
170～180 m	11	21.13	16.83	18.88
180～190 m	7	22.15	18.69	20.31
190～200 m	5	21.01	15.60	18.84
200～210 m	5	18.79	15.60	17.33
210～220 m	7	19.49	16.04	16.93

注:桩号0～100 m间的底板混凝土被冰覆盖,回弹检测无法进行。

表3 取芯实测混凝土强度结果

芯样编号	取芯位置	钻深(cm)	芯长(cm)	试件编号	抗压强度(MPa)	平均值(MPa)	描述
1	距闸墩14 m,距右边墙10 m	53	36	1	26.22	26.82	芯样密实无缺陷,浇筑层间断开。
				2	30.04		
				3	24.19		
2	距闸墩31 m,距右边墙10.7 m	53	38	1	21.90	28.60	芯样密实无缺陷,浇筑层间断开,上部8 cm有钢筋。
				2	32.33		
				3	31.57		
3	距闸墩32.8 m,距右边墙20 m	53	48	1	34.63	34.63	芯样上部不密实,10 cm,23 cm处有钢筋下部较好,只能出一块试件
7	距闸墩69 m,距左边墙19 m	34	34	1	24.44	24.27	芯样较密实,浇筑层间断开
				2	23.42		
				3	24.95		
8	距闸墩12.7 m,距左边墙20.5 m	53	38	1	21.39	25.21	芯样密实,无缺陷,浇筑层间断开
				2	27.75		
				3	26.48		

从表2、表3可以看出:回弹法推定混凝土强度结果低于钻孔取芯实测的混凝土强度值。

本次应用回弹法共检测76个测区,从表2底板混凝土回弹检测结果可以看出,底板混凝土推定强度值比较低,除了桩号180~190 m处附近的底板混凝土强度达到20 MPa,其余区域底板混凝土强度均未超过20 MPa。从回弹推定混凝土强度表中还可以看出,虽然回弹值偏小,但比较均匀,均在15 MPa左右。这说明混凝土质量非常均匀。造成回弹值偏小的原因是混凝土表面起皮、脱空、风化等所致。通过对回弹法检测混凝土的强度和取芯实测混凝土强度的分析,可以得知无论是采用哪种方法测得的混凝土强度其平均值均满足原设计混凝土150号的要求(回弹法推定强度平均值17.61 MPa,取芯实测混凝土强度平均值27.91 MPa)。

3.3 混凝土碳化深度的检测结果

本次混凝土碳化深度检测位置主要集中在闸墩后100~200 m范围进行,共检查38个测区(152测点),每个测区最少测3个点,然后取其平均值,测试结果见表4。

表4　　　　　　　　　　　　　碳化深度检测结果

序号	测试部位(距闸墩 m)	测点数	最大值(mm)	最小值(mm)	平均值(mm)
1	1	3	2.0	1.6	1.86
2	2.5	4	1.6	1.5	1.56
3	7	5	4.1	2.3	2.78
4	9	4	1.9	1.4	1.60
5	12	4	3.5	1.7	2.50
6	15	4	2.8	1.9	2.20
7	20	4	3.7	2.6	3.20
8	25	5	11.9	8.6	9.80
9	32	3	9.4	6.8	8.10
10	38	3	12.9	9.5	11.3
11	45	5	11.1	4.6	8.20
12	50	5	11.6	4.7	8.70
13	53	4	6.2	1.7	3.40
14	57	5	1.4	1.0	1.20
15	62	4	1.7	1.2	1.50
16	67	4	1.7	1.1	1.40
17	70	4	1.9	1.1	1.70
18	74	5	2.6	1.7	2.10
19	78	5	2.9	1.1	2.40
20	82	4	20.1	14.2	17.1
21	85	4	11.3	7.4	9.20
22	87	4	11.7	6.4	9.50

序号	测试部位（距闸墩 m）	测点数	最大值（mm）	最小值（mm）	平均值（mm）
23	90	4	21.7	13.8	16.8
24	95	3	27	24	26.3
25	96	5	17	11	14.2
26	97	4	17.9	10.2	13.8
27	101	4	15.1	7.2	11.2
28	106	4	7.8	4.2	5.4
29	109	3	3.6	3.4	3.5
30	112	3	21.7	14.6	18.1
31	119	3	14.8	13.2	14.2
32	123	4	8.7	7.4	7.9
33	128	4	10.2	4.5	7.0
34	135	4	11.1	6.8	8.2
35	141	4	18.8	10.7	13.2
36	150	5	17.9	14.2	14.9
37	153	4	10.0	7.3	9.1
38	155	3	6.4	5.2	5.8

从碳化深度检测结果看，目前溢洪道底板混凝土的碳化深度尚未超过混凝土保护层厚度（8 cm），最大值为 27 mm。虽然碳化深度测试结果差别较大，但可以认为是正常现象，因为混凝土的碳化深度与混凝土的浇筑质量、密实度、周围的环境有直接的关系，即使是同一个闸墩处于不同部位，它的碳化深度往往也是不一致的。

3.4 钢筋锈蚀检测结果

为了比较全面地了解混凝土钢筋的锈蚀状态，本次采用国外引进的最先进的钢筋锈蚀仪进行钢筋锈蚀检测，根据钢筋锈蚀的检测数据，综合评价钢筋锈蚀风险程度。现场详细检测结果见表 5~9。

表 5　0+45 m 钢筋锈蚀检测半电池电位值（单位：mv）

测点	1	2	3	4	5	6	7
1	−135	−135	−145	−134	−129	−122	−129
2	−134	−128	−124	−124	−132	−132	−126
3	−148	−142	−145	−149	−141	−146	−148
4	−152	−154	−157	−154	−153	−156	−158
5	−158	−142	−148	−146	−134	−146	−129
6	−171	−193	−182	−156	−135	−138	−130
7	−142	−130	−191	−171	−169	−153	−139

表6　　　　　　　0 + 50 m 钢筋锈蚀检测半电池电位值（单位:mv）

测点	1	2	3	4	5	6	7
1	-149	-138	-151	-134	-158	-147	-142
2	-150	-123	-158	-170	-186	-193	-190
3	-105	-134	-159	-166	-190	-109	-101
4	-143	-146	-145	-161	-198	-101	-187
5	-143	-160	-164	-166	-150	-185	-178

表7　　　　　　　0 + 120 m 钢筋锈蚀检测半电池电位值（单位:mv）

测点	1	2	3	4	5	6	7
1	-129	-125	-119	-119	-106	-196	-129
2	-112	-124	-103	-105	-100	-98	-124
3	-112	-109	-109	-109	-97	-102	-110
4	-113	-122	-108	-106	-102	-98	-120
5	-116	-102	-104	-103	-95	-97	-100
6	-114	-120	-121	-105	-109	-106	-127
7	-101	-102	-122	-102	-105	-113	-197

表8　　　　　　　0 + 125 m 钢筋锈蚀检测半电池电位值（单位:mv）

测点	1	2	3	4	5	6	7
1	-192	-191	-102	-163	-102	-175	-108
2	-182	-197	-193	-96	-193	-196	-109
3	-191	-195	-184	-102	-191	-193	-108
4	-185	-196	-165	-197	-195	-195	-105
5	-196	-195	-194	-161	-195	-191	-106

表9　　　　　　　0 + 145 m 钢筋锈蚀检测半电池电位值（单位:mv）

测点	1	2	3	4	5	6	7
1	-93	-91	-102	-99	-98	-92	-109
2	-103	-123	-122	-104	-97	-120	-113
3	-108	-102	-102	-92	-90	-93	-115
4	-98	-99	-98	-99	-92	-94	-117
5	-98	-93	-93	-101	-98	-99	-119
6	-100	-97	-96	-102	-94	-98	-103
7	-99	-102	-112	-109	-99	-104	-108

从表 5～9 钢筋锈蚀检测结果可知,所有检测区域各个测点的半电池电位值都正向大于 −200 mv,因此所有检测区域的钢筋混凝土中的钢筋发生锈蚀的概率小于 10%,混凝土底板中的钢筋目前尚处于未锈蚀状态。

3.5 混凝土内部缺陷的雷达检测结果

探地雷达通过连续发射电磁波可对混凝土进行连续扫描,可探测混凝土的厚度、浇筑的均匀性,内部有无较大的空洞、不密实等缺陷以及与基础脱空情况,从而可比较全面地反映探测区域的混凝土质量。

根据现场情况,在溢洪道底板左、中、右位置,沿水流方向共布置了 3 条探地雷达测线,测线总长 435 m。

根据探测目的及溢洪道底板混凝土的实际情况,分别选用了 400 MHz 和 900 MHz 天线,部分测线进行了两种天线的对比试验,采用连续测量工作方式,每 2 m 打一测量标记,现场进行了数据采集参数选取的试验工作,确定了增益、滤波等参数,确定每秒钟扫描次数为 64 次,400 MHz 天线采集窗口长度为 50 ns 和 60 ns,带通滤波为 100～1 000 MHz;900 MHz 天线采集窗口长度为 30 ns,带通滤波为 300～1 800 MHz,采用 4 点增益自动调整。

由探地雷达检测结果可知,3 条测线上混凝土底板厚度均匀,但钢筋保护层厚度存在局部不均匀的现象;混凝土浇筑比较均匀,质量较好,在测线范围内没有发现混凝土不密实和脱空的现象;基础局部材料存在不均匀,但没有发现脱空现象,测线范围内混凝土底板基础基本密实不脱空。

3.6 混凝土抗冻等级检测结果

本次混凝土抗冻性能的试验是从底板钻取的混凝土芯样中,选取了 3 根外观密实、表面无缺陷的芯样进行室内试验的。首先在试验室中将芯样加工成 40 cm 长的试件,泡水 4 d 后放入快速冻融试验机内,进行抗冻试验,每 25 个冻融循环对试件进行一次检测。

抗冻试验参照《水工混凝土试验规程》(DL/T 5150 − 2001)进行,规范中规定:混凝土中心冻融温度 −18 ±2℃ ～5 ±2℃,一个冻融循环过程耗时 3～4 h。当试件相对动弹性模量降至 60% 或质量损失率达到 5% 时,认为混凝土已经被破坏,结束试验。从试验结果看,所取芯样试件均不能达到抗冻等级 F50。芯样抗冻试验结果见表 10。

表 10 芯样抗冻试验结果

试件编号	取样部位	相对动弹性模数(%)/质量损失率(%)		抗冻等级
		25 次	50 次	
4	距闸墩 27 m,左边墙 5.4 m	61.2/0.40	试件破坏	< F50
5	距闸墩 74 m,右边墙 14.6 m	67.9/0.26	53.6/0.46	< F50
6	距闸墩 95 m,右边墙 13 m	70.7/0.26	44.8/0.53	< F50

4 结语

(1)目前漳泽水库大坝溢洪道底板剥蚀严重,骨料外露,剥蚀最深处为 10 cm,剥蚀面积约达 90%。共发现较严重裂缝 13 条,裂缝最宽达 1.5 mm,累计长度 148.4 m。

(2)混凝土剥蚀处钢筋外露,严重锈蚀,径缩达 1/2。在混凝土内部的钢筋,由锈蚀检测结果可知,目前钢筋处于未锈蚀状态,对建筑物尚不构成危害。

(3)目前混凝土碳化深度未超过混凝土保护层厚度,最深处约 2 cm,尚不严重。

(4)目前溢洪道底板混凝土无论用回弹检测还是钻孔取芯实测混凝土强度均能满足设计要求≥15 MPa,但混凝土抗冻等级很低,均小于 F50,不具备抗冻性。

(5)由探地雷达检测结果可知,混凝土底板厚度均匀,钢筋保护层厚度存在局部不均匀的现象;混凝土浇筑比较均匀,质量较好,在测线范围内没有发现混凝土不密实和脱空的现象。

(6)从检测结果可知,目前溢洪道混凝土底板剥蚀严重,剥蚀深度已超过了钢筋保护层的厚度,外露钢筋锈蚀严重。造成混凝土剥蚀的主要原因是冻融破坏所致,虽然混凝土的抗压强度满足设计要求,但其抗冻性能很差,不能满足寒冷气候条件下对溢洪道混凝土的抗冻要求。

根据《水工混凝土结构设计规范》(SL/T 191-96)中规定:对于流速小于 25 m/s 的溢洪道、输水洞、引水系统的过水面,根据气候分区寒冷地区年冻融循环次数(次)≥100、<100次,混凝土抗冻等级应为 F200 和 F150。因此,应尽快对溢洪道底板进行补强加固处理,建议在现有的混凝土表面加铺一层 10~15 cm 厚的抗冻、抗冲磨的聚合物混凝土,以彻底解决溢洪道底板冻融剥蚀问题。此外,对较严重的裂缝建议进行化学灌浆补强处理;对外露剥蚀钢筋应进行除锈防护或局部置换。

北京上庄拦河闸水利枢纽检测与安全评估

甄　理[1]　熊祥兵[1]　于凌云[2]　王进玉[3]　李卫国[4]　吴春中[5]
（1.中国水利水电科学研究院结构材料研究所 2.中国水利水电水电十二工程局
3.龙羊峡水电站发电分公司 4.潘家口引滦工程管理局 5.水利部海河水利委员会）

摘　要：本文介绍了上庄水库拦河闸出现了诸如混凝土裂缝、冻融剥蚀、渗漏、冲磨剥蚀、钢筋锈蚀等病害、老化现象。通过全面检测，确定病害的原因、程度，最终提出了该闸的安全评估结论。

关键词：检测　安全评估

1　工程概况

上庄水库拦河闸位于北京西北郊南沙河上，1960 年建成。控制流域面积 230 km^2、库容 220 万 m^3，可灌溉农田 2 万多亩。水库工程按 20 年一遇洪水 560 m^3/s 设计，100 年一遇洪水 900 m^3/s 校核。主体工程为闸后带桥水工建筑物，共 18 孔，原为 4 m×4 m 翻板木闸门和一孔 2 m×2 m 带胸墙平板直升闸门，1984 年经过改建，改装成 18 扇 4 m×4.2 m 钢结构平板直升式定轮闸门，并设有相应的 2×6 t 固定式双吊点启闭机及可移动的检修门启闭机设备。闸底高程 37.5 m，设计洪水位 41.82 m，校核洪水位 43 m。

上庄水库拦河闸自建成投入运行以来，发挥了巨大效益。但是，随着工程运行年限的不断增长，一些工程的老化病害现象日趋严重，有的已直接威胁工程的安全运行，限制了工程效益的发挥。受北京市海淀区水利局的委托，中国水利水电科学研究院结构材料研究所于 2005 年 3 月对上庄水库拦河闸进行了全面的检测和安全评估。

2　检测内容及检测方法

2.1　检测内容

（1）水闸外观普查（冻融剥蚀、裂缝、混凝土剥落、钢筋锈蚀、上下游护坡、附属建筑物等）。

（2）水闸裂缝检测（超声波）。

（3）水闸混凝土强度检测（取芯和无损检测）。

（4）混凝土碳化检测。

（5）水闸钢筋锈蚀及混凝土质量的探地雷达检测。

（6）闸底板脱空检测。

（7）闸门的锈蚀检测。

（8）启闭机及电器设备的检测。

2.2 检测方法

（1）混凝土裂缝的普查

对混凝土产生的裂缝形式、发生的部位及分布进行描述，对裂缝的长度、宽度进行统计，混凝土裂缝宽度检测采用读数显微镜测量，其精度可达到 0.05 mm。对于典型裂缝的深度则采用超声波平测法进行检测。

（2）混凝土强度检测

本次对水闸混凝土强度检测结合了无损检测和有损检测两种方式。无损检测采用回弹法，它是根据混凝土表面硬度拉推导出混凝土的强度。有损检测则采用芯样强度法，先钻取混凝土芯样，取芯后经过加工，然后进行抗压强度试验，最终得出混凝土的强度，它的优点是可以直观、准确地判断出混凝土的强度。

（3）混凝土的碳化和钢筋锈蚀状态的检测

对钢筋锈蚀状态的测量采用国产 GXY-1A 钢筋锈蚀测量仪进行，通过半电池电位法（测量混凝土保护层的电位值）来判断钢筋的状态。因为这种方法存在着许多难以克服的影响因素，如混凝土含水率，杂散电场干扰等。为提高检测的可靠性，我们采用的方法是先测定所选每条钢筋沿程各点的电位值，然后选择有代表性的电位值，将这些部位的混凝土保护层剖开，使钢筋暴露并观察钢筋的实际状态，经此比较后就可以较准确地判断出钢筋的实际状态。在 GXY-1A 钢筋锈蚀测量仪的基础上同时结合钻孔观察的方法来判定钢筋锈蚀状态。

混凝土的碳化是指混凝土硬化后，其表面与空气中的 CO_2 作用，使混凝土中的水泥水化生成物 $Ca(OH)_2$ 生成 $CaCO_3$，并使混凝土孔隙溶液 PH 值降低。测量混凝土碳化深度的方法是，用电钻在混凝土表面造一小孔，吹净孔内粉尘和碎屑，喷入 1% 的酚酞酒精溶液，然后用游标卡尺测量碳化和未碳化交界面的垂直距离，测量多点取其平均值。

（4）贯入法检测闸室边墙及翼墙砂浆的强度

贯入法检测是根据测钉贯入砂浆的深度和砂浆抗压强度间的相关关系，采用压缩工作弹簧加荷，把一测钉贯入砂浆中，由测钉的贯入深度通过测强曲线来换算砂浆抗压强度的一种新型现场检测方法。此次采用直读式数显贯入深度测量表进行检测，根据测钉贯入砂浆深度的平均值，按照《贯入法检测砌筑砂浆抗压强度技术规程》（JGJ/T136 - 2001），换算成砂浆的强度。

（5）探地雷达探测闸室底板混凝土质量

闸室底板混凝土质量检测采用美国地球物理勘探仪器设备公司（GSSI 公司）生产的 SIR-2000 型探地雷达仪，根据探测目的，选用不同频率的天线，采用连续测量的工作方式，本次检测选择了目前分辨率最高的探地雷达工作方法，该方法是基于目标物与周围介质电性存在较大差异的假设。

3 上庄水库拦河闸建筑物外观的检测结果及分析

3.1 拦河闸闸墩

由上游划船靠近闸墩，对 18 个闸墩及 2 个边墩进行细致的检查，发现所有闸墩表面均存在龟裂现象，个别闸墩还存在小面积混凝土剥落及较长裂缝现象。

3.2 便桥和启闭机工作桥

第十五孔便桥迎水面存在混凝土剥落并有约 15 cm 长的钢筋外露,钢筋已锈蚀。

在 13 号、18 号孔闸门处,便桥桥面有一条较大裂缝,护栏基础混凝土存在严重破裂。

工作桥为钢筋混凝土排架结构,共 38 根。从检测结果来看,工作桥主梁未发现裂缝,但排架横向裂缝较多,其中 19 − 2 号排架最为严重,有横向贯穿裂缝,缝宽 1 ~ 3 mm,局部裂缝表层混凝土开裂、崩失,内部钢筋已经锈蚀。

3.3 交通桥

交通桥桥墩为浆砌石材料,每跨由 14 块预制混凝土板拼接而成,已年久失修、严重破损,并在桥头设置了"险桥,禁止通行"的标志。

检查中发现,交通桥面剥蚀严重,剥蚀约 $300 \times 400 \ mm^2$,最大剥蚀深度达 15 mm。在闸墩处有一条缝宽 10 ~ 25 mm 的横向贯穿裂缝。梁板上下游两侧几乎都出现了大面积露筋,甚至完全露筋,钢筋锈蚀严重,桥底有大面积白色析出物。桥面护栏基础混凝土局部存在较严重的剥落、裂缝现象。沥青混凝土桥面已凹凸不平,破损较为严重。闸墩下游末端水位变化区存在大面积的贴层混凝土冻融剥落现象。

3.4 上、下游护坡

上、下游两岸护坡大部分完好无损,个别地方存在缺损和护坡基础下沉现象。

4 上庄水闸混凝土及浆砌石砂浆的强度测量与成果分析

4.1 混凝土强度及碳化深度检测结果

采用回弹法对上庄水库拦河闸的启闭机排架、部分启闭机大梁及部分上游面闸墩的混凝土部位进行了大面积的无损强度检测,通过计算推定混凝土强度。同时对 1 号边墩、4 号、8 号、10 号闸室内部两侧闸墩和底板、消力坎典型部位进行了取芯强度检测,用来复核无损检测推算强度的结果。混凝土碳化深度的测定采用酚酞酒精溶液进行。

从检测结果可以看出,上庄水库启闭机除 9 号大梁及排架的混凝土强度稍小外,其余启闭机大梁及排架混凝土推算强度均大于 C30,闸墩和闸室底板的混凝土推算强度均大于 C20,并且混凝土推算强度与混凝土芯样实际强度较吻合,说明回弹法推算值能基本反映混凝土构件的强度。混凝土护底和消力坎推算强度也都大于 C20。

启闭机排架混凝土的碳化深度介于 15 ~ 25 mm 之间,还没有超过钢筋保护层厚度,而启闭机大梁混凝土的碳化深度较为严重,碳化深度均超过 30 mm,最深处为 38.1 mm,有可能已经导致内部钢筋锈蚀。

闸室底板混凝土的碳化深度都比较小,没有超过 5 mm,闸墩混凝土的碳化深度都小于 30 mm,而且在闸室内靠近闸门处的混凝土碳化深度较小,远离闸墩处的混凝土碳化深度都较大,且混凝土强度较低。

水库混凝土护底及消力坎混凝土碳化深度均小于 10 mm。

4.2 贯入法检测砌筑砂浆强度成果

砌筑石体常用的水泥砂浆标号为 M5.0、M7.5、M10、M12.5,这次对闸室边墙浆砌石砂浆采用贯入法检测其强度,测区砂浆平均强度大于 10 MPa,强度等级为 M10,检测结果表明浆砌石砂浆强度较高。

5 水闸裂缝超声波检测及钢筋锈蚀检测

5.1 裂缝超声波检测

对 18 个闸室内部的侧墙闸墩及底板进行普查,没有发现典型的裂缝,个别闸室侧墙的裂缝也是经过前期砂浆修补后在原部位重新裂开的。而水闸启闭机排架,从检测结果来看,工作桥主梁未发现裂缝,但排架横向裂缝较多,几乎每个排架靠近地面处都存在横向裂缝,甚至有的横向裂缝已经贯穿。因此,为了了解裂缝的发展情况,分别在闸室内部侧墙和启闭机排架上选择了 3 条长度较长、开度较大的典型裂缝用超声波仪进行裂缝深度的测量。

本次检测一共选择了 3 条典型裂缝,裂缝特征及计算得到的裂缝深度见表1。

表 1 超声波检测裂缝深度统计表

裂缝编号	部位	b(cm/μs)	a(cm)	r	裂缝深度 h(cm)
1	4 号闸墩左侧	1572.9	-2.79	0.998	15.05
2	10 号闸墩左侧	619.3	-2.87	0.987	7.86
3	16 号 -1 排架	2246.4	-3.13	0.974	38.12

5.2 钢筋锈蚀检测

采用钢筋锈蚀仪对上庄水库拦河闸的闸墩、闸室底板及启闭机排架混凝土内结构筋进行检测,检测结果表明闸室内底板及两侧边墙混凝土内部钢筋完好无损,没有锈蚀迹象,钢筋保护层的厚度约 3 cm。在水闸的上游面,特别是 17 号和 18 号闸墩,存在的裂缝比较长、缝宽比较大,混凝土内部钢筋都已经发生锈蚀破坏。启闭机排架上的混凝土裂缝较多,几乎每个排架上都存在横向裂缝,只是裂缝严重程度不一样,通过对 19 号排架抽样检测,发现缝宽的混凝土内钢筋也已锈蚀。

6 闸门及闸门槽的检测

闸门为钢结构,止水破坏严重,有大量漏水,每孔钢闸门都存在局部锈蚀,最大面积 $150 \times 400 \ mm^2$,深度 2 ~ 3 mm。闸室门槽表面基本良好,但是闸门启闭困难,说明门槽已局部变形。

7 闸室底板的检测

闸室底板混凝土大部分冻融剥蚀,破坏严重,骨料外露,剥蚀深度约 10 mm,但未见裂缝。8 号闸孔底板混凝土表层存在局部掀起。

为了确定闸室底板混凝土是否存在脱空现象,采用探地雷达分别对 4 号、8 号和 10 号闸室底板进行混凝土质量检测。首先,对闸室底板进行清理,划上测区,作好探地雷达测线(布设加密网格测线),进行现场的数据采集,外业采集的数据经室内传送到计算机中,最后采用专用软件进行分析、计算。

根据探测目的,本次探地雷达检测分别选用了 400 MHz 和 900 MHz 天线,部分测线进行了两种天线的对比试验,采用连续测量工作方式,现场进行了数据采集和参数选取的试验工作,确定了增益、滤波等参数,确定每秒钟扫描次数为 64 次,400 MHz 天线采集窗口长度为 60 ns(纳秒),带通滤波为 100 ~ 1 000 MHz;900 MHz 天线采集窗口长度为 40 ns(纳秒),带通滤波为 300 ~ 1 800 MHz,采用 4 点增益自动调整。闸室底板典型雷达剖面图像如图 1 所示。

对探地雷达扫描采集的数据进行统计分析,可以得出以下结论:

(1)根据本次对 4 号、8 号、10 号闸孔底板的探地雷达 18 条测线检测数据的分析,检测部位的混凝土质量较均匀,未发现混凝土不密实、疏松及脱空现象。

(2)从采集的数据分析发现,距闸门 0.8 m 远的测线钢筋分布较均匀,远离闸门部位无钢筋。

8　消力池、护坦、上下游翼墙及护坡

消力池内有较厚的淤泥碎石,池内水草大量滋生。由于水流冲刷的作用,消力坎严重破损。

下游护底混凝土表面严重冻融剥蚀,剥蚀面积约有 90% 以上,冻融剥蚀深度有 30 ~ 50 mm。顺水流方向出现数十条较宽的贯通裂缝。同时,结合取芯样检测护底混凝土质量,所取的两个混凝土芯样不完整,芯样的中间段出现骨料破碎、不成型,由此可以看出,距离护底混凝土表层约 10 cm 处,混凝土质量非常差,存在严重的混凝土脱空层,影响结构的稳定,应该引起高度重视。

下游海漫为浆砌石材料,现场检测发现,海漫多处出现冲刷坑洞,滋生大量杂草。

上游左岸翼墙发现竖向贯通裂缝 6 条,缝宽 2 ~ 8 mm,右岸翼墙发现竖向贯通裂缝 1 条,缝宽 2 ~ 3 mm。

9　金属结构及电气设备安全检测结果

上庄拦河闸金属结构及电气设备现场情况,主要表现为电机及制动设备锈蚀、启闭机线路老化等。

从检测结果中可以看出,启闭机目前基本能维持运行,但是,由于电机及制动设施存在以下问题:

(1)启闭机手动制动废弃,制动不可靠;

(2)电器控制部分简易,电路保护差;

(3)闸门滚动轮轻微锈蚀,钢丝绳锈蚀严重,有断股,承载力明显下降。其中,6 号、7 号、8 号、17 号启闭机机座存在不同程度的裂缝,长约 300 mm。另外,由于闸门长时间受静水压力,已有较大变形,造成启闭困难。

10 结语

通过对上庄水库拦河闸的安全检测,发现拦河闸建筑物老化病害现象比较严重,主要体现在以下几个方面:

(1)虽然启闭机的大梁及排架混凝土强度较高,但碳化深度都比较严重,混凝土内部钢筋已经锈蚀,38 根启闭机排架下部多数存在环向裂缝,通过超声波检测表明个别裂缝比较深,达到 38 cm,严重影响结构正常运行的安全。

(2)闸室底板和闸墩的混凝土强度较高,闸室侧墙及翼墙的浆砌石勾缝砂浆的强度也比较大,但局部存在裂缝和砂浆剥落现象。闸室底板和靠近闸门的侧墙混凝土碳化深度较小。底板混凝土冻融剥蚀破坏比较严重。

上游面闸墩和闸室内远离闸门的两侧混凝土碳化深度较大,已经接近钢筋保护层厚度。上游面 16 ~ 19 号闸墩的混凝土破坏严重,混凝土裂缝较多,钢筋锈蚀,混凝土蜂窝麻面较多。水位变化区混凝土冻融破坏严重。

(3)工作桥局部混凝土存在裂缝、开裂、崩失,混凝土钢筋锈蚀外露等现象。交通桥的桥墩为浆砌石,基本上都存在裂缝,尤其是下游上部裂缝开度较大,桥梁的混凝土剥蚀严重,局部桥梁的受力钢筋严重锈蚀且钢筋断面减小,桥面混凝土严重破损,属于危桥。

(4)混凝土护坡质量相对较好,局部护坡混凝土有下陷迹象。水闸消力坎混凝土冲蚀严重,粉碎型骨料大量外露。下游面混凝土护坦表面严重冻融剥蚀,剥蚀面积约占 90% 以上,冻融剥蚀深度达 30 ~ 50 mm。顺水流方向出现数十条较宽的贯通裂缝。混凝土芯样破碎不完整,距离护底混凝土表层约 10 cm 处,混凝土质量非常差,存在严重的混凝土脱空层。

(5)拦河闸的钢闸门普遍存在锈蚀破坏,18 孔闸门的水封基本上都有漏水现象,个别闸门存在着严重变形,无法正常开启。

(6)启闭机手制动废弃,制动不可靠。电器控制部分设备陈旧,线路老化,电路保护差,存在严重安全隐患。

综上所述,该建筑物存在严重安全问题,建议降低标准运用或报废重建。

探地雷达技术在水工建筑物检测中的应用

鲍志强[1] 曾凡林[2] 吴春中[3] 李卫国[4]

(1. 中国水利水电科学研究院结构材料研究所 2. 丹江口汉江集团信息中心
3. 水利部海河水利委员会 4. 潘家口引滦工程管理局)

摘 要:近年来探地雷达技术在我国工程地质界已经家喻户晓,在铁路隧洞、公路检测等领域也已有了广泛的应用。本文阐述了探地雷达的基本原理,介绍了探地雷达技术在水利工程中的应用实例。

关键词:检测 探地雷达 闸墩 混凝土

1 探地雷达简介

探地雷达是利用高频电磁脉冲波的反射原理来实现探测目的,其反射脉冲信号的强度不仅与传播介质的波的吸收程度有关,而且也与被穿透介质界面的波反射系数有关,两边介质的电磁参数差别大者,反射系数也大,同样反射波的能量亦大。

探地雷达利用主频为数十兆赫(MHz)至数千兆赫波段的电磁波,以宽频带短脉冲形式,由地面通过天线发射器(T)发送至地下,经地下目的体或地层的界面反射后返回地面,为雷达天线接收器(R)接受。

本文工作采用美国地球物理勘探仪器设备公司(GSSI 公司)生产的 SIR－2000 型探地雷达仪。该仪器是我所 2000 年从美国 GSSI 公司引进的最新仪器,其特点是:系统高度集成化、数字化、操作菜单化,天线屏蔽干扰小,探测范围广,分辨率高,具有实时数据处理和信号增强,可进行连续透视扫描,现场实时显示二维彩色图像,其配置的探测天线系列化,可应用于各类地下目的物及目的层的检测与探测。雷达探测透视扫描的所有记录数据,在现场转储在计算机硬盘上,对数据进行初步处理,室内用计算机进行详细处理。

2 探地雷达探测基本原理

探地雷达技术,与通讯、探空及遥感遥测雷达的技术相似,探地雷达也是利用高频电磁脉冲波的反射原理来探测地下目的物及地质现象。与其他雷达的相异之处,探地雷达是由地面向地下发射电磁波来实现探测目的,故称其为探地雷达。

探地雷达利用高频电磁脉冲波的反射原理来实现探测目的,其反射脉冲信号的强度不仅与传播介质的波吸收程度有关,而且也与被穿透介质界面的波反射系数有关,垂直界面入射的反射系数 R 的模值和幅角,可用下式表示:

$$|R| = \sqrt{(a^2 - b^2)^2 + (2ab\sin\phi)^2}/(a^2 + b^2 + 2ab\cos\phi)$$

$$\text{ArgR} = \phi = \tan^{-1}(\sigma_2/\omega\varepsilon_2) - \tan^{-1}(-\sigma_1/\omega\varepsilon_1)$$

式中：$a = \eta_2/\eta_1, b = \sqrt{\mu_2 \varepsilon_2 \sqrt{1 + (\sigma_2/\omega \varepsilon_2)^2}}/\sqrt{\mu_1 \varepsilon_1 \sqrt{1 + (\sigma_1/\omega \varepsilon_1)^2}}$

μ, ε, σ 分别为介质的导磁系数、相对介电常数和电导率，下角标 1 和 2 分别代表入射介质和透射介质。

上式可看出，反射系数与界面两边介质的电磁性质和频率 $\omega = (2\pi f)$ 有关。两边介质的电磁参数差别大者，反射系数也大，同样反射波的能量亦大。

探地雷达利用主频为数十兆赫（MHz）至数千兆赫波段的电磁波，以宽频带短脉冲形式，由地面通过天线发射器（T）发送至地下，经地下目的体或地层的界面反射后返回地面，为雷达天线接收器（R）接受，其工作原理如图 1 所示：

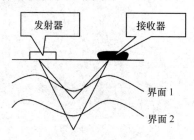

图 1　探地雷达工作原理示意图

脉冲波的行程为：

$$t = \sqrt{4Z^2 + X^2}/V$$

式中：t = 脉冲波走时（ns，$1\text{ns} = 10^{-9}\text{s}$），Z = 反射体深度（m），X = T 与 R 的距离（m）

V = 雷达脉冲波速（m/ns）

3　现场检测

中国水利水电科学院结构材料所于 2005 年 11 月 16 日，应用探地雷达技术对张河湾水库底孔泄洪洞闸墩混凝土进行了无损检测，探测混凝土中是否存在扇型钢筋以及混凝土内部其他缺陷情况。

根据现场实际情况，我们在右边墩布置了 5 条水平测线，13 条铅直测线。

根据探测目的及混凝土的埋深厚度，本次探地雷达检测选用了 900 MHz 天线，采用连续测量工作方式，现场进行了数据采集参数选取的试验工作，确定了增益、滤波等参数，确定每秒钟扫描次数为 64 次；900 MHz 天线采集窗口长度为 40 ns；采用 4 点增益自动调整。

4　检测结果

根据本次对右边墙探地雷达扫描采集的数据统计分析，可以得出以下结论：

（1）检测部位的混凝土质量均匀密实，钢筋分布均匀，未发现混凝土不密实、疏松和钢筋稀少的现象，混凝土浇筑质量较好；

（2）在检测的测线上未发现有扇型钢筋。

5 结语

尽管探地雷达进入我国的时间不长，但这种新技术已经得到了广泛的应用，并且取得了卓越成果。探地雷达是一种新方法，是一种很有前景的无损、省时且有效的检测方法，随着技术发展和不断的应用实践，有充分理由相信，探地雷达技术在水利水电工程中将会得到广泛应用，它对提高水工建筑物混凝土无损检测的水准，推动水利水电建设和发展将会起到很大的作用。

金清新闸混凝土结构病害成因分析及
修复对策

刘超英　卢良浩

（浙江省水利河口研究院）

摘　要：通过对金清新闸混凝土结构病害检测及分析，表明混凝土结构病害成因主要是混凝土的盐污染、混凝土的碳化、钢筋保护层厚度严重不足等多种因素综合作用的结果。本文针对水闸混凝土结构不同类型的病害及程度提出了采用不同的修复对策；采用 DL470 乳胶配制的水泥砂浆进行修复；采用外贴碳纤维布进行补强加固处理；对存在严重安全隐患的混凝土构件进行更换处理。

关键词：金清新闸　混凝土结构　病害检测　成因分析　修复对策

海洋环境对沿海水工混凝土建筑物耐久性的影响是人们一直关注的问题。浙江沿海水工混凝土建筑物由于受到海洋环境的影响以及设计、施工、管理等因素的影响，水工混凝土建筑物常常出现各种病害、缺陷，如结构表面产生裂缝、破损、磨蚀、碳化、氯离子侵蚀、钢筋锈蚀等。这些病害严重地影响了水工混凝土建筑物的耐久性及运行安全。因此，对水工混凝土建筑物的病害检测、成因分析及研究修复对策对于确保水工混凝土建筑物的运行安全是十分重要的。本文结合工程实例，对浙东沿海金清新闸混凝土结构病害进行了检测，分析了混凝土结构病害成因并提出了修复对策，为水闸混凝土结构的病害处理提供了科学的依据。

1　工程概况及病害现状

浙东沿海金清新闸地处温黄平原金清水系主要出海口，是温黄平原防洪排涝的重要骨干工程之一。水闸工程设计总宽度 102.8 m，净宽 84 m。共 10 孔，其中排涝孔 8 孔，为胸墙式平底闸，每孔孔口尺寸为 8 m×5 m（净宽×高）。排涝兼通航孔 2 孔，每孔净宽 10 m，最大泄流量 1 446 m³/s，设计通航标准 500 T 级。排涝闸门为预应力钢筋混凝土闸门，液压启闭。通航孔闸门为梁板式钢闸门，闸门高度 9.5 m，通航孔闸门及通航孔交通桥均为卷扬机启闭。

该闸于 1998 年 7 月投入运行，至今运行还不到十年就已经发现水闸下游局部混凝土结构老化，病害不断产生，部分结构病害较为严重，其中检修门、工作门、通航孔排架柱、检修平台桥板、通航孔启闭机房、管道间底梁、底板等结构普遍存在混凝土胀裂、钢筋裸露并严重锈蚀、锈损等问题。混凝土结构病害成因及修复对策十分引人关注。

2　混凝土结构病害检测方案

（1）采用直观量测、外观质量描述，拍照及局部凿开对水闸混凝土结构进行外观质量普查检测。

（2）对水闸下游闸墩采用钻芯法检测混凝土抗压强度。对排架柱、胸墙、检修平台及管道间下游梁板，导墙和翼墙采用回弹法检测混凝土强度。

（3）采用酚酞试剂法，对排架柱、胸墙、管道间下游梁/板及下游导墙、左右翼墙等结构进行混凝土碳化深度检测。

（4）采用电磁法检测了检修门排架柱、工作门排架柱、检修平台、胸墙检修平台、胸墙、管道间底梁、管道间底板、通航孔启闭机房顶梁、通航孔排架柱、检修门库排架柱等结构中钢筋保护层厚度。

（5）采用半电池电位法检测混凝土中钢筋锈蚀状态，在混凝土中钢筋锈蚀状态检测的基础上，进行钢筋锈蚀率的检测。检测了检修门排架柱、工作门排架柱、胸墙、胸墙检修平台、管道间底梁、管道间底板、通航孔排架柱、检修门库排架柱、通航孔启闭机房顶梁等结构。

（6）为了解水闸混凝土中氯离子（Cl^-）含量及水闸下游海水中氯离子（Cl^-）含量对水闸混凝土的腐蚀程度，便于对现状工程病害原因的分析，对近期水闸混凝土中氯离子（Cl^-）含量和海水氯离子（Cl^-）含量进行了检测。

3 病害检测成果及分析

3.1 外观质量

外观质量检测成果见表1。

表 1   **外观质量检测成果表**

检测部位	外 观 质 量 评 价
左岸排涝闸检修门库排架柱	左侧外海向排架柱底部1 m范围内，混凝土局部胀裂。右侧内河向排架柱离地面1.8 m处有20 cm长钢筋露筋，锈蚀严重，露筋处混凝土保护层厚度很薄（≤2 cm）。
检修门排架柱	7号孔左侧外海向排架柱有2条严重垂直向裂缝，缝长1.7~1.8 m，缝宽1~1.5 mm，混凝土局部胀裂。4处钢筋裸露，露筋长度10~15 cm，钢筋严重锈蚀。6号孔左侧内河向排架柱距地面0.9 m处有三处露筋，露筋长度15~20 cm，钢筋严重锈蚀，混凝土胀裂。4号孔左侧外海向排架柱1.30 m处露筋长约40 cm，钢筋严重锈蚀。2号孔左侧外海向排架柱0.5 m处露筋处长约20 cm，钢筋严重锈蚀，右侧外海向排架柱1 m处露筋长约30 cm，锈蚀严重。1号孔左侧外海向排架柱1.8~4.2 m处有4层箍筋露筋，长度60 cm，钢筋严重锈蚀，边角混凝土胀裂。
工作门排架柱	1~7号工作门左、右侧外海向排架柱外包水泥砂浆普遍开裂。8号孔右侧外海向有3条严重垂直裂缝，缝长2~2.6 m，缝宽2~3 mm。8号孔左侧外海向排架柱有两个侧面在长达4.6 m范围内混凝土严重胀裂，钢筋露筋30余处，露筋长50~60 cm，钢筋严重锈蚀，成片剥落，钢筋有效截面积减少。局部混凝土保护层厚度较薄（约1~2 cm）。
通航孔排架柱	10号通航孔右侧下游排架柱在4 m范围内有7处混凝土胀裂，露筋并锈蚀，右侧中立柱上、下游面分别有5~7处混凝土胀裂，露筋并锈蚀。
右岸检修门库排架柱	右侧上游、中间及下游立柱分别有8~10处混凝土胀裂，露筋并锈蚀，保护层厚度较薄（约2 cm）。上游立柱主筋已露，箍筋锈蚀成片剥落。

检测部位	外观质量评价
通航孔启闭机房	通航孔启闭机房9号孔左右两侧及10号孔右侧水流向3根顶梁底部局部混凝土胀裂,钢筋裸露并严重锈蚀。右岸启闭机房外部楼梯第四层立柱混凝土垂直向严重开裂,长度2.5 m,缝宽2~3 mm。
管道间下游底梁及底板	1~8孔管道间下游底梁均有5~10处混凝土严重胀裂,钢筋裸露,严重锈蚀成片状剥落。除2号孔底板基本完好外,其余7孔底板分别有10~30余处混凝土严重胀裂,钢筋裸露,严重锈蚀。
下游检修平台	1~4号平台底部混凝土严重胀裂,上游侧底梁距底部约5 cm处,水平向全部胀裂,钢筋裸露并严重锈蚀成片状剥落。8号孔平台下游向底梁侧面及底部混凝土严重胀裂破坏,下部主筋全部裸露,严重锈蚀成片状剥落。6号孔第三块,及7号孔第三、四块平台板梁,上、下游底梁中部附近均有垂直并贯穿板面的贯穿性裂缝,(尤为6号孔第三块平台板梁有3条贯穿裂缝)。

3.2 混凝土力学性能

（1）钻孔取芯法检测。闸墩混凝土采用钻孔取芯法检测混凝土抗压强度结果为:测试龄期抗压强度为31.7~39.8 MPa,换算28 d龄期抗压强度为26.4~33.2 MPa。下游闸墩混凝土测试龄期抗压强度和换算28 d龄期抗压强度均满足250号设计要求。

（2）回弹法检测。10根排架立柱,其中7根回弹强度推定值>25 MPa,满足设计要求（250号混凝土）,另有3根强度为21.6~23.8 MPa比设计要求略低。2个孔胸墙回弹强度推定值满足设计要求（300号混凝土）。2块检修平台板梁回弹强度推定值为20.7~21.2 MPa,不满足设计300号强度的要求。1号孔管道间下游底梁和4号孔管道梁下底板回弹强度推定值为22~23 MPa,比设计强度（250号混凝土）要求偏低。下游导墙,左、右翼墙回弹强度推定值满足设计强度要求。

3.3 混凝土碳化深度

被检17个结构混凝土碳化深度,除8号孔工作门左、右侧外海向立柱混凝土碳化深度达16 mm外,其余结构混凝土碳化深度均小于10 mm,但由于被检病害结构的钢筋保护层厚度普遍小于或等于20 mm,有部分甚至小于或等于10 mm,因此现有混凝土碳化深度有的已接近或超过混凝土保护层厚度,混凝土结构内部的钢筋得不到长期有效的碱性保护,从而引起钢筋锈蚀,混凝土胀裂破坏。

3.4 钢筋保护层厚度

在所有被检测的结构中,检修门排架柱钢筋保护层厚度平均值为23.2~36.4 mm;工作门排架柱钢筋保护层厚度平均值为23.2~30.6 mm;检修平台钢筋保护层厚度平均值为21.8~37.7 mm;胸墙检修平台钢筋保护层厚度平均值为15~25.2 mm;胸墙钢筋保护层厚度平均值为36.8~40 mm;管道间底梁钢筋保护层厚度平均值为18.8~35.1 mm;管道间底板钢筋保护层厚度平均值为14.8~15 mm;通航孔启闭机房顶梁钢筋保护层厚度平均值为9.7~23.7 mm;通航孔排架柱钢筋保护层厚度平均值为37.3 mm;检修门库排架柱钢筋保护层厚度平均值为21~31.5 mm。

所有被检测结构中,钢筋保护层厚度值都不满足设计要求,钢筋保护层厚度设计要求排架柱、胸墙等为 50 mm,梁、板、检修平台等为 30 mm。大多数钢筋保护层厚度与设计要求相差甚远,有的已接近或小于实测的混凝土碳化深度值,这将使得混凝土结构内部的钢筋得不到长期有效的碱性保护,对钢筋混凝土结构的耐久性将产生严重的影响。

3.5 混凝土中钢筋锈蚀

关于混凝土中钢筋锈蚀状态的无损检测,目前国内外只能进行定性测量,常用方法为半电池电位法。工程检测实践表明,现场应用半电池电位法对钢筋锈蚀状态进行定性评价与现场打开检查验证的情况基本一致。而钢筋锈蚀率的检测是在钢筋被打开去除铁锈后,用游标卡尺进行检测。

根据美国《混凝土中钢筋的半电池电位试验标准》(ASTMC876)及交通部公路研究院研究成果资料以及现场打开检查验证情况,钢筋锈蚀状态判据如下:①电位大于 - 150 mv 时,钢筋状态完好;②电位在 - 150 ~ - 220 mv 时,钢筋微蚀或局部锈蚀;③电位在 - 220 ~ - 300 mv 时,钢筋全面锈蚀;④电位小于 - 300 mv 时,钢筋锈蚀严重。各检测结构混凝土中钢筋锈蚀状态检测成果见表 2。由表 2 可见,部分检测部位混凝土中钢筋基本处于全面锈蚀或严重锈蚀、锈损状态,钢筋截面最大锈蚀率约为 60%。这将使钢筋混凝土结构的承载能力受到极大的影响。

表 2   混凝土中钢筋锈蚀状态检测成果表

检测部位	测点电位(mv)		钢筋锈蚀状态评价
	范围值	平均值	
8 号孔检修门排架柱	- 163 ~ - 215	- 189.1	钢筋处于局部锈蚀状态。
4 号孔检修门排架柱	- 184 ~ - 286	- 217.6	钢筋基本处于局部锈蚀状态,局部处于全面锈蚀状态。
8 号孔工作门排架柱	- 296 ~ - 396	- 333.4	钢筋处于严重锈蚀状态。
8 号孔胸墙	- 171 ~ - 287	- 209.0	钢筋基本处于局部锈蚀状态,局部处于全面锈蚀状态。
6 号孔胸墙	- 168 ~ - 265	- 215.1	
8 号孔胸墙检修平台	- 295 ~ - 411	- 349.9	钢筋处于严重锈蚀状态,露筋严重,主筋、箍筋成片剥落。
4 号孔胸墙检修平台	- 290 ~ - 408	- 343.3	
8 号孔管道间底梁	- 292 ~ - 416	- 357.2	钢筋处于严重锈蚀状态,露筋严重,主筋、箍筋成片剥落,截面最大锈蚀率约为 40%。
4 号孔管道间底梁	- 295 ~ - 398	- 326.5	
4 号孔管道间底板	- 278 ~ - 398	- 357.9	钢筋处于严重锈蚀状态,露筋严重,钢筋成片剥落。截面最大锈蚀率约为 60%。
1 号孔管道间底板	- 329 ~ - 434	- 363.3	
10 号孔通航孔排架柱	- 177 ~ - 222	- 183.8	钢筋处于局部锈蚀状态。
检修门库排架柱	- 243 ~ - 332	- 287.7	钢筋基本处于全面锈蚀状态,局部处于严重锈蚀状态。
9 号孔通航孔启闭机房顶梁	- 236 ~ - 341	- 279.2	钢筋基本处于全面锈蚀状态,局部处于严重锈蚀状态。

3.6 水闸混凝土中氯离子(Cl^-)含量

水闸混凝土 2 号芯样、10 号芯样实测混凝土中氯离子含量分别为 0.02%、0.03%,(注:

水闸混凝土 2 号芯样位于 7 号闸墩(水位变化区)、水闸混凝土 10 号芯样位于 8 号孔工作门排架柱外海向)。

由于金清新闸钢筋混凝土结构处于氯离子环境中(下游为海水),因此根据《混凝土质量控制标准》(GB/T50164 – 1992)表 7.1 – 2 第四条规定,对在潮湿并含有氯离子环境中的钢筋混凝土中氯化物总含量(以氯离子重量计)不得超过水泥重量的 0.1%。由实测结果可见 7 号闸墩(水位变化区)2 号芯样、8 号孔工作门排架柱外海向 10 号芯样混凝土中氯离子含量占水泥重量的百分比都超过规范规定的要求,混凝土中氯离子含量超标将严重影响水闸钢筋混凝土结构的耐久性。

3.7 水闸下游海水氯离子(Cl⁻)含量

水闸下游海水取样点①、②、③实测 Cl⁻ 含量分别为 13 497 mg/l、15 200 mg/l、14 867 mg/l,平均为 12 848.5 mg/l。(注:水闸下游水样的编号①~③按距离闸室由近及远的顺序排)。

根据《岩土工程勘察规范》(GB5021 – 2001)中第 12.2.4 条规定,水对钢筋混凝土结构中钢筋的腐蚀性评价规定,在干湿交替环境下,当水中 Cl⁻ 含量大于 5 000 mg/l 时应属强腐蚀等级。由实测结果可见,金清新闸工程海水 Cl⁻ 含量大于 10 000 mg/l,大大超过规范规定的强腐蚀等级要求,海水氯离子含量对金清新闸钢筋混凝土结构会起到严重的腐蚀作用。

4 病害成因分析及修复对策

4.1 病害成因分析

根据混凝土中钢筋锈蚀机理及检测结果分析,造成目前金清新闸下游闸墩以上结构混凝土病害严重,混凝土普遍胀裂,钢筋局部裸露并严重锈蚀。分析其主要原因是混凝土的盐污染和碳化,破坏了混凝土中的钢筋钝化膜。具体分析如下:

(1)混凝土的盐污染

金清新闸下游海水中氯离子(Cl⁻)含量很高,严重超标,属强腐蚀等级。而该水闸工程运行中,每年在台风期间,下游检修平台、立柱及管道间板梁等结构经常受外海潮浪冲击和浸泡,并处于含盐雾的大气中,使水闸混凝土中氯离子含量超标。海水中氯离子(Cl⁻)逐渐向钢筋混凝土结构内渗透,由于这些钢筋混凝土结构中的钢筋保护层厚度严重不足,氯离子(Cl⁻)较容易渗入钢筋,造成钢筋钝化膜被破坏,从而引起钢筋锈蚀,锈蚀结果引起了钢筋体积膨胀从而造成面层混凝土胀裂、钢筋裸露,更加速锈蚀。当钢筋周围的混凝土孔隙液中氯离子(Cl⁻)浓度达到某临界值时,由于氯离子(Cl⁻)比其他阴离子更易渗入钝化膜,与铁离子结合为易溶的二价铁与氯化物的复合物(绿锈),因此即使混凝土碳化深度还很浅,钢筋周围的混凝土孔隙液仍具有高碱性,钝化膜也会被破坏。由此可见,氯盐是促使钢筋锈蚀、威胁钢筋混凝土建筑物耐久性的最危险的物质。

(2)混凝土的碳化、保护层厚度严重不足

混凝土碳化过程中逐渐由碱性转化为中性,在正常情况下,混凝土孔隙水为水泥水化时析出的 Ca(OH)₂ 和少量钾、钠氢氧化物所饱和而呈碱性,其 PH 值在 11 以上。钢筋在这种介质中表面形成钝化膜,能有效抑制钢筋锈蚀。而当混凝土碳化后混凝土中 PH 值降至 9 以下,保护钢筋的纯化膜就处于活性状态。在氧和水的作用下,钢筋便产生电化学腐蚀,钢筋一旦锈蚀后其体积将比原体积大 2~3 倍,产生的膨胀从而使混凝土保护层胀裂,剥落破坏。

金清新闸大多数钢筋保护层厚度严重不足,与设计要求相差甚远,同时由于局部结构混凝土碳化深度已超过钢筋保护层厚度,造成混凝土结构内部的钢筋得不到长期有效的碱性保护。因此因混凝土的碳化、保护层厚度严重不足引起的钢筋锈蚀也是造成混凝土胀裂破坏的另一重要原因。

4.2 病害修复对策

金清新闸下游闸墩以上混凝土构件在较大范围产生的病害,必须进行及时处理,否则这些病害将不断延伸扩大,将直接影响水闸的安全运行。现根据钢筋混凝土构件病害的不同程度,提出以下修复对策。

(1)现状 6 号孔第三块及 7 号孔第三块、第四块检修平台板梁构件中部上下游均有垂直的贯穿性裂缝(尤为 6 号孔第三块平台有 3 条贯穿性裂缝),存在较大安全隐患,应予尽快更换或加固。

(2)对现状构件病害的处理建议采用美国陶氏瑞固特种乳胶有限公司生产的 DL470 乳胶配制的水泥砂浆进行修复,室内试验结果表明:该材料具有较高的抗压强度和抗拉强度,龄期 28 d 时抗压强度达到 84.5 MPa、抗拉强度达到 5.1 MPa。另外与老混凝土有较好的黏结性能并具有较好抗腐蚀性能,是一种较理想的混凝土修复新材料。

(3)对部分重要的受力构件(如右岸启闭机房大梁等)或病害严重的构件,除采用 DL470 乳胶砂浆修复外,建议采用外贴碳纤维布作进一步补强加固处理。碳纤维材料具有轻质、高强、抗腐、耐老化、稳定性好等特点。其抗拉强度是同等截面钢材的 7~10 倍,目前碳纤维布补强加固技术已在我国混凝土结构修复加固工程中得到广泛应用。

5 结语

通过对浙江沿海金清新闸混凝土结构的病害检测与成因分析,表明造成目前水闸混凝土结构病害的主要原因是混凝土的盐污染和混凝土的碳化,氯离子和 CO_2 破坏了混凝土中的钢筋钝化膜。最后提出了混凝土结构病害修复对策即采用 DL470 乳胶配制的水泥砂浆和碳纤维布补强加固技术,为水闸混凝土结构的病害处理提供了科学的依据。

四、水工建筑物修补新材料、新技术及应用

混凝土坝保温防渗复合板研究

朱伯芳　买淑芳　方文时　姚　斌　李敬玮

（中国水利水电科学研究院结构材料研究所）

摘　要：文中介绍了一种新型的混凝土坝保温防渗复合板，它由保温板、复合防渗膜、防老化涂层组成。

以挤压泡沫塑料板作保温材料，强度高、导热系数低、坚固耐用；防渗膜具有良好的防渗功能和适应变形的能力；制备复合板所用粘合剂在水中粘接强度高，适于水工建筑物使用；该复合板可内贴法施工，也可外贴法施工，简化了施工步骤、缩短工期、降低工程造价，已在一些大型工程试用。

关键词：混凝土坝　保温防渗　复合板　粘合剂　防老化涂层　内贴法施工

1　概述

混凝土坝表面裂缝是坝工建设中普遍存在而有待解决的课题。在大体积混凝土结构内一旦出现大的裂缝，要通过修补以恢复结构的整体性实际上是很困难的。我国曾经有几个大型水利水电工程，由于出现大量裂缝被迫停工修补，经过数年才恢复正常施工，损失很大。

大坝施工中产生的裂缝，大多是坝体内外温差引起的表面裂缝，严格控制混凝土温度是防止裂缝的重要措施，在混凝土表面覆盖保温材料以减少内外温差、降低混凝土的温度梯度是最有效的解决方法。目前在大坝上、下游面采用泡沫塑料板保温效果比较好。其施工方法有内贴法和外贴法，实践表明内贴法施工时因所用的塑料板较软，常使混凝土表面不平整，故一些工程采用外贴法施工，即大坝混凝土浇注完毕，拆模之后再粘贴保温板，这样需搭脚手架，便增加了高空作业的工序。且拆模后一段时间内混凝土暴露在大气中，若遇寒潮便可能出现表面裂缝。而混凝土坝上游面的表面裂缝，在蓄水之后可能发展为深层大裂缝，如美国德沃夏克坝和加拿大雷沃斯托克坝。所以混凝土坝的保温，防裂、防渗等一系列问题是相互关联的，也是人们极为关心的问题。

以混凝土坝保温通常的做法是大坝建成后，再粘贴泡沫塑料板保温以防止裂缝出现，产生裂缝后再进行坝面防渗处理，而本研究的意义在于：

（1）在大坝施工中，浇筑常态混凝土或碾压混凝土的同时，坝面的保温、抗裂和防渗措施一次完成，避免拆模后暴露在大气中可能产生裂缝，而大坝运行后又有防渗功能，从根本上保证了混凝土坝的质量。

（2）大坝施工后，加保温板防裂，需搭脚手架、高空作业等措施，经费开支十分可观。碾压混凝土坝的层间防渗处理也需大量经费，采用本项技术可节约大量人力、资金和时间，技术经济效益和社会效益极为显著。在坝工建设技术上具有广阔的应用前景。

本项目拟研制一种新型混凝土坝保温防渗复合板，具有如下特点：

(1)保温性能:要求导热系数 λ = 0.14 ~ 0.16 kJ/(m·h·℃)。

(2)防渗性能:要求在 200 米水头作用下不渗水。

(3)与潮湿混凝土粘接:为便于内贴法施工,要求复合板与潮湿混凝土粘接牢固。

(4)变形性能:复合板具有良好的变形性能,即使混凝土表面产生微细裂缝,复合板也不会拉断,仍可防止大坝漏水。

(5)施工工艺及方法的研究:该新型混凝土坝保温—防渗复合板,在内贴法施工和外贴法施工时能做到方法可行、尽量简便、保证施工质量。可长期粘贴在混凝土坝表面,施工期发挥保温作用,运行期发挥防渗作用。

2 试验材料

2.1 保温材料

曾用于水工建筑物的保温材料有以下品种

(1)泡沫塑料板:紧水滩拱坝和观音阁碾压混凝土重力坝用作表面保温。

(2)保温被:1983 年葛洲坝工程局试用了三种保温被。

①弹性聚氨酯外包塑料膜;

②棉被;

③矿渣棉被:外包的确良布套。

(3)聚乙烯气垫薄膜:在安康、葛洲坝、东江、东风等水电站用作坝面保温。

(4)草袋保温。

(5)砂层保温。

(6)喷涂保温层:太平哨大坝喷 3 ~ 6 cm 厚的水泥膨胀珍珠岩,其他工程也曾用过膨胀珍珠岩与泡沫塑料碎块、聚乙烯醇缩醛等材料混合后喷涂保温。各种保温材料的导热系数汇列于表 1。

表 1   各种保温材料的导热系数 λ[kJ/(m·h·℃)]

材料名称	λ	材料名称	λ
泡沫塑料	0.125 6	膨胀珍珠岩	0.167 5
玻璃棉毡	0.167 4	沥青	0.938
木板	0.837	干棉絮	0.154 9
木肖	0.628	油毛毡	0.167
麦杆或稻草席	0.502	干沙	1.172
炉渣	1.674	湿沙	4.06
甘蔗板	0.167	矿物棉	0.209
石棉毡	0.419	麻毡	0.188
泡沫混凝土	0.377	普通纸板	0.628

由表 1 可见泡沫塑料导热系数最低,弹性聚氨酯、棉被等吸水后导热系数增加,所以保温材料初步选用泡沫塑料板。

2.2 防渗材料

从土工合成材料中选择防渗材料。早期土工合成材料分为土工织物和土工膜两种,前者透水后者不透水。

一般用作土工合成材料的品种有聚乙烯、聚丙烯、聚酯、聚苯乙烯及多种橡胶类材料,使用较多的聚乙烯、聚丙烯都可加工成薄膜、薄板及多种塑料制品,可耐大多数酸、碱溶液的浸蚀,吸水性小,在低温下扔保持柔软性。聚乙烯的相对密度为 0.92 ~ 0.96,聚丙烯的相对密度为 0.90 ~ 0.91。

土工合成材料在水工建筑物的应用范围十分广泛,主要是防渗、反滤、排水、防护、加筋、隔离等功用。可采用合成纤维或织物增强土工膜,还可把织物与膜热压或胶粘在一起成为土工复合材料,织物起到加筋和保护作用以增加其抗拉、抗刺强度。

土工膜渗透系数为 $1 \times 10^{-11} \sim 1 \times 10^{-12}$ cm/s,实际上不透水,是理想的防渗材料。常作为堆石坝或砂卵石坝的中央防渗膜或斜铺在上游坝坡的防渗膜。当水库漏水时,可铺设土工膜防渗。碾压混凝土坝的碾压层面漏水时,可在碾压混凝土坝的上游面铺贴土工膜,其外层用预制混凝土板或现浇混凝土保护可大量节省工程费用。美国用此方法解决碾压混凝土坝漏水问题,取得良好的效果。本项研究采用土工复合材料,既能防渗又可粘接。

2.3 粘合剂

本研究采用的粘合剂主要是聚合物改性水泥砂浆,即 PMC。也可用弹性环氧材料作保温板与土工膜的粘接剂。

为了选出保温防渗复合板对混凝土坝面粘接效果最好的聚合物改性水泥砂浆,从国内外现有的多种聚合物乳液中进行优选试验,优选的原则是:

(1)从化学结构组成考虑要有一定的变形性能、耐气候老化性能。

(2)乳液的 Tg 值应适当的低,能满足一般工程使用条件下的温度要求。

(3)对混凝土和泡沫塑料板有较好的粘接强度。

(4)有一定耐水性,在水中长期浸泡仍有较高的粘接强度。

2.4 保护涂层

对泡沫塑料板的耐气候老化、耐磨损及雨水冲刷有保护作用,而且可按需要调节颜色,与混凝土色调基本保持一致。

3 材料性能试验

3.1 保温材料性能试验

从加工工艺分类泡沫塑料板有两种

(1)模压泡沫塑料板:密度为 16 ~ 25 kg/m³;

(2)挤压泡沫塑料板:密度为 42 ~ 44 kg/m³,为比较两种泡沫塑料板性能分别测试各项技术参数,结果见表 2。图 1 给出两种泡沫塑料板的应力—应变曲线。

表 2	泡沫塑料板技术参数			
检测项目	挤压泡沫塑料板		模压泡沫塑料板	
	标准要求	试验结果	标准要求	试验结果
压缩强度 /kPa	≥300	349	≥60	94
压缩弹模 /MPa	–	5.73	–	1.6
压缩屈服强度 σ0.03 /kPa	–	169	–	49
吸水率 %	≤ 1.0	0.9	≤6	5.1
导热系数(25℃)W/(m·K)	≤ 0.030	0.027	≤0.041	0.038

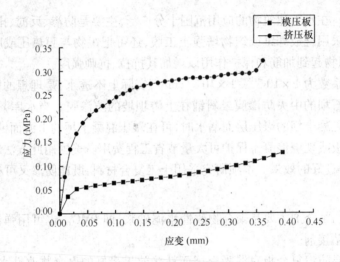

图 1　泡沫塑料板应力—应变曲线

试验结果表明,挤压泡沫塑料板各项性能优于模压泡沫塑料板,有利于提高施工的可靠性及使用的耐久性。本研究选用挤压泡沫塑料板。

3.2　防渗板性能试验

选用无纺布—土工膜热压复合土工膜。

(1)土工膜强度、伸长率,测试结果见表3。

表 3	土工膜强度、伸长率		
试件编号	试件尺寸	抗拉强度	伸长率%
TG – M	哑铃形 1.3 ×6 mm	17.15(MPa)	720

(2)土工膜抗渗性能。

膜厚 1.2 mm:抗渗压力 >2 MPa(实际为2.2 MPa)试件仍无渗水;

膜厚 0.3 mm:抗渗压力 1.5 MPa,开始渗水。

土工膜具有较好的强度、伸长率及抗渗性能,对坝面防渗和提高对混凝土坝面微细裂缝的适应性是有利的。

3.3 粘合剂优选试验

从七种聚合物乳液中进行优选。先用乳液制备成聚合物改性水泥砂浆(即 PMC)作为粘合剂,以 PMC 对混凝土的粘接强度和 PMC 本身抗拉强度作为考核指标,着重考虑长期泡水后强度的变化。

(1)试件的成型和养护:试验分为干燥和潮湿两种情况。取龄期大于 28 d 的混凝土试块分别置于室内及水中,试块尺寸尽量大一些,如(10×10×40)cm,同一批试验要采用同一批的混凝土试块,其抗压强度应在 30~40 MPa,两周后分别用七种乳液制备的 PMC 砂浆涂敷于混凝土表面,从水中取出的试块应先擦掉表面浮水。粘接前试块表面应清理干净,粘接后的试件分别置于室内及养护箱中潮湿养护,十天后将养护箱中的试件取出泡在水中再养护 18 d。

(2)强度的测试:粘接强度采用拉拔试验方法,抗拉强度用 8 字形试件,结果见表 4、图 2。

表4   PMC—混凝土粘接和抗拉强度

材料名称	ND-1		ND-2		ND-3		ND-4		ND-5		GM-DF		BSF	
	干面	湿面	干面	湿面	干面	湿面	干面	湿面	干面	湿面	干面	湿面	干面	湿面
粘接强度 MPa	0.86	0.29	1.75	0.81	1.64	0.90	2.36	1.81	1.98	1.47	1.16	0.34	2.03	1.47
抗拉强度 MPa	干燥	泡水	干燥	泡水	干燥	泡水	干燥	泡水	干燥	泡水	干燥	泡水	干燥	泡水
	2.49	0.80	2.75	1.0	8.65	3.97	6.62	3.18	5.25	1.18	3.53	2.44	2.69	1.02

从表 4 和图 2 中可见 ND-3 在干燥及泡水条件下均具有较高的抗拉强度,但粘接强度低;ND-4 抗拉强度低于前者,然而其粘接强度高,干面粘接强度 2.36 MPa,泡水后粘接强度为 1.81 MPa。故确定选用 ND-4 的乳液及相应的 PMC 配方。

3.4 PMC 对泡沫塑料粘接试验

采用拉拔试验方法。先将 PMC 砂浆涂敷在泡沫塑料板表面厚约 3~5 mm,养护至一定龄期。测试前用环氧粘合剂将金属拉拔头粘接在 PMC 砂浆表面,进行粘接试验。结果见表 5。

表5   PMC—泡沫塑料板黏结强度

试件编号	试件尺寸 mm	龄期 d	黏结抗拉强度(MPa)			注
			破坏荷载 kN	强度	平均值	
SB-4 干面	φ48.84	28	0.62	0.33	0.33	泡沫塑料拉断
	φ49.12		0.64	0.34		泡沫塑料拉断
	φ48.32		0.60	0.33		泡沫塑料拉断
	φ49.66		0.62	0.32		泡沫塑料拉断

3.5 PMC—复合土工膜粘接强度试验

采用 T 形剥离试验方法,用 PMC 砂浆粘接两条复合土工膜。一组试验予涂底涂料,另

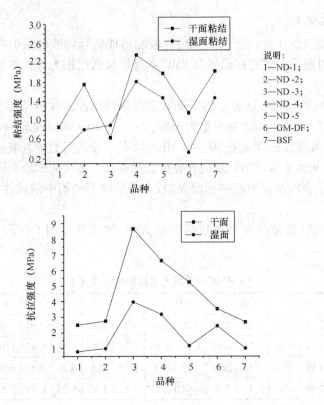

说明：
1—ND-1；
2—ND-2；
3—ND-3；
4—ND-4；
5—ND-5；
6—GM-DF；
7—BSF

图2　PMC—混凝土粘接和抗拉强

一组不涂底涂料进行对比。结果见表6。

表6　　　　　　　　　　　**PMC-复合土工膜剥离强度**

试件编号	试件尺寸 mm	龄期 d	底涂料	剥离强度 N/mm	注
SB－ZF	150×50	28	无底涂料	5.30	剥离在纤维层
SB－DJ	150×50	28	无纺布先涂底涂料	6.53	剥离在纤维层

　　试验结果表明,预先涂专用底涂料对提高PMC与复合土工膜的粘接强度是有利的。

　　在外贴法和内贴法施工时采用所研制的PMC粘合剂均可取得较好的效果,其作用是将保温防渗复合板牢固粘贴在坝面。

　　从表5和表6的试验结果可知PMC粘合剂对泡沫塑料板和复合土工膜都有较好的粘接强度,可作为泡沫塑料板和复合土工膜之间的粘合剂。三者形成保温—防渗复合板,简称为BS板。也可考虑用弹性环氧材料作为泡沫塑料板和复合土工膜之间的粘合剂。

3.6　表面防护涂料

　　其特点是耐老化性能好、耐磨擦、耐雨淋,可有效保护泡沫塑料板,延长使用年限,而且颜色可调配至和现场混凝土一样。

222

4 施工方法及工艺要求

保温防渗复合板大面积粘贴到混凝土坝面有两种方法,即内贴法施工和外贴法施工。

内贴法施工:浇注大坝混凝土之前,将保温防渗复合板固定在混凝土模板上,不要破坏防渗结构,复合板内表面涂一薄层PMC砂浆,新浇的大坝混凝土与该PMC具有较好的粘接力,拆去模板之后保温防渗复合板将便牢固地固定在坝面上。

(2)外贴法施工:已完工的混凝土坝,通过专用的PMC粘合剂将保温防渗复合板粘贴在坝面。

上述两种方法均涉及到大面积施工中如何进行保温防渗复合板之间的连接,使之形成整体结构。

4.1 保温板连接方法

保温板之间的连接有以下几种方式:燕尾式接口、阶梯式接口、平面接口、粘合剂粘接。

前两种方法要考虑周围四个面的搭接,原材料的加工、运输、保管及施工都要复杂一些。后面两种方法比较简单,用粘合剂粘接方法效果比较好。

4.2 土工膜连接方式

可以采用焊接或粘合剂粘接的方法。

PE-A的粘接强度基本可以满足要求,但从现场应用实际情况考虑,无论内贴法施工还是外贴法施工要粘接土工膜都十分困难。所以最后确定土工膜与保温板一起用PMC砂浆粘合剂封缝。

4.3 施工工艺要求

(1)清理混凝土面

粘贴保温防渗复合板前,应先对混凝土表面进行处理。要求表面清洁,如混凝土表面有凸起处,应用打磨机磨平,以保证保温防渗复合板与混凝土的黏结效果。

(2)设置支撑点

保温防渗复合板粘贴时应从下往上铺贴。应先在混凝土粘贴面的最底部粘贴支撑块或埋设膨胀螺栓作为支撑点,要求支撑点在同一水平位置。

(3)涂界面剂

粘贴保温防渗复合板时,先在土工布表面和混凝土表面涂刷界面剂,以提高PMC与其黏结强度。界面剂要涂刷得薄而均匀。

(4)粘贴

完成上述步骤后,即可粘贴保温防渗复合板。先把粘合剂的A、B组分按比例混合均匀,制成聚合物砂浆(简称PMC)涂抹在混凝土表面或涂抹在保温防渗复合板界面剂上及两板之间的结合面上。把保温防渗复合板粘贴在混凝土表面,要压实,防止局部脱空。

(5)清理

保温防渗复合板铺贴时,为保证相邻两块保温防渗复合板间粘接紧密,间隙应尽量小,并把相邻两块保温防渗复合板挤实,然后再把接缝处及周边多余的水泥浆清理干净。

（6）养护

粘贴保温防渗复合板后,24 h 之内不要过水,3 d 之内不要有大的扰动。

（7）根据混凝土表面质量调整施工工艺

如果混凝土表面蜂窝、麻面多,并且有较大的凹坑,应把 PMC 涂抹在混凝土表面,使 PMC 能完全填充到表面的缺陷中。如混凝土表面平整,缺陷很少,可把 PMC 涂抹在保温防渗复合板上。

5 现场试验

5.1 三峡坝面保温防渗试验

本次施工是在三峡三期工程的混凝土坝面上粘贴保温防渗板。试验部位在大坝右非 2 坝段,试验面积为 200 m²。上游面 80 m²,保温防渗板的厚度 5 cm;下游面 120 m²,保温防渗板的厚度 3 cm,其中下游面有 7 m² 铺设厚度为 5 cm 的板,并埋入测温热电偶 3 支,上下排列在不同的板里。试验时间从 12 月 9 日开始到 12 月 12 日结束。施工现场环境温度为 6 ~ 10℃,为测试保温效果进行了为期 3 个月的冬季检测,从 12 月 9 日开始到次年 3 月 13 日结束。

（1）保温观测仪器安装

分别在 3 块 5 cm 厚的保温板粘贴面上沿宽度方向刻出一道凹槽,凹槽位于保温板的中间,保证保温板的厚度不能少于 3.5 cm,凹槽凿好后,将温度计及电缆嵌入其中,并将保温板粘贴在保温部位的混凝土面上。3 块保温板自下而上紧贴在一起,3 支仪器分别安装在 3 块保温板的正中间,并在附近设置临时观测站进行观测。观测仪器埋设情况见表 7。

表 7　保温观测仪器统计表

序号	部位	仪器编号	高程（m）	埋设时间	观测时段
1	右非 2 坝段下游坝面	LT01	137.75	2005 - 12 - 09	2005 - 12 - 09 ~ 2006 - 03 - 13
2		LT02	138.50	2005 - 12 - 09	2005 - 12 - 09 ~ 2006 - 03 - 13
3		LT03	139.25	2005 - 12 - 09	2005 - 12 - 09 ~ 2006 - 03 - 13

（2）观测结果特征值及其变化规律

试验期间共进行了 84 次观测,3 支温度计观测值相差不大。保温板内表面温度最大、最小值均发生在编号为 LT03 的温度计,分别为 20.5℃和 14.3℃,平均温度为 17.5℃。同期气温最大值为 18℃,最小值为 3℃,平均温度为 8.7℃。保温板内外表面温度相差 8.8℃,保温效果较为明显。观测成果特征值及变化规律见表 8、图 3。

表 8　观测成果特征值统计表

序号	统计时段	仪器编号	观测次数	最大值℃	最小值℃	平均值℃
1	2005.12.13 ~ 2006.03.13	LT01	84	20.0	14.8	17.7
2		LT02	84	20.4	15.1	18.0
3		LT03	84	20.5	14.3	17.5
4		气温	84	18.0	3.0	8.7

224

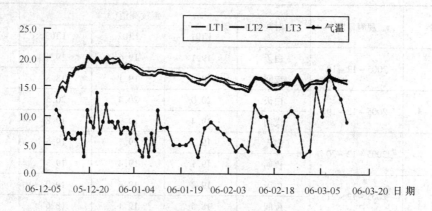

图3 保温板内外温度变化过程

比较保温板内温度计的温度变化过程线和气温变化过程线可见,保温板内表面温度全程基本稳定,而气温则波动较大。相临两次观测值之间气温变化最大出现在2006年3月1日至2006年3月3日之间,气温变化达到了11℃,而保温板内表面温度变化最大仅为0.4℃,说明保温效果较好。

(3)昼夜温差影响下保温板内外温度变化情况

从昼夜观测情况来分析保温板内外温度变化情况,表9列出了2005年12月13日至2005年12月23日昼夜温度观测值,取每天下午16时的观测值作为白天观测值,夜间24时的观测值作为夜间温度测值。从表9可见,该时段内三峡坝区气温昼夜温差平均为3.7℃,保温板内的温差平均为0.4℃;昼夜温差最大发生在2005年12月17日和12月22日,温差均为7℃,而此时保温板内实测昼夜温差为0.3℃和0.6℃。保温板内表面温度随气温变化的幅度很小,说明保温效果好。

表9　　　　　　　　　　　　　昼夜温度观测值

序号	观测日期	时间	温度测值(℃)			气温(℃)
			LT01	LT02	LT03	
1	2005 – 12 – 13	白天	17.4	18.0	17.4	10.0
		夜间	17.0	17.2	16.7	6.0
2	2005 – 12 – 14	白天	17.9	18.4	18.1	8.0
		夜间	17.8	18.2	17.9	6.0
3	2005 – 12 – 15	白天	18.2	18.8	18.4	7.0
		夜间	18.0	18.5	18.1	7.0
4	2005 – 12 – 16	白天	18.7	19.3	19.0	10.0
		夜间	18.1	18.7	18.4	7.0
5	2005 – 12 – 17	白天	18.9	19.4	19.1	11.0
		夜间	18.7	19.0	18.9	4.0

序号	观测日期	时间	温度测值(℃)			气温(℃)
			LT01	LT02	LT03	
6	2005 – 12 – 18	白天	19.1	19.6	19.4	10.0
		夜间	18.6	19.1	18.8	7.0
7	2005 – 12 – 19	白天	20.0	20.4	20.5	11.0
		夜间	19.4	19.9	19.8	9.0
8	2005 – 12 – 20	白天	19.3	19.7	19.5	11.0
		夜间	19.1	19.4	19.3	8.0
9	2005 – 12 – 21	白天	19.2	19.6	19.0	10.0
		夜间	18.5	19.1	18.6	4.0
10	2005 – 12 – 22	白天	19.6	19.8	20.1	14.0
		夜间	19.0	19.5	19.2	7.0
11	2005 – 12 – 23	白天	19.8	20.3	20.1	14.0
		夜间	19.5	20.0	20.0	10.0

(4)长时间低温影响下保温板内、外温度变化情况

2005 年 12 月 26 日至 2006 年 2 月 9 日为长时间相对气温较低的时段,平均气温为 6.5℃,低温天气持续了 49 d。受持续低温的影响,保温板内表面的温度也缓慢下降。表 10 列出 3 支温度计该时段下降幅度。由表可见,保温板内温度降幅最大为 4.9℃。由于保温板 的良好保温作用,有效地减小降温幅度,混凝土表面没有出现温度骤降,表明保温效果良好。

表 10 低温时段观测值分析表

统计时段	历时(天)	温度降幅(℃)			平均气温 (℃)
		LT01	LT02	LT03	
2005.12.26 ~ 2006.02.09	46	4.4	4.6	4.9	6.5

综合现场观测结果得出以下几点结论:

(1)从观测数据看,该类保温材料的保温效果较佳。在昼夜温差相对较大和长时间低温 的情况下,保温板内所测的温度变化均不大,表明了其具有较好的保温效果。

(2)从保温材料本身来看,该类保温材料质地密实且具有一定的强度,粘贴面有防水土 工膜,外表面涂刷防水水泥砂浆,防水性能良好,使用过程中不易受损,保温板粘贴后能够较 长时间保持完好,从而能够较长时间保持良好的保温效果。

(3)从施工工艺来看,保温板采用全粘方式,密封性好,保温效果也相对较好,粘接材料 配置简单,使用方便,适合在水工建筑物面积大比较规则的平面上使用。

(4)从现场使用情况看,右非 2 坝段下游坝面 EL137 ~ 140 高程范围内均使用了该类保 温材料,粘贴平整、牢固,密封性、防水性均较好,保温效果较佳。

226

5.2 李家峡坝面保温试验

该电站是已建成的混凝土拱坝,位于青海省尖扎县境内,平均海拔在2 000米以上。昼夜温差大,冬季最低温度在−15℃以下,为防止混凝土受温度影响而产生裂缝进行表面保温是十分必要的。对李家峡大坝进行保温试验主要是为青海省拉西瓦电站混凝土坝的保温作准备。保温板厚度为5 cm,表面涂有灰色防老化涂料。

施工前对混凝土基面进行打磨、清洗。因基础面平整度较差,施工时先将底涂料均匀涂刷在混凝土表面,再将拌好的PMC砂浆涂在保温板上,将保温板贴在混凝土面上。

保温板的施工区常年不见阳光,加之冬季温度低,所以整个施工都是在−1.8℃~2.8℃的较低温度下进行,并没发现砂浆结冰的现象。3 d后贴好的保温板与混凝土面已经有了一定的强度。

本次现场试验面积宽12.8 m、高4.8 m、共61.4 m^2。在距地面2.4~3 m处安装了两组温、湿度计,间隔5 m左右进行观测测试。

5.3 拉西瓦电站现场试用

拉西瓦水电站位于在青海省贵德县境内,是即将开工建设的大型水电站工程。因当地气温低,混凝土表面需进行保温,此次在现场试用施工面积为180 m^2,保温板厚5 cm,用内贴法施工。

6 结语

SB−1型混凝土坝保温防渗复合板是由中国水利水电科学院结构材料所研制,在北京中水科海利工程技术有限公司投入批量生产。

这是一种新型的混凝土坝保温防渗复合板,以挤压泡沫塑料板替代模压泡沫塑料板,其压缩强度由94 KPa提高到349 KPa,导热系数由0.041 W/(m·K)降低到0.030 W/(m·K),具有较好的保温功能,且坚固耐用。组成复合板的防渗膜,其抗渗压力大于2 MPa,抗拉强度17.15 MPa,伸长率达到720%,有良好的防渗功能和适应变形的能力,在200米水头下不渗水、强度高、适应变形能力强。此种复合板可内贴法施工,也可外贴法施工,大大简化施工步骤、缩短工期、减少工程造价,并可长期粘贴在混凝土坝表面,施工期间发挥保温作用,运行期间发挥防渗作用。该复合板既可用于常态混凝土坝,也可用于碾压混凝土坝。

制备复合板所用粘合剂水中粘接强度较高,适合于水工建筑物使用。该复合板表面经防老化处理,耐老化性能好、耐磨擦、耐雨淋,可有效保护泡沫塑料板,延长使用年限。而且颜色可调配至和混凝土一样,外表平整美观,已在一些大型工程试用。

单组分聚脲在水利水电工程中的应用前景

孙志恒 夏士法 付颖千 甄 理

中国水利水电科学研究院 北京中水科海利工程技术有限公司

摘 要: 本文介绍了单组分聚脲的概念、反应原理,针对水利水电工程的特点进行了一系列室内试验,并在小浪底水利枢纽排沙洞进行了现场抗冲磨试验。试验结果表明,单组分聚脲施工工艺简单,聚脲与混凝土粘接的粘接强度高,具有很强的抗冲磨能力。作为双组分聚脲施工技术的补充,单组分在水利水电工程中的抗冲磨及防渗等方面具有广泛的应用前景。

关键词: 单组分聚脲 水利水电工程 抗冲磨

1 前言

喷涂聚脲弹性体(简称 SPUA)技术是一种新型无溶剂、无污染的绿色施工技术。通常说的聚脲是由两个组分所构成(称双组分聚脲),它具有优异的综合力学性能、较高的抗冲耐磨性、良好的防渗效果、耐腐蚀性强等特点,同时双组分聚脲还具有施工速度快、快速固化的特点,解决了以往喷涂工艺中易产生的流挂现象,可在任意曲面、斜面及垂直面上喷涂成型,涂层表面平整、光滑,可对基材形成良好的保护和装饰作用。

由于双组分聚脲具有这些优异的性能,现已开始在水利水电工程中的溢流坝面防护、泄洪底孔防护、输水隧洞防渗、上游面防渗、船闸防冲撞等方面得到应用。但是,喷涂双组分聚脲的设备尺寸为 $100 \times 120 \times 80$ cm,使其在水利水电工程中的应用受到了一定的限制,如果出现混凝土局部破坏,采用双组分聚脲修补也不经济。为了弥补这一缺陷,我们引进了单组分聚脲。

2 单组分聚脲

双组分聚脲是由两个组分构成的,其中 A 组分为含有多个-NCO 的小分子或高分子(预聚体),R 组分为含有两个或两个以上端氨基的高分子或低分子组合物。A 组分和 R 组分混合后迅速反应生成聚脲(端-NCO 基团与端-NH_2 反应非常快,其反应形成脲键),其作用时间通常只有几秒。

$$-NCO + -NH_2 \longrightarrow -NHCONH-$$

如果将 R 组分分子中的多氨基换成多羟基-OH(如聚醚多元醇,聚酯多元醇),则反应形成氨酯键(氨基甲酸酯),即为双组分聚氨酯。

$$-NCO + -OH \longrightarrow -NHCOO-$$

如果将 R 组分中端氨基进行化学封闭,封闭后的中间体在隔绝空气和水分的条件下不会与含-NCO 的组分发生化学反应,能够共存于同一体系中。其混合物一旦与空气接触,封端多元胺在水分作用下封闭解除,释放出端氨基-NH_2 或-NH-,迅速与-NCO 发生反应形成脲键。这就是单组分聚脲的反应原理。

单组分聚脲由含多异氰酸酯-NCO 的高分子预聚体与经封端的多元胺(包括氨基聚醚)混合,并加入其他功能性助剂所构成。在无水状态下,体系稳定,储存期在 9 个月以上。一旦开桶施工,在空气中水分的作用下,迅速产生多元胺,多元胺迅速与异氰酸酯-NCO 反应,整个过程没有 CO_2 产生,也就不会有气泡产生。

单组分聚脲具有抗紫外线性能和抗太阳暴晒性能,在阳光照射下,单组分聚脲本身有 20 年以上的使用寿命,并且单组分聚脲具有 $-40℃$ 的低温柔性,能适应高寒地区的低温环境($-35 \sim -40℃$),尤其是能抵抗低温时混凝土开裂引起的形变而不渗漏。

3 单组分聚脲性能的室内试验研究

3.1 单组分聚脲抗拉强度及伸长率

作为双组分聚脲的补充,我们引进了单组分聚脲,并进行了室内测试。对单组分聚脲抗拉强度及伸长率的测试,采用 GB/T528 - 1998 标准,测试结果见表 1。

表 1 单组分聚脲力学性能

项目	固含量	拉神强度	扯断伸长率	撕裂强度
指标	100%	≥16 MPa	≥400%	≥22 kN/m

3.2 单组分聚脲与混凝土之间的粘接强度

将单组分聚脲用于水利水电工程中混凝土表面的保护,则单组分聚脲与混凝土之间的粘接强度至关重要,为此我们进行了表 2 所示的试验测试。从表 2 的测试结果可以看出,单组分聚脲的本体强度增长得比较慢,但它与混凝土的粘接强度较高,并且随着固化时间的延长而增大,与潮湿面混凝土之间的黏结强度大于 2 MPa。单组分聚脲在干燥的条件下较潮湿的环境下固化的好,聚脲与混凝土之间的粘接强度也高。

表 2 单组分聚脲室内粘接强度试验

材料	试 验 内 容		实验现象	初凝时间	黏 接 强 度	
					10 d	15 d
单组分聚脲	干燥混凝土构件	先在构件表面刷界面剂,表干后再涂刷聚脲	有不均匀流淌	1.5 h	1.33 ~ 1.90 MPa 部分聚脲与混凝土粘接面脱开	2.36 ~ 3.2 MPa, 全部是混凝土内部断开
		直接在构件面上涂刷聚脲	均匀流淌	1.5 h		2.10 ~ 2.24 MPa, 大部分是混凝土内部断开, 局部聚脲与混凝土面脱开
	在湿的混凝土构件表面上先涂刷界面剂,表干后再涂刷聚脲(两组)	在空气中涂刷聚脲	有不均匀流淌	1.5 h	1.38 ~ 1.68 MPa, 部分聚脲与混凝土粘接面脱开	2.10 ~ 2.41 MPa, 大部分是混凝土内部断开, 局部聚脲与混凝土面脱开
		在养护室中涂刷聚脲	均匀流淌	约 3 h	1.20 ~ 2.27 MPa, 大部分聚脲与混凝土粘接面脱开	

通过对材料的改进,现在可以做到立面刮涂单组分聚脲厚度小于1.5 mm时不流淌,如果需要增加厚度,待第一次刮涂2 h后再进行第二遍刮涂。

3.3 单组分聚脲与双组分聚脲之间的粘接强度

为了便于对双组分聚脲局部破损部位进行修补,需要单组分聚脲与固化后的双组分聚脲之间有良好的粘接强度,为此我们进行了相应的试验。第一种情况是将单组分聚脲刮涂到老聚脲表面;第二种情况是将老聚脲打磨,再用活化剂将老聚脲表面擦洗干净,最后刮涂单组分聚脲。待单组分聚脲完全固化后检测两者之间的粘接情况,试验结果表明,双组分聚脲与单组分聚脲粘接很好,未出现分层现象。

3.4 混凝土背水面刮涂单组分聚脲后承压试验

为了检验单组分聚脲在背水压力作用下的防渗效果,我们浇筑6个水工混凝土标准抗渗试块,养护28 d以后在试块中间钻20 mm的孔(见图1),在表面喷涂0.8~2 cm不等厚度的聚脲。养护15 d以后,在背水面安装施加水压的开关,并与渗透试验机联为一体。起始水压力为0.3 MPa。

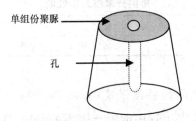

图1　背水面承压水试验

试验结果表明,单组分聚脲抗渗性能很好。在背水压力的作用下,首先出现水泡,随着背水压力的增大,水泡越来越大,聚脲越来越薄,直到从一个薄弱部位突然射水(气泡处)。由此可见,单组分聚脲与混凝土之间的黏结强度较高,但在刮涂单组分聚脲中要尽量避免内部产生气泡。

4　单组分聚脲的现场试验

2007年3月我们在小浪底水利枢纽2号排沙洞进行了喷涂双组分聚脲和刮涂单组分聚脲的现场试验,单组分聚脲分别刮涂在伸缩缝、排砂洞底板、侧墙和破损的双组分聚脲等部位。

施工工艺为:对混凝土表面进行打磨、清洗,晾干后涂刷BE14界面剂,待界面剂表干后直接刮涂单组分聚脲。由于单组分聚脲有一定的自流平性能,在排砂洞底板施工时将单组分聚脲倾倒在地上,用刮板刮平(带齿形的刮板效果更好)。允许作业时间在2 h以上,涂布两遍效果更佳。在立面上一次刮涂厚度要小于1 mm,否则流淌比较严重。其厚度可以通过面积和用料量来控制,也可用刮板齿的高度控制。

小浪底2号排沙洞从6月20日开始过流,过流时间14 d,历时300多个小时,流速达40 m/s以上。过水后进行了现场检查,检查结果表明,单组分聚脲与混凝土之间具有较高的粘接强度,抗冲磨效果很好,在侧墙、底板及伸缩缝部位刮涂的聚脲表面无磨损迹象,试验证明单组分聚脲可以满足水利水电工程泄洪建筑物薄层防护的抗冲磨要求。

照片 1　侧墙刮涂单组分聚脲 　　　　　　　　照片 2　底板刮涂的单组分聚脲

5　结语

　　通过室内外试验证明,单组分聚脲具有防渗能力强、抗冲磨效果好,且拉伸率大,特别适用于处理混凝土伸缩缝、裂缝及局部抗渗标号低等小面积的防渗、抗冲磨部位中。我们在小浪底水利枢纽 2 号排沙洞现场试验的基础上,又在李家峡水电站左中孔泄洪道表面、白山水电站输水隧洞伸缩缝等各处进行了现场试验,由于它优异的力学性能及施工的方便性,以及不需要专门的设备的特点,与双组分聚脲配合使用,在水利水电工程的防渗、抗冲磨等方面具有广阔的应用前景。

参考文献

[1]　孙志恒　岳跃真《喷涂聚脲弹性体技术及其在水利工程中的应用　大坝与安全》2005.1

[2]　孙志恒　关遇时　鲍志强等《喷涂聚脲弹性体技术在尼尔基水利工程中的应用　水力发电》2006.9

[3]　余建平　Louis Durot　丁海涛《中国建筑防水》2006.12

SPC 聚合物水泥砂浆系列材料在混凝土剥蚀修补工程中的应用

徐志军

（北京市城市河湖管理处土城所）

摘　要：随着水工混凝土建筑物使用年限的不断增加，因碳化、冻融剥蚀、裂缝和钢筋锈蚀等老化破坏现象日益突出。传统的修补材料像普通水泥砂浆、环氧砂浆、钢纤维混凝土（砂浆）等，因材料本身的构成和受外部环境温度、湿度的影响不同，都存在着各自的弱点和适用性。鉴于上述情况，参考国内外的经验与技术，我们将具有较高物理力学性能、适用于混凝土工程剥蚀修补的新型修补材料-SPC 聚合物水泥砂浆系列修补材料及配套的施工工艺，应用于土城沟出口闸的混凝土剥蚀修补工程中，取得了良好的效果。

关键词：聚合物砂浆　混凝土破坏　应用

土城沟出口闸位于朝阳区光熙门北里小区南侧东土城沟末端，下游与坝河相连。该闸修建于 1986 年，共 3 孔，总宽度为 15 m。主要技术指标：闸门结构型式为平板钢闸门，宽 4.0 m，高 2.0 m（单孔），设计流量为 33 m^3/s，闸前设计水位为 39 m，闸底板高程为 37.02 m，控制流域面积 8.3 km^2。主要作用是汛期排泄上游雨水入坝河，平时保持元大都公园景观水位，是北京城区东北部的一座重要的水闸。随着工程运行年限的增加，混凝土建筑物老化病害严重，主要形式包括混凝土碳化、冻融剥蚀、裂缝和钢筋锈蚀等老化破坏现象，1996 年曾采用厚浆环氧涂料进行防碳化处理。经过数年运行，出现了钢筋锈蚀、裂缝、防护涂层开裂并脱落以现象，因此于 2003 年对此闸重新进行修补和防护处理。

1　土城沟出口闸防碳化涂层破坏的原因分析

经现场检查，土城沟出口闸防碳化涂层破坏的主要原因包括以下几个方面：

（1）钢筋锈蚀：主要因为在进行防碳化处理时，没有对钢筋进行彻底处理，采用了预缩砂浆修补，而预缩砂浆与普通砂浆的性能极为接近，抗渗性能较差，无法对钢筋进行全面封闭，经过一段时间，钢筋锈蚀继续发生，从而造成涂层开裂脱落。

（2）表面采用预缩砂浆修补找平后，砂浆没有完全干燥，或者遇到雨天、雾天，基层混凝土没有达到规定的含水状况，从而造成环氧涂层与基底混凝土黏结不好。

（3）因纯环氧类涂料所使用的主剂为环氧树脂，而环氧树脂存在耐候性差、涂膜容易粉化、失光等缺点，这也是造成涂膜破坏的原因之一。

2　混凝土表面剥蚀破坏的修补

2.1　混凝土表面剥蚀破坏的修补材料：

（1）普通水泥砂浆：由于普通水泥砂浆（砼）与基底混凝土黏结不牢，适应温度变形能力较低,抗冻性能差,在使用一两年后,就会大面积脱落。

(2)环氧砂浆:环氧砂浆与基底混凝土有较高的黏结强度,但由于环氧砂浆的硬度高,弹性模量高,所以弹性差,在温度变形发生时会出现环氧砂浆连带着基础混凝土一起脱落,所以环氧砂浆不适应野外环境的修补。并且环氧砂浆施工工艺复杂,对人体有毒,修补费用也非常高。

(3)钢纤维混凝土(砂浆):虽然钢纤维混凝土具有良好的抗折性能,但作为薄层修补材料,由于其黏结性能、弹性以及钢纤维的锈蚀问题,不适宜作为薄层修补材料。

(4)聚合物水泥砂浆:鉴于上述修补方案的缺陷以及水工砼建筑物因老化病害而产生的破坏现象日益突出。参考国内外的经验与技术,我们成功地研究开发了具有较高物理力学性能、适用于混凝土工程剥蚀修补的新型修补材料—SPC 聚合物水泥砂浆系列修补材料及配套的施工工艺。

聚合物水泥砂浆是以少量的有机聚合物乳液掺到水泥砂浆中,借以改善水泥砂浆各项物理力学性能而形成的一种具有新技术性能的复合胶凝材料,其物理力学性能指标见表1。

表1   SPC 聚合物水泥砂浆的物理力学性能指标

序号	性能指标	普通砂浆	SPC 聚合物砂浆
1	抗压强度(MPa)	48 ~ 50	42 ~ 45
2	抗折强度(MPa)	7 ~ 9	9 ~ 12
3	黏结强度(MPa)	1 ~ 2	3 ~ 5
4	极限引伸率($\times 10^{-4}$)	0.94	2.16
5	抗拉弹性模量($\times 10^4$ MPa)	5.05	2.59
6	抗冻300 次的失重率(%)	1.28	0.99
7	抗渗标号	S6	>S15
8	抗裂系数($\times 10^{-5}$)	0.73	5.34
9	野外暴露试验	密集龟裂	表面完好

从物理力学指标分析,SPC 聚合物水泥砂浆具有以下特点:

(1)SPC 砂浆与基底混凝土具有较高的黏结强度,一般在 3 ~ 5 MPa,这样就可保证修补层与基底混凝土形成一体而不脱落;

(2)SPC 砂浆弹性模量较低,弹性较高,可适应温度变化而产生的温度变形;

(3)SPC 砂浆具有良好的抗裂性能,薄层修补而自身不裂;

(4)SPC 砂浆具有良好的抗渗性及抗冻性能,能适应恶劣的野外环境而保持良好的耐久性能;

(5)SPC 砂浆具有良好的耐腐蚀性,可防止腐蚀性介质对混凝土造成腐蚀性破坏;

(6)SPC 聚合物水泥砂浆无毒无污染,施工简便,成本低;

(7)长期野外暴露试验结果表明,SPC 聚合物水泥砂浆具有优良的耐久性能,适用于野外恶劣环境。

针对土城沟出口闸混凝土被破坏情况,采用 SPC 砂浆对混凝土表面剥蚀破坏部位进行修补处理,恢复了混凝土的完整性。

2.2 剥蚀修补施工工艺：

（1）混凝土表面凿毛：首先清除混凝土表面的疏松层、污垢、灰尘，凿至坚硬、牢固、新鲜的混凝土面，凿毛深度需达到设计要求，用高压水枪将碎屑、灰尘冲洗干净，并对露出的钢筋进行除锈，检查合格后才能进行抹面施工。

（2）聚合物水泥砂浆和界面剂的配制：根据原材料性能及施工和易性要求，考虑到施工时的天气，通过室内及现场拌和，参考类似工程的经验，确定聚合物水泥砂浆和界面剂的配比。

SPC 聚合物水泥砂浆：P. O42.5 水泥：中砂：SPC 乳液：水 =1∶2∶0.4∶0.1（重量比）

SPC 界面剂：SPC 乳液：P. O42.5 水泥 =1∶0.8（重量比）

聚合物水泥砂浆的配制：将按配比称好的水泥、沙子干拌均匀，再将称好的聚合物乳液和水混合加到灰砂中，采用人工拌和方式充分拌和均匀，一次拌和的数量应根据抹面（摊铺）进度确定，以 1 h 内用完为宜。

界面剂的配制：将称量好的水泥缓慢地加入到聚合物乳液中，边加边搅拌至无水泥颗粒、无沉淀即可。一次拌和的数量以 1 h 内用完为宜。

（3）抹面施工：先用水湿润凿毛合格的混凝土表面，但不要存在积水，然后薄而均匀地涂刷一层界面剂，界面剂涂刷量控制在 $0.4 \sim 0.5$ kg/m^2。

按照修补厚度的要求，摊铺聚合物水泥砂浆进行抹面，力求拍实、抹平，不要反复抹平以防拉裂，根据聚合物水泥砂浆的拌和量、抹面面积控制修补抹面厚度。

（4）养护：聚合物水泥砂浆初凝后，进行潮湿养护，定时喷雾洒水保证抹面处于潮湿状态，潮湿养护 5 d，自然养护 3 d，直至表面含水量达到要求。

（5）质量控制与检测：

①凿毛应凿至坚硬、新鲜的混凝土面，并达到修补设计厚度的要求，经监理人员检查合格后，才能进行下道工序。

②抹面由较为熟练的工人操作，力求一次抹平，不要反复压抹。

③抹面养护分派专人定时定量喷雾洒水养护，养护期应避免震动、冲击破坏，防止污染，做好防雨措施。

混凝土表面剥蚀部位的凿毛、钢筋除锈、抹面、养护均按施工技术要求实施，本次共计修补混凝土表面剥蚀破坏面积为 32 m^2，经检查剥蚀修补质量合格。

3 混凝土表面防碳化处理

根据现场检测结果和工程使用的环境状况，土城沟出口闸的闸墩、工作桥采用了环氧—丙烯酸聚氨酯涂层进行防碳化处理。

采用涂层防护处理方法以堵塞或封闭表层孔隙，使混凝土表面形成以毫米计的较为致密的封闭层，改善表层孔结构，降低孔隙率，达到改善混凝土的抗渗、抗冻、抗碳化的能力、提高混凝土耐久性的目的。

3.1 环氧—丙烯酸聚氨酯涂层防碳化及栏杆防腐处理方案

（1）基层处理，对钢筋头和砼表面缺陷采用 SPC 砂浆进行修补处理。

(2)涂装一道环氧封闭漆,厚度 20 μm。

(3)涂装两道环氧云铁中间漆,厚度 80 μm。

(4)涂装两道丙烯酸聚氨酯面漆,厚度 60 μm。

为了使防护、防腐与装饰美化有机结合起来,面漆的颜色确定为天蓝(酞),该颜色亮丽明快,改变了原来"灰蒙蒙、硬邦邦"的外观,使其与周围环境更加协调,达到修补、防护、美化的综合目的。

3.2 性能特点

环氧—丙烯酸聚氨酯防护涂层防护性能、耐老化性能的检测结果分别见表2、表3。

表 2 环氧—丙烯酸聚氨酯防护涂层防护性能检测结果

序号	性能指标	防护处理前	防护处理后
1	透气系数($\times 10^{-16}$ m^2)	15.80	< <0.142
2	渗透系数($\times 10^{-9}$ m/s)	95.20	0.0017
3	抗渗标号	W2	W30
4	抗冻标号	F50	F150
5	120 d 碳化深度(mm)	9.0	0

表 3 环氧—丙烯酸聚氨酯防护涂层老化性能检测结果

序号	紫外线/冷凝加速老化时间(h)	1 500	2 000	2 500	5 000
1	失光率(%)	−3	0	2	22(2 级失光)
2	色差值	0.56	0.71	0.41	1.3(0 级变色)
3	粉化等级	—	—	—	1 级(轻微粉化)

从试验结果分析,环氧—丙烯酸聚氨酯防护涂层具有以下特点:

(1)采用环氧—丙烯酸聚氨酯防护涂层对混凝土表面进行涂层处理,使混凝土表面形成较为致密的封闭层,有效地改善了混凝土表面的结构和性能,使表层混凝土透气系数大幅度降低,可以有效地阻止水分、氧气、CO_2、可溶性有害物质(如 Cl^-、SO_4^{2-})渗透到混凝土内部,使混凝土的抗渗性、抗冻性、抗碳化等各项耐久性指标均有大幅度提高,为混凝土提供了有效的防护措施。

(2)涂层具有良好的附着力:一方面环氧基液可以渗透到混凝土内部,起到锚固漆膜的作用,另一方面由于环氧封闭漆含有羟基、羧基等极性基团,与混凝土、金属中的极性离子发生物理化学吸附,从而形成良好的附着力。

(3)涂层具有良好的耐碱性能,与混凝土具有良好的相容性。

(4)涂层具有良好的耐久性:为了防止聚氨酯涂膜泛黄,除了填加紫外光吸收剂和抗氧化剂外,采用了脂肪族类聚氨酯涂料—丙烯酸聚氨酯面漆,使防护涂层具有高耐候性、高装饰性、不泛黄等特点,可耐用达 20 年之久。

3.3 防护、防腐施工工艺

环氧—丙烯酸聚氨酯涂层采用人工涂刷的方法进行涂刷,栏杆防腐处理参照防护施工工艺执行。

防碳化涂装应由上至下分步实施,每道工序应进行检查,工艺流程:混凝土基层检查,表面打磨及砼基层处理,检查含水率,涂封闭漆,补刮腻子、打磨,涂装中间漆两道,涂装面漆两道。

3.3.1 涂装基本要求

当相对湿度大于80%或环境温度低于5℃及高于40℃时,均宜暂缓施涂,不得在雨、雪天进行施工。

3.3.2 混凝土基层处理

(1)检查混凝土基层,必须坚固、密实、平整。较大的蜂窝孔洞采用SPC聚合物水泥砂浆修补;宽度大于0.2 mm的裂缝进行灌浆处理。

(2)外露钢筋用砂纸进行除锈,露出表面的钢筋头用电动砂轮打磨至低于表面5 mm,用SPC砂浆将钢筋头和露筋部位抹平。

(3)用电动金刚石磨片和钢丝轮对砼表面打磨,除去砼表面的残浆、模板痕迹和脱膜剂等污染物。用2 m直尺检查,空隙大于10 mm的凸出位置打磨平。

3.3.3 涂封闭漆

涂装前,用塑料膜覆盖法测定砼基层含水率,合格后方可涂装。涂装环境条件及涂料配制按涂料产品说明书要求进行。

3.3.4 补刮腻子

在封闭漆完工8 h后补刮腻子,用腻子将蜂窝、麻面、孔洞、砂眼填平。腻子一次不能太厚,应分2~3次填平,每次间隔大于4 h。环氧腻子为双组分涂料加粉料配制而成,为保证质量,腻子要充分混合,尽快使用。在补刮腻子施工8 h后尽快打磨平整,若固化时间过长,将增加打磨的难度。

本次施工本着少刮涂腻子、尽量涂装在混凝土表面的原则,防止为了一味追求平整涂刮腻子过厚而造成腻子脱空、脱落,使防碳化功能失效。

3.3.5 涂装中间漆

涂装中间漆在腻子打磨后进行。第一遍中间漆涂装后,检查表面有无缺陷。如有缺陷,进行打磨或补填腻子,并补涂中间漆,8 h后可涂装第二遍中间漆。

3.3.6 面漆涂装

中间漆涂装24 h后进行面漆的涂装。第一道面漆涂装4~8 h后,可进行第二道面漆的涂装。由于丙烯酸聚氨酯面漆对湿气较为敏感,则应选择晴朗天气施工。

3.4 质量保证与检验结果

(1)基底检查与处理:混凝土表面将浮灰、水泥渣及疏松部位清理干净,无起砂。对裂缝、蜂窝麻面、凸出部位进行处理,保证了混凝土表面密实、平整。平整度用2 m直尺检查,其间空隙应小于10 mm。

(2)混凝土基层含水率检查:将45×45 cm的透明聚乙烯薄膜周边用胶带纸牢固地粘贴密封在基层表面,避免阳光照射或损坏薄膜,16 h后观察塑料薄膜,无水珠、无湿气存在,合格后进行涂装处理。

（3）涂层外观检查：每层涂装时都要对前一涂层进行外观检查，所发现的漏涂、流挂、皱纹等缺陷，应及时进行处理。涂装结束后，进行了涂膜的外观检查，表面均匀一致，无流挂、皱纹、鼓泡、针孔、裂纹等缺陷。

（4）表面平整度达到设计要求，颜色一致，无明显色差。

本次防碳化处理主要部位包括闸墩、桥墩、工作桥面板、闸前左右边墙等部位，面积总计489.05 m²。另外还包括桥上和两岸的栏杆防腐处理面积为125.58 m²。

经现场检查，各施工步骤均按施工工艺要求进行，防护涂层施工质量合格。

4 混凝土裂缝灌浆处理

4.1 混凝土裂缝状况、原因分析

经现场检测，发生裂缝的部位主要是工作桥顶板和闸前左右边墙，裂缝宽度在0.2～0.8 mm 范围内，总长度为50.37 m。

混凝土是一种多相复合体脆性材料，当混凝土的拉应力大于抗拉强度或者混凝土拉伸变形大于混凝土极限拉伸变形时，混凝土就会产生裂缝。裂缝是水工混凝土建筑物最普遍、最常见的病害之一，混凝土裂缝是由多种因素形成的，根据现场调查结果分析，工作桥面板裂缝主要是由于内部电线穿线管产生锈蚀而造成裂缝，左右边墙主要是因为温度变形、干缩变形和土压力作用造成的。

4.2 裂缝处理方案的选择论证

裂缝的修补处理以恢复防水性、耐久性、结构安全为主要目的，同时兼顾美观。在满足修补目的的前提下，考虑经济性来决定修补的范围和修补规模。

结合现场状况，采用了 HK - G - 2 型环氧灌浆材料对裂缝进行灌浆，HK - G - 2 型环氧灌浆材料具有黏度小、可灌性好、黏结强度高、可对微细的裂缝进行灌浆处理等特点，主要技术指标见表4，可以满足工程施工要求。

表4　　　　　　　HK - G - 2 型环氧灌浆材料主要性能指标

序号	项　　　目	性能指标
1	黏度（25℃，MPa·s）	10～20
2	凝固时间	在数分钟至数十小时内任意调节
3	抗压强度（MPa）	40～80
4	抗折强度（MPa）	9.0～15.0
5	抗拉强度（MPa）	5.4～10.0
6	黏结强度（MPa）	2.4～6.0

4.3 裂缝灌浆施工工艺

（1）钻孔：采用手持式电锤进行钻孔，采用骑缝钻孔，如果碰到钢筋，应采取钻斜孔的方法，孔的底部与裂缝相交。

钻孔间距视裂缝宽度而定,一般控制在 50 cm 左右。钻孔深度:8~10 cm,钻孔直径:25 mm。灌浆管采用直径为 21 mm 的镀锌钢管。

(2)凿槽:沿裂缝凿 V 型槽,一般槽口宽度 30~50 mm,深度 30~40 mm。

(3)钻孔及裂缝面清理:利用压缩空气充分清理钻孔内粉尘及裂缝面附近的混凝土碎屑,人工清除松动的碎块,直至露出新鲜干净的表面。

(4)封缝和埋设灌浆管:封缝的目的是防止浆液外漏,提高灌浆压力,使浆液压入裂缝深部,保证灌浆质量。封缝材料采用 SPC 聚合物砂浆,再封缝的同时,埋设灌浆管。SPC 砂浆的配比为 P.O42.5 水泥:沙子:SPC 乳液:水 = 1:2:0.4:0.12。

(5)压气检查:当封缝材料具有一定的强度(一般为 24~36 h 后),利用预埋的灌浆管进行压气检查,确定钻孔与裂缝的串通情况及封缝止浆效果。对于漏水漏气严重的封缝处,应重新进行封缝止浆处理。

(6)配浆:配浆是一个非常关键的环节,应根据温度,浆液灌入量的多少进行配浆,各种材料必须计量准确,随配随用。HK-G-2 型环氧灌浆材料为 A、B 双组分材料,其基本配比为 A:B = 5:1(重量比)。

(7)灌浆:灌浆应由裂缝一端的钻孔向另一端的钻孔逐孔依次进行,灌浆压力由低向高逐渐上升,灌浆压力控制在 0.4~0.5 MPa,当浆液的灌入量已达到了该孔理论灌入量的 1.5 倍左右,并保持压力 4~5 min 后,结束灌浆。

(8)表面美观处理:灌浆结束 3 d 后,拆除灌浆管并进行表面美观处理。

4.4 质量检验

灌浆效果采取钻芯抽样进行检测,通过钻取岩芯检查,裂缝内充满环氧浆液,才达到了预期的灌浆质量要求。

5 结语

(1)本修补工程于 2003 年 6 月 20 日开工,7 月 10 日完工,主要工程部位包括闸墩、工作桥、闸前左右边墙等混凝土建筑物,其中防碳化处理总面积 489.05 m²,裂缝灌浆处理总长度 50.30 m,栏杆的防腐处理 125.58 m²。

(2)对于剥蚀破坏部位,采用 SPC 聚合物水泥砂浆进行修补处理,SPC 砂浆与混凝土良好的黏结性能、防渗性能和良好的耐久性保证了修补层不空鼓、不脱落。

(3)采用具有黏度小、可灌性好、黏结强度高的 HK-G-2 型环氧灌浆材料对裂缝进行灌浆处理,通过取芯检查,裂缝内充满环氧浆液,达到了预期的灌浆质量要求。

(4)采用环氧—丙烯酸聚氨酯防护涂层对混凝土表面进行涂层处理,使混凝土表面形成较为致密的封闭层,有效地阻止了水分、氧气、CO_2、可溶性有害物质渗透到混凝土内部,使混凝土的抗渗性、抗冻性、抗碳化等各项耐久性指标均有大幅度提高,为混凝土提供了有效地防护措施。

环氧—丙烯酸聚氨酯涂层具有良好的附着力、耐碱性能,所采用的丙烯酸聚氨酯面漆具有高耐候性、高装饰性、不泛黄等特点,从而保证了防护涂层具有良好的耐久性能和装饰功能。

喷射硅粉混凝土在水工建筑维修中应用研究

胡智农

（南京水利科学研究院　江苏　南京　210029）

摘　要：喷射硅粉混凝土的现场试验研究及室内性能测试表明，潮喷硅粉细石混凝土适合混凝土坝面、抗冲耐磨部位修补，其抗压强度、抗拉强度、抗折强度、抗冲磨强度及粘接抗拉强度均较基准混凝土有大幅度提高，控制好配合比及后续的养护，喷射修补后的混凝土能避免裂缝出现。喷射硅粉混凝土应用于水工修补工程，将会起到降低造价、提高性能的效果。

关键词：喷射　硅粉混凝土　大坝　维修

大坝泄水建筑物护面的冲蚀破坏是水工建筑常见的现象，研究经济适用的修补材料及快速施工工艺具有重要意义。

硅粉是一种具有微集料填充和高火山灰活性效应的混凝土掺和料，用其部分取代水泥或外掺，可改善混凝土的物理力学性能和耐久性已得到广泛共识。掺入硅粉的混凝土具有较高的抗压、抗折和粘接强度，尤其是抗磨蚀强度有很大的提高。

喷涂混凝土（砂浆）工艺是指将混凝土或砂浆以很高的速度喷射至某结构的表面。该工艺的基本条件须要有输送设备、软管、喷枪及输送动力（压缩空气）。并具有设备简单、操作方便、施工快速的特点，常用于新建结构的护面、老化破损结构的表层修复和补强等。进一步提高喷涂混凝土（砂浆）的物理力学性能及耐久性，掺入硅粉同时配以合适的外加剂不失为一种有效的措施。

1 喷射混凝土（砂浆）的现场试验

为探究喷射硅粉混凝土（砂浆）工艺应用在坝面修补中的可行性，在某工程混凝土边墙实施修补试验研究。

1.1 试验原材料

试验用原材料包括：江南小野田水泥有限公司生产的 52.5 级 P·Ⅱ 水泥；南京水利科学研究院生产的外加剂：A 型硅粉剂和 B 型硅粉剂；中砂（细度模数 2.72）和细石（粒径 5～10 mm）；水泥性能指标见表 1。

表 1　　　　　　　　　　　试验用水泥性能指标

比表面积(m²/kg)	初凝(min)	终凝(min)	安定性	MgO(%)	SO₃(%)	烧失量(%)	不溶物(%)
390	127	203	合格	1.20	2.35	1.10	0.43

3 d 抗折强度(MPa)	3 d 抗压强度(MPa)	28 d 抗折强度(MPa)	28 d 抗压强度(MPa)
6.6	32.9	9.7	64.8

1.2 喷射混凝土(砂浆)配合比设计

修补边墙用的喷射硅粉混凝土(砂浆)性能按如下要求配制:抗压强度 ≥ 40 MPa,抗拉强度≥3 MPa,粘接抗拉强度≥1.5 MPa,抗折强度≥8 MPa,抗冲磨强度较普通混凝土(砂浆)提高50%以上。

现场喷射试验中采用的砂浆和混凝土配合比见表2。

表2　　　　　　　　现场喷射试验中的砂浆和混凝土配合比

类别	编号	水泥	沙子	石子	硅粉外加剂		水
					A	B	
砂浆	S－K	1	2	/	/	/	/
	S－1	1	2	/	0.15	/	/
	S－2	1	2	/	/	0.15	0.405
混凝土	K	1	2	1	/	/	0.420
	H－1	1	1.5	2	/	0.15	0.428
	H－2	1	2	1.5	/	0.15	0.430
	H－3	1	2	1	/	0.15	0.431
	H－4	1	1.5	1	/	0.15	0.456

注:S－K、K为基准试样

1.3 喷射工艺、喷射物料选择及喷射效果

(1)喷射工艺　在喷射硅粉混凝土(砂浆)试验前需进行边墙基面处理。待边墙表面清洗干净并风干后,为提高喷射材料与基面的粘接力,需在其上涂刷水泥:丙乳 = 1:(2.5～3)的丙乳净浆。

喷射试验时,采用轻型混凝土喷射机和10 m³ 空气压缩机(出气压力0.6 MPa,出风量10 m³/min)。试验环境气温为25～28℃,水温为18～20℃。喷射工艺分干喷法、湿喷法和潮喷法。潮喷法是将部分拌和水先与干料拌制成呈松散状的潮料,通过输送设备由压缩空气送至喷枪,再在喷枪口附近补充所需的水分或是掺有外加剂与掺和料的浆液,与潮料汇合后喷出。潮喷法兼具干喷法与湿喷法的优点,即输送能力大,一次可喷厚度较大,喷射物料的回弹率低,粉尘较少。考虑边墙修补对平整度的要求,选择潮喷法进行试验。从试验情况看,由于潮喷法在喷枪口加水易于控制,粉尘及回弹率均不大,且修补面平整度较好。

(2)喷射物料选择　修补试验喷射厚度控制在5 cm以内。试验中选用喷射砂浆与喷射混凝土两种物料进行比较,结果表明,在现有喷射工艺情况下,不论加与不加硅粉剂的S－K、S－1和S－2喷射砂浆组,在喷射后的修补面上均出现流淌现象,难以满足平整度要求。而只要配比合理的喷射细石混凝土则能基本保证修补面上的平整度。因此,选定喷射细石混凝土为修补材料。在确定喷射硅粉细石混凝土后,分别进行掺入两种外加剂:A型硅粉剂和B型硅粉剂的筛选试验,结果表明,掺用A型硅粉剂的喷射混凝土的修补面上总是出现流淌挂漏现象,无法控制喷射质量;而掺用B型硅粉剂的喷射混凝土则能满足表面平整度的要求。因此,选用B型硅粉剂作为喷射混凝土的外加剂。

240

（3）喷射效果　按前述选定的喷射工艺和喷射物料后，以如下的喷射工艺流程进行现场喷射。按配比称料计量→干拌混合物均匀→加部分水潮拌均匀（水灰比控制在 0.20 ~ 0.25）→启动空压机、喷射机→向喷射机加料→喷射操作（在喷枪口再加部分水）→控制加料速度、用水量及喷枪移动方向速度，使喷射料均匀喷向边墙。

用混凝土喷射机喷射细石混凝土，操作简单、易于控制。采用潮喷的话，一次喷射即能满足修补厚度为 5 cm 要求。经测定，喷射混凝土的水灰比均在 0.42 ~ 0.46，用水量的控制相对较为稳定。对配比中石子含量相对多的 H-1 和 H-2 组，喷射后的修补面上露石现象严重，而 H-3 和 H-4 组则有所改观。经调整控制加料速度及喷枪手的操作，修补面的表观总体平整度尚好。B 型硅粉剂是一种复合型外加剂，能很好地改善喷射混凝土的性能。由于现场试验中喷射混凝土的配合比控制较好，喷射后的修补面养护及时，在喷射修补试验三年后，检查喷射表面的混凝土尚未发现裂缝，说明喷射硅粉混凝土的试验较为成功。

2　喷射硅粉混凝土的力学性能

为了测试现场试验中喷射混凝土的力学性能，在取样后按《水工混凝土试验规程》进行了室内试验。其试验结果见表 3。

表 3　　　　　　　　　　　喷射硅粉细石混凝土的力学性能

编号	抗压强度（MPa）		抗拉强度（MPa）		抗折强度（MPa）		28 d 抗冲磨强度[h/（kg/m²）]
	14 d	28 d	14 d	28 d	14 d	28 d	
K	38.3	38.8	4.4	4.6	6.2	7.8	11.87
H-1	38.6	44.1	3.6	4.9	7.7	8.6	18.10
H-2	37.0	44.2	3.8	5.0	7.6	8.4	18.62
H-3	36.7	49.4	4.7	5.3	7.3	9.5	19.88
H-4	41.1	52.0	4.8	5.7	9.7	10.1	20.78

注：K 为基准试样。

可见，喷射细石硅粉混凝土 14 d 龄期的抗压及抗折强度均已达到设计强度（抗压强度 40 MPa、抗折强度 8 MPa）的 90%，抗拉强度已超过设计抗拉强度（3 MPa）；28d 龄期喷射细石硅粉混凝土的抗压强度均超过 40 MPa，抗折强度超过 8 MPa，抗拉强度均超过 4 MPa，抗冲磨强度比基准组（试样 K）提高 65% 以上。从室内力学性能的试验结果及现场喷射试验的外观效果看，H-3 与 H-4 组硅粉细石混凝土可作为实际修补时采用的喷射物料。当平整度要求更高时，可在喷射完后再进行人工抹面。

3　喷射混凝土与基底的粘接强度

喷射混凝土与基底的粘接强度直接影响修补的效果，因此，粘接强度是关键指标。在喷射修补试验完成后的第三十天，在现场采用钻芯拉拔法检测了喷射硅粉细石混凝土与边墙基面的粘接强度。在现场采用喷射硅粉细石混凝土共修补了 5 处墙体。每处均有 1 组、每组取 3 个试件用以检测粘接强度。采用直径为 70 mm 的钻头钻取试件。拉拔仪为 PL-1J

型,精度为 0.1 kN,最大拉拔力不小于 40 kN。试件与拉拔头用 519 丙烯酸脂结构胶粘粘。墙体修补处的粘接强度检测结果见表 4。喷射硅粉混凝土粘接强度大于等于 1.5 MPa,达到设计要求。

表 4 墙体修补处粘接强度检测结果

试件编号		芯样直径(mm)	拉拔力(kN)	黏结强度(MPa)	黏结强度平均值(MPa)
K	1	69	5.0	1.3	1.5
	2	69	6.5	1.7	
	3	69	5.7	1.5	
H-1	1	50	4.8	2.4	2.4
	2	50	3.8	1.9	
	3	50	4.5	2.3	
	4	50	5.7		
H-2	1	69	7.2	1.9	2.0
	2	69	8.7	2.3	
	3	69	7.0	1.9	
H-3	1	67	4.1	1.2	1.5
	2	67	5.8	1.6	
	3	67	5.6	1.6	
H-4	1	69	5.9	1.6	1.7
	2	69	6.6	1.8	
	3	69	6.5	1.7	

注:试件 K 为基准组

4 结语

(1)掺入 B 型硅粉剂的喷射硅粉细石混凝土(H-3、H-4 组),其抗压、抗拉、抗折强度、抗冲磨强度以及与基底的粘接强度均能满足设计要求。可用作为抗冲蚀部位的修补材料。

(2)采用的潮喷工艺具有喷射物料回弹率低、粉尘较少的优点,且操作简易,施工快速。喷射修补后表面总体的平整度尚好,当对平整度有较高要求时,可在喷射完后再进行人工抹面。

(3)精心控制喷射混凝土的配合比,加上良好的后续养护,喷射修补 3 年后混凝土未发现有裂缝产生。

龙口水利枢纽工程泄水底孔喷涂聚脲抗冲磨材料

成保才[1]　尚泽宇[1]　刘云慧[1]　孙志恒[2]　方文时[2]

(1.龙口工程建设管理局 2.北京中水科海利工程技术有限公司)

1　前言

　　水工泄水建筑物如大坝的溢流面、泄洪洞、泄水孔、消力池、压力隧洞等表面遭受高速水流(和含沙水流)冲磨及气蚀破坏,多年来一直未能得到较好的解决。这其中除了水工设计方面的技术研究以外,采用性能优越的抗冲耐磨材料至关重要。喷涂聚脲弹性体技术是国外近十几年来,为适应环保需求而研制、开发的一种新型无溶剂、无污染的绿色施工技术。聚脲弹性体材料的主要特点是具有较高的抗冲耐磨性,其抗冲磨能力是 C60 混凝土的十倍以上,同时具有良好的防渗效果和优异的耐水、耐化学腐蚀及耐老化等性能。

　　黄河龙口水利枢纽位于黄河北干流托克托至龙口河段尾部、山西省和内蒙古自治区的交界地带,左岸隶属山西省忻州市,右岸隶属内蒙古自治区鄂尔多斯市。坝址距上游已建的万家寨水利枢纽25.6 km,距下游已建的天桥水电站约 70 km。工程开发任务是参与系统发电调峰,可对万家寨水电站进行反调节,确保黄河龙口至天桥区间不断流,兼有滞洪削峰等综合作用。

　　龙口水利枢纽为Ⅱ等工程,属大(2)型规模。主要建筑物为2级建筑物。枢纽工程由拦河坝、河床式电站厂房、排砂洞、泄水建筑物和开关站组成。枢纽大坝为混凝土重力坝,河床式电站,总装机容量420 MW。枢纽工程设 10 个 4.5 m×6.5 m(宽×高)底孔,2 个净宽为12 m 的表孔,9 个 1.9 m×1.9 m 排沙洞。底、表孔采用二级底流消能,100 年一遇设计洪水泄量 7 561 m³/s,1000 年一遇校核洪水泄量 8 276 m³/s。

　　12～16 号泄水底孔坝段的抗冲磨混凝土设计采用的标号为 R90400W4(二级配)(抗冲磨),由于在底孔检修门槽至坝前迎水面部位的混凝土在蓄水后具有不可修复性,为提高该部位混凝土的抗冲磨性能,经有关专家现场查勘与技术论证后,决定在 14～16 号坝段中的 5个底孔检修门槽之前及 12～16 号底孔坝段弧门下游溢流面、侧墙出现的裂缝等部位的混凝土表面喷涂聚脲弹性体抗冲磨材料进行抗冲磨预保护。

2　聚脲弹性体抗冲磨材料及 BE14 界面剂

　　聚脲弹性体原料主要有三大类,即端氨基聚醚、异氰酸酯和扩链剂,其中异氰酸酯与聚醚多元醇生成的半预聚体组成 A 料,含有端氨基聚醚、液态胺类扩链剂和助剂组成 R 料。A组分与 R 组分通过专用的主机和喷枪进行喷涂,形成聚脲弹性体抗冲磨层。该工艺属快速反应喷涂体系,原料体系不含溶剂、固化速度快、工艺简单,可在立面、曲面上喷涂十几毫米厚的涂层而不流挂。

聚脲弹性体材料具有优异的综合力学性能,目前国内外生产聚脲的厂家越来越多,产品性能差异较大,为了保证工程质量,本次使用的聚脲弹性体材料为美国进口的聚脲材料,其主要性能技术指标见表1。

表1   聚脲材料的主要(进口)

检查项目	固含量(%)	拉伸强度(MPa)	扯断伸长率(%)	撕裂强度(kN/m)	耐磨性(阿克隆法、mg)
实测指标	100	≥16	≥400	≥70	≤15

在混凝土防护工程中,除了选用优异的聚脲聚脲弹性体材料外,保证聚脲与混凝土之间的粘接强度也是至关重要的。为此,中国水利水电科学研究院结构材料所专门研制了适用于水利水电工程特点的 BE14 专用界面剂。聚脲涂层与混凝土底材的粘接采用的 BE14 界面剂是一种 100% 固含量的环氧底漆,该底漆可在饱和或干燥的混凝土表面施工。它是一种特种高性能环氧树脂,含有排湿基团,因此能够在饱和混凝土表面涂装,且具有良好的粘接力,BE14 界面剂涂刷后的固化时间根据当时的温度和湿度不同而异,一般固化时间需要12 h 以上。与混凝土干燥面的粘接强度较潮湿面略好,粘接强度均大于 3 MPa,7 d 时的粘接强度就接近最大值。

由于聚脲弹性体材料扯断伸长率大于400%,试验证明这种材料喷涂到混凝土裂缝表面可以有效地防止外水渗入裂缝内,抑制裂缝继续发展。为此对混凝土裂缝的处理也采用了喷涂聚脲弹性体抗冲磨材料。

3 施工主要机具

喷涂设备是由专用的主机和喷枪组成。本次采用的主机是美国 GUSMER 公司生产的 H−20/35 专用喷涂机。施工时将主机配置的 2 支抽料泵分别插入装有 A、R 原料桶内,借助主机产生的高压将原料推入喷枪混合室,进行混合、雾化后喷出。在到达基层的同时,涂料几乎已近凝胶,5 ~ 10 s 后,涂层完全固化。一次喷涂厚度为 2 mm 左右,达到规定厚度,只需反复喷涂(间隔 5 s 以上),涂层总成膜度不限。专用设备的基本要求是:平稳的物料输送系统、精确的物料计量系统、均匀的物料混合系统、良好的物料雾化系统和方便的物料清洗系统。选用的喷枪为美国 GUSMER 公司生产的 GX − 7 − 400。

这套喷涂设备施工效率高,可连续操作,理论上喷涂 2 mm 厚的聚脲,100 m² 的面积仅需 40 min。一次喷涂施工厚度可达设计要求,克服了以往多层施工的弊病。辅助设备有:空气压缩机、油水分离器、高压水枪(进口)、打磨机、切割机、电锤、搅拌器、黏结强度测试仪及其他。

4 混凝土抗冲磨涂层施工工艺

4.1 底材处理

底材处理指的是混凝土底材处理,首先用角磨机打磨、再用高压水枪清除混凝土表面的灰尘、浮渣。

混凝土表面清理干净后,用环氧类砂浆填补混凝土表面较大的孔洞,待孔洞填补好后,环氧砂浆初凝后就可涂刷潮湿面界面剂,由于该项目对防渗无要求,主要是为了提高混凝土的抗冲磨能力,且工期很短,故对混凝土表面小孔不进行封堵,仅用专用环氧类腻子对底材表面较大的孔洞进行快速封堵。待腻子固化后再刷涂一道 BE14 潮湿面界面剂。

4.2 喷涂聚脲弹性体抗冲磨涂层

按上述要求处理好基底后,待界面剂表干后,即开始喷涂聚脲弹性体涂层。由于施工期间当地的温度较低(最低温度接近零度),弹性抗冲磨涂层的喷涂应在涂刷界面剂后 24 h 后进行。因当时施工工作面风很大,喷涂时的材料损耗较大,为此在底孔前后用彩条布挡风。聚脲喷涂厚度要求大于 2 mm,为了保证质量,喷涂遍数为 3~4 遍,一次喷成。喷好的涂层 3 d 后可以达到使用的强度要求。

对混凝土裂缝的处理,首先在裂缝两侧打磨各 40 cm,清洗、干燥后涂刷宽 40 cm 的 BE14 界面剂,表干后喷涂 30 cm 宽的聚脲,厚度为 2 mm。

4.3 聚脲材料的准备

打开 A、R 两组分的包装时,应注意不要将 A 组分桶盖上的杂质、胶渣落入桶内。由于 R 组分含有颜料和助剂,静置时间过长容易沉降,因此喷涂前应将 R 组分进行充分搅拌(用专门的气动搅拌设备)至 R 组分颜色均匀一致,无浮色、无发花、无沉淀为止。搅拌时搅拌器不得触及包装桶壁,防止产生金属碎屑,否则应用 100 目筛网过滤。喷涂施工时 R 组分应使用专门的气动搅拌设备进行同步搅拌。由于施工现场温度较低,现场使用了喷涂机自带的辅助加热系统对原材料进行预加热。

4.4 喷涂

喷涂时应随时观察压力、温度等参数。A、R 两组分的动态压力差应小于 200 psi,雾化要均匀。如高于此指标,即属异常情况,应立即停止喷涂,检查喷涂设备及辅助设备是否运行正常,故障排除后,方可重新进行喷涂。

喷涂要保证厚度大致均匀。聚脲弹性层的喷涂间隔应小于 12 h,如超过 12 h,应打磨并用活化剂涂刷已施工涂层表面,30 min 后方可喷涂聚脲弹性层。

4.5 周边处理

在聚脲弹性体喷涂范围的周边及接头和特殊部位处的混凝土的处理中,为了保证聚脲涂层与周围混凝土的搭接牢固可靠,避免在高速水流冲刷下开口掀起,在与周围混凝土搭接边处采用平滑过渡。

5 质量检查内容

(1)混凝土底材处理:检查基底面的处理,按规定要求,清理干净的基底面应无浮尘、无流挂的水泥浆液及灰皮、无松动的混凝土颗粒、并且接缝处无明显的错台、平缓过渡。

(2)填补料的施工:填补混凝土表面大的孔洞后,填补材料应与混凝土表面平齐或略低于混凝土表面,如果高于混凝土表面应用角磨机找平。

(3)底涂料的施工:待填补料初凝后即可涂刷底涂料,底涂料涂刷宽度要超过喷涂层边缘 20 cm。底涂要做到无漏刷、无流挂。

(4) 喷涂施工：喷涂聚脲涂层前，检查周边的处理是否按规定的方案进行。喷涂聚脲厚度应均匀、无漏涂、无鼓泡、固化正常。喷涂边部不能有棱，要平缓过渡。

6 施工现场出现的问题及解决方法

施工完成后，发现混凝土底板局部出现聚脲涂层有鼓泡，聚脲涂层产生鼓泡这种现象在其他工程施工过程中未曾出现过，针对本工程的现场施工条件，分析造成涂层表面产生气泡的原因可能有以下几种情况。

(1) 喷涂时底部潮湿，或有水滴。

(2) 基面底涂料上粘附不洁物，会造成局部粘接不好。

(3) 基面有油，会造成涂层与基面难以粘接。

(4) 喷枪有漏料现象。

从现场把鼓泡割开后检查涂层底部，发现 95% 以上有鼓泡的涂层底部黏附着很多污物，如有焊渣、水泥浆液及灰尘。有的涂层底部还有油污。这是由于现场多家施工，涂刷底涂料后，在养护期间底涂料表面受到了二次污染。针对现场出现的问题，对涂层鼓泡采用如下修补措施。

首先用壁纸刀把涂层表面鼓泡割开，去除部位略大于鼓泡周边 2 cm，然后用丙酮擦洗鼓泡周边及底部基面，以使周边涂层及基面界面剂活化，提高新涂层与老涂层的粘接性能。擦洗范围直径在 15 cm 左右，另外把喷涂区域周围清扫干净。待设备及喷涂料的温度达到要求时，即可进行喷涂修补。喷涂范围大于原气泡尺寸，一般周边要比切割边多出 5 cm。喷涂要达到设计要求厚度。

7 结语

水利工程泄水建筑物常常存在抗冲磨问题，通过试验证明，聚脲弹性体材料具有较高的抗冲磨性能，在对龙口水电站泄水底孔混凝土表面喷涂聚脲弹性体抗冲磨层的施工中，充分发挥了喷涂聚脲弹性体材料快速施工的特点，较好地解决了混凝土防渗及表面抗冲磨问题，喷涂施工完成后第二天就过水运行，其效果还有待于长期的运行考验。

混凝土压力管环氧树脂补强技术效果分析

徐爱良　万宏臣　丛强滋　宫照传　宫淑华

（山东省文登市米山水库管理局）

摘　要:本文介绍了山东省文登市米山水库用环氧树脂补强处理放水洞混凝土压力管的技术方法和效果,并取得了明显的经济效益。

关键词:环氧树脂　混凝土压力管　补强技术

1　工程概况

山东省文登市米山水库总库容 2.8 亿 m^3,兴利库容 1.07 亿 m^3。工程由大坝、放水洞、溢洪道(闸)和水电站等主要建筑物组成。大坝全长 950 m,最大坝高 20.89 m。放水洞两个,分别设在大坝的东端和西端。东放水洞为内径 2.5 m 的钢筋混凝土管,设计泄量 34.2 m^3/s,西放水洞为内径 1.5 m 的廊道式钢筋混凝土衬管,设计泄量 13.1 m^3/s。溢洪道设七孔溢洪闸,净宽 42 m,最大泄量 1 706 m^3/s。电站装机容量六台 600 kW。

1981 年,米山水库西放水洞仅运行 20 年,混凝土管内壁发生严重的蜂窝麻面,麻面面积达 90% 以上,麻面最大孔深 5 cm,部分钢筋裸露,锈蚀严重。如不及时处理,不仅影响使用,而且还威胁大坝的工程安全。

为处理西放水洞,我们做了翻修和补强两个方案比较,最后选定采用投资低的环氧树脂补强方案。1981 年 11 月在西放水洞闸后 31 m 混凝土管内壁用环氧树脂补强,1985 年 6 月用同样处理方法又在闸前 15 m 混凝土管内壁用环氧树脂补强。

2　补强工艺

2.1　材料选择

环氧砂浆是最早用于水工混凝土建筑物的修补材料之一,环氧砂浆是由环氧树脂、固化剂、增塑剂、稀释剂及填料按一定比例配制而成。环氧树脂是快凝高强材料,耐气蚀、抗冲刷,它具有黏结力强,收缩性小,化学稳定性好等许多优点,广泛用于水工建筑物的维修和补强。我们选用 6101 号环氧树脂、固化剂选用乙二胺、增塑剂选用磷苯二甲酸二丁酯、稀释剂选用丙酮,填充剂选用 M32.5 硅酸盐水泥。

2.2　材料配制

每次取环氧树脂 1 kg,放铝盆内,加二丁酯 0.07 kg,放炉上大锅中热水内加温到 50℃,拌和均匀,完全呈液体状态后,加乙二胺 0.07 kg,拌和均匀后即成环氧基液。环氧砂浆配合比见表(环氧砂浆重量配合比表,见表 1),施工材料配制工艺流程图见图 1(环氧砂浆配制工序示意图)。

表	环氧砂浆重量配合比表		
材料名称	作用		重量配合比
环氧树脂	基本胶结料		100.0
二丁酯	增韧剂		6.9
水泥	填充剂		278.0
乙二胺	固化剂		6.7
丙酮	稀释剂		10.2

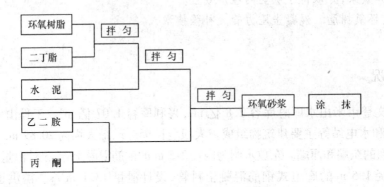

图 1　环氧砂浆配制工序示意图

2.3　施工工艺

施工操作分表面处理、涂抹管壁及养护三个阶段。

（1）表面处理。施工前对原基面的凸面凿除，旧混凝土表面基本不外露，用钢丝刷将剁平后表面松动的混凝土全部清除，然后采用高压水泵清刷，清除浮土和松动的混凝土面层及水垢层，达到原来的坚硬基面。

（2）涂抹管壁。涂刷前用喷灯将混凝土表面烤热至25℃，用毛刷涂刷环氧基液，厚约1 mm左右，要边配制边涂刷。一小时后配制环氧砂浆，用抹刀涂抹，厚约1 cm左右，也要边配制边涂抹。用烤热的抹子压实、压平、压光，要边抹边压。

（3）养护。抹完后养护两周，气温保持在20℃以上。1981年为冬季施工，密封洞口，用炭火保温。

2.4　投资

西放水洞原建设投资10多万元，此次西放水洞闸后混凝土管补强面积137 m^2，投资1.69万元，单位造价82.97 元/m^2。若采用翻修，按当时预算标准需投资50多万元，二者比较，可节省投资48.31万元，相当于输水洞翻修方案投资的3.4%，即节省投资90%以上。

3　工程处理效果

1998年8月2日，在库水位较低时我们对西放水洞闸后31 m混凝土管内壁的补强情况进行了检查。

3.1 现场检查结果

经过现场逐节检查,任何方向和部位均未发现裂缝。检查前分析,混凝土管接头处可能有轻微裂缝。1958 年放水洞施工时,管接头未采用柔性接头,只用水泥砂浆勾缝。1981 年补强施工时,凿除已被腐蚀的混凝土管表面,而将勾缝砂浆部分剔除,因而很多接缝漏水,给补强施工带来了困难。补强后经过 20 多年的运行,混凝土管接头未发现裂缝,分析原因主要是:一是放水洞已建成 30 多年,补强后亦运行 20 多年,加上混凝土管的基础及基座质量好,已经稳定,未发生不均匀沉陷。二是放水洞内温差较小,一年四季变化不大,冬季温度一般在 10℃,夏季一般在 20℃ 左右。三是环氧树脂补强材料强度较大,并有一定的伸缩性,因而补强 20 多年来未发现裂缝。

3.2 历年运用情况

自 1981 年补强以来,西放水洞历年灌溉放水 3 600 万 m³,发电放水 5 000 万 m³,平均每年放水时间在 150 d 以上。灌溉放水最大流量为 8.06 m³/s,最大流速 4.56 m/s,最高水头 8.5 m。闸门后 3 m 处即闸墙与补强管壁接茬处,经过检查未发现任何冲刷现象,闸室底及管底均未发生气蚀现象。

另外,西放水洞由于环氧树脂补强后,管壁异常光滑,糙率系数为 0.011。管壁未腐蚀时糙率系数为 0.015,管壁腐蚀成麻面状的糙率系数大于 0.017。若以糙率系数 0.011 与 0.015 对比计算,补强后可增加过水能力 14.3%。

4 结语

采用环氧树脂作为混凝土压力管的补强方法,可以大幅度地提高原管强度,且补强材料来源可靠,工艺简便,经济合理,易于推广。

硅粉混凝土砂率选择的正交试验设计研究

丁　琳[1,2]　洪　岩[2]　刘洪波[2,3]

(1. 东北林业大学工程技术学院 2. 黑龙江大学建筑工程学院 3. 哈尔滨工业大学土木工程学院)

摘　要：砂率是混凝土配合比三个基本参数之一。对于普通混凝土,在满足强度等性能要求前提下,宜尽可能降低砂率,因为当水泥浆量一定时,砂率是影响新拌混凝土的和易性最主要的因素。本文运用正交试验设计方法,分析水胶比、硅粉掺量和砂率对硅粉混凝土的抗压强度影响。研究结果表明,水胶比对硅粉混凝土的抗压强度影响最大,硅粉掺量次之。砂率对硅粉混凝土的抗压强度影响最小。

关键词：硅粉混凝土　砂率　水胶比　正交试验设计

1　前言

硅粉具有提高混凝土的强度、增加混凝土与钢筋间的黏结性、提高混凝土的抗冻性和抗渗性等优点。硅粉混凝土被广泛应用到水利水电工程、建筑工程、公路建设和桥梁等工程。正交试验设计法最早由日本质量管理专家田口玄一提出。正交试验设计法是利用排列整齐的表——正交表,对试验进行整体设计、综合比较、统计分析,以实现通过少数的试验次数找到较好的生产条件,以达到最佳生产工艺效果。试验设计理论中有三个重要的概念:指标、因素和水平。指标是指试验考核的参数;因素是指对试验指标可能产生影响的参数;水平是指因素在试验中所处的状态或条件。对于定量因素,每一个选定值即为一个水平,水平又称位级。

正交试验设计法具有"均衡分散性"和"综合可比性"的特点,是研究和处理多因素试验的一种科学方法。正交表能够在因素变化范围内均衡抽样,使每次试验都具有较强的代表性,由于正交表具备均衡分散的特点,保证了全面试验的要求,这些试验往往能够较好地达到试验目的。正交表是一系列规格化的表格,每个表都有一个记号,正交表的记号及含义见公式。

$$L_N(q^S)$$

式中　L——正交表的代号;

　　　N——正交表的行数,即需要做的试验次数;

　　　q——各因素的水平数(各因素的水平数相等);

　　　S——正交表的列数(最多能安排的因素个数)。

2　试验设计方法

在本次试验的众多混凝土影响因素中,选择了对硅粉混凝土性能影响较大的3个参数,

250

即水胶比、硅粉掺量、砂率作为主要因素。选择正交表 $L_9(3^4)$，见表1，表示每个因素选用3个水平，做9次试验，最多考虑4个因素（含交互作用）的正交表。由于本次试验共有3个参数，所以取前三列，因素水平表见表2。如采用全面试验法进行试验，每种组合下只进行一次试验，所有不同组合就需进行27次试验，而采用正交设计试验只需9次就可达到目的，试验安排及结果分析情况见表3。

表1   正交表 $L_9(3^4)$

试验号	因素 A	因素 B	因素 C	因素 D
试验 1	1	1	1	1
试验 2	1	2	2	2
试验 3	1	3	3	3
试验 4	2	1	2	3
试验 5	2	2	3	1
试验 6	2	3	1	2
试验 7	3	1	3	2
试验 8	3	2	1	3
试验 9	3	3	2	1

采用直观分析法对试验结果进行分析。直观分析法的依据是一个参数的无偏估计的大小，在一定程度上反映该参数的大小。若我们希望指标越大（越小）越好，那么只要在每个因素选效应最大（最小）的水平即可。我们还希望确定因素对指标影响的大小，即因素的重要性。此时利用统计中的一个统计量极差——平均指标中的最大者与最小者的差，来反映因素的重要性。极差越大，说明该因素的水平改变时对指标的影响越大，这个因素就影响显著。由此可得因素影响的主次关系。

3 结果与讨论

从表3中水平均值可以看出，水胶比越大，硅粉混凝土的抗压强度越低。硅粉掺量在 5%~15% 范围内，硅掺量越大，硅粉混凝土的抗压强度越高。从表3中的极差可以看出水胶比对硅粉混凝土的抗压强度影响最大，硅粉掺量次之。砂率对硅粉混凝土的抗压强度影响很小，但从拌和过程看，砂率为32%的混凝土拌和物的和易性优于30%和34%。因此，在以后的试验中，砂率选择32%。

表2   因素水平表

水平	水胶比	硅粉掺量/%	砂率/%
1	0.40	5	30
2	0.45	10	32
3	0.50	15	34

表 3		试验安排及结果分析表		
	水胶比	硅粉掺量(%)	砂率(%)	28 d 抗压强度(MPa)
试验 1	0.40	5	30	52.00
试验 2	0.45	5	32	38.07
试验 3	0.50	5	34	26.07
试验 4	0.40	10	32	55.70
试验 5	0.45	10	34	41.39
试验 6	0.50	10	30	30.52
试验 7	0.40	15	34	61.78
试验 8	0.45	15	30	41.33
试验 9	0.50	15	32	35.26
1 水平均值	56.493	38.713	41.283	
2 水平均值	40.263	42.537	43.010	
3 水平均值	30.617	46.123	43.080	
极差	25.876	7.410	1.797	
较优水平	0.40	15	34	
因素主次	1	2	3	

4 结语

为了研究砂率对硅粉混凝土抗压强度的影响程度,采用外掺技术对不同水胶比、不同硅粉掺量、不同砂率进行试验,确定满足技术要求的最佳砂率。在试验中,为降低试验成本,缩短试验时间,采用正交试验设计进行研究,取得了较好的效果。

新材料、新工艺在 13.8 kV 母线室防渗工程中的应用

刘玉德

（国电电力桓仁发电厂）

摘　要：本文简要分析了 13.8 KV 母线室渗漏的原因，提出了采用聚氨酯防水涂料作为防水层。为防止保护层混凝土出现裂缝，在混凝土中掺加新材料聚丙烯纤维——KD 阻裂纤维，取得了较显著的效果，可供类似工程借鉴。

关键词：母线室　渗漏　裂缝　聚氨酯　阻裂纤维

1　概述

桓仁水电站是浑江第一座梯级水电站，位于浑江中游，辽宁省桓仁县城东 4 km 处，是以发电为主，兼有防洪等综合效益的电站。设计水头 53.2 m，电站总装机容量为 22.25 万 KWH，水库总库容为 34.6 亿 m³。

13.8 kV 母线室位于桓仁电站主厂房后与坝体和 220 kV 变压器洞之间的混凝土地面下方，母线室顶盖与坝体和厂房之间地面留有结构伸缩缝。母线室顶盖是混凝土地面，因运行多年，又地处严寒地区，温差变化较大，经过多年冻融破坏，混凝土出现了许多表面裂缝和贯穿裂缝，顶盖防水层失效损坏。雨水经常渗漏到地面下方母线室内的高压开关和母线上，给机组开关和母线安全运行带来危害，易发生事故，因此需要大修处理。

2　渗漏原因分析

对 13.8 kV 母线室渗漏问题，我们曾多次采取工程措施处理，都未得到根本解决。如 1988 年我们在 13.8 kV 母线室顶盖采用三元乙丙丁基胶片作为防雨层，又在防雨层表面浇筑混凝土，为了防止混凝土产生裂缝，又在混凝土中铺设钢筋网，虽基本上解决了渗漏问题，但仍有少量的雨水从结构伸缩缝中漏出。说明雨水是从顶盖以外渗入到结构伸缩缝内的。由于母线室的结构伸缩缝是和大坝与厂房相连的，1992 年又进行结构伸缩缝表面涂刷防水涂料。1998 年又对室内伸缩缝进行灌浆处理，都没有从根本上解决渗漏问题。分析渗漏原因为：

（1）母线室渗漏主要是混凝土顶盖表面产生很多裂缝，并且防水层年久失效，雨水沿着表面裂缝透过失效的防水层渗漏到母线室。

（2）母线室顶盖以外的变压器轨道至坝根处存有渗漏通道，雨水通过渗漏通道流进结构伸缩缝中进入母线室。

母线室渗漏量发生较大时为每年的初春和初冬，顶盖表面裂缝和结构伸缩缝都是随温度变化而变化的，属于活动缝。

3 问题的解决

（1）防雨层的选择：

要想解决母线室渗漏问题，首先必须解决防雨层问题，也就是如何选取防水材料问题，为此我们进行多方调研最后选择了沈阳化工学院聚氨酯科技开发公司研制的聚氨酯防水涂料作为防水层。

（2）混凝土表面裂缝的解决

为了防止混凝土产生裂缝，经过调研选择了辽阳康达特种纤维厂生产的阻裂纤维，在混凝土中加入新材料聚丙烯纤维——KD阻裂纤维，以提高混凝土抗裂缝性。

（3）活缝的处理

结构缝和施工缝都随温度的变化而变化，为此我们在结构缝内灌注伸缩率高，流动性好的聚氨酯防水涂料。

4 工程施工

（1）凿除旧混凝土

用风镐对主厂房后地面区域进行混凝土凿除，凿至平行于主厂房后墙的主轨道底部高程 252.83 m，凿除厚度约 17 cm。并清除顶盖的防雨层和原来的三毡四油，露出原基面。

（2）基面处理

用高压水将基面清洗干净，并保持干燥，要求含水量控制在 8% 以下，并有一定的平整度，不平整处用聚乙烯醇缩甲醛涂料加纯水泥找平，形成新的混凝土基面。

（3）涂刷聚氨酯防水涂料

该防水涂料具有优越的弹性；在基层龟裂时也不会产生断裂，并和混凝土或水泥砂浆黏合非常牢固；耐水、耐油、耐酸碱与耐候性良好；施工方便；固化前呈液体状；具有优异的渗透性；防水性能优越。

该涂料分甲乙两组分包装，甲组分是基料，乙组分为固化剂。其主要性能见表1。

表1 聚氨酯防水涂料主要性能指标

序号	检验项目		计量单位	指　标	检验依据
1	拉伸强度	无处理	MPa	≥2.45	GB/T19250－2003
		加热处理		≥1.58	
2	断裂伸长率	无处理	%	≥450	GB/T19250－2003
		加热处理		≥200	
3	低温弯折性	无处理	℃	－35℃ 无裂纹	GB/T19250－2003
		紫外处理		－25℃ 无裂纹	
4	不透水性　0.3 MPa·30 min			不渗漏	GB/T19250－2003
5	固含量		%	≥94	
6	涂膜干燥时间	表干	h	≤4	GB/T19250－2003
		实干		≤12	

254

序号	检验项目	计量单位	指　标	检验依据
7	适用时间(大于105 MPa·s)	min	≥20	GB/T19250—2003
8	拉伸时的老化(加热老化)		无裂缝及变形	GB/T19250—2003

将涂液 A 组分与 B 组分按 1:2 的比例混合、充分拌匀后,即可使用。盛器和搅拌器必须清洁干燥,搅拌器一般可采用手提式电动搅拌器,搅拌时间约 5~10 min,搅至涂料发亮为止。

当涂层厚度为 1.3~1.5 mm 时(涂 1 m² 需混合料 1.5 kg 左右),应分两次涂刷。第一次厚约 0.5 mm,待第一层固化后(约 4~12 h)再涂第二层。角部、接缝处一定要涂刷仔细,加玻纤布增强。在结构伸缩缝中灌注防水涂料,在伸缩缝的表面把抗拉伸的玻纤布折叠起来形成圆拱,再刷防水涂料。

每次拌匀的混合料约应在 30 min 内使用完,如混合料黏度大,施工困难,可加入适量的邻苯二甲酸二丁酯或溶剂稀释。

(4)防水层的保护层处理

防水层施工后应在其上面做保护层,其做法是在防水层上面浇筑混凝土。为了防止混凝土产生裂缝,在混凝土中加入新材料聚丙烯纤维—KD 阻裂纤维。在水泥混凝土中掺入适量经过特殊处理的合成纤维,可赋予混凝土施工体一定的韧性,提高其抗拉强度。特别是对抑制水泥基胶凝材料硬化前早期裂缝有很大作用。

KDZ - Ⅱ型阻裂纤维是采用东北地区最大的石油化纤基地——中油集团辽阳石油化纤公司生产的 PP 切片为原料并经过特殊工艺生产的一种超短异型聚丙烯单丝纤维。这种高强、高模、低伸纤维与其他纤维相比有其独特的品质。它耐酸、耐碱、耐腐蚀、化学稳定性好、安全无毒、比重小、质地轻,因而覆盖面积大。直径为 37 um(8.66 dtex),长度为 15 mm 的 KDZ - Ⅱ型阻裂纤维,每千克里面约含有五百万根纤维。它不溶于水,也不吸水,干湿态下均有较高的强度。由于它与水泥、沙石,钢筋的摩擦系数较大,又因为它的横断面呈近似三叶形,界面大,比表面积高,可以和混凝土有很好的粘接亲和性,因此握裹力很高。KDZ - Ⅱ型阻断裂纤维其表层是经过防静电处理的,可以在和混凝土拌和过程中表现出很好的分散性。

当把适量 KDZ - Ⅱ型阻裂纤维均匀掺入混凝土中后,每立方米混凝土中的数百万根微细纤维便会在施工体中形成乱向分布的网状支撑体系,起到微细配筋的作用,产生了一种有效的多向二级加强效果,从而提高了水泥基胶凝材料的抗拉强度。这些纤维能阻止混凝土不规则无取向裂缝的产生与扩延。并能有效地承托骨料,减少骨料离析,减少泌水,提高混凝土的致密度和粘聚性、保水性,达到抗渗目的,极大改善了混凝土的内在品质。实验证明加入了 KDZ - Ⅱ型阻裂纤维后的混凝土,其抗裂与抗渗性能分别提高了 90% 与 80%,抗冲击能力提高 22.2%。

根据我们工程的要求,阻裂纤维的掺入量为每立方米混凝土 0.9 kg。

加入 KDZ - Ⅱ型阻裂纤维浇筑的混凝土,混凝土表面没有产生任何裂缝。混凝土施工缝是先用泡沫板填筑,然后拆除再灌注防水涂料,这样既可伸缩又可防水,效果非常好。

5　结语

通过采用上述新材料和新工艺对 13.8 kV 母线室和电缆室进行防渗处理,有效地解决了 13.8 kV 母线室和电缆室的渗漏问题。此项工程使 13.8 kV 母线室和 220 kV 变压器轨道下的电缆室形成整体的防雨层,对主厂房和母线室及坝体相连的结构缝灌注防水材料,有效地封堵渗漏通道,起到了良好的防水作用。混凝土保护层掺加 KDZ - Ⅱ 型阻裂纤维后,没有产生任何裂缝,提高了混凝土抗裂与抗渗性,较彻底地解决了 13.8 母线室和电缆室的渗漏问题,有效地保证了发、供电设备的安全运行,为电厂安全生产提供了保障。

五、水工建筑物的修补加固工程实例

北京三家店拦河闸混凝土建筑物防护处理

张世清[1]　倪　明[1]　朱正海[1]　孙志恒[2]　关遇时[2]

(1.北京城市河湖管理处　2.中国水利水电科学研究院结构材料所)

摘　要:北京三家店拦河闸已运行48余年,经检测发现部分混凝土的老化和病害情况比较严重,需要尽快进行局部补强加固和全面防护处理。本文介绍了三家店拦河闸混凝土防护施工涉及到对混凝土的防碳化处理、裂缝处理、剥蚀面处理等内容,应用了防碳化柔性涂料、改性化学灌浆、粘贴碳纤维、喷涂聚脲弹性体等新材料、新技术和新工艺,为今后处理类似工程提供了宝贵的经验。

关键词:混凝土老化　化学灌浆　碳纤维　聚脲弹性体

1　工程概述

三家店引水枢纽位于北京市门头沟区,是永定河引水渠的渠首工程。该引水枢纽工程由拦河闸、永定河引水渠进水闸和城龙进水闸三部分组成,于1956年2月兴建,1957年5月完工。主要功能是拦蓄上游来水,保证引水枢纽按用水户的需要均匀供水。该工程已运行48年,1996年对三家店闸混凝土的老化和病害情况进行了全面检测,检测结果表明工程老化严重,为了保证工程安全运行,提高工程的使用寿命,应尽快对三家店拦河闸混凝土缺陷进行"局部补强加固和全面防护相结合"的加固措施。

1999年10月至12月曾对工作桥底面及7个闸墩进行了防护处理。运行五年后,2004年10月对1999年完成的补强加固部位和未补强加固的部位进行抽查,通过对比检测发现,经过防碳化处理的部位混凝土碳化深度基本上没有增加,而未进行防碳化处理的混凝土表层碳化程度发展较快。未处理的闸墩两侧混凝土普遍存在长短不一的裂缝,其中牛腿和靠近弧形闸门处的裂缝较多,较1996年检测时明显增多,未处理的闸墩表面裂缝数量增加了一倍左右,裂缝宽度和长度均有所发展。经过第一期防护处理过的闸墩,未发现新的裂缝产生。

从检查结果来看,1999年防护处理工程质量较好,修补方案可靠、有效,修补后的混凝土结构达到了恢复结构整体性与耐久性的目的。2005年3月至6月,北京中水科海利工程技术有限公司与北京城市河湖管理处合作,对三家店拦河闸闸墩、溢流坝面、引水渠进水闸、工作桥表面、交通桥大梁底部及侧面等部位的混凝土缺陷又进行了局部补强加固和全面防护处理。

2　防护处理方案及其材料特性

2.1　闸墩的裂缝处理

由于闸墩的裂缝严重地破坏了闸墩的整体性,影响了闸墩的应力分布,改变了应力传递途径。此外,裂缝中的渗水将带走混凝土中的大量有效成分,导致混凝土强度降低。同时又会引起闸墩内部钢筋锈蚀,降低了结构的安全性与耐久性。因此需要对闸墩裂缝采取灌浆补强及防碳化处理的综合加固处理方法,并对贯穿性裂缝采用表面粘贴碳纤维补强加固技术,以恢复结构的整体性与耐久性。

碳纤维补强加固技术是利用高强度或高弹性模量的连续碳纤维,单向排列成束,用环氧树脂浸渍形成碳纤维增强复合材料片材,将片材用专用环氧树脂胶粘贴在结构外表面受拉或有裂缝部位,固化后与原结构形成一整体,碳纤维即可与原结构共同受力。碳纤维粘贴在贯穿性裂缝部位,粘贴宽度为 80 cm(裂缝两侧各延伸 40 cm),粘贴长度大于裂缝本身的长度,要求碳纤维布纤维方向与裂缝方向垂直。碳纤维材料的性能指标见表 1:

表 1   碳纤维材料的规格及性能指标

碳纤维种类	单位面积重量（g/m²）	设计厚度（mm）	抗拉强度（MPa）	拉伸模量（MPa）
XEC – 300（高强度）	300	0.167	>3 500	$>2.3 \times 10^5$

粘贴碳纤维的黏结剂必须具有极强的渗透力和对混凝土表面起到补强作用,应对碳纤维布有极强的浸渍力。因此只有通过专用环氧树脂胶将碳纤维片粘贴在混凝土或钢筋混凝土结构表面并与之紧密结合为一整体共同承受荷载,才能达到补强加固的目的。

对闸墩裂缝采用化学灌浆补强的方法,灌浆材料采用可灌性好的改性环氧浆材。这种材料黏度低、可灌性好,可渗入 0.2 mm 混凝土裂缝和微细岩体内,与国内外的材料相比,其早期发热量低、毒性小、施工操作方便,是较理想的混凝土补强加固材料。其具体性能指标如表 2。

表 2   SK – E 改性环氧浆材性能

浆液黏度（cp）	浆液比重（g/cm³）	屈服抗压强度（MPa）	抗拉强度（MPa）		抗压弹模（MPa）
			纯浆体	潮湿面粘接	
14	1.06	42.8	8.25	>4.0	1.9×10^3

2.2　闸墩表面防碳化处理

对闸墩水面以上部分,采用专用的改性 AEV 聚合物乳液防碳化喷涂材料,其黏结强度大于 0.2 MPa,防碳化能力比普通混凝土提高了 10 倍。为了使修补防护后结构的外观与拦河闸整体外观相适应,采用的改性 AEV 喷涂材料调为浅灰色。

对于闸墩水下部分表面进行防碳化处理的材料,既要满足防碳化要求,又要保证将来泄洪时满足防冲刷要求,故采用 PCS – 1 型抗冲磨防碳化涂料,厚度大于 1 mm,其与混凝土的粘接强度大于 1 MPa,断裂伸长率大于 100%,拉断强度大于 1.5 MPa,抗冻性能大于 F300。这种材料可以全面提高混凝土的抗渗能力,防止防渗层混凝土的碳化,提高混凝土的耐久性(抗冻性、化学侵蚀),阻止混凝土裂缝的扩大,对混凝土裂缝的发展有一定抑制作用,可对混凝土表面进行美化,有利于发展旅游。

2.3　闸底板混凝土剥蚀部位补强处理

对闸底板混凝土裂缝,采用开槽回填聚合物水泥砂浆,裂缝内部进行化学灌浆的综合处理方法,方法同闸墩裂缝的处理。对底板混凝土剥蚀部位,采用凿除松动的混凝土,置换抗冲磨聚合物水泥砂浆的处理方法。聚合物水泥砂浆是通过向水泥砂浆掺加聚合物乳胶改性而制成的一类有机无机复合材料。主要是由于聚合物的掺入引起了水泥砂浆微观及亚微观结构的改变,从而对水泥砂浆各方面的性能起到改善作用,并具有一定的弹性。

表 3　　　　　　　　　　　　　　聚合物水泥砂浆性能指标

序号	项目	设计指标
1	抗压强度(MPa)	≥30(28 d)
2	抗折强度(MPa)	≥5(28 d)
3	抗拉强度(MPa)	≥5(28 d)
4	与老混凝土的粘接强度(MPa)	≥2(28 d)
5	抗渗性能(承受水压力 MPa)	≥1.5
6	抗冻性(抗冻融循环次数)	≥F300

2.4　工作桥表面的处理

工作桥表面采用喷涂聚脲弹性体抗冲磨材料。喷涂聚脲弹性体技术是美国 1991 年开发出来的,2003 年由中国水利水电科学研究院引进,并首次在水利水电工程中应用。喷涂聚脲弹性体涂层的主要性能特点是:不含催化剂,可以实现所需要的快速固化时间;可在任意的曲面、斜面及垂直面上喷涂成型,不产生流挂现象,可快至 5 s 左右达到凝胶,1 min 即可达到步行强度;对水分和湿气不敏感,施工时不受环境温度、湿度的影响,可以在潮湿环境和界面上固化不影响其性能;具有非常优异的柔韧性、耐磨性、高粘接性能及本体拉伸强度高等物理力学性能;对钢材、混凝土、沥青等底材有着非常良好的粘接强度;耐老化性能也十分突出;具有极强的抗渗、防碳化和抗冲磨能力。此次采用的聚脲弹性体材料的主要技术指标见表4。

表 4　　　　　　　　　　　　　　聚脲材料的主要技术指标

项　目	指　标
固含量	100%
凝胶时间	10 s
拉伸强度	12 MPa
扯断伸长率	200%
撕裂强度	30 kN/m
硬度,邵 A	80 ~ 85
附着力(潮湿面)	≥2 MPa
耐磨性(阿克隆法)	≤50 mg
颜色	浅灰色
密度	1.02 g/cm^3

2.5 引水渠进水闸的修补处理

对引水渠进水闸局部混凝土冻融剥落部位,凿除疏松混凝土,抹 2 cm 左右厚的聚合物水泥砂浆,打磨冲洗整个处理面,涂刷 PCS 防护柔性涂料。

2.6 拦河闸上游面水下部位混凝土表面处理

对拦河闸上游面水下部位混凝土表面进行全面检测,如果有裂缝就进行化学灌浆处理,对局部混凝土冻融剥落部位凿除,抹 2 cm 左右的聚合物水泥砂浆,整个面打磨冲洗,涂刷 PCS 防护柔性涂料。

2.7 交通桥防护处理

由于交通桥大梁混凝土的碳化深度已超过了大梁主筋保护层厚度,引起主筋锈蚀,使主筋有效截面面积减小,危及交通安全,因此需要对交通桥大梁进行全面防碳化处理,对于大梁腹板裂缝宽度较大的部位,采用粘贴碳纤维补强措施,细小裂缝表面涂刷 PCS – 1 材料,整个大梁喷涂改性 AEV 聚合物乳液防碳化喷涂材料。

3 修补施工工艺及技术要求

3.1 混凝土表面清洗、打毛

(1)用钢丝刷或铲刀清除梁的表面污垢油渍及积尘。

(2)用高压水清洗混凝土表面,至表面无污垢及积尘。

3.2 防碳化涂层的喷涂

(1)在已清洗、修补后的混凝土表面,用高压喷涂机喷涂防碳化涂层。喷涂前混凝土表面应风干。

(2)水上部位的混凝土防碳化处理采用喷涂三遍改性 AEV 聚合物乳液防碳化材料(见照片),水下部分混凝土防护采用涂刷三遍 PCS – 1 型抗冲磨防碳化涂料。喷(涂)层应均匀,每一道涂层表面干后,可再喷(涂)下一层。

3.3 裂缝的化学灌浆处理

化学灌浆前,首先要对每孔化学灌浆裂缝进行调查,为施工提供详实情况和实际工程量。当缝宽大于 0.2 mm 时,先沿裂缝(并将两端无缝处延伸 10 cm 左右)将混凝土凿宽约 3~5 cm、深 3~4 cm 左右的槽,回填聚合物砂浆进行封堵和表面抹平。再沿混凝土裂缝两侧打斜孔与缝面相交,灌浆孔造好后进行清孔。将已洗好的灌浆孔,装上灌浆嘴进行压气或压水,检查孔缝是否相通。若不相通,要检查原因,直到孔缝相通。采用专用的高压灌浆设备进行灌浆,浆液必须搅拌均匀。

3.4 混凝土碳纤维补强加固

(1)混凝土基底处理:将混凝土构件表面的残缺、破损部分清除干净至结构密实部位。对经过剔凿、清理和露筋的构件残缺部分,进行修补、复原。表面凸出部分打磨平整,修复后的错差要尽量平顺。

(2)涂底层涂料:把底层涂料的主剂和固化剂按规定比例称量准确后放入容器内,用搅拌器搅拌均匀。一次调和量应以在可使用时间内用完为准。

(3)环氧腻子对构件表面的残缺修补:构件表面凹陷部位应用环氧腻子填平,修复至表面平整。腻子涂刮后,对表面存在的凹凸糙纹,应再用砂纸打磨平整。

(4)粘贴碳纤维片:确认粘贴表面干燥后可以贴碳纤维片。贴片前在构件表面用滚筒刷均匀地涂刷黏结树脂,贴片时在碳纤维片和树脂之间尽量不要有空气。可用专用工具沿着纤维方向在碳纤维片上滚压多次,使树脂渗入碳纤维中。碳纤维片施工 30 min 后,用滚筒刷均匀涂刷树脂。

(5)养护:粘贴碳纤维片后,需自然养护 24 h 达到初期固化,应保证固化期间不受干扰。

(6)质量检验标准:碳纤维片的粘贴基面必须干燥清洁,光滑平顺,无明显错差。碳纤维片粘贴密实。目测检查不许有剥落、松弛、翘起、褶皱等缺陷,以及超过允许范围的空鼓。固化后的贴片层与层之间的粘着状态和树脂的固化状况良好。

3.5 喷涂聚脲弹性体

(1)底材处理:混凝土底材处理首先用角磨机、高压水枪等清除表面的灰尘、浮渣。待水分完全挥发后,用堵缝料进行底材表面找平及堵缝。刷涂或辊涂一道配套底漆。

(2)伸缩缝的处理:由于原伸缩缝内充填的止水材料已经老化,这次处理时将老化的材料剔除,埋设 U 型不锈钢薄板,中间填充 GB 柔性止水材料,保证与工作桥面在一个平面。

(3)喷涂前设备的准备:喷涂前进行设备及附属设备的检查,按规定的要求进行喷涂设备的参数设置,包括主加热器温度、长管加热器温度、主机压力、空压机压力。

(4)喷涂:喷涂时应随时观察压力、温度等参数。A、R 两组分的动态压力差应小于 600 psi,雾化要均匀。喷涂厚度大致均匀,但在伸缩缝部位的聚脲厚度要大于 2 cm。

(5)聚脲弹性体接头的封闭:在喷涂弹性层后 24 h 内对聚脲弹性体接头进行封闭。可采用开槽回填改性环氧砂浆或聚合物水泥砂浆的方法封闭。

(6)验收标准:混凝土底材要求表面平整、无裂缝、清洁。底漆固化正常,无漏涂;找平和堵缝后的底材表面平整、无孔洞,堵缝料表面平整、无毛刺。喷涂厚度均匀,无漏涂,固化正常。

3.6 混凝土冲蚀坑处理

(1)修补面的凿毛:修补面的垂直面与其底面垂直,修补面的深度应基本一致,凿毛后应用高压水冲洗。

(2)聚合物混凝土拌和:混凝土人工拌和,先干搅拌后加有机材料、水、外加剂,外加剂预先与拌和水混合,要求坍落度控制 2 cm 左右。

(3)浇筑聚合物水泥砂浆:由于剥蚀面深度小于 5 cm,现场采用浇筑聚合物水泥砂浆的方案。为了保证修补材料与老混凝土之间的黏结强度,先将冲坑四周及底面涂刷界面剂(用刷子涂刷约 1 mm 厚),聚合物水泥砂浆浇筑后,用振捣棒或平板振捣器振捣,直至泛浆为止。在振捣过程中注意与原混凝土面曲线保持一致。

(4)养护:用塑料布覆盖,保持水分 1 d 或拆脚手架前将混凝土的修补面涂刷有机材料防护。

4 结语

北京三家店拦河闸混凝土建筑物的缺陷处理工程经北京中水科海利工程技术有限公司近三个月的紧张施工,于 2005 年 6 月完成,实践证明整个防护工程的方案可靠,施工质量优良。工程顺利通过了竣工验收,为三家店拦河闸安全运行打下了良好基础。该工程已经过了一年多的运行考验。在这次三家店拦河闸混凝土防护施工中,应用了大量的新技术、新材料和新工艺,为今后处理类似工程提供了宝贵的经验。

大红门闸闸室结构混凝土防碳化处理

焦怀金[1]　张秀梅[2]　孙志恒[3]　付颖千[3]
（1.北京市水利建设管理中心 2.华北电网有限公司北京十三陵蓄能电厂
3.中国水利水电科学研究院）

摘　要： 混凝土建筑物随着运行年限的增长，都会出现老化现象，主要表现为混凝土碳化和内部钢筋锈蚀。本文详细介绍大红门闸闸室结构防碳化处理的经验。采用的SK防碳化涂料适用于潮湿面混凝土表面的防护，可在潮湿环境、水位变化区等部位施工，具有防碳化效果好，与混凝土粘接强度高，耐碱性、抗渗透性、柔性好等特点。实践证明，在潮湿环境下混凝土表面防护采用这种材料及技术是成功的，可以在类似工程中推广使用。

关键词： 闸室结构　混凝土碳化　防护处理

1　混凝土表面防护的必要性

混凝土建筑物随着运行年限的增长，都会出现老化现象，主要表现在混凝土的碳化和内部钢筋锈蚀。混凝土碳化是指混凝土硬化后其表面与空气中的 CO_2 作用，使混凝土中的水泥水化生成产物 $Ca(OH)_2$ 生成 $CaCO_3$，并使混凝土孔隙溶液 PH 值降低。而防止钢筋产生锈蚀的表面钝化膜只能在碱性的环境下才能稳定地存在，当混凝土孔隙溶液碱度降低时，这层钝化膜也随之瓦解，失去了对钢筋的屏障作用，在电化学反应的作用下，钢筋表面逐渐反应生成 $Fe(OH)_3$，导致钢筋锈蚀。

碳化速度的主要影响因素是混凝土自身的密实度和其所处的环境条件，主要包括大气中 CO_2 的浓度和相对湿度。CO_2 的浓度越高，碳化越快，当大气相对湿度为 50% 左右时，碳化最快，湿度过高或过低都会阻碍碳化的发展。

混凝土结构中钢筋的锈蚀实际上是钢筋电化学反应的结果。钢筋锈蚀将使混凝土握裹力和钢筋有效截面积下降，并可能由于因锈蚀产生的膨胀而造成混凝土保护层的崩落，影响整体结构的稳定。导致钢筋产生锈蚀的原因有两个：第一是混凝土的碳化深度超过混凝土保护层厚度；第二是大量的 Cl^- 等酸性离子的侵蚀作用。Cl^- 具有相当高的活性，对钢筋有很强的吸附作用，是一种钢筋的活化剂。当 Cl^- 渗透超过混凝土保护层而达到钢筋表面时，就会置换钢筋钝化膜中的氧元素，使钝化膜破坏，从而使钢筋处于活化状态，继而产生电化学锈蚀。

大红门闸位于北京市丰台区大红门附近凉水河上，其主要作用是拦河蓄水供大兴县凉凤灌区引水灌溉，是大兴县的主要灌溉水源之一。原大红门闸是 1958 年修建的，1988 年改建后的工程级别为Ⅲ级，闸室沿水流向长 9 m，闸孔为 4 孔，每孔净宽 8 m，总净宽 32 m，2006 年闸孔增加到 6 孔。随着水闸运行年限的增长，一些部位出现了老化病害现象，检测发现闸墩墩头局部出现混凝土剥落及钢筋锈蚀，工作闸门槽槽内和检修闸门槽内发现有裂缝，有些已超过闸墩混凝土保护层厚度(40 mm),并引起了裂缝附近钢筋的锈蚀。水闸闸墩的平均碳化深度为 5.52 mm;交通桥大梁的平均碳化深度为 19.31 mm。考虑到老闸孔混凝土现已存在裂缝、剥蚀等局部缺陷,以及 2006 年扩建后老闸孔需要与新闸孔共同发挥作用,应对老闸孔混凝土局部缺陷进行处理后做一次全面防护,以提高其耐久性,延长大红门拦河闸的安全运行年限。

2 防碳化处理方案

目前处理混凝土碳化的方法较多,主要分两种情况。一种是针对混凝土表面没有出现裂缝及剥蚀破坏的情况,一般采用表面保护的措施,即在混凝土表面做涂料,阻断 CO_2 向其内部侵蚀扩散的途经,减缓混凝土的碳化速度,国内采用的材料有环氧树脂、氯磺化聚乙烯、水泥基类材料、高标号水泥砂浆、聚合物水泥浆等;另一种是混凝土表面已产生了破坏的情况,包括出现顺筋开裂、混凝土崩落、钢筋锈蚀、混凝土局部剥蚀等,对这类破坏原则上应采用局部修补和全面封闭防护相结合的方法,即对于碳化深度超过混凝土保护层,钢筋已产生锈胀破坏的部位,要在彻底清除的基础上用黏结性好、密实度高的水泥砂浆(或混凝土)进行局部修补,恢复结构物的整体外形,再用黏结性强的防碳化柔性涂料对整个钢筋混凝土结构进行全面的封闭,以防止空气中的 CO_2 进一步侵蚀,达到整体防护的效果。

针对大红门闸室的现状,首先对裂缝内部进行化学灌浆补强。由于闸墩混凝土及 T 型梁受污水侵蚀、空气污染及水流冲刷的影响,表面风化及污染较严重,采用在混凝土表面打磨、局部采用聚合物水泥砂浆补平,最后用高压水冲洗。为下一步表面喷涂防碳化涂料打好基础。

由于施工期是多雨季节,混凝土表面比较潮湿,且河水经常涨落,为此选择了适合于潮湿环境下施工的 SK 柔性防碳化涂料。SK 柔性防碳化涂料的作用为:

(1)全面提高混凝土的抗渗能力。

(2)防止混凝土的碳化,提高混凝土的耐久性。

(3)阻止混凝土裂缝的渗漏及扩展,对混凝土裂缝的进一步发展有抑制作用。

(4)可以封堵混凝土表面的微细裂缝。

(5)新老混凝土颜色一致,整体美观。

3 SK 混凝土表面柔性防碳化涂料

SK 混凝土表面柔性防护涂料是一种可以使用在水工建筑物、港工、公路桥梁及桥墩上混凝土表面防护的组合涂料,分别由底涂 BE14、中间层 ES302 和表层 PU16 组成。

BE14 是一种 100% 固体环氧底漆,可允许在饱和或表干混凝土表面施工。它是采用特种高性能环氧树脂,含有排湿基团,能够在潮湿表面涂装和水下固化的高性能产品。BE14 与老混凝土基底粘接强度大于 4MPa,具有超常的防蚀和保护特性。

ES302 是一种优异的、含固量 100% 的环氧厚浆涂料,含有耐候性、抗老化性及排湿特性基团的高性能产品。可直接涂于 BE14 表面,具有优秀的抗腐蚀和防碳化性能。

PU16 是一种优异的聚氨酯柔性涂料,有良好的装饰性能,可以涂装在 ES302 上,达到极其坚韧和耐久。PU16采用特种高性能改性聚氨酯树脂,含有酯键等强极性基团,漆膜强度高,耐热及耐候性好,具备超常的防蚀和保护特性。

4 SK涂料的成膜机理

由于混凝土本质上是水化的硅酸盐,具有多孔性和吸湿性的特点,要解决处于饱和状态下的钢筋混凝土结构的长期防碳化,必须要突破"潮湿固化化学键成膜机理、高附着力"的技术难题。

SK涂料采用独有的无溶剂环氧技术,选用亲水高性能重防腐环氧树脂和SK专有助剂和特殊固化剂,制造出在饱和或表干的混凝土表面直接涂装的防碳化组合涂料。

SK底涂涂刷在饱和的钢筋混凝土结构表面时,通过配位键改进各种组分,使涂层与混凝土基材形成化学键结合。SK底涂特殊改性的亲水高性能树脂形成可疏水的活性基团,配合了漆膜在饱和条件下固化反应时所产生的化学强化排水功能,可把从混凝土孔隙中分解出来的结晶水彻底逸出涂层。漆料可充分地渗透进混凝土孔隙中,增强了混凝土的表面强度和密度。当涂层固化封闭后,该疏水活性基团的分子键也随着固化而消失,从而在混凝土表面形成了以化学键作用力和高强度渗透锚固力组成的干燥强固密闭透气涂层。由高性能环氧树脂、专有助剂、混凝土转化物以及特殊固化剂强力化合形成的优异渗透性强固涂层,坚韧致密,有超强的附着力和优异的防蚀性能,更具有独特的长效疏水透气功能,可长效持久地阻止水分、气体、盐雾等有害介质对涂层的侵蚀危害,涂层随着防腐年限的延长而漆膜性能不退化,有效地解决了在饱和状态下的涂装混凝土结构达到长期防碳化的技术难题。

5 防碳化喷涂施工

首先对闸室结构混凝土进行裂缝调查,对大于0.2 mm以上的裂缝沿混凝土裂缝两侧打斜孔与缝面相交,清孔后进行高压化学灌浆。如果混凝土表面剥蚀,用电锤将混凝土剥蚀面凿毛,高压水枪清洗,涂刷界面剂,再用聚合物水泥砂浆找平、养护。对于混凝土表面气孔,先用角磨机打磨基面,高压水枪清洗,再用聚合物水泥封堵孔洞,喷水养护。

照片1 混凝土闸墩表面防护施工后的情况

在混凝土基面处理的基础上,用高压水枪清洗基面浮尘,防碳化涂料采用高压喷涂设备进行喷涂施工,首先喷涂底涂 BE14;待底涂料表干后,喷涂中间层 ES303;待中间层表干后,喷涂表层 PU16。喷涂施工具有施工速度快,喷涂均匀的特点,便于施工人员操作。

6 结语

SK 涂料是无溶剂环氧涂料,由底、中、表面三层组合而成。涂料可以在饱和的混凝土面进行防护施工,施工采用喷涂技术,施工速度快,涂料的底涂具有很好的渗透性,其附着力大于混凝土本身的强度。防碳化效果好,具有耐碱性、抗渗透性、柔性好等特点。

大红门闸闸室混凝土防碳化处理经过一年多的运行考验,证明在潮湿环境下混凝土表面防护采用这种材料及技术是成功的,可以在类似工程中推广使用。

桃林口水库大坝防渗处理的探索与实践

祁立友　周世龙　王育琳

（河北省桃林口水库管理局）

摘　要: 通过对桃林口水库大坝渗水规律分析,证实导致大坝渗漏严重的主要因素是大坝上游面混凝土裂缝,据此确定大坝防渗处理方案,并以上游坝面混凝土裂缝处理为主要措施。实践证明,该方案收到了明显效果,大坝渗漏量较历年同期同等条件下明显下降。

关键词: 渗漏　防渗　裂缝处理

1　前言

桃林口水库位于河北省滦河支流青龙河上,是一座集供水、灌溉、发电、旅游开发等多种功能于一体的大型水利枢纽工程。控制流域面积 5 060 km²,多年平均径流量 9.6 亿 m³,总库容 8.59 亿 m³。坝顶全长 500 m,坝顶高程 146.5 m,最大坝高 74.5 m。大坝为"金包银"式碾压混凝土重力坝,迎水面采用 3.5 m 厚常态混凝土作为防渗层,下游面采用 1.5 m 厚常态混凝土作为保护层,坝内为三级配碾压混凝土。

水库在 1997 年 8 月泄洪底孔下闸蓄水后,发现廊道内渗水量较大,特别是每年冬季在坝下游面还出现了渗水点、渗水条带。尤其大坝表孔溢洪道下游面渗漏更为严重。因此,必须采取防渗处理措施,有效减少大坝渗水量,确保大坝工程安全运行。

2　大坝渗水规律分析

大坝渗水分为坝体和坝基两部分。表 1 是大坝渗水观测数据。由表 1 看出:坝基渗水年内、年际变化量不大,比较稳定,受水位、气温影响较小;坝体则不然,其年内、年际变化较明显,幅度较大,冬季低温季节渗水量明显增加,夏季高温季节渗水量减小,具有随季节变化

表1　　　　　　　　　　大坝渗水量统计表(m³/h)

日　　期	库水位(m)	气　　温(℃)	坝体渗水量(m³h)	坝基渗水量(m³h)
2002 年 08 月	118.9	22.5	0.43	2.24
2002 年 10 月	117.5	16	0.34	2.89
2002 年 12 月	118.35	-8.5	11.9	2.1
2003 年 02 月	123.25	-7	11.8	1.81
2003 年 05 月	118.34	16.5	2.1	2.53
2003 年 08 月	111.2	19	0.5	1.65
2003 年 10 月	111.5	18	0.3	1.62
2003 年 12 月	117.68	-8	11.2	1.41
2004 年 02 月	118.89	-6.5	8.1	1.38

的明显的周期性。

在 2000 年 9 月至 12 月检查时发现上游坝面出现 45 条裂缝,累计长度 200 m,最大缝宽 2.5 mm。裂缝基本上为竖直缝,分布在每个坝块纵向长度的 1/3 或 1/2 处。2001 年 4 月对裂缝情况进行了现场检测,结论为:一是大坝上游面混凝土裂缝比较严重,大部分为竖直裂缝,有 9 条表面较宽的裂缝基本上贯穿了上游常态混凝土防渗层;溢流坝段裂缝数量较 2000 年检查对比有增加。二是结构混凝土的强度较高,均满足设计要求。

根据裂缝形成机理,初步分析裂缝成因主要有:一是桃林口水库大坝地处寒冷地带,气候条件恶劣。当气温骤降时,混凝土内外温差较大,温度应力是导致上游面薄层产生混凝土裂缝的原因之一。二是运行期的温度应力要求碾压混凝土坝应具有与常态混凝土坝相近的横缝间距,尤其是在寒冷地区修建的碾压混凝土重力坝,横缝间距的设置切不可过大,若间距过大,坝块中间容易产生裂缝。

大坝为"金包银"式碾压混凝土重力坝,其主要防渗措施为大坝上游常态防渗层。裂缝成因分析结果表明,上游坝面裂缝是温度应力造成的,在气温影响下张开或闭合,特别是较宽的贯穿缝,更具有伸缩缝的特性。这就有可能在上游防渗层中形成集中渗水通道,造成了坝体大量渗水。因此,上游面温度裂缝是大坝渗水的主要原因。

3 防渗处理方案选择

通过对大坝渗水原因的探讨,防渗处理方案应以裂缝处理为主要手段,对上游面温度裂缝采取合理的封堵措施,才能堵住渗水通道,有效地减少大坝渗漏。

在正常蓄水后,裂缝将长期位于水下,其中贯穿常态防渗层的较宽裂缝具有伸缩缝的特性。因此,要求处理后的裂缝既要有可靠的防渗效果,又要适应温度变形。根据裂缝检测结果,裂缝附近混凝土强度满足设计要求,从而确定了大坝上游面以防渗为主要目的的处理方案。对于水下部分鉴于费用较高,暂不做处理。

经 2002—2003 年大坝防渗处理现场试验及科学比选,最后选定的施工方案为:对于缝宽大于 0.2 mm 的裂缝,施工方案如图 1 所示。其中对于入水的裂缝在入水位置 1 m 范围化学灌浆,使该裂缝封闭,堵住裂缝未处理部分向上的反渗通道;对于缝宽小于 0.2 mm 的裂缝,施工方案见图 2:

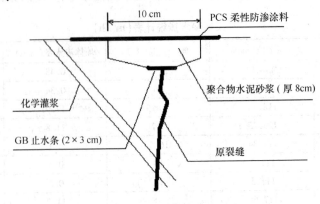

图 1　施工方案设计图

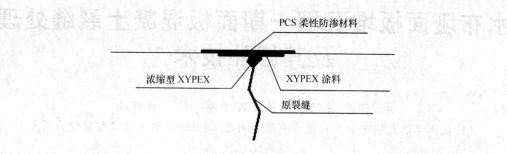

图 2　施工方案设计图

4　施工工艺

对于缝宽大于 0.2 mm 的裂缝,首先用电锤沿着裂缝的走向凿出宽 10 cm、深 8 cm 的 U 型槽。槽底尽量整平,并用高压水枪对槽面进行清洗,去掉粉尘和松动的混凝土。待槽面干燥后,将 GB 止水条加热后嵌入槽底部,在两侧槽壁涂刷界面剂,用以提高砂浆与老混凝土的黏结强度。涂界面剂 10 ~ 15 min 后即可向槽内回填聚合物水泥砂浆,砂浆分 2 ~ 3 次向槽内回填,并用力压实抹平。抹平后的砂浆在其表面粘贴一层保护膜用于砂浆的保水养护。2 ~ 3 d 后揭去保护膜,再在砂浆表面刷一层 PCS 柔性防渗保护层,宽度 30 cm 左右。对于入水裂缝在入水位置 1 m 范围内进行化学灌浆,灌浆材料为水溶性聚胺酯。

对于缝宽小于 0.2 mm 的裂缝,修补处理采用电动角磨机沿裂缝走向打磨出一条宽 1 cm、深 1 cm 的 U 型槽,将槽内粉尘冲洗干净后,用 XYPEX 加水调成半干状料团,嵌入槽内,将其刮平,再在表面刷一层 XYPEX 涂层及一层 PCS 柔性防渗保护层,宽度 20 cm 左右。

5 结语

在 2004 年 4 月至 7 月,抓住库水位较低的有利时机,对当时最低库水位 114.7 m 高程以上坝面裂缝进行了修补处理。2005 年 8 月库水位已上升至 130 m 以上,大坝渗水量较历年同等条件下明显减小,坝下游面渗水洇湿出露部位明显降低,范围明显缩小。由此可见,大坝防渗处理效果较好。

目前桃林口水库大坝渗水量仍然较大,冬季大坝下游面渗水洇湿现象仍然存在。笔者认为,大坝上游面 114.7 m 高程以下部位混凝土裂缝尚未处理可能是造成上述情况的主要原因。应坚持不懈地总结防渗处理措施的经验和不足,积累更详细的资料,为下一步防渗处理打下坚实基础,确保大坝水工建筑物安全运行,水库正常发挥效益。

水布垭面板堆石坝一期面板混凝土裂缝处理及其修补技术

林荣张[1]　吴跃伟[1]　徐汝霖[1]　蔡　伟[1]　汪健斌[2]

(1. 杭州华能大坝安全工程技术有限公司 2. 湖北清江水布垭工程建设公司)

摘　要: 堆石坝混凝土面板的裂缝问题是一个普遍存在而又难于解决的工程实际问题，本文对水布垭面板堆石坝一期面板混凝土裂缝处理及其修补技术进行了较详尽地介绍，可供类似工程参考。

关键词: 水布垭面板堆石坝　混凝土裂缝　修补技术

1　水布垭工程概况

　　水布垭水电站位于清江中游巴东县与长阳县交界处的巴东县境内，是清江流域开发的骨干工程和湖北省"十五"计划中最大的项目，以发电防洪为主，兼顾航运及其他目的。电站装机容量1 840 MW，年发电量41亿KW时，为多年调节水库，工程级别为一等大(1)型。电站主要建筑物有:混凝土面板堆石坝，左岸河岸式溢洪道，右岸地下式电站和放空洞。大坝为混凝土面板堆石坝，最大坝高233 m，为目前世界已建及在建面板堆石坝高度之最。该工程预计2007年首台机组发电，2009年全面竣工。一期混凝土面板(高程177～278 m)于2005年1月6日开始浇筑，2005年3月27日全部浇筑完毕，2006年1月初对混凝土面板进行了检测。

　　检测结果是:裂缝主要集中在高程235～240 m及260～270 m之间两个区域内。宽度最大值为0.70 mm，深度最小值为9.3 cm、最大值为55 cm。裂缝宽度分布为<0.1 mm占77%，0.1～0.2 mm占17%，0.2～0.3 mm占4%，>0.3 mm占2%。

2　国内外面板裂缝处理概况

　　目前，国内外修补面板裂缝的方法有多种，一般认为0.2 mm以下的裂缝可不进行处理，但在许多实际操作中，为慎重起见，对0.2 mm以下的裂缝通常采用简单的处理:对裂缝凿槽后用预缩砂浆或高强度聚合物砂浆进行修复处理，或者在裂缝区域涂刷水泥结晶体，或者直接在裂缝表面直接进行封闭处理(封闭的材料有:HK-96系列增厚环氧涂料、SR防渗保护盖片、SG305-C1液体橡胶、PSI-TAPE裂缝快速修补带等，用其中的一种材料或两种材料结合在一起)。而对0.2 mm以上的裂缝则进行较为全面的处理:灌浆后在表面进行封闭处理。有的工程为了提高防渗和补强加固的要求，将处理裂缝宽度提高到0.1 mm的界限，如水布垭工程。

　　面板混凝土裂缝进行化学灌浆处理的目的主要是进行防渗堵漏和补强加固。防渗堵漏要求缝面灌后具有较高抗渗性和抗老化性能，能阻止外来水气碳化混凝土和锈蚀钢筋，满足

272

结构耐久性和安全运行;补强加固要求缝面浆液固化后有较高粘接强度,最终要求能恢复混凝土结构的整体性。目前裂缝处理一般采用高渗透改性环氧浆材或聚氨酯,但均存在一定的局限性,需研究环保型低黏度无收缩抗老化强粘接强度高,能满足温度缝反复收缩开裂的处理要求。

2.1 灌浆材料的选择

化学浆材选择的原则:一是浆材的可灌性,所选化学浆材必须能够灌入裂缝,充填饱满,灌入后能凝结固化,以达到补强和防渗加固的目的;二是浆材的耐久性,所选用材料在使用环境条件下性能稳定,不易起化学变化,并且与混凝土裂缝有足够的粘接强度,不易脱开,对于一些活动裂缝和不稳定裂缝要特别注意这条原则。面板混凝土裂缝的特点是:裂缝开度较小、位置较浅、同条缝上从表面到混凝土内部的宽度不均匀、浆液较难灌入,一般处理要求既要满足补强又要防渗堵漏。

我们通过现场的实验,从开始选用 SG305 – C4 灌浆材料到后来改成 CW 系灌浆材料。CW 主要性能如表 1 所示,具有以下的优点:配制简便、黏度适中可调、渗透性好、可操作时间长、适应性广(干燥、潮湿、水下);通过独具特色的工艺措施灌注,浆材在处理对象内固化物密实性好、力学强度高、与被灌体粘接牢固;除具有国内环氧—糠醛—丙酮类浆材可灌性好等特点外,CW 系化学灌浆材料兼具憎水性与亲水性特色,并以憎水性为主。新型环氧树脂和憎水性固化剂的使用,进一步降低了浆液黏度,简化了操作,克服了同类浆材早期发热量大,黏度增长过快,初凝时间过长,强度增长过慢等问题。经现场取样表明被灌部位浆液充填密实,粘接牢固,灌注的混凝土裂缝两侧附近也得到了补强,这对工程处理效果的耐久性是十分重要的。

表1   **化学灌浆材料性能表**

材料名称	黏度(25℃/2h)	胶凝时间/h	28 d 拉伸强度/MPa	28 d 黏接劈拉强度/MPa
SG305 – C4	<100 cp	可调整	≥2.48	≥2.95
CW	<20 cp	26	>2.0	4.7

2.2 灌浆方法的选择

目前,国内外修补面板裂缝方法主要有三种:开槽埋管法、打斜孔埋管法和粘贴灌浆嘴法。

(1)开槽埋管法。水布垭工程基本上是采用开槽埋管法,但从现场的情况来看,由于很多裂缝是浅层裂缝,且裂缝的深浅度、宽度不一,相对同条裂缝来说,缝的表面相对较宽,缝内相对越来越窄,而开槽后,缝宽的部分基本上被凿掉了,剩下较窄的部分,再钻孔灌浆的话,进浆效果不明显。而缝凿糙后用预缩砂浆进行修补后的效果没有原先整体混凝土结构面好,再加上在凿槽时,施工难度比较大(面板的破度是 1:1.4),进而工期相对较长。目前由于开槽埋管法对原混凝土结构破坏较大,浆材损耗大,开槽处难以修复好等问题已不普遍采用。类似应用工程有:福建万安溪面板坝、公伯峡面板坝等。

(2)打斜孔埋管法。水布垭工程 I 类裂缝中的部分裂缝采用打斜孔埋管法。从现场的情况来看,表面缝宽 0.1 mm≤δ≤0.2 mm 的进浆效果较明显。但此方法的缺点是:①温度裂缝走向是个曲面,在混凝土内的走向复杂,一般从钢筋边通过,钻孔时易碰到钢筋,造成的"废"孔较多,对原混凝土结构的整体性造成损坏;②钻孔时的微细粉尘难以有效清除,粉尘易堵塞灌浆通道,浆液难以进入缝面,降低化学灌浆质量;③管容、孔容大,浪费浆材;灌后的裂缝复灌量较大,且需多次复灌,增加了资金投入。虽然打斜孔埋管法能解决开槽法的诸多不利,但存在管容耗浆大,微细粉尘易堵塞缝面影响灌浆质量,但由于该方法施工简单而被普遍采用。类似应用工程有:江西南车水库、浙江白溪电站、上虞汤浦水库等;

(3)粘贴灌浆嘴法。它的工序为:灌浆嘴的加工→打磨→缝面冲洗→粘贴灌浆嘴→封缝→吹风检查→灌浆→清除灌浆嘴→质量检查。其特点是:①不破坏混凝土的整体性,适合薄型结构的裂缝处理;②由于从缝的表面进行打磨冲洗,可避免微细粉尘对灌浆的影响,从缝口进浆可灌性得到了保证;③贴嘴封缝、采用多点同步灌浆的无损灌浆工艺,可在不破坏混凝土结构的条件下极大地提高可灌性,裂缝的灌入深度也能满足要求,加上使用低黏度、低收缩的化学灌浆浆材,达到了"堵水、保护钢筋、恢复结构的整体性"的效果;④工艺简单、复灌率低,节约昂贵的化学浆材,降低了成本,加快了施工进度。可以认为,粘贴灌浆嘴法是目前处理裂缝最先进的方法,具有工艺简单、无钻孔、无孔容耗浆、易找准裂缝、对混凝土无损伤、成本低等优点值得大力推广。用此方法处理的类似工程有:天生桥一级电站、新疆乌鲁瓦提水库、江苏沙河抽水蓄能电站、浙江桐柏抽水蓄能电站、天荒坪抽水蓄能电站等。

2.3 灌浆设备的选择

在水布垭工程中,从开始采用的手揿化学灌浆泵到改进的气压式化学灌浆泵,实现了裂缝灌浆的自动稳压调压。连续稳定的灌浆压力是保证浆液能否使裂缝充填饱满的关键。气压式化学灌浆泵设备轻便小巧,便于移动、操作,与手揿化学灌浆泵相比,灌浆压力易于控制,极大地减轻了化学灌浆施工的劳动强度;并且灌浆时,可以通过三通管相连,变成群孔灌浆。目前,很多施工单位都采用这种裂缝灌浆设备进行灌浆施工。

3 水布垭面板混凝土处理方案与工艺

3.1 裂缝处理方案

根据本工程裂缝的实际情况,处理方案为:① I 类裂缝(浅层裂缝,表面缝宽 δ<0.1 mm):对裂缝进行基面处理后涂刷液体橡胶;② II 类裂缝(表面缝宽 0.1 mm≤δ<0.3 mm,缝深 h≤30 cm):对裂缝进行凿槽嵌缝埋管灌浆,表面涂刷液体橡胶后,用 PSI‒tape 裂缝快速修补带封闭处理;③ III 类裂缝(表面缝宽 δ≥0.3 mm,或缝深):处理方案同 II 类裂缝;④需按 II、III 类裂缝处理的 I 类裂缝(表面缝宽 δ≥0.1 mm 的检测点连续在三个点位以上,包括三个点位):对裂缝进行钻孔埋管封缝灌浆,表面涂刷液体橡胶后,并用 PSI‒tape 裂缝快速修补带封闭处理;⑤对裂缝区域全部涂刷一层 PSI‒200 水泥基渗透结晶型防水涂料。

3.2 施工工艺

3.2.1 Ⅰ类裂缝

①用钢丝刷或打磨机将裂缝两侧各6 cm范围内的混凝土进行表面处理,对于表面坑洼处用高标号砂浆修平。②用抹布或毛刷清理基面干燥后,骑缝涂刷一层液体橡胶,宽10 cm,厚1 mm。

3.2.2 Ⅱ类裂缝

(1)化学灌浆的施工程序:凿槽→找缝→钻孔→清洗→埋管→嵌缝→化学灌浆→灌后检查。①沿缝凿宽5~6 cm,深5~6 cm的V型槽后,用高压水冲洗烤干并找缝;②用Φ16钻具骑缝钻孔,孔深15~20 cm,孔距30 cm左右;③用大流量水流冲洗孔并吹干;④用Φ8铜管间隔性埋设单根灌浆管,埋入孔内3~5 cm,两铜管间埋设单根耐高压灌浆管,临近的铜管和耐高压灌浆管之间的距离是60 cm,然后采用预缩水泥浆嵌缝;⑤在嵌缝预缩砂浆具有足够强度后用CW进行化学灌浆。灌浆前,先对灌浆管路进行试气、编号,以确定灌浆群灌的数量,对试气不通畅的裂缝处补打排气孔并冲洗、吹干。灌浆顺序是:如裂缝贯通整块面板,则应先灌靠纵缝侧,以封闭两端,然后再灌中央部分;如裂缝未贯通全块,则可从一端向另一端逐孔施灌。灌浆采用并联灌和群灌相结合,灌浆压力及灌浆结束标准是开灌后进浆压力由0.05 MPa逐步升至0.3 MPa。当吸浆率<5 ml/min时,灌浆压力提升到0.5 MPa;当吸浆率<1 ml/min时,延续灌注30 min结束;⑥灌浆结束14 d后,每条缝至少有一个压水试验检查孔,采用单点法压水,压力为0.6 MPa。缝面透水率≤0.3 Lu即为合格,对平均宽度大于0.3 mm的裂缝取2个孔,其余灌浆的裂缝取3个孔;⑦待浆液固化(一般24 h即可)后凿除灌浆管,所有检查孔,在灌浆、检查工作完成清孔后,采用环氧基液封堵,确保封孔质量。

(2)涂刷液体橡胶

①先用打磨机磨掉裂缝基面上的异物(槽两侧各10 cm的范围内),然后用高压水及硬质地刷(钢丝刷)清洗施工面,直至露出混凝土的原貌;②待基面完全干燥后,骑缝涂刷一层液体橡胶,材料型号为305液体橡胶(SG305-C1),骑缝涂刷宽度10 cm,厚1 mm。

(3)表面PSI-TAPE裂缝快速修补带封闭处理

①清理裂缝基面后涂刷PSI-108水泥基防水涂料25 cm宽,涂层厚度1 mm;②在裂缝涂层部位,用刮板压实粘平修补带;③修补贴完后再涂刷一层PSI-108,厚度为1.2 mm。

3.2.3 Ⅲ类裂缝

处理方法同Ⅱ类裂缝。

3.2.4 需按Ⅱ、Ⅲ类裂缝处理的Ⅰ类裂缝

化学灌浆的施工程序:基面处理→钻孔→清洗→埋管→嵌缝→化学灌浆→灌后检查。

①先清理缝面后用Φ16钻具骑缝钻孔,孔深15~20 cm,孔距30 cm左右;②冲洗烤干孔;③埋设一进一回上下两层的两根灌浆管;④用HK-961环氧增厚涂料对埋设灌浆管以外的缝面进行涂刷封缝,确保灌浆时不漏浆;⑤接下去的工艺同Ⅱ类裂缝中的(1)化学灌浆工艺的⑤~⑧;⑥对于需涂刷液体橡胶和表面PSI-TAPE快速修补带封闭处理的处理方法同Ⅱ类裂缝。

3.2.5 对裂缝区域全部涂刷一层 PSI-200 水泥基渗透结晶型防水涂料的施工工艺

①用高压水冲洗施工面,并用钢丝刷等工具清理施工面上的杂物、松散水泥浮尘等;②按质量比为水:PSI-200 干粉=0.26:1,用手提搅拌机搅拌均匀;③用水湿润施工面,以保证施工时施工面潮而不湿。涂刷必须均匀一致,涂刷两遍。在第一遍 PSI-200 完成后,用手指轻压无痕,宜喷水湿润养护约 4 h 后,即可以进行第二遍 PSI-200 施工。然后进行不小于 48 h 时间的养护。

4 效果检查

本工程竣工验收时,监理对每条缝进行了压水试验检查均都合格。抽查取芯 6 条裂缝,化学灌浆区域充填了饱满的浆液。经过将近一年以来水库蓄水后无一条处理裂缝发生脱落或渗水等现象,达到了预期的效果,满足了工程要求。

5 结语

通过此次水布垭面板堆石坝一期面板混凝土裂缝的处理,可以得出以下几点结论:

(1)为达到化学灌浆的目的,化学灌浆中的材料、方法、设备,三者必需综合达优,缺一不可,才能保证化学灌浆的质量。

(2)正确选择材料。化学灌浆应选择低黏度、低收缩的环氧浆材。水布垭工程中应用的 CW 环氧灌浆材料,性能优良,通过大量室内现场试验,表现出处理混凝土微细渗水裂缝的优异性能;再如 SG305-C1,具有操作简单,优异的物理性能,很好的弹性、拉伸连接等性能,与混凝土、木质、金属结构黏结性能强;还有 PSI 材料,它具有使用寿命在 50 年以上,高延伸率,耐候性好,与基面黏结力强、无脱落现象,抗渗可达 300 m 水头压力等特点,以上三种材料可以推荐在类似工程的处理中应用。

(3)推广粘贴灌浆嘴法。混凝土温度缝一般较细,且不在一个平面上,裂缝很难找准,浆材难以灌入,最好是采用贴嘴无损法施工,既减少了钻孔量,又减少了孔容、管容的浆材耗用量,降低成本,而凿槽灌浆法和打孔灌浆法,对原结构的破坏会比较严重。在以后灌浆施工中,可以根据裂缝的情况、业主要求,在满足裂缝防渗补强加固要求前提下,建议采用粘贴灌浆嘴法。

(4)改进灌浆设备。本工程采用的气压式小型灌浆设备存在一定缺陷:灌浆压力范围有限(一般小于 1MPa)、不能实现比例配浆、不易实现灌浆参数的纪录等,而目前国内市场的相配套的灌浆设备比较贫乏,所以这个领域需要进一步的开发,使之有相应的现代化灌浆设备。

东风水电站尾水肘管钢衬内混凝土掏空、钢衬撕裂原因浅析及处理

范雄安　彭　平　毛志浩

（贵州乌江水电开发有限责任公司东风发电厂）

摘　要：1～3号机组尾水肘管混凝土浇筑及灌浆后，在混凝土与肘管钢衬之间仍存在间隙，尾水钢管焊接存在缺陷，尾水管在部分负荷时产生压力脉动及空腔涡带，在某些工况下空腔涡带可直接作用于肘管底部，造成尾水肘管损伤，随着混凝土的掏空越来越严重和裂纹的逐渐加大，高速水流进入混凝土空腔，由于能量无处释放，最终导致了肘管钢板被冲脱。根据尾水肘管钢板衬砌段脱空、钢板撕裂情况，在机组检修期间对钢衬进行自锁锚杆、锚固结合高强度聚合物灌浆处理。

关键词：肘管　混凝土　灌浆　钢衬　掏空　脱空　拉裂　拉拔试验　自锁锚杆　钻孔

1　概况

东风水电站老机组设置三条平行的引水管道，采用单机单管布置方式。每条压力管道内径为6.5 m。三条压力钢管主体结构相同，均设有上平段、上弯段、竖直段、下弯段、下平段、尾水段，其中钢衬段为下平段水平钢衬段至尾水肘管段位置。

在机组检修期间，水工维护人员曾多次对三台机组引水系统的上下平段、尾水段进行检查，在检查肘管钢衬段时，检查人员用铁锤敲击钢板，从敲击的声音中察觉钢衬内有明显的脱空现象，脱空深度达10～20 cm（如图1所示）。2005年6月，1号机组检修期间，检查人员在进行引水系统检查中，

发现1号机组的肘管段接近水平段部位的钢板被拉脱，拉脱面积约4 m²。2006年2月，2号机组检修期间，水工维护人员在引水系统检查中发现2号机肘管倒数第二块衬砌钢板全部被撕裂、冲脱，在钢板接缝部位渗水量较大。

2　尾水管肘管段钢板撕裂及冲脱的原因分析

经分析，造成尾水管肘管段钢板撕裂及冲脱的原因主要有以下几点：

（1）尾水肘管混凝土浇筑及灌浆后，在混凝土与肘管钢衬之间仍存在间隙，没有密实地结合在一起。

（2）尾水管焊接存在缺陷。

（3）尾水管在部分负荷时产生压力脉动及空腔涡带，这对尾水管有很强的冲击破坏性，在某些工况下空腔涡带可直接作用于肘管底部，造成尾水肘管损伤。

（4）尾水管焊接缺陷在压力脉动及空腔涡带的作用下逐渐出现裂纹或孔洞，由图2可以看出，尾水肘管底部水流较高，高速水流进入裂纹（孔洞），使得钢衬内混凝土被逐步掏空，间

图1　钢衬脱空深度

隙发展为空腔,进一步加速了尾水管的破坏速度。

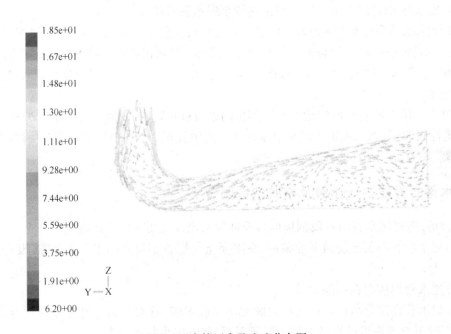

图2　尾水管压力及流速分布图

(5)随着混凝土的掏空越来越严重和裂纹的逐渐加大,高速水流进入混凝土空腔,由于能量无处释放,最终导致了钢板里衬被冲脱。

3 自锁锚杆、ICG-I型无机黏结灌注的性能特点

3.1 处理方案选择

如果不会及时对尾水肘管钢板衬砌段脱空、钢板脱落部位进行恢复处理的话,高速过流将进一步破坏尾水肘管的钢衬、混凝土,甚至危及尾水洞和机组的正常运行。因此,在机组检修期间对钢衬脱空部位进行自锁锚杆锚固结合高强度聚合物灌浆恢复、加固处理。撕裂钢板的修复方案为:根据尾水进人孔的尺寸大小,裁剪相应尺寸的钢板块,拼装就位,焊接密实。在新焊接的钢板块上布设自锁锚杆,间排距为 40×40 cm;对间隙进行化学灌浆。

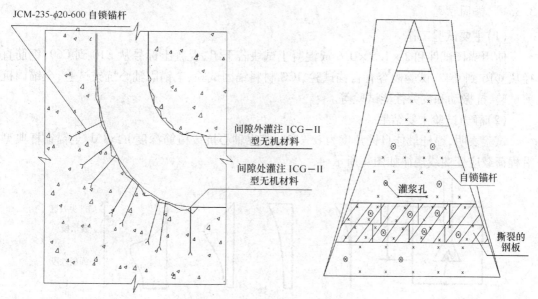

图3 肘管段平面及断面图

3.2 性能特点

自锁锚杆与扩孔钻头和 ICG-I 型无机黏结灌注材料结合使用,形成了一种快速、耐热、耐水、不易老化、高效的锚固技术。其主要特点为:能够与混凝土适应同样的温度条件;无老化之忧,耐久性好,与混凝土具有同等的寿命;可实现快速锚固,当机械自锁实现后,锚固力即可达到设计值。

表1   自锁锚杆(圆钢)性能参数表

型 号	锚杆外径（mm）	锚杆埋深（mm）	锚杆长度（mm）	抗拉力 kN		抗剪力 kN		环境适温（℃）
				极限值	设计值	极限值	设计值	
JCM235—20	20	570	600	215.2	172.1	43.9	40.1	−20~30

279

表2 　　　　　　　　　ICG 难度－I 主要物理力学性能指标

水料比	自流度（mm）	析水率（%）	容重（kg/m³）	凝结时间（h）		黏结力（MPa）	
						圆钢	
				初凝	终凝	3 d	28 d
0.20~0.24	320~380	0.2~0.5%	2150	5~6	7~8	≥4.5	≥6.5

抗压强度（MPa）				抗折强度（MPa）				线膨胀率（%）	
1 d	3 d	7 d	28 d	1 d	3 d	7 d	28 d	3 d	28 d
35~40	55~65	75~80	80~100	7~8	9~10	11~12	14~15	>0.2	<0.5

3.3　锚固的试验、理论和结果分析

3.3.1　锚固试验

（1）主要试验工作

使用锚杆试件和 $2 \times 1.5 \times 0.6$ m 混凝土试块若干组，混凝土标号从 C10 到 C60，钢筋直径从 Φ16 到 Φ42，试验内容有自锚试验、ICG 材料锚固试验、全锚固轴心抗拔试验、全锚固抗剪试验、抗振动和疲劳性能试验等。

（2）静力试验主要结果

试验表明，锚杆最佳自锁角度为 $\alpha = 23°$，临界轴心抗拔植筋深度 h≥8 d，全锚锚杆典型沿程荷载应变曲线规律如图4所示。

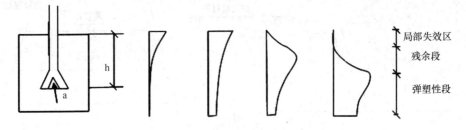

图4　锚杆典型沿程荷载应变曲线规律

通过试验，可以得出自锁锚杆的破坏模式只有两种：混凝土锥形破坏和锚杆拔断，如图5、6。两种破坏模式的试验照片如图6所示。

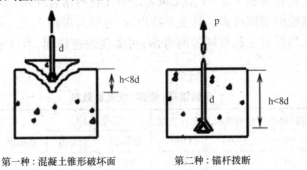

第一种：混凝土锥形破坏面　　　　第二种：锚杆拔断

图5　锚杆的两种破坏模式

(1)锥形破坏　　　　　　　　　　　　(2)锚杆拔断

图6　锚杆的两种破坏模式的试验情况

（3）振动疲劳试验

自锁锚杆疲劳试验结果如图7、图8所示。

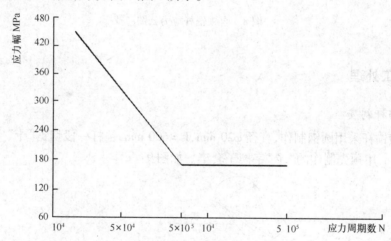

图7　自锁锚杆疲劳试验 S－N 曲线

3.3.3　试验结果分析

（1）扩孔植筋与传统锚固的关键区别在于增加了自锁锚固；

（2）扩孔植筋相对减小了自锁锚固深度；

（3）扩孔植筋破坏模式只有两种，由此可见自锁技术的可靠度高；

（4）自锁技术有良好的抗疲劳性能；

（5）自锁锚固几乎克服了现有锚固技术的缺点，具有安装可靠、投入使用快、耐温、耐湿、耐老化等优点。

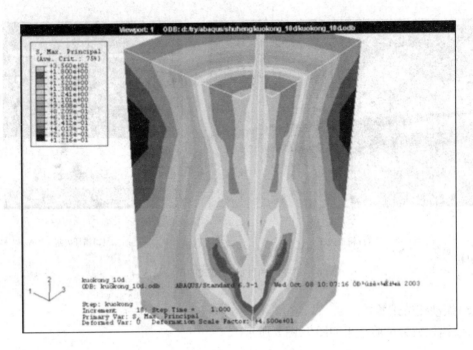

图8　自锁锚杆应力云图

4　现场施工处理

4.1　自锁锚杆制安

（1）自锁锚杆采用圆钢制作，直径 $\varphi20$ mm，L＝600 mm，锚杆一段切锯"十"字裂痕，裂痕深度约 25 mm，用预先制作的"十"字楔子套牢。如图9：

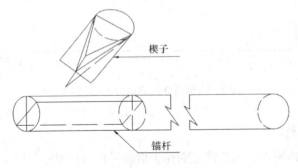

图9　自锁锚杆简图

（2）钢衬管钻孔，用电钻在钢衬管距钢板焊缝两侧 25 cm 开孔，孔径为 $\varphi32$ mm，并呈锥形，孔距为 1 m。电锤钻直孔（$\varphi22$ mm），直至设计深度 600 mm，后改用扩孔钻头在孔底进行扩孔。扩孔钻头钻孔后，其钻杆需进至要求的进深，并旋转直至扩孔到位。扩孔角度与锚杆底部端头的张开角度吻合，这个角度就是钢材的最佳摩擦角，这种吻合使锚杆安装时不在孔

282

底产生附加压力;这个最佳摩擦角使锚杆底部的切槽面与锲块的接触面产生最大摩擦力从而不易脱滑。

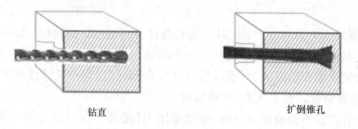

钻直　　　　　　　　　　扩倒锥孔

图10　扩孔植筋锚固技术示意图

(3)安装自锁锚杆

①清孔,孔内壁用高压水清洗,自锁锚杆表面化学清洗。灌浆前,用水充分润湿孔洞,保持孔壁和孔底湿润;锚杆表面应除锈、除油污,露出钢铁的本色,严禁用酒精、丙酮、二甲苯等化学试剂清洗锚杆;

②按照要求配制ICG－I型无机灌浆材料,并注入孔内,满孔注浆。直至得到均匀浆液。浆液一次搅拌量应在30 min内用完。浆液采用自重法或压力灌浆法灌入孔中,灌注浆液的量控制在孔深约2/3高度为好,随后安装锚杆,锚杆到达既定位置和深度后立即进行孔口封闭和修饰;

③自锁锚杆配插楔,稍用力夹紧,将自锁锚杆插入扩孔内;

④在锚杆露出杆端做标记后,将锚杆用锤敲击加压,使锚杆移位达到进深要求为止。浆液终凝后立即用湿棉纱或湿布条覆盖孔口,防止表面失水干裂;

⑤安装完毕后将锚杆多余部分切除并将端部与钢衬管孔口塞焊(满焊),用打磨机将焊接部位磨光。

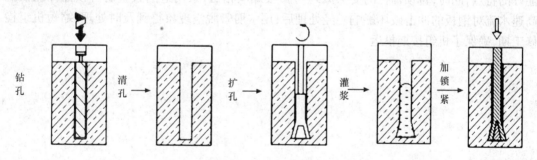

钻孔　清孔 →　扩孔 →　灌浆 →　加锁紧

图11　自锁锚杆的安装施工工艺过程图

4.2　灌浆

(1)使用的ICG－I型无机黏结灌注材料是用粉碎技术生产的水泥基灌注材料,马氏黏度在15～45 s之间,析水率<2%,初凝时间≥3 hr,终凝时间≤12 hr,浆液比重1.5～1.9 g/cm³,材料流动性能、凝固时间符合设计要求。

(2)埋设灌浆嘴,用电钻在钢衬管脱空部位开孔,孔径为φ14 mm,孔距为1 000～

1 200 mm,每个灌区设置 1 个排气孔。孔洞开设完毕后,将 10 mm 的导管插入孔口。

(3)灌区内浸润,在灌浆前对灌区用水浸泡 24 h,然后放净或通入压缩空气排除积水,排完后即可灌浆。

(4)灌浆,灌浆压力为 0.1~0.3 MPa,单孔灌注,由低处部位往高处部位逐级灌浆。

(5)浆液调制,浆液的水灰比采用 0.6 一个比级。

(6)为尽快使浓浆充填灌区,开灌时排气管应全部开启,当排气管排出最浓一级浆液时,再调节排气管的排浆管以控制压力,直至结束。

(7)当排气管出浆不畅或被堵塞时,应增加压力(最高至设计压力最高值)若无效,则应在顺灌结束后立即从两个排气管中进行倒灌,倒灌使用 0.6 比级的浆液,在最高设计压力下,停止吸浆,持续 10 min 即可结束。

(8)一个灌区必须一次连续灌注完毕,中间不得间歇或停止,如果灌浆过程中进浆管发生堵塞,应打开所有管口放浆,然后提高压力(可逐渐升压至设计最高压力),疏通进浆管路,升压过程中应密切关注灌浆压力对钢板是否有凸起现象,若出现钢板凸起现象,应及时停止施灌。

(9)如灌浆因特殊原因中断,应用流动水清洗进浆管,以免堵塞,如发现管路不通畅,则应重新开进浆孔,并埋设进浆管。

5 结语

东风水电站尾水肘管段的脱空现象严重影响了机组的正常运行。因机组检修工期紧迫,若使用常规水泥对脱空部位进行灌浆处理,因凝固期不够,强度无法达到要求,不能满足高速过流冲刷的要求,势必影响机组的按期投运。采用自锁锚杆对钢板进行加固后再对钢板脱空部位进行化学灌浆处理,由于灌浆材料具有迅速凝固、强度高、黏结性能和抗冲磨性能好的特点,同时,自锁锚杆的受力原理与膨胀螺丝相似,采用适当数量的自锁锚杆能抵抗高速水流对钢板的冲击破坏影响。经处理后,尾水肘管脱空现象得到及时处理,缩短机组检修工期,确保了机组按期投运。

岗南水库除险加固工程混凝土裂缝及处理技术研究

赵　逊[1]　卢永兰[2]

（1. 河北省水利科学研究院 2. 河北省岗南水库管理局）

摘　要：混凝土裂缝是当前水工建筑物的主要病害,严重的裂缝不仅危害建筑物整体性和稳定性,而且对水工混凝土的耐久性产生很大破坏。河北省岗南水库输水洞和泄洪洞运行初期即出现裂缝,虽然经过处理,但仍制约着水库正常运行。2002 年 12 月水利部批准岗南水库除险加固工程项目实施,本文重点介绍该工程输水洞、泄洪洞混凝土裂缝处理的技术和经验。

关键词：水工建筑物　裂缝　调查　成因分析　修补技术

1　概述

裂缝是混凝土最常见的缺陷之一,几乎所有的水工建筑物都不可避免,包括当今举世瞩目的三峡工程。裂缝既可能在混凝土施工期间发生,也可能在运行过程中出现,引起水工混凝土建筑物裂缝的原因十分复杂,因而各种裂缝性状也不相同,荷载、温度、收缩、地基变形、钢筋锈蚀、碱骨料反应、地基冻胀、混凝土质量差、水泥水化热温升等因素,单独作用或相互作用都可能造成混凝土产生裂缝。裂缝对水工混凝土建筑物的危害程度不一,严重的不仅危害建筑物整体性和稳定性,使水工建筑物的安全运行受到严重威胁,同时还会引起渗漏溶蚀、环境水侵蚀、冻融破坏的扩展及混凝土碳化、钢筋锈蚀等其他病害的发生和发展,这些病害与裂缝形成恶性循环,对水工混凝土的耐久性产生破坏。

河北省岗南水库始建于 1958 年,建库四十余年来,虽经历多次续建、改建,但泄洪洞和输水洞混凝土裂缝,仍是制约水库正常运用的关键。

2　水工混凝土建筑物运行及裂缝发生与发展

2.1　输水洞裂缝

输水洞位于主坝右岸为泄洪发电两用隧洞,全长 389 m, 进口桩号 0 + 771,在桩号 1 + 112 处有一泄洪支洞。泄洪支洞全长 155.8 m,洞身为圆型,直径 6 m,衬砌厚度一般为 0.4 m,顶拱为预填骨料灌浆。

早在 1959 年 7 月衬砌后尚未进行灌浆就投入运用(最大流量 458 m³/s),过水后即发现裂缝 100 余条,大多为横向缝。为填塞洞体与围岩间的空隙及加固洞外一定范围的裂隙岩石,对输水洞进行了五次灌浆,其中 1959 ~ 1961 年洞内回填灌浆三次,1961—1962 年洞外灌浆两次。1963 年检查增加约 10 条横向裂缝,并且有些洞段伸缩缝漏水。1964 年检查中发现又增加裂缝 30 条,缝长较短,环缝较少。1965 年裂缝发展约为 180 条,同时出现很多纵缝,纵缝与部分横缝连在一起,构成缝网,缝宽 0.3~0.5 mm。从裂缝密集程度看,0+925~0+945 裂缝达 20 条之多,仅环向缝就有 4 条,纵缝主要集中在 0+850~0+950 段。1981 年对检查发现的问题进行了环氧补强处理。

受运行条件的限制,多年来一直未进行洞身裂缝的详细检查。2004 年结合水库除险加固工程,利用现场工作条件,对桩号 0+840 以后的输水洞(发电支洞未进行检测)进行裂缝现场检测。因洞壁潮湿,细小裂缝难以发现,仅对相对明显的较长裂缝及渗漏进行了检查。裂缝按走向分类,洞身部分有环向缝、纵缝和斜向缝。在洞身发现的裂缝中 73 条为环向裂缝,5 条纵向裂缝,12 条斜向缝。在检查过程中,桩号 1+030 以上洞身几乎全部处于洇湿状态,存在小股喷射状水流;桩号 1+030 至下游闸室之间洇湿部位绝大多数发生在边顶拱连接处,洇水长度约占总长度的 70%。通过检查,共发现除裂缝以外的漏水点 13 处,这些漏水点基本为原灌浆孔漏水。

与运行初期相比,裂缝经过处理,数量有所减少,0+925~0+945 段裂缝由原来的 20 多条减少到现在的 7 条,裂缝宽度多在 0.1~0.2 mm。

2.2　泄洪洞裂缝

泄洪洞全长 698.429 m。进口闸室位于桩号 0+695.289,桩号 0+802 以前洞径 5.4 m,桩号 0+822.944~1+018 为有压洞,洞径 6 m,边、顶拱采用预制钢筋混凝土拱块,底拱则采用现浇结构。出口段为无压城门洞形,底板为现浇钢筋混凝土,边墙采用预制混凝土块砌筑,顶部为预制钢筋混凝土拱圈,拱圈与岩体结合部采用预填骨料灌浆。

泄洪洞 1968 年建成,1977 年首次正式泄水后即发现裂缝 17 条,并发现多处漏水。2004 年检测共发现裂缝 33 条,缝长 1.51~12.37 m,总长度 149.7 m,缝宽在 0.1~0.62 mm 之间。在发现的裂缝中绝大多数为环向或稍倾斜的裂缝。

在现浇混凝土洞段发现 26 条裂缝,在城门洞型无压段发现 7 条,在边墙、顶拱为预制混凝土的洞段未发现裂缝。对混凝土漏水点检查,无压洞段两侧边墙所有分缝的中下部均有漏水现象,部分边墙分缝漏水较重并有灰色析出物;部分顶拱分缝和灌浆孔漏水。有压洞段部分灌浆孔漏水;预制混凝土段的边墙和顶拱的分缝绝大多数有洇水痕迹,部分分缝漏水形成水流。

经统计,共有 47 处部位有冒水、水流或滴水的现象,其中有 16 条分缝有冒水、水流或滴水现象,灌浆管漏水形成水流的有 7 处,边墙与顶拱接缝处有水流的有 3 处,边墙与底板接缝处有水流的有 14 处,混凝土孔隙有水流或喷水的有 7 处。以上漏水处析出物较多,经过多年沉积漏水范围逐渐减小。

3　裂缝成因初步分析

3.1　输水洞裂缝成因

初期的裂缝是随时间的增加而发展的,一些单独的横向裂缝发展成为纵横交错,主要是由于洞身受荷载不均及温度应力影响。其一,输水洞洞身在掘进时,由于岩石节理发育,开挖断面不易控制,使洞身衬砌厚度不一致,最薄处仅 10 cm,这使洞身所受的应力很不均匀;

其二,由于洞壁混凝土完工以后,还未实施固结和回填灌浆,经过两个多月时间的通水,水温与初期混凝土温度相差很大,洞壁混凝土由于降温,会产生收缩,一旦混凝土与基岩脱开,形成局部空隙,造成受力条件恶化。拱圈由于温度收缩可能与岩石脱开,由于岩石节理发育可能发生局部岩石的部分坍塌,加大混凝土拱圈的荷载而形成裂缝;其三,在施工过程中部分混凝土处于浇筑和养护阶段,而有些段却在掘进放炮,使正在养护的混凝土受到震动,对正在养护硬化的混凝土不利,这些都严重影响施工质量。

3.2　泄洪洞裂缝成因

泄洪洞是在原导流洞的基础上改建而成,建成以后,尚未进行技术鉴定和工程验收,工程即投入运行。通过检测这些裂缝绝大多数发生在现浇混凝土段,混凝土衬砌厚度不均,部分段只有0.15 m。分析认为这些裂缝的产生是由多种因素综合作用的结果,首先建筑物运行过程中,温度荷载造成洞身衬砌混凝土应力分布不均;另外混凝土施工质量控制和运用不当;该段地质岩性为花岗片麻岩,风化程度属强风化,岩石节理裂隙发育,洞身固结灌浆不彻底,使得坝体渗透水透过裂缝浸入洞内,且经过长年渗漏钙质结晶物析出较多。

4　裂缝修补技术

根据设计对混凝土结构提出的使用要求,分析判断发生裂缝的混凝土结构是否需要修补和补强加固,或采取其他措施。按照水利部《混凝土坝养护修理规程》SL230—98规定,对钢筋混凝土结构,从耐久性或防水性判断是否需要修补时,应将调查测得裂缝宽度与规范对照,进行判断。本次除险加固工程对裂缝大于0.20 mm的裂缝进行处理。

裂缝修补主要以恢复防水性和耐久性为主要目的,在满足修补目的的前提下,还必须考虑经济性,明确修补范围和修补规模等。随着处理技术的不断进步和创新,国内外修补裂缝的方法很多,目前裂缝修补一般可采用喷涂法、粘贴法、充填法和灌浆法,针对不同方法和材料性质,修补材料又分为充填材料、灌浆材料和表面覆盖材料。

本次采用充填和灌浆相结合的办法,对洞身混凝土裂缝进行处理,起到补强和修复的作用。主要包括:渗水伸缩缝处理、混凝土裂缝处理。

4.1　伸缩缝处理

对于渗漏水伸缩缝采用表面开槽、钻减压引流孔、安装GB橡胶止水带、丙乳砂浆封堵、内部进行水泥灌浆处理,共处理伸缩缝2条,长度25.07 m;具体施工方法:对伸缩缝施工时,先用切割机垂直混凝土表面对混凝土裂缝进行切割,深度2 cm,沿伸缩缝走向凿矩形槽,宽31~35 cm,深7~10 cm,用压缩空气清扫槽内残渣,并用高压水枪冲洗干净后,用喷灯将裂缝烤干,有泅水处在缝外侧用电钻打Φ12 mm导流孔将水引出,并用堵漏灵进行封堵,养护完成后,用丙乳砂浆找平,养护达到一定强度后,安装M10膨胀螺栓,间距15 cm,再安装GB橡胶止水带,用宽3 cm,厚5 mm不锈钢压板固定,止水和钢压板在安装前先打孔,与缝上膨胀螺栓对应。固定好止水后,嵌入压抹丙乳砂浆,表面进行抹光,在丙乳砂浆固化前沿伸缩缝中部切缝,缝宽5 mm。

待丙乳砂浆达到一定强度后,进行洗孔和洗缝,用高压水枪将孔和缝内粉尘和碎屑冲洗干净,测其孔深,再从灌浆孔通高压水反复冲洗直至反流出清水为止,最后通压缩空气冲洗钻孔和缝面。进行压水试验,试验压力最大为0.2 MPa,经试验合格后,进行灌浆。灌浆机具采用250 L双层立式搅浆机制浆,用BW250/50三缸卧式灌浆泵灌浆。灌浆用水泥采用超细改性灌浆水泥,经过试验按水灰比1:1进行配浆,根据裂缝情况选择灌浆方法,按灌浆孔由深到浅、自下而上的顺序进行灌浆,灌浆前将所有孔上的阀门全部打开,用压缩净化空气将孔和缝内的积水吹挤干净后进行灌浆,灌浆压力从0.1 MPa开始,最大压力为0.4 MPa,当灌浆段停止吃浆时,再持续灌浆30 min后停止灌浆。停止灌浆后关闭孔口阀门,待固化物达到设计强度后将灌浆管沿混凝土表面切除,并用丙乳砂浆封孔。

4.2 混凝土裂缝处理

对宽度大于0.2 mm的干燥裂缝进行凿槽嵌补丙乳砂浆,对已渗水裂缝(混凝土裂缝和渗漏水施工冷缝)采用表面开槽、钻减压引流孔、嵌填GBW遇水膨胀胶条、丙乳砂浆封堵、内部进行水泥灌浆处理,共处理渗水裂缝26条,长度288.46 m,包括环向连接缝4条,纵向裂缝5条,斜向缝12条,横缝5条。

(1)干燥裂缝施工方法:

对裂缝施工时,先用切割机垂直混凝土表面对混凝土裂缝进行切割,深度2 cm,沿裂缝两侧凿"U"形槽,上口宽10~15 cm,下口宽8~12 cm,槽深6~10 cm,用压缩空气清扫槽内残渣,并用高压水枪冲洗干净后,嵌入压抹丙乳砂浆,嵌补后表面进行处理,外观平整、光滑、美观并能满足混凝土曲线及平整度要求。

(2)渗水裂缝施工方法:

先把裂缝或冷缝处及其上下游1.5 m工作范围内的泥土杂物清扫干净,用高压水枪冲洗洞壁,将裂缝清晰明显地找出后,先用切割机垂直混凝土表面对混凝土裂缝进行切割,深度2 cm,凿矩形缝,槽口宽10~20 cm,深6~10 cm,凿完后用高压水枪冲洗,用喷灯将裂缝烤干,有洇水处在缝外侧用手持冲击电钻沿裂缝渗漏水处打斜孔进行减压引流,孔径18 mm,布置在裂缝的两侧,遇裂缝分叉处增设一个孔。并用堵漏灵进行封堵,养护后,再用喷灯烤干,直到无洇水后,用丙乳砂浆进行找平,终凝后沿裂缝方向安装GBW遇水膨胀嵌缝胶条,然后用丙乳砂浆嵌补。

待丙乳砂浆达到一定强度后,进行洗孔和洗缝,用高压水枪将孔和缝内粉尘和碎屑冲洗干净,测其孔深,再从灌浆孔通高压水反复冲洗直至反出清水为止,最后通压缩空气冲洗钻孔和缝面。进行压水试验,对裂缝进行灌浆处理,待固化物达到设计强度后将灌浆管沿混凝土表面切除,并用丙乳砂浆封孔。

5 裂缝处理评述

从施工记录和施工过程质量控制分析,裂缝处理基本按设计技术要求进行,处理过程规范,达到预期目的。由于工程运行条件的限制,目前还未检验处理效果。通过本次除险加固工程处理的实践,作者认为需对下列问题进行研究。

5.1 修补前的检查与调查

裂缝修补之前,应对裂缝进行检查和工程运行情况调查,内容包括:主要调查裂缝产生的原因、宽度、长度及形状,是否贯通,缝内有无充填及钢筋是否锈蚀等情况,并绘制裂缝在结构中的分布图;观察裂缝有无漏水;调查施工记录,包括混凝土的原材料及配合比,混凝土浇筑、养护等;调查在工程运行过程中发生的异常现象、有无违背技术规程的操作;结构使用条件及环境调查,主要包括结构荷载条件、干湿条件、冻融情况,荷载条件主要调查温度变化、干缩、化学变化的应力。

5.2 裂缝产生的原因分析

从结构设计、地基情况、施工技术、材料质量、环境运行条件等等各方面综合分析。

5.3 裂缝修补方法

根据裂缝调查结果,分析裂缝成因,进而就裂缝按深度、开度变化以及成因确定修补方案。修补技术必须遵循科学、合理、经济的原则,处理的关键是要有合适的施工方案、优质的施工材料和严格的施工工艺,才能确保处理效果。

6 结语

混凝土中普遍存在裂缝,混凝土早期产生的这些裂缝,必将为以后侵蚀性物质的进入提供通道,破坏混凝土结构的耐久性,危及钢筋产生锈蚀,降低混凝土的整体性。一般水工建筑物的破坏都不是突然发生的,有一个从量变到质变的过程。经常的检查、观测以及分析,并有针对性地进行修补处理,不仅可以发现结构的缺陷,而且可据此确定消除缺陷的处理方案,以保证建筑物安全运行。

新安江水电站大坝右岸坝段横缝灌浆及效果分析

何少云

(华东电网有限公司新安江水力发电厂)

摘　要:新安江大坝右岸坝段施工时坝基均存在不同程度的欠挖,右岸坝段稳定需靠横缝灌浆使之联成整体,以传递侧向推力和剪力。本文通过对右岸坝段横缝历次灌浆和芯样的鉴定成果的综合分析,鉴于新安江大坝右岸横缝缝面充填水泥结石粉末和沥青等物质,灌浆前缝面不能清洗干净,采用常规水泥灌注方法,难以使横缝达到良好胶结和传递侧向推力和剪力的目的,建议研究缝面清洗工艺和采用化学材料灌注进行加固。

关键词:新安江大坝　横缝　灌浆　透水率

1　概述

新安江水电站大坝位于浙江省建德市铜官峡谷的新安江上,坝址以上控制流域面积 10 442 km²,1957 年 4 月主体工程开工, 1960 年 4 月第一台机组并网发电,1965 年工程竣工。枢纽采用混凝土宽缝重力坝、坝后式厂房、厂房顶溢流式布置。大坝顶全长 466.5 m,最大坝高 105 m,坝顶高程 115 m。大坝自右至左共分 26 个坝段,坝轴线呈折线,两岸折向上游。右岸 0~6 号坝段为挡水坝段,河床 7~16 号坝段为溢流坝段,左岸 17~25 号坝段为挡水坝段。水库正常蓄水位 108 m 时的库容为 178.4 亿 m³,校核洪水位 114 m 时的总库容为 216.26 亿 m³。电站以发电为主,兼顾防洪、航运、养殖、旅游等综合利用要求,在华东电网中担负调频、调峰、事故备用等任务,对电网的安全、稳定运行起着重要作用。

右岸 1~8 号坝段横缝灌浆高度自基础面以上 15~18m。1~2 号、2~3 号、3~4 号坝段各设一个灌浆区,4~5 号、5~6 号、6~7 号、7~8 号坝段各设上游、下游两个灌浆区,其中以 4~5 号坝段横缝灌浆面积为最小,约 166.04 m²(见剖面图)。

2　问题的提出

新安江大坝拦河坝右岸岸坡坝段的坝基内不存在深层抗滑稳定问题,各坝段的稳定性主要由坝基面的抗滑稳定性控制。由于右岸岸坡地形向河床倾斜,设计要求各坝段的基础开挖,在平行于坝轴线方向都要形成宽度不小于坝段宽度30% ~50%的平台,但在坝基面实际开挖过程中,0~4 号坝段的坝基面均存在不同程度的欠挖,基础平台宽度不能到位,难以满足原设计的要求,特别是 3 号、4 号坝段的基础形成了陡坡状,因此,右岸坝段的稳定问题一直受到关注。1964 年 10 月原上海院完成了《新安江水电站拦河坝 3 号、4 号坝段稳定分析的鉴定意见报告》,报告中根据横缝灌浆施工资料对 1~8 号坝段横缝灌浆质量作了分析认为:质量基本合格的横缝有 6 个灌浆区,计 1 077 m²,占灌浆区总灌浆面积的 53%,即 3~4

横缝灌浆区,4~5横缝上游灌浆区,5~6横缝下游灌浆区,6~7上下游横缝灌浆区和7~8横缝上游灌浆区;质量不合格的有5个灌浆区,即1~2横缝灌浆区,2~3横缝灌浆区,4~5横缝下游灌浆区,5~6横缝上游灌浆区及7~8横缝下游灌浆区。进一步分析认为,3号、4号坝段的运行情况是正常和稳定的,但稳定性较差,要求通过灌浆手段使2~5号坝段的横缝连成整体传递侧向推力,以确保大坝稳定。新安江大坝第一次和第二次安全鉴定中专家组均提出对右岸坝段横缝进行检查和补强。

3 横缝灌浆设计和施工

3.1 钻孔

根据各横缝的空间位置,各灌浆区布置补强灌浆孔,由于部分钻孔为斜孔,要求钻机安装立轴方位角和横缝面走向平行。采用Φ130 mm金刚石钻具骑缝钻进,为取得较完整的横缝面混凝土芯,严格控制每次钻进进尺,随着孔深的增加,不断地加长钻具的长度,保证钻孔孔向,以达到了解横缝填充情况的目的。钻进加深过程中,每2~3 m进行测斜一次,发现钻孔偏斜或横缝偏离钻孔,则采用相应的纠偏方法,进行钻孔纠偏,保证钻孔的质量。

3.2 压水试验

横缝钻孔结束后,先测量孔内稳定水位(或涌水流量)和测定水温,并做好详细记录,以了解横缝是否与库水连通,全孔段做一次段压水试验。

对钻到止浆片的横缝补强孔卡塞做压水试验,橡胶塞卡在止水浆片以下;未钻到止浆片的钻孔,则在孔口埋设一根长约30 cm的孔口管,待凝48 h。采用0.2 MPa压力进行钻孔洗孔、压水试验。洗孔采用脉冲循环水进行,至回水清净,孔内沉积厚度不超过20 cm。

对有涌水的横缝检查孔,压水试验前将孔内的涌水抽除,并立即进行压水试验。压水试验采用单点法,压力采用0.2 MPa。每5 min测读一次压入流量,取最后的流量值作为计算流量,其成果以透水率表示。

压水试验过程中,同时进行横缝检查孔开度和本灌区各钻孔及串冒水等的异常情况监测。当横缝张开度监测玻璃片断裂时,则适当降低工作压力;出现较大量的串冒水等情况时,则应采用适当的封堵措施。

3.3 灌浆

各补强孔全孔段采用孔内循环灌浆法,以改性灌浆水泥作为灌注材料,浆液水灰比为0.5∶1,灌浆压力为0.3 MPa。通过三缸灌浆机压送浆液,部分浆液进入横缝内而扩散,部分浆液经回浆管路返出流回低速搅拌机,循环使用,直至灌浆结束,要求一次拌制的浆液使用时间不超过4 h,保证灌注水泥的质量和效果。

灌浆结束标准按吸浆量小于1 L/min,继续灌注30 min结束;对于孔口向上的灌浆孔,在灌浆工作达到结束标准时,用相同的压力继续灌注4~8 h结束,灌浆结束时,先关闭各管口阀门后再停机,闭浆8 h。

各横缝补强孔灌浆结束后,即可进行压力机械回填灌浆法进行封孔灌浆。

3.4 开度监测

横缝开度监测采用在钻孔附近骑缝埋设玻璃片。钻孔结束后,玻璃片采用环氧树脂粘贴,待具有一定强度后,方可进行洗孔、压水试验和灌浆施工,跟踪观测洗孔、压水和灌浆过程中对横缝开度的影响。当玻璃片破裂,立即降低工作压力,避免对坝体产生不利影响。灌浆和压水试验过程中,对横缝检查孔张开度情况进行跟踪监测。

4 历次横缝补强成果分析

4.1 灌浆成果分析

新安江大坝右岸 3~7 号坝段横缝各灌浆区先后在 1960 年、1994 年和 2002 年三次进行灌浆工作,后一次灌浆同时也是对前次灌浆效果的检查。1960 年横缝灌浆材料为 400 号普通水泥,后两次则灌注灌入性能更好和具微膨胀性能的改性灌浆水泥,2002 年横缝灌浆压力提高到 0.3 MPa,三次灌浆所采用的灌浆工艺和材料基本相同。从灌浆成果统计表可以看出,通过三次横缝灌浆,除 4~5 横缝上下游两个灌浆区外,各坝段横缝灌浆区耗灰量均呈明显的递减趋势,说明经过上一次灌浆后,横缝区域内缝隙得以较好地充填。灌浆成果汇总如表1:

表 1　　　　　　　　　历次横缝检查和补强灌浆成果统计表

横缝名称		灌浆区面积（m²）	灌浆完成时间	灌浆压力（MPa）	水灰比	总耗灰量 kg	单位面积耗灰量 kg/m²	灌浆材料
3~4 横缝		477.80	1960.5.31	0.2	4:1~0.7:1	3841.49	8.05	400 号普通水泥
			1994.1.5	0.2	2:1	213.93	0.45	改性灌浆水泥
			2002.8.2	0.3	0.5:1	18.85	0.04	改性灌浆水泥
4~5 横缝	上游	93.82	1960.5.22	0.2	4:1~0.7:1	136.99	1.45	400 号普通水泥
			1994.1.3	0.2	1.5:1~2:1	192.45	2.05	改性灌浆水泥
			2002.9.2	0.3	0.5:1	189.64	2.02	改性灌浆水泥
	下游	72.22	1960.5.21	0.2	4:1~0.7:1	114.22	1.58	400 号普通水泥
			1994.1.2	0.2	2:1~1:1	117.91	1.63	改性灌浆水泥
5~6 横缝	上游	181.80	1960.5.25	0.2	4:1~0.7:1	159.7	0.88	400 号普通水泥
			1993.12.27	0.2	2:1	29.26	0.16	改性灌浆水泥
			2002.8.21	0.3	0.5:1	47.41	0.26	改性灌浆水泥
	下游	102.60	1960.5.26	0.2	4:1~0.7:1	2077.10	20.24	400 号普通水泥
6~7 横缝	上游	178.60	1960.5.23	0.2	4:1~0.7:1	1111.20	6.22	400 号普通水泥
			2002.9.7	0.3	0.5:1	42.85	0.24	改性灌浆水泥
	下游	129.70	1960.5.27	0.2	4:1~0.7:1	3008.58	23.20	400 号普通水泥

4.2 压水试验成果分析

1964 年第一次横缝灌浆时,由于缝内未有充填物质,且设有排气孔,故未进行压水试验,只进行后两次补强灌浆的压水试验成果对比。2002 年横缝补强灌浆进行 8 孔(段)压水试验,施工的横缝区域内压水试验获得透水率值均较小,均小于 0.02 L/min·m·m,其中最大值为 0.019 L/min·m·m,最小值为 0;而 1992 年度横缝补强施工时,各横缝压水试验透水率值则相对较大,其中 4~5 号坝段横缝灌浆区透水率平均值为 0.496 L/min·m·m,最大值达 0.980 L/min·m·m,3~4 号坝段横缝灌浆区的最大值为 0.40 L/min·m·m。从两次补强施工横缝检查压水试验透水率值对比情况可以看出,横缝本次压水试验与上次检查孔相比 ω 值有所降低。

新安江右岸坝段横缝压水试验透水率对比表

横缝区域	施工时间	透水率(L/min·m·m)	
		AVE	MAX
3~4 号坝段横缝灌浆区	1994	0.107	0.400
	2002	0.015	0.019
4~5 号坝段横缝灌浆区	1994	0.496	0.980
	2002	0.016	0.016
5~6 号坝段横缝灌浆区	1994	0.017	0.068
	2002	0.007	0.007
6~7 号坝段横缝灌浆区	1994	/	/
	2002	0.006	0.013

4.3 横缝状况

(1)横缝分类依据

1960 年施工期未进行钻孔取芯和缝面性状鉴定和分类工作,1992 年和 2002 年两次大坝横缝检查中,按照以下的分类标准对横缝的性状进行评价。

A 类:横缝面有水泥结石并胶结良好;A-1 类:横缝面有水泥结石和沥青质并胶结良好;

B 类:横缝面有水泥结石但缝面脱开;B-1 类:横缝面有水泥结石和沥青质但缝面脱开;

C 类:横缝面有粉末状水泥结石;

D 类:横缝面无任何水泥充填物;

E 类:横缝面只有沥青质。

(2)横缝性状

横缝止浆片以内的横缝灌浆区,1992 年横缝水泥物质充填的区域占总样本的 98.32%,其中含有少量沥青质(A-1 和 B-1)占 24.9%,但缝面呈闭合状态的占 35.8%,其余缝面全部脱开;2002 年取出横缝芯样中水泥物质充填的区域占总样本的 93%,水泥和沥青物质充填占 21.6%,缝面胶结良好的占 10%。止浆片以外主要充填沥青质,局部含有水泥结石和钙质析出物,缝面胶结强度较低。

从两次横缝钻孔芯样鉴定情况分析,施工区横缝均有沥青或水泥充填,总体上横缝止浆片以内区域仅有沥青质充填的比例很小,1992 年占 2.7%,2002 年 7%。从表中各种类型缝面所占比例看,虽经过两次灌浆,2002 年取出芯样缝面胶结良好的比例反而低于 1992 年,这与各次施工芯样位置不同有关,即两次样本未有很好的代表性。但通过灌浆后缝面呈脱开性状的比例均很高,1992 年占 64.2%,2002 年占 90%,说明横缝质量并未得以提高。从充填物质看,沥青质和粉末状水泥所占比例很大,横缝通过横缝灌浆区内的补强灌浆来传递侧向推力和传递剪力也是不可靠的。

表 2 　　　　　　　　　　　　横缝面各分类比例统计表

	缝面分类	A 类	A-1 类	B 类	B-1 类	C 类	D 类	E 类	合计
1992 年缝面性状	芯样长度 m	12.49	10.14	18.78	5.63	14.37	–	1.68	63.09
	分类比例 %	19.8	16.0	29.8	8.9	22.8		2.7	100
2002 年缝面性状	芯样长度 m	0.90	0.94	6.30	3.07	6.01		1.32	18.54
	分类比例 %	5.0	5.0	34.0	16.6	32.4		7.0	100

5　结语

(1)右岸坝段各横缝历次补读灌浆施工均采用骑缝钻孔、施工变形监测和全孔段灌浆等工艺及技术是有效的。

(2)通过历次的灌浆和补强,压水试验透水率值和灌浆区单位面积耗灰量均呈明显的递减趋势,横缝内空隙得以有效的充填,同时随着处理次数的增加,缝面表现为极低渗透性,可灌性明显降低。

(3)由于水泥浆液本身水分富余和水泥结石收缩等特性,灌浆后横缝胶结良好比例仍较低,通过右岸坝段横缝灌浆区内的补强灌浆来传递侧向推力和剪力也是不可靠的。要使右岸坝体满足抗滑稳定要求,使横缝真正做到能够传递侧向荷载,建议在坝顶、廊道内及坝后面的适当部位,骑横缝挖槽或以大口径钻机钻孔,研究横缝面清洗工艺,将缝面内影响胶结质量的水泥结石粉末和沥青质有效清除后,采用变形性能好、结石强度高的化学浆液灌注。

浙江天台桐柏抽水蓄能电站水工混凝土裂缝（渗水）修复处理

林荣张[1] 黄 斌[2] 高秀梅[1]

（1.杭州华能大坝安全工程技术有限公司 2.长江三峡水电工程有限公司）

1 工程概况

桐柏抽水蓄能电站位于浙江省天台县栖霞乡百丈村,距天台县城关约 7 km。本电站利用已建桐柏水电站(装机 8 MW)的水库作为上水库,是一座日调节纯抽水蓄能电站。主副厂房和主变压器室均设在地下,厂房内安装四台立轴单级混流可逆式水泵水轮机,单机容量 300 MW,总装机容量 1 200 MW。电站枢纽工程由上水库、下水库、输水系统,地下厂房,开关站及中控楼等建筑物组成。2000 年开始进行前期施工准备,2001 年上半年主体工程开工,2005 年底第一台机组发电。

经检查,发现混凝土面板裂缝 210 条、引水洞 502 条、地下厂房 85 条,并存在裂缝渗水及蜂窝麻面和点面渗水等现象。

针对以上现象,需要论证对这些裂缝进行防渗加固处理的必要性:

（1）由于面板产生的裂缝大多为微裂缝,但以往实践证明,面板裂缝的存在不仅影响外观,而且当裂缝发展到足够大以至于产生渗漏时,将会对面板下面的碾压堆石体形成破坏,严重的会造成填筑料流失,从而造成面板脱空、塌陷。如株树桥面板坝,就是由于面板渗漏导致面板脱空,造成渗漏量急剧增加,严重影响了大坝的安全运行,以及下游人民群众的生命财产安全。

（2）引水洞、地下厂房等部位存在的裂缝渗水、蜂窝麻面和点面渗水等缺陷,如不及时进行处理,将会导致混凝土钢筋进一步锈蚀和混凝土强度下降,不仅影响混凝土结构外观,最终还会影响混凝土的使用寿命和电厂的安全运行。

因此,根据工程安全运行的要求,对这些裂缝进行修复处理是非常必要的。

2 处理方案的选择

根据本工程现场实际情况,结合以往类似工程的处理经验,选择了以下处理原则和方案:

（1）面板裂缝、引水洞裂缝处理以防渗处理为主。

（2）厂房内裂缝处理以补强加固处理为主。

（3）"治本为主,治表为辅,表本结合,综合治理"。

（4）根据裂缝类型、裂缝处理目的和处理方法的不同,合理选择以下各种新型防渗加固材料:LW、HW 水溶性聚氨酯灌浆材料、HK – G – 2 环氧灌浆材料、SR 防渗保护盖片、HK – UW – 1 环氧树脂砂浆、SBR 聚合物水泥砂浆、HK-961 环氧抗冲磨增厚防水涂料、快速堵漏封缝等防水、补强、材料进行处理。

处理方案如下:

(1)混凝土面板裂缝处理方案:当裂缝宽度≥0.2 mm 时,对裂缝进行化学灌浆处理和表面覆盖 SR 防渗保护盖片。当裂缝宽度 <0.2 mm 时,分贯穿性和非贯穿性,分别表面粘贴 SR 防渗保护盖片。对于贯穿性的增加开槽,嵌填 SR 塑性止水材料。

(2)引水洞渗水裂缝处理方案:沿裂缝表面凿槽、埋设灌浆管,封闭后灌注 LW 水溶性聚氨酯,待浆液固化后去除灌浆管及表面封闭物,用环氧砂浆封平,表面涂刷 HK - 961 增厚环氧涂料。

(3)引水洞不渗水裂缝处理方案:沿裂缝表面骑缝钻灌浆孔、埋设灌浆管,封闭后灌注 LW/HW 水溶性聚氨酯,待浆液固化后去除灌浆管及表面封闭物,表面涂刷 HK - 961 增厚环氧涂料。

(4)厂房内裂缝处理方案:沿裂缝表面粘贴灌浆盒,封闭后灌注 HK - G - 2 环氧灌浆材料,待浆液固化后去除灌浆盒,表面涂刷 HK - 961 增厚环氧涂料。

(5)引水洞蜂窝漏水或点面渗水处理方案:找渗水部位,钻孔埋设灌浆管灌浆,待浆液固化后去除灌浆管,表面涂刷 HK - 961 增厚环氧涂料。

3 材料主要性能

3.1 LW/HW 水溶性聚氨酯化学灌浆材料

LW/HW 是一种快速高效的防渗堵漏补强加固化学灌浆材料,主要特点是:浆液遇水后先分散乳化,进而凝胶固结;可在潮湿或涌水情况下进行灌浆;LW 与 HW 水溶性聚氨酯化学灌浆材料可以任意比例混合使用,以配制不同强度和不同遇水膨胀倍数的材料。其主要性能见表 1、表 2。

表 1　　　　　　　　　HW 水溶性聚氨酯化学灌浆材料主要性能指标

项目	指标
黏度(厘泊)(25℃,MPa·s)	75 ± 20
比重(g/cm³)	1.10
凝胶时间	几分钟至几十分钟内可调
黏结强度(潮湿表面)(MPa)	2.4
抗拉强度(MPa)	7.8
抗压强度(MPa)	19.8
抗渗性能	性能 $> S_{15}$
遇水膨胀倍数(%)	2 ~ 4

表 2	LW 水溶性聚氨酯化学灌浆材料主要性能指标
项目	指标
黏度(厘泊)(25℃,MPa·s)	200±30
比重(g/cm³)	1.08
凝胶时间	几分钟至几十分钟内可调
黏结强度(潮湿表面)(MPa)	>0.7
抗拉强度(MPa)	>2.1
伸长率(%)	130~180
抗渗性能	$1.8×10^{-9}$cm/s
包水量(倍)	>20
遇水膨胀倍数	>0.01

3.2 HK-G 系列低黏度环氧灌浆材料

HK-G 系列低黏度环氧灌浆材料具有良好的亲水性,起始黏度小,可以对细微的混凝土和岩基裂缝进行灌浆处理,达到防渗补强加固之目的。其主要性能见表3。

表 3	HK-G 低黏度环氧灌浆材料性能指标
项目	主要指标
黏度(厘泊)(25℃,MPa·s)	10~15
凝固时间	在数十分钟至十小时可调
抗压强度(MPa)	40~80
抗折强度(MPa)	9.0~15.0
抗拉强度(MPa)	5.4~10.0
黏结强度(MPa)	2.4~6.0

3.3 HK-UW-1 环氧树脂砂浆

HK-UW-1 水下浇筑用环氧是一种强度高、可在水下固化的高分子复合材料,由它配制的砂浆(混凝土)具有在水下不分散、自流平、自密实的性能。其主要性能见表4。

表 4		HK-UW-1 主要性能指标
性能		技术指标
可浇筑时间(分)		>30
凝固时间(小时)<20		
龄期 7 d	抗压强度(MPa)	>40
	抗折强度(MPa)	>15
	黏结强度(MPa)	>2.5
	抗拉强度(MPa)	>6

3.4 HK-961增厚型环氧涂料

HK-961系列增厚型环氧涂料可用于混凝土的防水、补强或金属表面的防腐处理,和混凝土、金属黏结强度高。其主要性能见表5。

表5　　　　　　　　　**HK-961增厚型环氧涂料主要技术性能指标**

材料		HK-961
固化时间	表干（hr）	2～4
	实干（hr）	4～8
黏结强度	干燥（MPa）	≥5.0
	饱和面干（MPa）	/
	水下（MPa）	/
附着力（级）		2
抗冲（kg·cm）		45
抗弯（mm）		2

3.5 SBR聚合物水泥砂浆

SBR聚合物水泥砂浆是一种有机和无机复合的材料,既具有水泥砂浆较强的物理力学性能,又具有高分子材料黏结强度高、适应变形能力强等特点。还具有优良的抗渗性能和耐老化性能,并可在潮湿面施工。其主要性能见表6。

表6　　　　　　　　　**SBR聚合物改性水泥砂浆的主要性能**

性　能	指　标
抗拉强度(MPa)	5.0～6.0
抗压强度(MPa)	50.0～60.0
抗折强度(MPa)	8.0～10.0
黏接强度(MPa)	4.0～5.0
干燥收缩率	$650-850\times10^{-6}$
弹性模量(MPa)	$2.6\sim3.6\times10^{-6}$
线膨胀系数(mm/℃)	0.002 7
抗冲磨强度(hr/cm)	8～10
抗渗标号	S25
凝结时间(hr)	6.75

3.6 力顿堵漏王

力顿堵漏王具有快凝快硬、快速止水堵漏、抗渗防裂、永久防水的特点。与新、老混凝土、砖、石、金属等黏结牢固。可带水作业、防火、无毒、无害。其主要性能见表7。

298

表7力顿堵漏王性能指标

加水量(%)	凝结时间(min)		抗压强度(MPa)			
30~35	初凝	终凝	15 min	1 hr	1 d	28 d
	1~3	4~5	8.0	17.0	35.0	55.0

3.7 SR 塑性止水材料

SR 塑性止水材料,是专门为面板坝混凝土接缝止水而研制的嵌缝、封缝止水材料,具有塑性大、抗渗、耐候、耐老化性好、与混凝土基面粘接性强、冷施工简便、止水成本低等特性。其主要性能见表8。

表8　　　　　　　　　　SR 塑性止水材料产品主要性能指标

项　目	方　法	SR-2
粘接伸长率	模拟缝砂浆粘接试件,-20~20℃断裂伸长率(%)	>800
耐寒性	模拟缝砂浆粘接试件,伸长率>200%,温度(℃)	-40
耐热性	45°倾角,80℃5 hr,淌值(mm)	<4
冻融循环	砂浆粘接试件,-20~20℃/2 hr 循环不脱不裂(次)	>300
耐介质浸泡	砂浆粘接试件,在各3%浓度的 HCL、NaOH、NaCL 和水中浸泡一周,拉伸,砂浆粘接面状况	完好
抗渗性	5 mm 厚,48 hr 不渗透水压(MPa)	>2.0
抗击穿性	1.5 MPa 水压8 hr,不击穿,不渗漏,结构缝宽度(mm)	0.2
施工度	25℃锥入度值(mm)	9~15
比　重	称量法	1.5

3.8 SR 防渗保护盖片

SR 防渗保护盖片(简称SR 盖片),是专门为面板坝混凝土接缝、裂缝及混凝土本身的防渗保护而研制的。具有对混凝土基面防渗、防裂、防冰冻的表面保护功能。其主要性能见表9。

表9　　　　　　　　　　SR 防渗保护盖片主要性能指标

性　能	指　标
抗渗性	>1.5 MPa
耐温性	-40~80℃
宽　度	20 cm,25 cm,33 cm,50 cm
厚　度	5 mm
抗拉强度(纵向)	>320 N/5 cm
抗拉强度(横向)	>200 N/5 cm
施工方式	常温冷粘贴

4 具体的施工工艺

结合以上施工方案和材料性能,每一种裂缝的具体处理工艺如下:

4.1 混凝土面板裂缝处理施工工艺

4.1.1 裂缝宽度小于 0.2 mm 的非贯穿性裂缝表面止水处理工艺

采用 SR 防渗保护盖片进行表面处理,其止水示意图如下:

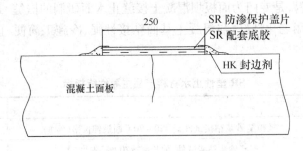

图 1 非贯穿细缝处理示意图

具体施工工艺如下:

(1)基面处理:用钢丝刷或打磨机将裂缝两侧各 15 cm 范围内的松动物及凸出物除去。对于表面坑洼处,用高标号砂浆或聚合物水泥砂浆修补平整,待其达到强度后进行下一步施工。

(2)涂刷底胶:待基面完全干燥后,沿缝两侧各 10 cm 均匀涂刷 SR 底胶,涂刷底胶要注意一不能漏刷(露白),二不能涂刷过厚(注:根据 SR 材料施工要求,基面一定要干燥,对于潮湿表面,则要用喷灯将其表面烘干,只要能保持基面表干 0.5~1 h,即可完成施工)。

(3)粘贴复合 SR 防渗保护盖片:待 SR 底胶表干后(黏手但不粘手,常温下 30~60 min),局部用 SR 材料找平,撕去复合 SR 防渗保护盖片的防粘保护纸,沿裂缝将盖片粘贴于 SR 底胶上,并用力压紧。对于需搭接的部位,必须先用 SR 材料做找平层,而且搭接长度要大于 3 cm。

(4)用 HK 封边剂对粘贴好的 SR 盖片边缘进行封边。

4.1.2 裂缝宽度小于 0.2 mm 的贯穿性裂缝表面止水处理工艺

采用沿缝凿 50×40 mm 的 V 型槽,槽中嵌填 SR 塑性止水材料,最后进行表面处理的方案,其止水结构示意图如下:

具体施工工艺如下:

(1)凿槽:沿缝凿 50×40 mm 的 V 型槽,用水清洗干净,晾干;

(2)涂刷底胶:打磨缝边缘表面并清理松动物,待基面完全干燥后,沿缝在需进行 SR 材料施工的部位均匀涂刷 SR 底胶,涂刷底胶要注意一不能漏刷,二不能涂刷过厚;

(3)嵌填 SR 材料:将 SR 材料搓成细条,填入接缝深处和各个侧面,并用手压实。

(4)粘贴复合 SR 防渗保护盖片:待 SR 底胶表干后(黏手但不粘手,常温下 30~60 min),撕去复合 SR 防渗保护盖片的防粘保护纸,沿裂缝将盖片粘贴于 SR 底胶上,并用力压紧。

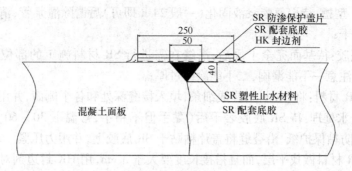

图 2　贯穿细缝处理示意图

对于需搭接的部位,必须先用 SR 材料做找平层,而且搭接长度要大于 3 cm。

（5）用 HK 封边剂对粘贴好的 SR 盖片边缘进行封边。

4.1.3　裂缝宽度大于 0.2 mm 的裂缝表面止水处理工艺

沿缝凿 50×40 mm 的 V 型槽、埋设灌浆管、进行 LW/HW（3∶7）水溶性聚氨酯化学灌浆、表面粘贴 25 cm 宽 SR 防渗保护盖片和边缘 HK 封边剂封边;

其止水结构示意图如图 3。

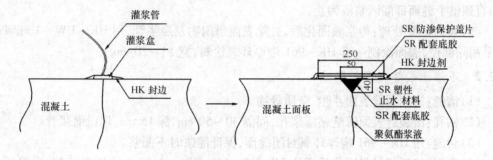

图 3　粗缝灌浆及嵌缝处理示意图

具体施工工艺如下:

灌浆处理

（1）清理缝面:打磨缝边缘表面,清除缝表面的浮尘及污物。

（2）凿槽:沿缝凿 50×40 mm 的 V 型槽,用水清洗干净,晾干。

（3）钻孔:间隔 30~50 cm 左右钻灌浆孔,埋设灌浆管。

（4）封缝:用快干水泥封闭 V 型槽及灌浆管,保证灌浆时不漏浆。

（5）试压:待封缝材料达到一定强度后,进行压水试验,以了解进浆量、灌浆压力及各孔之间的串通情况,同时检验密封效果。

（6）灌浆:接上灌浆泵和灌浆管开始灌浆,灌注 LW∶HW = 30∶70 的混合浆液,灌浆压力视裂缝开度、进浆量、工程结构情况而定。灌浆顺序一般由下而上,由深而浅。当邻孔出现纯浆液后,将灌浆嘴用铁丝扎紧,继续灌浆,所有邻孔都出浆后,继续稳压 5 min 停止灌浆。

嵌填 SR 塑性止水材料

（1）清理 V 型槽：待聚氨酯浆液固化(一般 24 h 即可)后凿除灌浆管,清理 V 型槽,并用水冲洗干净,晾干;

（2）涂刷底胶：待基面完全干燥后,沿缝在需进行 SR 材料施工的部位均匀涂刷 SR 底胶,涂刷底胶要注意一不能漏刷,二不能涂刷过厚;

（3）嵌填 SR 材料：将 SR 材料搓成细条,填入接缝深处和各个侧面,并用手压实;

（4）表面止水处理：待 SR 底胶表干后(黏手但不粘手,常温下 30 ~ 60 min),撕去复合 SR 防渗盖片的防粘保护纸,沿裂缝将盖片粘贴于 SR 底胶上,并用力压紧。对于需搭接的部位,必须先用 SR 材料做找平层,而且搭接长度要大于 3 cm,用 HK 封边剂对粘贴好的 SR 盖片边缘进行封边。

4.2 引水洞裂缝处理施工工艺

4.2.1 渗水裂缝处理工艺

（1）凿槽：沿渗水裂缝表面凿 5 × 4 cm(H × B)的 V 型槽,清理干净。

（2）钻孔：间隔 50 cm 左右钻灌浆孔,埋设灌浆管。

（3）封缝：用力顿堵漏王封闭 V 型槽及灌浆管,保证灌浆时不漏浆。

（4）灌浆：力顿堵漏王有一定强度后,灌注 LW 水溶性聚氨酯,灌浆压力在 0.3 ~ 0.5 MPa,从低处向高处进行,待邻孔出浆时,结扎灌浆管,移至邻孔灌浆,或原灌浆孔继续灌浆,直到整个缝面都灌满浆液为止。

（5）表面修复处理：待浆液固化后,去除表面封闭物及灌浆管,用 HK – UW – 1 环氧砂浆封平凿除部位,表面涂刷一道 HK – 961 增厚环氧涂料,宽 15 ~ 20 cm。

4.2.2 不渗水裂缝处理工艺

（1）清缝：清理裂缝表面浮尘、杂质等物。

（2）钻孔：沿裂缝表面骑缝钻灌浆孔,间隔 30 ~ 50 cm,深 15 cm,埋设灌浆管。

（3）封缝：用 HK – 961 增厚环氧封闭缝面,保证灌浆时不漏浆。

（4）灌浆：待环氧材料固化后灌注 LW/HW(LW:HW = 8:2)水溶性聚氨酯,灌浆压力在 0.3 ~ 0.5 MPa,从低处向高处进行,待邻孔出浆时,结扎管路,继续压浆;也可在邻孔出浆后,关闭原灌浆孔,移至邻孔继续灌浆一直到整个缝面都灌满浆液为止。

（5）表面修复处理：待浆液固化后,去除灌浆管及其表面封闭物,表面涂刷一道 HK – 961 增厚环氧涂料,宽 15 ~ 20 cm。

4.3 厂房内裂缝处理施工工艺

（1）清面：清理裂缝表面浮尘、杂质等物。

（2）布灌浆盒：沿裂缝表面布设灌浆盒,间隔 30 ~ 50 cm,表面涂刷一道 HK – 961 增厚环氧材料。

（3）灌浆：待环氧材料固化后灌注 HK – G – 2 环氧灌浆材料,灌浆压力在 0.3 ~ 0.5 MPa,从低处向高处进行,待邻孔出浆时,结扎管路,继续压浆;也可在邻孔出浆后,关闭原灌浆孔,移至邻孔继续灌浆一直到整个缝面都灌满浆液为止。

（4）表面修复处理：待浆液固化后,去除灌浆盒及其表面封闭物,表面涂刷一道 HK – 961 增厚环氧涂料,宽 15 ~ 20 cm。

4.4 引水洞蜂窝漏水、点面渗水处理施工工艺

（1）清面：检查漏水部位，凿除蜂窝表面松动的混凝土块石，并清理蜂窝麻面与孔洞。

（2）钻孔：对准漏水处钻孔，孔深20 cm左右，孔径视漏水大小而定。

（3）埋管：用立顿堵漏王埋设引水管和灌浆管。

（4）封缝：用快干水泥封缝。

（5）灌浆：待力顿堵漏王有一定强度后即可用LW、HW按照一定的配比进行灌浆，压力控制在0.3 MPa内，维持5 min不进浆为该孔结束灌浆。

（6）待浆液固化后，割除灌浆管，用力顿堵漏王抹平，涂刷二道HK－961涂料加以保护。

5 取得的一些经验和认识

（1）本次处理面板裂缝总长约780 m，引水洞裂缝总长约6 300 m，厂房裂缝总长约810 m，数量较多，工期较长，方案较广，基本上包括了混凝土渗漏处理的点、线、面三个种类。

（2）以上方案经过实践验证，证明了它们的可行性，但在具体的裂缝处理前期施工中，也发现了一些问题，在后期都进行了改进和提高：例如，为了与引水洞及厂房混凝土裂缝处理的现场要求相适应，SBR聚合物砂浆具有黏结强度高、适应变形能力强、优良的抗渗性能、抗冲磨性能和耐老化性能等优点，后来将引水洞渗水裂缝处理中的用HK－UW－1环氧砂浆封平凿除部位，调整成用SBR聚合物砂浆封平凿除部位。在施工过程中，因输水系统中的通风系统较差，钻孔时所产生的大量灰尘，很难排出去，严重危害人体的健康。所以在不渗水裂缝处理中的采用沿裂缝表面粘贴灌浆盒。

（3）在处理引水洞的环型缝时，对整条环型缝都要同时处理，因为整条环型缝是相通的，当处理了其中的一段时，水会从压力相对较小的环型缝其他的部位渗出来。

（4）SR塑性止水材料系列产品具有优良的延伸性和抗渗性，广泛适用于面板坝及其他裂缝止水，同时作为一种柔性止水材料，不仅可以起到防渗止水作用，同时还具有抗冲耐磨的特性，目前在面板坝的裂缝处理应用比较广阔。

（5）本次处理过的部位，经2005年8月试压通水后，无一条裂缝有渗水和蜂窝麻面脱落等，达到了预期的效果，满足了工程要求。

6 结语

目前，我国在混凝土裂缝处理方面有很多可供选择的修补灌浆材料及配套的施工工艺，但各种方法都有其自身的特点和应用范围，也都存在着各种各样的不足。在选择修补材料或治理方案时，要结合工程的实际情况、经济成本及可能带来的后果合理确定，以达到最佳的技术经济效益。

实践证明，本文介绍的各种防渗加固材料的综合应用处理方法，是工艺简便、行之有效的，可在混凝土裂缝（渗水）修复处理施工中起到一定的借鉴作用。

李家峡水电站右中孔泄水道底板抗冲蚀层
缺陷修复处理

纪国晋[1] 关遇时[1] 陈改新[1] 张福成[1] 乔吉庆[2] 潘青海[2] 辛 龙[2]

（1.中国水利水电科学研究院结构材料研究所 2.青海省李家峡发电分公司）

1 工程概况

李家峡水电站位于青海省尖扎县与化隆县交界处,是以发电为主,兼顾灌溉、供水等综合利用的一座大型水利水电工程。电站主要建筑物由混凝土双曲拱坝、坝后式双排机发电厂房及泄水建筑物等组成。其中泄水建筑物由左底孔、左中孔和右中孔共三孔泄水道组成。三孔泄水道设计最大下泄流量为 5 640 m^3/s,槽内最大流速 39.9 ~ 42.5 m/s,泄流消能方式采用挑流消能。泄水道抗冲耐磨层是在基础混凝土上浇筑了 15 cm 厚的硅粉高强混凝土。2003 年 5 月下旬,李家峡发电分公司对电站泄水建筑物进行年度汛前检查,发现三孔泄水道底板存在不同程度的缺陷。主要问题有:底板抗冲蚀表面普遍产生龟裂,部分部位存在剥蚀脱落,厚 15 cm 硅粉混凝土层存在多处不同程度的脱空现象。为此,李家峡发电分公司及上级主管单位要求尽快重视和实施泄水建筑物缺陷修复处理工作。根据泄水道缺陷修复处理工程计划安排,首先在右中孔进行修复处理现场试验,为三孔泄水道抗冲蚀层修复处理提供切实可行的施工工艺和修补方案。修复试验选择第 4、6、8、10 段共四段,由四家单位分别采取各自的修补方案进行施工,修复试验于 2004 年 5 月开始,中国水利水电科学研究院承担右中孔第八段底板混凝土的修复处理试验,修复面积约 115.2 m^2,施工于 6 月中旬全部结束。2005 年 4 月李家峡发电分公司组织专家对修复试验进行了验收,最后确定采用中国水利水电科学研究院的施工方案进行右中孔剩余的第 5、7、9 三段的修复处理,施工从 2005 年 6 月 25 日进场至 8 月 22 结束,修复面积约 360 m^2,共浇筑多元胶凝粉体特种抗冲磨混凝土约 92 m^3。

2 修复处理方案

2.1 工程环境

李家峡水电站地处青藏高原,属典型的高原大陆性气候,冬季漫长寒冷,夏季凉爽,日温差较大,太阳辐射强。一月份平均最低气温 -12.46℃,绝对最低气温 -19.8℃,七月份平均最高气温 26.06℃,绝对最高气温 34.5℃,多年平均气温 7.8℃,最大风速 16 m/s,坝址区气候干燥,年降水量少,多年平均降水量 331 mm,蒸发量 1 881 mm,且降雨量多集中在夏秋季。

2.2 方案设计考虑

从修复材料考虑,由于修复层较厚,面积较大,确定仍采用混凝土进行修复。现场对原抗冲磨混凝土底板的检查结果表明,原底板混凝土龟裂严重,多处存在脱空现象,所以在设计修复层混凝土时,我们首先考虑如何提高混凝土的抗裂性以及新浇筑底板与基础混凝土的粘接问题,以防止相同缺陷再次发生,其次要考虑高速水流冲蚀问题。由于混凝土的施工和运行环境恶劣,气候也是试验方案设计中重点考虑的一个因素。

2.3 修复施工方案

基于以上设计考虑,底板修复混凝土选用多元胶凝粉体特种抗冲磨混凝土,材料强度等级为C40,抗冻等级为F300,以满足高速水流冲蚀和提高混凝土耐久性。多元胶凝粉体是在水泥中掺入具有不同颗粒分布和活性的细掺和料获得的,一般的硅酸盐水泥的颗粒粒径分布要满足高性能混凝土工作性、强度与抗裂性的统一是十分困难的,而且其对混凝土后期强度增长(28 d以后)的贡献小,不够理想。多元胶凝粉体的优势在于其具有紧密堆积效应和复合胶凝效应。通过掺入特定颗粒分布的粉体调整水泥粉体的颗粒级配,使混合粉体具有紧密堆积结构;优化多元胶凝粉体的活性组分、含量和细度,调控其各组分胶凝反应的进程匹配,水化放热过程和强度发展过程,有望达到根据需要设计混凝土用胶凝材料,用于配置特定要求的高性能混凝土。本次施工利用多元胶凝粉体配置的特种抗冲磨混凝土具有适宜的强度发展规律、低干缩、自身体积微膨胀、高抗冻等特点,其抗裂性能远优于目前常用的硅粉抗冲磨混凝土。新老混凝土间的界面结合选用界面剂以提高粘接性能。混凝土浇筑自下而上连续浇筑,利用插筋和联系筋提高新老混凝土的结构完整性。过流面的体型控制采用滑模施工控制,将堰面控制高程测量并标于边墙上用于滑模施工。由于施工场地限制,混凝土的运输是施工成败的关键环节之一,施工中利用泄水道顶部的横梁做吊点,在空中架设吊缆,采用卷扬机将装料斗车从下游运至上游的方式运输,混凝土的搅拌设在下游较缓的第7段下部及第10段上,原材料预先用龙门架和卷扬机运至搭建好的搅拌平台上。

3 原材料选择

水泥选用永登水泥厂42.5中热硅酸盐水泥,当地一级配天然卵石,中砂为当地河沙,原材料检测合格后方可进场。特种抗冲磨混凝土的掺加材料由各种矿物掺和料、有机纤维、减缩型外加剂等组成,由中国水科院北京中水科海利公司生产。特种抗冲磨混凝土的性能应满足设计指标,混凝土配合比通过室内试验确定,室内试验所用骨料为北京地区一级配碎石和中河砂,配合比及性能试验结果见表1。界面剂的选择应满足设计要求(设计要求界面剂黏结强度大于3 MPa),在室内试验结果的基础上选择,界面剂粘接性能室内试验结果见表2。特种掺加材料及界面剂均从北京运至施工现场。

表1 特种抗冲磨混凝土室内试验配合比及其性能

	配合比(kg/m³)	抗压强度(MPa)		轴拉强度(MPa)	极限拉伸(MPa)	干缩(10⁻⁶)		抗冻性
	水:胶材:砂:石	28 d	90 d	28 d	28 d	28 d	90 d	28 d
特种抗冲磨混凝土	126:380:737:1205	65.9	69.9	4.66	113	190	288	F300

表 2		界面剂试验结果	
	界面状态	黏结强度(MPa)	界面破坏情况描述
界面剂 Z	潮湿	3.43	100%在混凝土和砂浆内破坏
	干燥	3.21	100%在混凝土和砂浆内破坏

4 修复试验施工

4.1 施工工艺流程

基面处理→施工放样→布设插筋和联系筋→周边缝止水→模板安装→涂刷界面剂→混凝土拌和与运输→摊铺砂浆→浇筑抗冲磨混凝土→涂刷表面防护涂层→养护。

4.2 混凝土基面处理

修复施工前,原硅粉混凝土已凿除,但还不能满足混凝土浇筑前的基面要求。基面处理用电镐将基础混凝土表面凿除至露出新鲜基础混凝土面,用高压水(最大压力 20 MPa)进行清洗,将表面的浮尘、松动颗粒和薄弱部分冲洗掉,监理验收合格后进行下一步工作。

4.3 施工放样

为恢复设计体型,施工前按设计图纸对修复层进行测量放样,将高程标于边墙上以控制混凝土浇筑厚度。

4.4 布设插筋和联系筋

采用梅花形布设 Φ25 螺纹钢作插筋,插筋间距靠边墙为 50 cm,中间间距为 80 cm,插筋距边墙 35 cm,距底板上下游施工缝的间距为 10~60 cm。在基础混凝土上钻孔至设计深度,用高压水枪清洗基面和钻孔后,用中国水利水电科学研究院生产的药卷式锚杆进行插筋锚固。联系筋采用 Φ8 圆钢按菱形焊接在插筋上。

4.5 周边缝止水施工

为防止外水渗入抗冲蚀层与老混凝土的界面,在新浇底板周边表面设一道柔性止水,止水材料的尺寸为 120 mm ×6 mm(宽×厚),止水材料由中国水利水电科学研究院生产,与新老混凝土具有优良的粘接性能。先在老混凝土基面周边表面涂刷界面胶,涂刷要薄而均匀,静置一段时间后再在其上铺设柔性止水材料,铺设要顺直,不打褶,内部不脱空。

4.6 模板安装

滑模采用现场制作安装,利用工字钢做桁架,将小块钢模板焊接在工字钢上组合成滑模,滑模高程控制采用滑模前轨道上的螺杆调整,滑模爬升采用卷扬机,压重采用袋装砂石料,以施工振捣过程中不发生模板上浮为依据。

4.7 涂刷界面剂

按一定比例分别称量一定量的界面剂 A 组分和 B 组分,将 A、B 组分倒入容器内混合均匀,用毛刷均匀地涂刷在基面上,涂刷要求薄而均匀,不能有漏刷、厚刷、流淌,坑洼地方不能有积液。涂刷完毕可直接浇筑特种抗冲磨混凝土,也可静置一段时间再浇,但手触无粘接感时需重新涂刷一遍。界面剂要现用现拌,避免一次拌制过多而失效。容器用完后可用水清洗干净以备下一次使用。

4.8 混凝土施工

4.8.1 混凝土试拌

由于施工骨料、拌和机械、现场条件与室内相差甚远,施工前对混凝土进行了试拌,以校核施工配合比,校核后的施工配合比见表3。

表3 施工配合比

	水胶比	掺和料掺量(%)	减水剂掺量(%)	引气剂掺量(1/万)	每方混凝土材料用量(kg/m³)			
					用水量	胶材	砂	石
特种抗冲磨混凝土	0.30	30	0.5	1.2	130	380	710	1 172

4.8.2 混凝土拌和、运输与浇筑

混凝土拌和采用350升强制式搅拌机,将砂石骨料、胶凝材料称量后送入拌和机,干拌15 s后加入拌和水,高效减水剂和引气剂等外加剂溶为水溶液与水一同加入。混凝土搅拌3 min,机口控制坍落度1~3 cm。拌好的混凝土装入斗车,用吊缆运至浇筑仓位。浇筑前在界面剂上摊铺一层砂浆,砂浆采用与混凝土相同的胶砂比和水胶比,摊铺厚度为1~2 cm,填充满基面的坑洼即可,在砂浆上浇筑特种抗冲磨混凝土。高程和表面平整度利用滑模控制,滑模提升依据每段体型不同每次控制在30~40 cm范围内,提升速度为0.8~1.2 m/s。混凝土采用振捣棒振捣,对两次浇筑层间的振捣要特别注意,即要扰动又不能过振。

4.9 涂刷表面防护涂层

浇筑结束后7 d内涂刷表面防护涂层,该涂层为柔性密闭的抗冲磨材料,即可封闭混凝土表面毛细孔以阻止水分流失,又可提高表层混凝土的抗冲磨能力。待表面涂层充分干燥固化后(一般3 d左右)就可以过水养护。

4.10 混凝土养护

由于气候干燥、昼夜温差较大、浇筑期间时有大风,所以混凝土的养护从浇筑时就非常注意。混凝土初凝前必须用塑料薄膜进行覆盖,初凝后要经常用喷雾器喷水以保持表面湿润,终凝后改用塑料薄膜覆盖洒水养护。全部施工结束后采用自然过水养护。

5 结语

李家峡水电站地处西北地区,气候条件恶劣,抗冲磨混凝土薄层修补难度较大。本次修复工程针对性地提出修补方案,在国内首次采用了具有减缩特性的外加剂以降低混凝土干缩,采用多元胶凝粉体特种抗冲磨混凝土替代硅粉混凝土,并提出了周边缝止水设计的思路,采用滑模控制体型和高程以及吊缆运输混凝土的方案。从施工过程和运行效果看,本工程提出的施工方案和施工工艺是可行的,为薄层抗冲磨混凝土的修复提供了有益的工程参考实例。

深圳市东江水源工程隧洞裂缝处理及控制

曹小武[1] 史 洁[2]

(1.深圳市东江水源工程管理处 2.深圳市深水水务咨询有限公司)

摘 要:深圳市东江水源工程在施工期及运行期其主要建筑物——隧洞混凝土衬砌均出现不同程度的裂缝,裂缝形式多样,局部存在环向与纵向裂缝交叉的现象。为消除隧洞安全隐患,确保工程运行安全,需对隧洞衬砌裂缝采取相应的处理和控制措施。本文根据不同形式的裂缝以及裂缝不同的运行状态,有针对性地采取不同处理原则和处理措施。处理后的裂缝未有明显的变化,对类似工程的混凝土裂缝处理具有一定的参考价值。

关键词:隧洞 裂缝处理 裂缝控制

1 概述

东江水源工程是保证深圳市千万居民饮水的"生命线"工程,它从惠州东江引水到深圳市境内,然后通过沿线的支线工程分水至各自的供水对象,线路总长57.12 km。主要输水建筑物包括输水隧洞、管道、压力箱涵。其中,隧洞采用无压城门洞型结构,隧洞净宽4.1 m,直墙高3.2 m,顶拱半径2.05 m。

隧洞混凝土衬砌浇筑施工时,即发现各种不同形式的裂缝,经过处理,裂缝情况有一定程度的改善。但2005年停水检修期间,发现东江水源工程4~6号隧洞衬砌裂缝总体表现多且开展范围长,个别部位长期存在渗水或泌钙现象。为此,对裂缝的成因及对工程安全性的影响进行了分析和判断,提出裂缝处理方案。

2 裂缝处理原则

(1)裂缝处理应遵循综合治理的原则,即"以截为主,以排为辅",防水和排水相结合,先排后堵。

(2)应采取恢复整体性和加强耐久性的修补措施,避免由于处理某处的衬砌质量缺陷,造成其他部位裂缝的产生。以防渗为重点,在修复现有混凝土衬砌缺陷基础上,提高混凝土内防渗和围岩的防渗性能。

(3)对于隧洞出现纵向裂缝断续分布或者围岩地质条件特别差(如隧洞开挖采用加强型支护)的洞段,除进行一般性裂缝封闭处理外,采取固结灌浆方式对围岩进行处理。

3 裂缝处理设计

裂缝处理设计主要是根据裂缝形式和隧洞结构的承载特点,选择合适的修补材料和采取适合修补材料的施工工艺。

对于本工程,选择修补材料时,应首先考虑修补材料不能对水质产生污染,其次,修补材料在特定条件下应与被修补材料具有较好的相容性和耐久性,此外,还应综合考虑黏度,可灌性、固化后的收缩性、抗渗性、固化后的强度等。

3.1 细微裂缝处理

隧洞衬砌混凝土表面常出现一些没有扩展性的细微裂缝,这种裂缝是稳定的,不会影响结构的使用和耐久性,对此类细微裂缝可简单进行封闭防渗处理。

适用标准:裂缝开展宽度小于 0.2 mm,或现场未发现渗水、渗水迹象及析钙现象的裂缝。

处理工艺:采用高压水枪清洗干净裂缝表面,通过高压风枪吹干裂缝及裂缝表面,涂刷环氧树脂浆液 2~3 遍,环向裂缝宜从上至下,纵向裂缝宜单向涂刷。最后用刮抹料、调色料处理混凝土表面,使其颜色与周围衬砌混凝土颜色一致。

3.2 其他裂缝处理

适用标准:裂缝宽度大于 0.2 mm,或裂缝宽度虽小于 0.2 mm,但裂缝存在渗水、渗水迹象及析钙现象的。

施工工艺:(1)沿裂缝中线凿开口宽为 20~30 mm 的倒 V 型槽,凿开深度以超过裂缝开展深度 1~2 cm 为宜,并用钢丝刷结合大流量高压水刷洗干净。

(2)处理好的基面潮湿但不积水,沿缝方向每隔 0.5 m 布置一根注浆管,管径为 φ10。

(3)先用丙乳水泥净浆涂刷嵌缝,15 min 左右即要摊铺丙乳水泥砂浆,要求填封密实。

(4)灌浆时,进浆压力采用五级,逐步升至 0.5~0.6 MPa 压力,每级压力为 0.1 MPa,每级压力稳定时间控制在 5~10 min。灌浆浆液采用水泥—水玻璃浆液或环氧树脂浆液。

(5)封孔:在灌浆、检查工作完成,扫孔清孔后采用预缩砂浆或环氧砂浆封填捣实,确保封孔质量。

3.3 密集裂缝

密集裂缝多是由于衬砌背后有空洞或衬砌厚度不足引起的,必须同时进行加固和防渗处理。

加固处理设计:

(1)在密集裂缝出现洞段每隔 1.5 m 布点,用风动凿岩机钻孔,孔径为 φ50,打穿原排水板和 EVA 无纺布,孔深 3 m。

(2)安装锚杆、注浆管、回浆管。锚杆直径为 φ22,注浆管管径为 φ15,回浆管管径为 φ10。注入水泥砂浆,灰砂比 1:(3~5),水灰比 1:1,施工时由下往上逐级注浆,注浆压力以 0.4~0.6 MPa 为宜。

(3)注浆 24 h 后安装锚杆垫板,用环氧树脂砂浆抹平方槽,表面用刮抹料和调色料处理。

表面裂缝封闭处理:处理工艺与上节同。

4 裂缝控制措施

裂缝控制主要从内外两方面考虑,一方面,考虑到本隧洞围岩地质条件较差,围岩与衬砌结构协调变形能力小,无法按照新奥法设计思想共同承担外荷载。因此,从提高结构自身承载力,确保围岩与衬砌共同承载的角度,对边墙和顶拱进行固结灌浆。

另一方面,采用排水孔排除外水压力,减小外部荷载的角度,控制裂缝产生的外在因素。

4.1 固结灌浆

(1)固结灌浆浆材选择

固结灌浆目的是为提高围岩强度,减小围岩变形。由于6号隧洞地下水情况不同,围岩条件不同,应选择采用不同浆液和配比。

①水泥砂浆:适用洞段:经地质雷达探测或钻孔探测,衬砌背后存在较大空洞的洞段,采用水泥砂浆填充孔洞后,再采用水泥浆进行固结灌浆。

水泥砂浆建议配比为水泥:砂:水 = 1∶1∶0.6(质量比),以上配比中水泥、砂配比不变,砂浆中水的配比可根据地下水情况进行调整。水泥采用42.5硅酸盐水泥,水必须采用洁净饮用水、地表水、地下水,不应有泥沙、漂浮明显的油脂和泡沫,不应有明显的颜色和异味。

②水泥—水玻璃浆液:固结灌浆钻孔后,对每孔出水量 $Q > 0.3$ L/min 的洞段,应采用水泥—水玻璃浆液进行堵水灌浆,其中,浆液中的水玻璃:模数为 2.4 ~ 3,浓度为 30 ~ 45 波美度。固结灌浆采用专用的双液灌浆泵进行。

建议配比:水泥浆采用水灰比为 0.6;水泥浆:水玻璃浆 = 1∶0.5 ~ 1(体积比)。其中,掺磷酸氢二钠≤2.5%。水泥品种、强度以及拌和用水的水质要求同水泥砂浆。

③水泥浆:对于不属于以上两类情况,需进行固结灌浆的洞段:采用普通水泥浆液进行固结灌浆。水泥浆建议水灰比为 0.5,可根据地下水情况进行调整。水泥品种、强度以及拌和用水的水质要求同水泥砂浆。

(2)设计参数的确定

隧洞地下水水位一般多在 60 ~ 70 m 之间,最大约为 120 m,隧洞底板高程在 51 ~ 52 m,因此不考虑排水孔释放外水压力时,隧洞围岩最大外水水头 0.2 ~ 0.6 MPa,故固结灌浆根据地下水水位情况选取不同灌浆压力,主要分为三个等级:0.4 MPa、0.6 MPa 和 1 MPa。

根据柱形扩散理论,水泥浆液黏度对水的黏度比取 4,灌浆管直径为 50 mm,对隧洞围岩孔隙率取 8%,则灌浆压力 0.4 MPa,灌浆时间为 25 min、40 min、60 min 时,扩散半径分别为 1.26 m、1.55 m、1.86 m。结合固结灌浆孔布置,选择固结灌浆扩散半径为 1.5 m,其灌浆时间 40 min,灌浆压力为 0.4 MPa。

固结灌浆采用每个断面布置三个灌浆孔,纵向间距 1.5 m,采用梅花形布置,分别布置在左右边墙和拱顶位置。左右边墙分别布置在距底板竖向高度 1.2 m 和 3.2 m 位置,顶拱处分别布置在与拱顶中心线夹角 45°处,灌浆孔孔深 3 m。固结灌浆孔采用专用的锚杆钻机进行钻孔,灌浆采用专用的灌浆泵进行;

(3)固结灌浆特殊情况处理

①灌浆中断:在灌浆过程中,会出现某些原因迫使灌浆暂时停灌的现象。灌浆中断的原因很多,有机械设备方面的、有人员方面的。固结灌浆连续性是取得良好的灌浆效果的重要条件,因此在施工前和施工过程中应认真检查灌浆设备、合理安排技术人员,力争不出现一灌到位,或尽可能缩短中断时间。

若固结灌浆中断时间在 30 min 内可直接恢复灌浆,超过 30 min,则应在原位两侧 0.5 m

分别重新钻孔灌浆。

②大量漏浆：大量漏浆的岩层，必然是孔隙率较大的岩层，也是我们要进行处理的对象，但漏浆太大，加固范围大，造成对结构影响范围以外的岩层也进行加固，从经济上来说不合理。因此，在排除衬砌背后存在较大的空洞的情况下，当注入率超过 20 L/min 或总注入量超过 2.5 m³ 时，降低一级灌浆压力，并采用较稠浆液后，再升高注浆压力。若单孔灌浆总方量超过 4.5 m³，则暂时停止灌浆，待检查和分析原因后，再另行确定灌浆参数。

(4)处理效果

2006 年停水检修期间选择典型洞段进行固结灌浆。灌浆处理后，现场监测表明，与未固结灌浆的洞段起拱点呈小拉应力不同，处理后的洞段，衬砌起拱点位置呈现受压状态，考虑到混凝土结构抗拉强度低，裂缝主要由拉应力产生，衬砌由受拉向受压状态的变化，对于结构承载有利，说明固结灌浆是有效的。

4.2 增加排水孔

根据裂缝成因分析为外水压力造成，为降低外水压力，以消除渗水带来的析钙现象，故采用加密布设排水孔的方式，保证排水通畅。

排水孔设计：在裂缝洞段，纵向每 10 m 两侧各布一个孔。排水孔避开底部起拱钢筋接头部位，距洞底高 1.1 m 的侧墙上。Ⅳ、Ⅴ 类围岩段钻孔深度 52 cm，以打穿初衬和二衬之间的 EVA 防水布为控制；Ⅲ 类围岩段钻孔深度大于 60 cm，以打穿初衬达到围岩为控制。钻孔孔径均取 50 ~ 70 mm。

处理效果：现场检查大部分排水孔均存在排水情况，说明排水是有效的。

5 结语

通过近一年的工程运行，证明本文提出的裂缝处理原则和处理方案应用是成功的，可为类似工程的裂缝处理提供参考。对于已建隧洞衬砌补强处理中，在锚杆施工前，应先探测钢筋位置和钢拱架等位置，避免钻孔失败。

由于本洞段裂缝处理时间短，停水检修期不足一个月，既要完成裂缝处理，还要使处理后的裂缝位置的强度达到一定要求。因此对施工设备有一定的要求，必须在施工前做好用水、用电、通风等施工组织，在保证施工安全的同时，保证在停水检修期内完成裂缝处理。

某水电站压力管道斜段混凝土缺陷的综合处理

林宝尧

（中国水电顾问集团成都勘测设计研究院）

摘　要：本文结合实际工程，采用粘贴碳纤维、化学灌浆、聚合物混凝土、潮湿型 SK－2 防渗涂料等综合处理措施，对压力管道混凝土缺陷进行了全面处理，实践证明处理效果很好，满足了水电站正常运行的需要。

关键词：压力管道　混凝土缺陷　补强　防渗

1　工程概况

某水电站位于我国的西南，引水式开发，电站设计引用流量 57 m³/s，额定水头 361 m，装机容量 180 MW。压力管道为地下埋藏式，由上、下斜井敷设，斜井水平顺角为 50°，主管内径 3.8 m，长 903.30 m。其中，上平段及上斜段围岩条件为Ⅲ类砂质页岩，设计内水压力为 0.7～2.2 MPa，埋深满足挪威准则，设计采用钢筋混凝土衬砌，衬厚 60 cm，并要求全段进行固结灌浆、平段进行回填灌浆。

该电站于 2006 年 11 月份进行首次引水系统充水试验及机组的调试试验。在机组调试期间，由于压力管道上斜段施工质量问题造成内水外渗，并引起山体覆盖层滑坡。事故发生后，对压力管道进行质量检查发现，压力管道上斜段的破损及渗漏主要是由于固结灌浆没有按照设计要求施工造成的，衬砌混凝土的破坏主要表现为裂缝密集、破碎、表层剥落、钢筋外露等，局部破坏深度达到 30～40 cm，局部衬砌结构受到一定破坏、削弱。衬砌结构需要工程处理才能满足电站的正常运行。

2　补强加固及防渗处理方案

根据质量检查的结果及事故原因的分析结论，该工程对压力管道上斜段的工程处理措施首先是重新进行固结灌浆，在完成固结灌浆的基础上，对破坏的混凝土进行如下处理。

2.1　隧洞及压力管道混凝土裂缝及施工冷缝的处理

采用对裂缝内部进行化学灌浆及表面封闭的综合处理方案，该方案一是可以在裂缝内部的钢筋周围形成保护层，二是防止内外水沿裂缝渗漏，三是对裂缝处的混凝土进行补强加固。

化学灌浆材料采用水溶性聚氨酯，该材料是一种在防水工程中普遍使用的灌浆材料，其固结体具有遇水膨胀的特性，具有较好的弹性止水，以及吸水后膨胀止水双重止水功能，尤其适用于变形缝的漏水处理。该灌浆材料可灌性好，强度高，当聚氨酯被灌入含水的混凝土裂缝中时,迅速与水反应,形成不溶于水和不透水的凝胶体及 CO_2 气体,这样边凝固边膨胀,体积膨胀几倍,形成二次渗透扩散现象(灌浆压力形成一次渗透扩散),从而达到堵水止漏、补强加固作用。

化学灌浆材料的性能指标见表1,灌浆工艺采用高压灌浆工艺,高压灌浆机最大灌浆压力可达20 MPa以上,可以保证灌浆质量,避免二次开槽。

表1 　　　　　　　　　　　　聚氨酯化学灌浆材料主要性能指标

试验项目	技术要求	实测值
黏度(25℃,MPa·s)	40~70	45
凝胶时间(min)　浆液:水 = 100:3	≤20	7.7
粘接强度(MPa)(干燥)	≥2.0	2.6

裂缝内部化学灌浆后,沿处理过的混凝土裂缝打磨宽10 cm,清洗后涂刷两遍SK-2防水材料,厚度为0.5~0.8 mm,对裂缝及施工冷缝进行封闭。

2.2　局部混凝土破损的处理

由于斜井中段混凝土裂缝、破损比较严重,需要进行补强加固处理。采用适用于潮湿面施工的聚合物纤维水泥砂浆置换的方案。凿除压力隧洞中脱空、松动的混凝土,涂刷专用界面剂,用抗冲磨聚合物水泥砂浆进行置换。

聚合物水泥砂浆是通过向水泥砂浆掺加聚合物乳胶改性而制成的一类有机无机复合材料。由于聚合物的掺入引起了水泥砂浆微观及亚微观结构的改变,从而对水泥砂浆各方面的性能起到改善作用,并具有一定的弹性。聚合物水泥砂浆主要性能指标见表2。

表2 　　　　　　　　　　　　聚合物纤维水泥砂浆性能指标

序号	项目	设计指标
1	抗压强度(MPa)	≥35(28 d)
2	抗折强度(MPa)	≥7(28 d)
3	与老混凝土的粘接强度(MPa)	≥2.0(28 d)
4	抗冻性(抗冻融循环次数)	≥F200

2.3　渗漏点的处理

沿渗漏点开洞,内部嵌填GBW遇水膨胀止水条,表面回填聚合物水泥砂浆。

2.4　斜井段混凝土碳纤维补强加固处理

由于斜井段混凝土局部破损严重,需要进行补强加固。采用碳纤维复合材料粘贴补强加固法是采用层压方式将浸透了树脂胶的碳纤维布粘贴在混凝土或钢筋混凝土结构表面,并使其与混凝土或钢筋混凝土结构结合为一整体,从而达到加强混凝土或钢筋混凝土结构的目的。碳纤维复合材料补强技术的基本原理是,将抗拉强度极高的碳纤维用特殊环氧树脂胶预浸成为复合增强片材(单向连续纤维片);用专门环氧树脂胶黏结剂沿受拉方向或垂直于裂缝方向粘贴在需要补强的结构表面形成一个新的复合体,从而使增强复合片与原有结构共同受力,增大结构的抗拉或抗剪能力,以提高其抗拉强度和抗裂性能。碳纤维片的抗拉强度比同截面钢材高 10～17 倍,因而可获得优异的补强效果。

根据斜井段混凝土局部破损情况的不同,分别采用粘贴一层和双层碳纤维片。粘接剂采用适用于潮湿环境下固化的专用环氧树脂胶,潮湿面底涂为中国水利水电科学研究院结构材料所专门研制的产品,碳纤维材料采用日本进口的材料,其性能指标见表 3。

表 3　碳纤维片的规格及性能指标

碳纤维种类	单位面积重量（g/m²）	设计厚度（mm）	抗拉强度（MPa）	拉伸模量（MPa）
XEC – 300（高强度）	300	0.167	>3 500	$>2.3 \times 10^5$

2.5　斜井段表面防渗处理

斜洞段混凝土破坏比较严重,在完成回填灌浆后,为了防止内水外渗和外水内渗,需要提高混凝土的防渗效果,进行表面防渗处理,施工选择的防渗材料应具有以下特点:

(1)具有较高的本体抗拉强度和抗裂能力。

(2)与混凝土具有较高的黏结强度,能防止内、外水压作用下脱落。

(3)具有一定的柔性,能适应围岩在各种运行和检修情况下的变形。

(4)材料能在潮湿环境下施工和固化。

(5)具有较好的耐久性。

(6)施工方便,不需要大型施工设备,能适应压力管道斜井的施工条件。

(7)与碳纤维专用环氧树脂胶粘接强度高。

底涂采用 BE14,BE14 是一种 100% 固体环氧底漆,可允许在混凝土饱和或干面施工。它是一种采用特种高性能的环氧树脂,含有排湿基团,能够在潮湿表面涂装和水下固化的高性能产品,与基底混凝土粘接强度高。

内涂层防渗选择 SK – 2 防渗涂料,它是一种改性环氧类材料,该种材料具有良好的闭气性和力学性能,在潮湿情况下与混凝土的黏结较好,SK – 2 涂层材料性能见表 4。涂刷厚度 1～1.5 mm。

表 4　SK – 2 涂层材料性能

材料性能	数值	备注
涂层材料抗压强度（MPa）	≥60	7 d 龄期
涂层材料抗拉强度（MPa）	≥10	7 d 龄期
涂层材料粘接强度（MPa）	≥3	干面粘接,养护,7 d 龄期
涂层材料粘接强度（MPa）	≥2.0	潮湿界面粘接。
材料断裂伸长率	≥2.5%	
材料适用期	40 min	

另外,SK-2防渗涂料施工简单,操作方便,可直接在潮湿的混凝土基面上涂刷、刮抹或喷涂,施工后形成完整无接缝的、具有较高强度和弹性的防水涂层。

3 施工工艺

3.1 裂缝及施工冷缝处理的施工

3.1.1 缝宽1 mm以下的裂缝及施工冷缝高压化学灌浆施工

(1)裂缝调查:化学灌浆前,首先进行全线检查,查找、确定需要进行处理的裂缝位置及数量,为施工提供详实裂缝情况。

(2)造孔:沿混凝土裂缝两侧打斜孔与缝面相交,混凝土表面孔距裂缝10 cm左右,孔距为0.3~0.5 m,视裂缝宽度而定,对于贯穿性裂缝,孔深距表面35~40 cm。灌浆孔造好后,进行清孔。

(3)埋嘴:将已清洗好的灌浆孔,装上专用的灌浆嘴,进行压气,检查孔与缝是否相通。若不相通,要检查原因,直到孔与缝相通,并将灌浆嘴轻轻打入斜孔内。

(4)化学灌浆:为了保证灌浆质量,本次灌浆采用高压灌浆工艺,灌浆机为美国原装注浆机灌浆压力要分级施加。以0.2 MPa为一级。在某级灌压下,若吸浆量小于0.05 ml/min时,升压一次,直至达到最高灌压,最高灌压为10 MPa。在灌浆过程中,首先是灌浆孔附近的裂缝出气、出水,随后出稀浆,最后才出浓浆。当所灌孔附近的裂缝出浆且出浆浓度与进浆浓度相当时,结束灌浆。

(5)裂缝表面打磨,涂刷SK-2防水材料。

(6)将灌浆嘴打掉,表面封闭。

(7)压水检查。

3.1.2 缝宽大于1 mm以上裂缝高压化学灌浆施工工艺

(1)裂缝调查:同上。

(2)造孔:同上。

(3)埋嘴:将已清洗好的灌浆孔,装上排气管,进行压气洗孔,检查孔与缝是否相通。若不相通,要检查原因,直到孔与缝相通,并将高压灌浆嘴打入斜孔内。

(4)裂缝表面封闭:采用快干腻子将裂缝表面封闭。

(5)化学灌浆:同上。

(6)裂缝表面打磨,涂刷SK-2防水材料(在已采用SK-2防渗的洞段不需要涂刷)。

(7)将灌浆嘴打掉,表面封闭。

(8)压水检查。

3.2 破损混凝土置换聚合物纤维水泥砂浆施工

(1)全面锤击调查确定混凝土破损、脱空及剥落区。

(2)对混凝土破损、脱空及剥落区进行凿除,凿至新鲜混凝土,钢筋与凿除混凝土面的距离2~3 cm(凿除深度可视破损情况酌情处理),如果混凝土破碎深度大于10 cm,需要布设插筋(插筋Φ12@15×15 cm,入混凝土25~30 cm,外露5 cm。),绑扎钢丝网。

(3)涂刷专用界面剂。

(4)采用聚合物纤维水泥砂浆回填找平,回填时每次厚度不宜超过 5 cm。

3.3 粘贴碳纤维施工工艺

(1)混凝土基底处理:将混凝土表面的残缺、破损部分清除干净。

(2)涂潮湿面底层涂料:把潮湿面底层涂料的主剂和固化剂按规定比例称量准确后放入容器内,用搅拌器搅拌均匀。一次调和量应以在可使用时间内用完为准。

(3)环氧腻子对混凝土表面的残缺修补:压力管道内表面凹陷部位用环氧腻子填平,修复至表面平整。腻子涂刮后,对表面存在的凹凸糙纹,再用砂纸打磨平整。

(4)粘贴碳纤维片:贴片前在压力管道内表面用滚筒刷均匀地涂刷黏结树脂,称为下涂,下涂的涂量标准为:500 ~ 600 g/m²;贴片时,用专用工具沿着纤维方向在碳纤维片上滚压多次,使树脂渗浸入碳纤维中。碳纤维片施工 30 min 后,用滚筒刷均匀涂刷树脂,称为上涂,上涂涂量标准为:300 ~ 200 g/m²。

(5)养护:粘贴碳纤维片后,需自然养护 24 h 达到初期固化,应保证固化期间不受干扰。碳纤维片粘贴后达到设计强度所需自然养护的时间如下:平均气温在 10℃ 以下时,需要 2 周;平均气温在 10℃ 以上时,需要 1 周。在此期间应防止碳纤维贴片受到硬性冲击。

(6)质量检验标准:碳纤维片的粘贴基面必须干燥清洁,光滑平顺,无明显错差;碳纤维片粘贴密实;目测检查不许有剥落、松弛、翘起、褶皱等缺陷,以及超过允许范围的空鼓;固化后的贴片层与层之间的粘着状态和树脂的固化状况良好。

3.4 SK-2 防渗涂料的施工工艺

(1)首先用电动钢丝刷将混凝土表面清理,去除油污、杂物、灰尘及松动混凝土表层,然后高压水枪清洗。

(2)待混凝土表面无水滴后,涂刷 BE14 底涂。

(3)待底涂固化后(约 1 d 时间),开始涂刷 SK-2 防渗涂料 2 遍,第 2 遍需在第 1 遍固化后开始涂刷(时间约 1 d)。

(4)在不过水的情况下养护 3 ~ 5 d。

4 结语

施工工程中对裂缝进行了压水检查,检查结果均无渗水,碳纤维拉拔试验表明,碳纤维与混凝土粘接强度高,均将混凝土拉断;SK-2 涂层与混凝土之间的黏结大于混凝土的抗拉强度,均将混凝土拉断。

该电站压力管道混凝土缺陷经综合处理后,目前已经过两个多月运行,证明处理效果很好,满足电站的正常运行。

京密引水渠北旱河涵洞伸缩缝渗水处理

摘　要：本文采用高、低压化学灌浆的方法对混凝土裂缝及伸缩缝进行了处理，同时采用聚合物水泥砂浆替换了混凝土冻融剥蚀的部位，取得了较好的效果。

关键词：涵洞　伸缩缝　化学灌浆　防碳化

1　工程概况

京密引水渠始于密云水库调节池，流经五个区县到达颐和园团城湖，全长 105 km，是首都输水的大动脉。京密引水渠上建筑物众多，确保建筑物的安全运行是北京市京密引水管理处的责任。北旱河涵洞为京密引水渠上的重要建筑物，位于海淀区青龙桥，涵洞上游为北旱河，下游为清河。桩号 101 + 551，涵洞共四孔，涵洞上部为向清河泄水的安和闸。涵洞经过近 40 年的运行，部分止水带已破坏，导致底部伸缩缝部位出现大量漏水，侧墙冻融剥蚀破坏严重。底板伸缩缝周长为 44 m，原伸缩缝止水采用的是一层橡胶止水带，为节约水资源需要对渗漏部位进行处理。

2　处理方案的选择

涵洞上部长期过水，且水位较高，从涵洞上部处理伸缩缝需要搭设围堰及排水，工期长、造价高。2004 年在对左侧伸缩缝处理时，采用在渠道内伸缩缝部位搭设分段围堰、抽水检查、开槽安装止水带的方案，施工难度大、高水位搭设围堰及抽排水费用高、施工工期长。为此改为从底板底部（涵洞内）的伸缩缝部位进行处理，处理方案为：①对底板与侧墙之间的施工冷缝进行开槽、堵漏、嵌填 GBW 遇水膨胀止水带、回填聚合物水泥砂浆；②对底板伸缩缝进行低压化学灌浆；③对侧墙冻融剥蚀部位用聚合物水泥砂浆进行修复；④对侧墙裂缝采用高压化学灌浆处理。

3　施工工艺

3.1　混凝土裂缝高压化学灌浆

对宽度大于 0.2 mm 的混凝土裂缝进行高压化学灌浆处理，设备采用智能型高压注浆机（Ⅳ型），可以保证灌浆质量，避免二次开槽。裂缝处理方案见图 1，施工工艺如下。

（1）沿混凝土裂缝两侧打斜孔与缝面相交，孔距为 20 ~ 40 cm，孔深 20 cm 以上。灌浆孔钻好后。用高压气吹出造孔时产生的粉尘，然后再用高压水冲洗灌浆孔，冲出孔内的混凝土碎渣与粉尘等杂物。清孔验收标准以孔内无任何杂物为准。

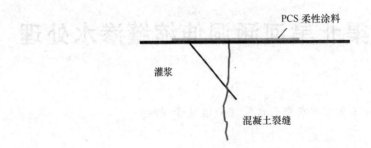

图 1　混凝土裂缝处理方案

(2)将已洗好的灌浆孔装上专用的灌浆嘴。

(3)配置灌浆材料:化学灌浆材料采用以防渗为主的水溶性聚氨脂,该材料固结体具有遇水膨胀的特性,具有较好的弹性止水,以及吸水后膨胀止水双重止水功能,尤其适用于变形缝的漏水处理。该灌浆材料可灌性好,强度高,当聚氨脂被灌入含水的混凝土裂缝中时,迅速与水反应,形成不溶于水和不透水的凝胶体及 CO_2 气体,这样边凝固边膨胀,体积膨胀几倍,形成二次渗透扩散现象(灌浆压力形成一次渗透扩散),从而达到堵水止漏、补强加固作用。化学灌浆材料的性能指标见表1。

表1　　　　　　　　　聚氨酯化学灌浆材料主要性能指标

试验项目	技术要求	实测值
黏度(25℃,MPa·s)	40 ~ 70	45
凝胶时间(min)　浆液:水 = 100:3	≤20	7.7
粘接强度(MPa)(干燥)	≥2.0	2.6

(4)灌浆,为了保证灌浆质量,灌浆采用高压灌浆工艺,灌浆压力要分级施加,以0.2 MPa 为一级,直至达到最高灌压,最高压力根据现场工艺性试验确定。

(5)灌浆结束标准。当所灌孔附近的裂缝出浆且出浆浓度与进浆浓度相当时,结束灌浆。

3.2　伸缩缝低压化学灌浆

(1)沿底板底部沿伸缩缝开 15 ~ 20 cm 深的槽,在底部沿伸缩缝一侧打斜孔与缝面相交,孔距为 0.2 ~ 0.4 m,孔深 30 cm 以上。灌浆孔造好后用高压气吹出造孔时产生的粉尘,然后再用高压水冲洗灌浆孔,冲出孔内的混凝土颗粒、石块等物质。清孔验收标准以孔内无任杂物为准。

(2)埋灌浆嘴及封缝,埋设导水管和灌浆管,沿槽长度方向嵌填 GB 遇水膨胀止水条,用快凝水泥堵水,回填聚合物水泥砂浆。

(3)待聚合物水泥砂强度达到 50% 后,进行压气检查,检查孔与缝是否相通。若不相通,要检查原因,直到孔与缝相通。

(4)灌浆。为了保证灌浆质量和结构安全,灌浆采用低压灌浆工艺,灌浆压力要分级施加。以 0.1 MPa 为一级,灌压 0.1 ~ 0.3 MPa。在某级灌压下,若吸浆量小于 0.05 ml/min

318

时,升压一次,直至达到最高灌压。

3.3 混凝土冻融剥蚀破坏处理

采用聚合物水泥砂浆对混凝土表面剥蚀、破损部位进行修复。施工工艺如下:用电锤凿除剥蚀、破损、伤痕部位已松动的混凝土,用高压水对凿除处理过的表面进行清洗,待表面潮湿无明水的情况下涂刷界面剂,半小时内回填聚合物水泥砂浆,待聚合物水泥砂浆初凝后涂刷一层,PCS柔性防渗、防碳化涂料,该材料由有机材料和无机材料复合而成的双组分防水材料,既具有有机材料弹性变形性能好,又具有无机材料耐久性好等特点,涂层可形成高强坚韧的防水涂膜。涂刷后养护3 d以上,即可运行。

4 结语

北旱河涵洞底板伸缩缝漏水、侧墙冻融剥蚀采用上述方法及施工工艺进行处理,2004年对涵洞左侧伸缩缝进行了处理,2007年采用同样的方法对涵洞右侧伸缩缝进行了处理,从2004年所处理的效果来看,经过三年多的运行考验,效果良好,达到了预期目的。

岗南水库溢洪道闸墩混凝土裂缝处理

摘　要：通过对溢洪道闸墩裂缝的研究分析，确定了具体的施工方案，即利用化学灌浆及碳纤维补强的方法对裂缝及表面进行处理，这样处理保证了结构的整体性，防止了裂缝的继续扩展，并提高了耐久性及稳定性。

关键词：裂缝　化学灌浆　碳纤维

岗南水库正常溢洪道初建于 1961 年，当时边设计边施工，对质量、材料、浇筑技术掌握不严密，造成了先天的不足，加上在以后长期运行过程中受反复冻融破坏及其他环境影响，导致在溢洪道闸墩形成一些冷缝及贯通缝。在 2004 年开始的除险加固工程建设期间进行了检测和处理，效果良好。

1　裂缝情况简述

经检测，正常溢洪道三个闸墩在高程 200 m 处均存在一条水平裂缝，裂缝沿闸墩两侧与上游弧线连成一线，长 22.6 m 左右，宽 0.9 mm，深 50 cm。闸墩的锥铰附近有垂直裂缝 27 条，长约 0.94 ~ 10.29 m，缝宽 0.2 ~ 0.8 mm，深为 5 ~ 20 cm。这些裂缝削弱了混凝土结构的整体性，如果不处理，会影响闸墩的安全。因此在这次加固中列入处理项目。

2　处理方法与技术要求

在这次除险加固中，根据裂缝的部位和危害程度主要用改性环氧树脂灌浆和凿槽嵌补丙乳砂浆加碳纤维补强两种方法进行裂缝处理。

2.1　处理方案的确定

经检测闸墩混凝土裂缝需进行处理的共 15 条，确定对宽度 0.2 ~ 0.5 mm 的裂缝进行凿槽嵌补处理，对宽度大于 0.5 mm 的裂缝进行灌浆处理。位于闸墩扇形筋范围内的裂缝均深度较浅所以采用凿槽嵌补处理，处理后的表面沿裂缝长度方向粘贴单层碳纤维片（碳纤维方向垂直裂缝方向）进行补强加固，以确保处理后的混凝土与原建筑结合更好。位于闸墩高程 200 米处的水平裂缝，采用化学灌浆处理。

2.2　处理措施与技术要求

根据河北省水利基本建设工程质量检测中心对正常溢洪道的检测成果，业主、监理、施工单位查看了现场，重申了要严格按照设计要求和技术规范进行施工。

化学灌浆时以改性环氧树脂浆液作为补强灌浆材料，采购的化学灌浆材料均应符合相关质量标准的要求，应放置在低温、干燥、避光和通风好的地方，并采取严格的安全防护措施。

浆液按组成要求配方后符合下述要求规定。

可灌性:在灌浆压力 0.2~0.3 MPa 时,可灌入裂缝宽度 0.1~0.2 mm;

固化物与混凝土的黏结强度应大于 1.5 MPa;

渗透性:固化物渗透系数小于 10^{-6} cm/s;

耐久性:固化物应具有良好的耐久性;

亲水性:固化物能在潮湿环境下固化,并具有规定的强度和黏结强度;

环境要求:浆液在 -10~20℃ 环境中具有稳定性、可灌性和固化要求

凿槽嵌补丙乳砂浆时沿裂缝两侧凿"U"型槽,首先用切割设备垂直混凝土表面对混凝土进行切割,深度不小于 1 cm,再进行凿槽;用压缩空气清扫槽内残渣并用高压水冲洗干净后,嵌入压抹丙乳砂浆。嵌补后,对表面进行平整、光滑处理。

碳纤维片补强加固中的主要材料有碳纤维片和粘贴碳纤维片黏结剂。

碳纤维片在运输、储存中不得挤压,也不得受阳光直晒和雨淋,胶结材料须阴凉密闭储存。

3 裂缝的施工工艺

3.1 3号中墩裂缝的化学灌浆处理

首先做好准备工作:灌浆设备备有手持冲击电钻、空压机、配料罐、承压罐等,把灌浆工具、设备、药品、器具一并带入现场。在现场先把裂缝及上下 1.5 m 工作面的泥土、杂物清扫干净,用压缩空气沿裂缝吹刷数次,直至裂缝清晰干净,然后进行生产性试灌,试验位置经监理工程师确定,检验裂缝的可灌性,并得出了灌浆压力,最高为 0.3 MPa。

第二要布置灌浆孔及钻孔。施工单位根据现场裂缝情况,用骑缝平均布孔法,该裂缝平均深 27.2 cm,表面宽度范围为 0.1~0.5 mm,平均宽为 0.3 mm,沿裂缝孔距为 50 cm,孔径为 12 mm,孔深 15 cm,共布设 11 个灌浆孔。

第三,对非布灌浆孔段用凿"U"型槽嵌入压抹丙乳砂浆进行表面封闭达到了严密不漏浆。

第四,在钻孔及裂缝表面封堵后,进行洗孔和洗缝,先把孔内粉尘和碎屑冲洗干净并测其孔深,再从灌浆孔通高压水反复冲洗裂缝,直至反出清水 5 min 结束,最后通压缩空气冲洗钻孔和缝面。

第五,埋管嵌缝止漏。埋管指混凝土和树浆胶管之间的接头管段的埋设过程,铜管外径 8 mm,用胶布缠成法兰状钉进孔内,孔外留一定的长度,以备接灌浆管用。为防止灌浆过程中浆液溢出来,在埋管四周和裂缝表面抹上封堵材料。

第六,为了解灌浆孔与裂缝的畅通情况,要进行压水试验,试验压力不超过灌浆压力。

第七,开始灌浆,测得现场气温为 20℃,灌浆前把所有孔上的阀门都打开,用压缩空气把孔、缝内的积水吹干净,按灌浆孔由深到浅、自上而下进行灌浆,灌浆压力控制在 0.1~0.3 MPa,从 0.1 MPa 开始,当单孔吸浆量小于 0.02 L/min 时就升高一级压力继续灌浆,并逐渐加压。最后按技术要求闭浆后,总吃浆量约为 650 g,单孔平均吃浆量约 65 g。在灌浆

段停止了吸浆后,又灌注了30 min后结束了灌浆。结束后关闭孔口阀门,等固化物达到强度后,再将铜管沿混凝土表面切除,采用丙乳砂浆封堵孔口。

3.2 嵌补与碳纤维补强施工

现场粘贴碳纤维片的施工工艺如下:

(1) 混凝土基底处理

对裂缝两侧表面的风化劣质层、油污和其他的一些污物进行了清除,混凝土表面残缺、疏松等一些杂质都进行了彻底清除,显现结构密实的部位。对混凝土采用丙乳砂浆进行了嵌补修复,打磨平整,使混凝土的表面平顺干净,并使其充分干燥。

(2) 涂底层胶黏剂

把底层胶黏剂的主剂和固化剂按比例称量准确后放入到容器内(一次调和量在可使用时间内用完),搅拌均匀。用滚筒刷均匀地涂刷底层胶黏剂。

(3) 粘贴碳纤维片

等粘贴表面干燥以后,才能贴碳纤维片,先将碳纤维片按规定尺寸进行裁剪,按照技术要求,碳纤维片纵向接头搭接要超过10 cm以上,横行没有搭接。贴片时,用专用工具沿纤维方向在碳纤维片上滚压多次,使树脂很好地渗浸到了碳纤维中。

(4) 养护

粘贴碳纤维片后,在每道工序后树脂固化前,对施工面进行塑料薄膜遮挡,以防止风沙或雨水的侵袭。整个养护期间贴片也未受到硬性的冲击。施工完成经质量检验合格,之后,按要求在碳纤维片表面喷涂一层防碳化的涂料,以保证碳纤维及周边混凝土牢固的黏结。

4 结语

对于闸墩裂缝的处理,首先在灌浆的时间选择上,既要满足施工现场对温度的要求,又要考虑使裂缝开度尽量要大些。其次要有针对性地选择合适的灌浆材料并采取相应的措施,使之达到最好的处理效果。

在本次裂缝缺陷处理后,对10%的灌浆孔进行了细致的检查,对裂缝的充填情况和处理效果又进行了钻孔压浆试验,基本没有发现漏浆的现象,说明缝内浆液已灌满,并且固结良好,达到了预期的裂缝缺陷处理发现目的。

对碳纤维片处理后,经检测,没有发现剥落、松弛、空鼓等缺陷。固化后的黏着状态和树脂固化状况良好,使原闸墩与补强后的部位形成一个整体,增强了结构的安全性。

新安江大坝溢流面喷涂聚脲弹性体防护

赵新华[1]　陈连芳[1]　卢　伟[1]　孙志恒[2]　鲍志强[2]　方文时[2]

(1. 新安江水电厂　2. 北京中水科海利工程技术有限公司)

摘　要: 新安江水电站厂房顶溢流面混凝土经过近50年的运行,老化现象严重。本文采用喷涂聚脲弹性体抗冲磨材料对挑流鼻坎进行了防护试验,在试验的基础上又对反弧段进行了全面防护,取得了良好的效果。

关键词: 喷涂聚脲　挑流鼻坎　反弧段

1　前言

新安江水力发电厂坐落在浙江省建德市境内,最大坝高105 m,水电站采用厂房顶溢流结构,表面应用环氧砂浆作为溢流坝表面的保护层,限于当时技术水平,环氧砂浆涂层尚存在一些问题。电厂曾采用过多种有机材料、无机材料修补涂层,均未奏效,每次修补之后在修补块与老环氧层之间又出现开裂,而且修补块本身也出现裂缝,年复一年,形成了越挖越深、越补越厚的局面,因此需要研究一种新型抗冲磨防老化材料进行保护。为此,中国水利水电科学研究院与新安江水电厂合作,在厂房溢流面挑流鼻坎处进行了喷涂聚脲弹性体抗冲磨材料现场试验,在现场试验的基础上,采用喷涂聚脲弹性体技术对溢流坝反弧段混凝土表面进行了全面防护处理。

2　挑流坎喷涂聚脲弹性体现场试验情况

喷涂聚脲弹性体技术是一种新型无溶剂、无污染的绿色施工技术,该工艺属快速反应喷涂体系,原料体系不含溶剂、固化速度快、工艺简单,可在立面、曲面上喷涂十几毫米厚的涂层而不流挂。

为了推广该技术在水利水电工程中的应用,2003年12月中旬在新安江水电站厂房溢流面左边墙挑流鼻坎处进行了喷涂聚脲弹性体抗冲磨材料现场试验,施工面中挑流鼻坎段老混凝土基底长约13 m,平面的老环氧砂浆处长约2 m,试验总面积100 m²。现场施工工艺如下:

(1)底面及周边的处理:经过近50年的冲磨及风吹雨淋,挑流鼻坎处老混凝土表面有较多的孔洞、麻面、裂缝等缺陷,尤其是靠近前沿边处更甚。对老环氧砂浆和老混凝土层基底面采用打磨机进行打磨,去掉表面的薄弱层,然后用压力水冲洗干净后待用。为了保证聚脲涂层与周围砂浆或混凝土的搭接牢固可靠,避免在高速水流冲刷下开口掀开,施工中采用在与周围砂浆或混凝土搭接边开楔型槽,回填弹性环氧砂浆。

(2)基面处理:对挑流鼻坎老混凝土部位上存在的孔洞、坑洼等缺陷采用环氧腻子填补,随后统一刮涂界面剂。

（3）喷涂聚脲弹性体涂层：现场试验温度在 10～15℃范围，第一遍喷涂时采用横扫和竖扫两次，然后对用腻子填平处理过的小孔洞，再喷涂一遍，喷涂完后，整个涂层基本光滑平整。

此次施工首次采用三节管道喷涂，共 45 m 长，喷涂扬程达 18～20 m，现场施工没有发现异常情况，这为以后进行高扬程作业积累了一定的成功经验。

2006 年 11 月，现场进行了粘接强度的拉拔试验，经过三年多的日晒雨淋，聚脲弹性体材料无老化现象，通过拉拔试验，6 个试件中聚脲弹性体材料与老混凝土之间的粘接强度分别为 2.20 MPa、2.25 MPa、2.41 MPa、2.50 MPa、3.17 MPa 和 3.2 MPa，平均抗拉强度为 2.62 MPa，平均粘接强度与刚喷涂后第 3 天测试的粘接强度相当。

3 溢流面反弧段喷涂聚脲弹性体防护

溢流坝面反弧段混凝土的缺陷主要表现为坝段伸缩缝漏水、存在 78 条较宽的纵向贯穿性裂缝、伸缩缝处局部混凝土剥蚀破坏、混凝土表面碳化及其他细小裂缝等。由于泄洪时反弧段水流条件复杂，流速较大。为了保证大坝的安全运行，提高大坝的耐久性，需要对反弧段缺陷进行处理，同时对其表面进行有效地防护。

首先对反弧段混凝土裂缝进行化学灌浆处理，灌浆采用高压灌浆工艺，最大灌浆压力达 14 MPa。裂缝内部化学灌浆采用 SK－E 环氧树脂浆材，其性能见表 1。这种材料黏度低，可灌性好，强度高，可渗入缝宽小于 0.2 mm 混凝土裂缝和微细岩体内，与国内外的材料相比，其早期发热量低、施工操作方便，是较理想的混凝土裂缝修补的化学灌浆材料。

表 1　　　　　　　　　　　　　　　　SK－E 改性环氧性能

浆材	浆液黏度（cp）	浆液比重（g/cm³）	屈服抗压强度（MPa）	抗拉强度（MPa）		抗压弹模（MPa）
				纯浆体	潮湿面粘接	
SK－E 改性环氧	14	1.06	42.8	8.25	>4.0	1.9×10^3

在完成裂缝灌浆的基础上，按上述要求对底材处理好后，待界面剂表干时，即开始喷涂聚脲弹性体涂层。在施工缝和裂缝部位，采用图 1 所示的直接跨过施工缝和裂缝部位的施工方案，以避免施工缝和裂缝部位产生气蚀，该部位喷涂的聚脲厚度应大于 3 mm。

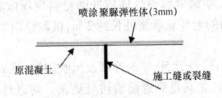

图 1　施工缝和裂缝部位处理示意图

为了保证聚脲涂层与周围混凝土的搭接牢固可靠，避免在高速水流冲刷下开口掀起，在与周围混凝土搭接边处采用平滑过渡。图 2 中所示周边临时粘贴圆棒是为了保证喷涂材料在周边可以平滑过渡,喷涂完成后,再将圆棒拿走。这种封边工艺对原混凝土不产生破坏(不用开槽)。为了进一步加强对周边进行保护,再用弹性环氧涂料对周边进行防护,见图3。

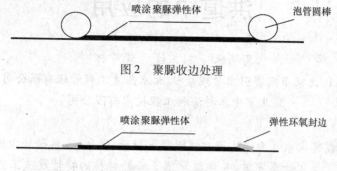

图2　聚脲收边处理

图3　聚脲周边压边

　　喷涂聚脲遍数为 3~4 遍,厚度大于 2 mm,现场喷涂过程见图4。喷涂要保证厚度大致均匀。弹性层的喷涂间隔应小于 3 h,如超过 3 h,应打磨已施工涂层表面,刷涂一道层间粘合剂,30 min 后再施工弹性层。反弧段喷涂聚脲后运行一年的情况见图5,聚脲对混凝土表面的防护效果很好。

图4　喷涂聚脲弹性抗冲磨层　　　　　　　图5　喷涂聚脲一年后的效果

4　结语

　　对有裂缝的混凝土结构进行防护时,首先要对裂缝进行化学灌浆处理。然后将混凝土基面打磨去掉浮层,用高压水枪冲洗干净。界面剂要稀释,以保证界面剂渗入被喷涂面,界面剂要尽量薄。聚脲弹性体周边可以不用开槽压边的工艺,只要能保证周边平滑过渡,即可保证聚脲不被掀起。

　　实践证明,喷涂聚脲的施工工艺可以满足大面积、高扬程施工的要求。新安江水电站溢流面混凝土表面喷涂的聚脲平整光滑,强度较高。经过三年多的日晒雨淋,聚脲弹性体材料无老化现象,聚脲与混凝土基面的粘接强度没有降低,但其抗冲磨能力还有待泄洪的考验。

混凝土建筑物补强技术在怀柔水库西溢洪道中的应用

马柏林[1] 彭玉柱[2] 李守辉[3]

(1. 北京市京密引水管理处 2. 北京燕波工程管理有限公司
3. 北京中水科海利工程技术有限公司)

摘 要: 本文以怀柔水库西溢洪道主体混凝土裂缝、碳化、冻融破坏为例,总结分析了其产生的原因,提出了具体处理方案,并详细介绍了修补材料的特性及施工方法,旨在为类似工程提供借鉴。

关键词: 化学灌浆 碳纤维 防碳化处理 喷涂聚脲抗冲磨层

1 工程概况

怀柔水库属海河流域潮白河水系,怀河支流上的控制性水利枢纽工程。控制流域面积 525 km²,于 1958 年 7 月建成并投入运行,水库经过三次扩建,现工程规模为国家大(2)型水库,总库容 1.44 亿 m³。防洪标准为百年一遇设计洪水位 64.16 m。两千年一遇校核洪水位 67.73 m、正常蓄水位 62 m。该库的作用是防洪、城市供水。同时作为京城饮用水生命线——京密引水渠的调节水库,对首都北京市供水起着无可替代的作用。枢纽工程由一座黏土斜墙主坝、四座均质副坝、两座溢洪道、一座进水闸、一座防洪闸、一座输水闸及一条隧洞组成。

怀柔水库西溢洪道为右岸正槽式,坐落在破碎岩石基础上,右侧靠陡峭山崖,左侧与主坝相连。溢洪道由两侧翼墙、引渠、进水段、闸室、陡坡段、渥奇段、消力池、海漫、尾水渠等组成。西溢洪道于 1964 年 1 月 16 日开工,当年年底竣工。溢洪道上游基础岩石破碎,局部夹有黏性土,为风化的安山岩、石灰岩,地质情况较差。进口底板下用沙砾料回填,填筑厚度为 30 cm,夯实后用 100 号混凝土浇筑至开挖高程。该溢洪道由北京市政设计院设计,施工采用公助民办的方式组织施工,当时施工条件差,管理水平低,混凝土振捣不密实或过度振捣,水泥用量少,水灰比控制不严现象严重。固定、拼接模板的拉筋、铁钉遗留在混凝土表面,拆模后混凝土错台现象严重,混凝土整体浇筑质量较差。

2 工程缺陷及产生的原因

2.1 混凝土裂缝情况

怀柔水库西溢洪道经过 40 多年的运行,现场检测发现,溢洪道闸墩、底板、溢流面主体混凝土出现一定数量开度较大,长度较长的裂缝。闸门下游侧左孔底板裂缝与左边墩裂缝相连,该裂缝很可能是由于闸底板不均匀沉降引起的结构缝。中墩左侧缝和右侧缝出现位置对应,位于牛腿中部,现场检测发现裂缝已贯穿中墩。另外,边墩及中墩上牛腿上游裂缝是由于闸门对牛腿推力产生的受拉应力缝,其中右边墩缝发展较大,并已贯穿右边墩。

闸门上游侧右边墩横缝为典型的钢筋锈蚀后形成的胀裂缝;闸门上游侧左、右边墩出现的位于两伸缩缝之间的纵缝应为伸缩缝设置不当引起的结构受力缝。右边墩有两条裂缝均出现在伸缩缝旁边,且上、下贯通,开度很大。左、右边墙个别裂缝有渗水现象,为贯穿性裂缝。

2.2 底板与闸墩剥蚀情况

西溢洪道底板剥蚀严重,闸前混凝土在库水位下处于饱和状态受冻时,毛细孔中会同时受到膨胀压力和渗透压力,这两种压力会损伤混凝土内部微观结构,经反复多次的冻结、融化循环以后,损伤逐步积累扩大,使混凝土强度降低,直至建筑物完全丧失承载能力。闸后底板及溢流面受闸门漏水造成的饱和水状态和冬季气温正负变化是混凝土发生冻融破坏的必然条件,它决定了混凝土冻融破坏是从混凝土表面开始的层层剥蚀破坏。闸门下游底板从上往下共分4块,其中有两块底板混凝土完全剥蚀,剥蚀深度2 cm左右,接缝处剥蚀深度达6 cm以上。西道左、右两孔底板和溢流面剥蚀总面积约890 m²。闸墩剥蚀主要分布在闸门上游左、右边墙,进水口处剥蚀尤为严重。水位变化区30 cm范围剥蚀严重,上游边墩剥蚀总面积达78 m²左右

2.3 闸墩混凝土碳化情况

混凝土碳化是混凝土受到的一种化学腐蚀。由于空气中的CO_2与混凝土中的氢氧化钙物质发生反应生成盐和水,使混凝土的碱性下降而逐步中性化,继而引起混凝土中的钢筋锈蚀膨胀,形成外部混凝土保护层剥落破坏,钢筋进一步锈蚀,钢筋截面削弱,承载力降低,并最终发生结构性破坏的一种病害。检测中发现:闸门上游侧左边墙碳化3~4 mm,右边墙碳化5~10 mm,闸门下游侧左边墙10~15 mm,右边墙碳化50~55 mm,中墩左侧碳化7~20 mm,中墩右侧碳化35~50 mm,说明混凝土碳化深度很严重。

经检测评估,西溢洪道闸室已不满足安全泄洪的要求,需尽快补强处理。

3 混凝土补强处理方案

3.1 底板裂缝的处理

底板混凝土裂缝采用裂缝表面开槽回填聚合物水泥砂浆,裂缝内部进行化学灌浆的综合处理方法,以恢复底板的整体性。

3.2 底板混凝土冻融剥蚀破坏处理

3.2.1 大于5 cm深以上剥蚀坑的处理

凿除松散酥碎的混凝土,采用梅花型布设 Φ20 插筋,插筋深度为20 cm,连接筋采用 Φ8 圆钢,焊接在插筋上,并用抗冲磨干硬性聚合物混凝土置换。

施工工艺:凿毛—清理—冲洗—钢筋除锈—打锚筋孔—植筋—冲洗—涂抹新老混凝土界面剂—浇筑—振捣—抹面—表面养护。

3.2.2 小于 5 cm 深的剥蚀坑的处理

凿除松动的混凝土,用抗冲磨聚合物水泥砂浆进行置换。

施工工艺:凿毛—清理—冲洗—钢筋除锈—涂抹新老混凝土界面剂—抹聚合物水泥砂浆—振捣—抹面—表面养护。

3.3 溢流面喷涂防冲磨层

为了使修补面成为结构整体,提高溢洪道溢流表面的抗冲磨和抗老化性能,在溢流面表面喷一层 2 mm 厚的聚脲弹性体抗冲磨材料。

3.4 溢洪道闸墩裂缝的处理

由于闸墩的裂缝严重地破坏了闸墩的整体性,影响闸墩的应力分布,改变了应力传递途径。此外,裂缝中的渗水将带走混凝土中的有效成分,引起混凝土强度降低,同时又会引起闸墩内部钢筋锈蚀,降低了结构的安全性与耐久性。因此需要对闸墩裂缝采取灌浆补强及防碳化处理的综合加固处理方法,对下游面闸墩贯穿性裂缝还要采用表面粘贴碳纤维补强加固,以恢复结构的整体性、承载能力与耐久性。

3.5 溢洪道闸墩的防护处理

为了延长怀柔水库西溢洪道的安全使用年限,对溢洪道闸墩混凝土表面打磨,采用专用的 PCS 型抗冲磨防碳化涂料对混凝土表面进行防护。

4 主要修补材料的特性

4.1 裂缝化学灌浆材料

闸底板混凝土裂缝采用化学灌浆的方法进行处理。对于混凝土补强处理的裂缝,采用 SK – E 改性环氧树脂浆材。这种材料黏度低,可灌性好,可深入 0.2 mm 宽以下混凝土裂缝内,与国内外的同类材料相比,其早期发热量低、毒性小、施工操作方便,是较理想的混凝土补强加固材料。其具体性能指标如表 1。

表 1   SK – E 改性环氧浆材性能

浆材	浆液黏度(cp)	浆液比重(g/cm³)	屈服抗压强度(MPa)	抗拉强度(MPa)		抗压弹模(MPa)
				纯浆体	潮湿面粘接	
SK – E 改性环氧	14	1.06	42.8	8.25	>4.0	1.9×10^3

4.2 聚合物水泥砂浆

闸底板混凝土冻融剥蚀区采用抗冲磨聚合物水泥砂浆进行修补,根据修补工程处理的需求,聚合物及外加剂可以调整,以适应不同部位的修补要求。聚合物水泥砂浆是通过向水泥砂浆掺加聚合物乳胶改性而制成的一类有机无机复合材料。主要是由于聚合物的掺入引起水泥砂浆微观及亚微观结构的改变,从而对水泥砂浆各方面的性能起到改善作用,并具有一定的弹性。聚合物水泥砂浆的抗压强度 >30 MPa,抗拉强度 >5 MPa,与老混凝土的粘接强度 >2 MPa。

4.3 聚脲弹性体抗冲磨材料

喷涂聚脲弹性体技术是国外近十年来,为适应环保需求而研制、开发的一种新型无溶剂机、无污染的绿色施工技术。它将瞬间固化、高速反应的特点扩展到一个全新的领域,聚脲弹性体材料的特性如下:

(1)无毒性:100%固含量,不含有机挥发物,符合环保要求。

(2)优异的综合力学性能:拉伸强度最高可达27.5 MPa,伸长率最高可达1 000%,撕裂强度为43.9 ~ 105.4 kN/m。可根据不同应用场合的需求,在很宽范围内硬度可以调整,从邵 A30(软橡皮)到邵 D65(硬弹性体)。此次采用的聚脲弹性体材料特性如表2所示。

表2 怀柔水库西溢洪道喷涂聚脲弹性体材料特性

凝胶时间	拉伸强度	扯断伸长率	撕裂强度	硬度	耐磨性(阿克隆法)	与混凝土的附着力
秒	MPa	%	kN/m	邵 A	Mg	MPa
10	16	300	82	90 ~ 98	≤50	大于2

(3)良好的不透水性:在2 MPa压力下24 h不透水,材料无任何变化。

(4)低温柔性好:在-30℃下对折不产生裂纹,其拉伸强度、撕裂强度和剪切强度在低温下均有一定程度的提高,而伸长率则稍有下降。

(5)快速固化:反应速度极快,5 s凝结,1 min即可达到步行强度,并可进行后续施工,施工效率大大提高。可在任意曲面、斜面及垂直面上喷涂成型。

(6)施工效率高:采用成套喷涂、浇注设备,可连续操作,喷涂100 m²的面积,仅需30 min。一次喷涂施工厚度可达2 mm左右,克服了以往多层施工的弊病。

(7)耐腐蚀性:由于不含催化剂,分子结构稳定,所以聚脲表现出优异的耐水、耐化学腐蚀及耐老化等性能,在水、酸、碱、油等介质中长期浸泡,性能不降低。

(8)具有较高的防冲耐磨能力,其抗冲磨能力可达C60混凝土的10倍以上。

4.4 闸墩防碳化处理材料

PCS型抗冲磨防碳化涂料厚度为1 mm,可以全面提高混凝土的抗渗能力,延缓混凝土的碳化,提高混凝土的耐久性。PCS型抗冲磨防碳化涂料的主要性能如下:

(1)抗渗性:在水压力0.3 MPa时,稳定24 h不渗水。

(2)涂层材料与基层混凝土间的黏结强度大于1.2 MPa。

(3)材料的拉伸性能:断裂伸长率150%,拉断强度2 MPa。

4.5 碳纤维的规格及性能

碳纤维加固技术是利用高强度或高弹性模量的连续碳纤维,单向排列成束,用环氧树脂浸渍成碳纤维增强复合材料片材,将片材用专用环氧树脂胶粘贴在结构外表面受拉或裂缝部位,固化后与原结构形成一整体,碳纤维即可与原结构共同受力。碳纤维材料的抗拉强度大于3 500 MPa,拉伸模量大于2.3 × 10⁵ MPa。

碳纤维黏结剂必须具有极强的渗透力对混凝土表面起到补强作用,而且对碳纤维布有极强的浸渍力,因为只有通过专用环氧树脂胶将碳纤维片粘贴在混凝土或钢筋混凝土结构表面并与之紧密结合为一整体共同承受荷载,才能达到补强加固的目的。

5　工程施工

5.1　闸墩补强加固

西溢洪道为两孔泄洪闸,共3个闸墩即左、右边墩。闸墩存在的主要缺陷是闸墩的裂缝和混凝土的碳化。有的裂缝已经贯穿了闸墩。首先对闸墩裂缝进行普查,然后沿裂缝走向开槽、打孔、埋灌浆嘴,封槽后进行化学灌浆,灌浆3 d后去除灌浆嘴,将裂缝表面打磨平整后粘贴碳纤维布对裂缝进行补强,粘贴碳纤维布宽度40 cm,长度大于裂缝长度20 cm。对裂缝补强加固完成后即对闸墩整体进行防碳化处理。首先对闸墩混凝土表面进行打磨,清洗除去污垢、油渍、粉尘,用环氧腻子(根据情况亦可用聚合物水泥砂浆)将表面坑凹补平后在混凝土表面涂刷3遍PCS防碳化涂层,厚度大于1 mm。

5.2　闸底板修补

闸底板存在的主要缺陷是混凝土裂缝和混凝土冻融剥蚀,剥蚀深度3 cm左右,剥蚀面积占总面积56%。施工前在上游搭建土围堰排干河水将淤泥清理走,露出原混凝土面,然后,对上下游闸室底板进行普查,对裂缝进行测量编号并划分剥蚀区域。首先对裂缝进行灌浆处理,之后对剥蚀面进行凿除,凿去所有松动的混凝土,露出新鲜混凝土面,并将凿毛后的混凝土面用高压水清洗除去粉尘。清洗干净的混凝土面即可回填砂浆,回填砂浆前要在凿毛的混凝土面上涂刷一层界面剂,用于增强砂浆与混凝土的黏结强度,回填的砂浆先用平板振捣器振实至表面泛浆后用抹刀抹平,洒水养护7 d。

5.3　溢流堰面的修补

溢流堰面存在的缺陷是由于原混凝土标号较低抗冻性能差,冻融剥蚀严重,平均剥蚀深度4~5 cm,局部超出5 cm,剥蚀面积达90%。对剥蚀面现进行凿毛,凿除所有松动的混凝土,露出新鲜混凝土面,并将凿毛后的混凝土面用高压水清洗除去粉尘。清洗干净的混凝土面即可回填砂浆,回填砂浆前要在凿毛的混凝土面上涂刷一层界面剂,用于增强砂浆与混凝土的黏结强度,回填的砂浆先用平板振捣器振实至表面泛浆后用抹刀抹平,洒水养护7 d。

在溢流堰面左侧与闸室底板结合部位伸缩缝处剥蚀深度>5 cm,平均深度为8 cm,面积7.2 m²。按设计要求进行植筋并回填混凝土,回填混凝土为一级配,一次回填振实抹平后洒水养护7 d。

5.4　闸底板、溢流堰面喷涂聚脲防护层

为了使修补后的闸底板和溢流堰面的使用寿命更长,增强泄洪时底板的抗冲磨耐久性,在修补后的闸底板表面喷涂一层2 mm厚的聚脲防护层,该材料的抗冲磨性可达C60混凝土10倍以上。喷涂聚脲前必须将剥蚀面修补平整,聚脲材料必须喷涂在坚固的混凝土基面上。因此,在喷涂聚脲前必须对溢流堰面和闸室底板所有剥蚀面先行采用聚合物砂浆进行修补,对其他混凝土表面存在的麻面及小坑则采用环氧砂浆薄层修补方法,先将麻面清洗干净并保持干燥,在麻面上先涂一层环氧界面剂,将拌制好的环氧砂浆用抹刀抹平,自然养护24 h即可承载。所有缺陷处理完成后,将表面清洗干净就可喷涂聚脲材料。

喷涂聚脲前在表面涂刷一道界面剂,根据现场条件,在 24 h 内进行喷涂聚脲。喷涂时应随时观察压力、温度等参数。A、R 两组分的动态压差应小于 200 pis,雾化要均匀,如高于此指标属异常,应立即停止喷涂。

6 结语

水工建筑物混凝土裂缝及钢筋锈蚀,混凝土碳化、冻融剥蚀是混凝土结构遭受破坏的主要形式,20 世纪六七十年代建成的水工混凝土建筑物现已不同程度出现了上述破坏,需要专业观测技术和安检人员进行认真仔细地检查、核实、分析其工作状态,加强工程运行中的科学管理,发现裂缝、碳化、冻融破坏,应及时采取防范和修补措施,以达到延长工程使用寿命的目的。

文是介绍的修补材料及其施工方法,通过怀柔水库西溢洪道修补工程的实践,取得了较显著的效果,可供类似工程借鉴。

引滦入津隧洞顶拱喷锚混凝土加固技术试验研究

赵明志　方志国　郝志辉

（天津市引滦工程隧洞管理处）

摘　要：目前我国众多运行的水工混凝土建筑物存在许多问题，所以混凝土建筑物的修补加固技术，成为水利工程管理中的一项重要研究课题。本文针对入津隧洞顶拱喷锚段存在的问题及加固方法进行初步研究探讨，可供同类工程借鉴。

关键词：隧洞　喷锚　加固　试验

1　引滦入津隧洞工程概况

引滦入津隧洞位于滦河大黑汀水库与黎河接官厅村之间的分水岭地带。主体工程包括分水枢纽、引水明渠、明挖隧洞、洞挖隧洞、出口防洪闸及消能工。全长 12.39 km，统称输水隧洞。其中洞挖隧洞 9.666 km，明挖隧洞 1.724 km。隧洞全年输水时间 210~270 d，设计流量 60 m³/s，校核流量 75 m³/s，为无压隧洞，隧洞断面形式以城门洞型为主，高 6.25 m，宽 5.7 m。

2　隧洞进口喷锚段存在的工程问题

（1）喷锚支护段顶拱普遍存在裂缝，且裂缝数量逐年增多、长度不断延长，形成连接或交叉等网状裂缝群。裂缝的不断发展破坏了拱顶原喷射混凝土的整体性，由于喷射支护混凝土拱顶高低不平，不具有拱形结构，因此喷射混凝土拱顶的龟裂，比模筑拱形混凝土衬砌段拱顶的裂缝具有更大的威胁。

（2）喷锚支护段顶拱有渗水现象，渗水带出大量的钙质析出；钙质主要来源是水泥中的 CaO，钙质的析出又加剧了喷混凝土溶蚀破坏，降低了混凝土的强度。

3　隧洞喷锚段加固方案实施方案

对隧洞进口喷锚段顶拱存在问题的综合治理方案是复喷混凝土加固。按照喷射工艺可分为干喷、湿喷和潮喷工艺，根据不同的施工工艺采用不同的试验材料如下：

"复喷丙纶纤维混凝土"、"挂网复喷混凝土"、"复喷聚合物砂浆"。其中每种方案又根据施工工艺的不同，设计了不同的加固方法进行对比，具体情况如表 1。

3.1　复喷丙纶纤维混凝土加固试验

（1）施工工艺

复喷丙纶纤维混凝土加固试验按照施工工艺的不同，又分为三种情况，如表 1。

表 1		复喷混凝土加固方案试验分类表
方案	桩号	不同的施工工艺加固方法
复喷丙纶纤维混凝土	0+834~0+844	旧混凝土面凿毛并涂 ZV 型界面剂
	0+844~0+859	旧混凝土面仅涂 ZV 型界面剂
	0+859~0+870	旧混凝土面仅凿毛
	0+870~0+884	旧混凝土面未凿毛也未涂 ZV 型界面剂
挂网复喷射混凝土	0+780~0+798	20×20 cm 网格,Φ6.5 钢筋,喷 C20 混凝土。
	0+798~0+823	10×10 cm 网格,10 号镀锌铅丝,喷 C20 混凝土。
复喷聚合物砂浆	0+823~0+830	未挂网和作界面处理。

（2）试验材料

加固试验材料为:水泥、沙子、石子、水、丙纶纤维、速凝剂、ZV 型界面剂,个别要求:水泥为普通硅酸盐水泥;沙子粒直径 2~5 mm,细度磨数度大于 2.5,含水量小于 3%,含泥量小于 1%;石子粒径 8~10 mm,其岩性为石灰石,不含有 SiO_2 的成分;水为正常饮用水,

（3）试验配比

①试验用的喷射混凝土是按 C25 设计的,其设计配比如下:

水泥:沙子:石子:水 = 1:1.63:3.30:0.5

速凝剂为水泥用量 3%。

②试验时每立方米 C25 喷射混凝土的实际施工配合比为:

水泥:沙子:石子:水 = 375 kg/m³:615 kg/m³:1 120 kg/m³:185 kg/m³;

速凝剂为 9 kg/m³;丙纶纤维为 9 kg/m³。

（4）喷射混凝土施工工艺流程

复喷丙纶纤维混凝土采取干喷法,在完成旧混凝土的界面处理后进行喷射丙纶纤维混凝土的施工,其工艺流程如图 1:

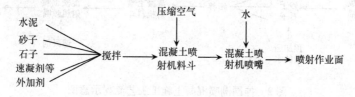

图 1　干喷混凝土施工工艺流程示意图

（5）现场试验情况

从引滦隧洞加固试验的情况来看,复喷丙纶纤维混凝土还存在很多实际问题。从施工的角度来说,由于丙纶纤维与混凝土材料的比重相差过于悬殊,致使施工过程中丙纶纤维不能与混凝土材料均匀地拌和到一起,始终浮在混凝土材料表面,仅有极少量能分布到混凝土材料中去。另一方面,喷射施工采用的是干喷施工工艺,在喷射的过程中丙纶纤维材料不能与混凝土材料同步到达喷射面,甚至在半空中就飘走了,根本到达不了喷射面,无法达到预期的目的。

3.2　挂网喷射混凝土加固试验情况

（1）施工工艺

挂网复喷混凝土加固试验采用的是潮喷施工工艺,按照所挂钢筋网的不同,又分为挂钢筋网和铅丝网两种情况。

（2）试验材料

水泥、沙子、石子、水、钢筋和铅丝、速凝剂、XPM 外加剂。

（3）试验配比

①试验用的喷射混凝土是按 C25 设计的,其设计配比如下:

水泥: 石子: 沙子: XPM 外加剂: 速凝剂: 水

$= 1:2.05:2.65:5.6\%:3\%:0.45$

$= 350:717.5:827.5:19.6:10.5:157.5$（重量比 kg）

②施工过程中,因回弹量过大,调整后的实际配合比为:

水泥: 石子: 沙子: 水 $= 400:600:900:500$（重量比 kg）

XPM 外加剂为水泥用量的 11%,前期速凝剂为山西太原混凝土外加剂厂生产,用量为水泥用量的 4%;后期使用北京怀柔幕湖牌速凝剂后,速凝剂用量略有减少,约为水泥用量的3%。

（3）挂网喷射混土施工工艺流程

本次试验喷射混凝土采用山西 XPM 外加剂厂推荐的潮喷工艺,该工艺介于湿喷和干喷之间,主要特点是在材料搅拌前,先在石子中加入适量的水,然后再按常规施工方法进行拌料,使拌好后的材料达到握手成团、松手即散的湿潮程度,后续工艺按照常规施工方法施工。所不同的是速凝剂在喷射机上料口上料。在完成钢筋网或钢丝网锚固、绑扎后,即进行喷射混凝土施工。挂网喷射混土施工工艺流程见图 2:

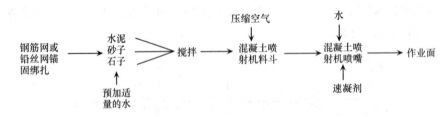

图2　挂网潮喷混凝土施工工艺流程示意图

（4）现场试验情况

由于铅丝网比较细,在喷射施工的过程中,喷射混凝土材料达到铅丝网上会发生颤动,造成邻近区域刚刚喷上的混凝土材料脱落,挂钢筋网喷射混凝土没有这种情况。造成挂铅丝网喷混凝土的回弹率非常大,从经济的角度来说,该方案不如挂钢筋网经济。另一方面,速凝剂是喷混凝土施工过程中必不可少的一种外加剂,潮喷工艺喷混凝土施工由于在搅拌的过程中预加了水,为了防止速凝剂迅速凝结失效,因此在搅拌的过程中未加速凝剂而是把速凝剂的添加放在喷嘴出口人工手动添加,这就造成速凝剂添加量和均匀性受人为因素影响很难控制。

3.3 复喷聚合物砂浆加固试验

本实验所采用的聚合物材料是丙乳砂浆

（1）试验材料

丙乳砂浆是丙烯酸酯共聚乳液水泥砂浆的简称，属于高分子聚合物乳液改性水泥砂浆。本试验中水泥、沙子与其他试验所用材料各项性能指标基本相同。

（2）试验配比

聚合物丙乳的固含量为其总重量48%，砂浆用水总量应考虑丙乳中的含水量。其配比如下：

水泥∶水∶沙子∶丙乳∶速凝剂 = 1∶0.34∶1∶0.3∶0.03（重量比）。

（3）施工工艺流程

为了防止聚合物砂浆在设备中快速凝结，速凝剂在喷嘴处人工添加。整个工艺流程见图3：

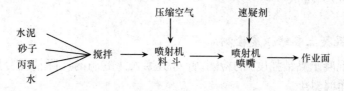

图3 喷聚合物砂浆施工工艺流程示意图

（4）现场试验情况

与干喷法相比，湿喷法有许多优点，首先是粉尘很少，施工环境得到极大的改善；其次是回弹量较低，喷射率较高；第三是水灰比受到了严格的控制，砂浆的质量有保证。缺点是速凝剂在喷嘴处人工添加其量和均匀程度很难控制，如在搅拌时添加稍不注意就可能在设备内凝固，给设备和施工进度造成影响。

4 施工质量检测

施工质量检测主要包括混凝土材料的抗压强度试验、新旧喷射混凝土黏结强度检测、综合治理试验后施工现场拱顶渗漏、裂缝及钙质析出等问题的治理效果等。

4.1 喷射混凝土试件抗压强度质量检测试验

抗压试件是反映喷射混凝土物理力学性能优劣、检验喷射混凝土强度的重要指标。试件按照喷射混凝土试件成型规范一次喷射成型（10×10 cm），其中做了7组试件，其混凝土平均抗压强度分别为：27.5 MPa、29.4 MPa、31.9 MPa、28.9 MPa、30.9 MPa、35.5 MPa、29.2 MPa；挂网喷射混凝土加固试验共做了6组试件，其混凝土平均抗压强度分别为：29.2 MPa、27.1 MPa、30.3 MPa、26.6 MPa、32.5 MPa、33.7 MPa；复喷聚合物砂浆加固试验共做了6组试件，其聚合物砂浆平均抗压强度分别为：23.1 MPa、26.3 MPa、26.5 MPa、22.7 MPa、24.7 MPa、25.9 MPa。以上三种加固试验其试件抗压强度均达到设计要求。

由于上面三种抗压强度试验是在不同条件和不同养护龄期条件下获得的，不能很好地反映它们的对比情况，特别是常规混凝土与纤维混凝土的对比情况，为此在做挂网复喷试验的过程中特别做了常规混凝土与纤维混凝土在相同条件下抗压强度的试验。其结果如表2。从下表可以看到，是否添加 XPM 外加剂对抗压强度无明显影响；在相同的试验条件下丙纶纤维混凝土的抗压强度低于常规混凝土。

表 2　　　　　　　常规混凝土与纤维混凝土抗压强度对比试验结果

类型	成型日期	破坏日期	龄期	强度代表值 MPa	达到设计强度的	平均强度 MPa	试块编号
常规混凝土（外加剂）	10.16	11.8	23	21.2	85%	23.0	001
常规混凝土（外加剂）	10.16	11.8	23	30.8	123%	28.1	002
常规混凝土（外加剂）	10.17	11.8	22	30.8	123%	28.1	004
丙纶纤维混凝土	10.17	11.8	22	18.1	72%	17.5	005
常规混凝土	10.18	11.8	21	31.6	126%	33.6	003

注：上表中的外加剂为山西太原混凝土外加剂厂生产 XPM 外加剂。

4.2　新旧喷射混凝土黏结强度检测

"新旧喷射混凝土黏结强度"的检测，针对引滦入津隧洞的实际情况分别采用试件拉拔法、钻芯拉拔法和劈裂法。

试件拉拔法按下列公式计算黏结强度。

式中 $f_{cr} = P_c * \cos\alpha / A_c$

f_{cr}—新旧喷射混凝土黏结强度（MPa）

P_c—芯样拉断时的荷载（N）

A_c—芯样断裂面积（mm^2）

a—断裂面与芯样横截面交角（°）

由于拱顶取样非常困难，因此每种加固实验仅取了两到三个芯样。

劈裂法所做的新旧喷混凝土粘接强度实验数据，见表3。通过数据对比可以看出，采用不同方法、在不同环境所取得的数据为同一数量级并且很接近。另外，这一数值与隧洞工程建设过程中进行的喷混凝土与模筑混凝土之间的黏结力现场原型试验所获得的数据基本吻合，其黏结强度变化范围为 0.377 ~ 0.581 MPa，平均值为 0.421 MPa；我们在本次试验中所

表 3　　　中国水科院采用劈裂法在实验室所作的新旧喷混凝土粘接强度实验数据

新 混 凝 土		粘接强度 MPa	旧混凝土成型方式
品 种	成型方式		
常规混凝土	手工捣实	0.70	喷射成型
常规混凝土	机械振实	0.91	喷射成型
常规混凝土	喷射成型	1.02	喷射成型
硅粉混凝土	喷射成型	1.23	喷射成型
硅粉膨胀混凝土	喷射成型	1.44	喷射成型
硅粉钢纤维混凝土	喷射成型	1.32	喷射成型

获得的新旧喷射混凝土黏结强度变化范围为 0.255~1.083 MPa,平均值为 0.565 MPa;尽管喷混凝土与模筑混凝土之间的黏结力同喷混凝土与喷混凝土之间的黏结力存在一定的区别,但仍可说明本次检测结果基本可信。

4.3 新旧喷射混凝土黏结强度试验结果分析

(1)通过对试验结果的分析可以看到,在复喷纤维混凝土治理试验中对新旧混凝土接触面作了四种不同的处理工艺,从目前的研究深度来看,新旧混凝土结合面凿毛及涂界面剂等不同的界面处理工艺对黏结强度没有明显的影响。

(2)某些芯样的新旧混凝土接触面及新喷射混凝土中有层状、大小不等的缝隙。这样的芯样有 7 个,占总数的 58.3%(旧喷射混凝土中未发现缝隙)。这些层状缝隙无疑对新旧混凝土的黏结强度和新喷混凝土自身的整体性造成了非常不利的影响。分析这一现象产生的原因,可能是由于混凝土与丙纶纤维的黏结性能不好,所以混凝土中在掺加了丙纶纤维后,降低了混凝土材料层与层之间的黏结强度,在混凝土自重的作用下,造成新旧混凝土接触面之间和新喷混凝土层与层之间的分离。

(3)从旧混凝土中破坏的芯样占 50%,从新混凝土中破坏芯样占 25%,一方面说明旧混凝土普遍存在质量缺陷,抗拉强度较低;另一方面也可能是丙纶纤维混凝土的抗拉强度整体上略优于普通混凝土。

(4)从新混凝土中破坏的混凝土芯样强度较低,说明丙纶纤维混凝土的抗拉强度的离散性较大,可能与施工时丙纶纤维掺和量分布不均匀有关。

(5)0+815 号芯样的旧混凝土部分呈蜂窝状,直观上看有效截面不足 50%,为最初隧洞建设喷锚施工时留下的质量缺陷;从此芯样上还能看到混凝土中有钢筋网,说明此处原来采取的是挂网喷射混凝土。此芯样从新混凝土中破坏而不是从存在严重质量缺陷的旧混凝土中破坏,这除了进一步说明丙纶纤维混凝土的抗拉强度的离散性较大之外,还可能是挂网锚喷混凝土更优于喷射丙纶纤维混凝土。

(6)新旧混凝土接触面存在缝隙缺陷的共有 5 个芯样,占芯样总数的 41.67%。但在做新旧混凝土黏结强度破坏试验的时候,却没有出现从接触面破坏的芯样。这说明在喷射混凝土复喷加固工程中,新旧混凝土黏结强度不是控制施工成败的关键因素;目前的施工工艺能够满足新旧混凝土黏结强度的质量要求。为了进一步提高喷射混凝土复喷加固工程的施工质量,应在提高新喷混凝土的强度和整体性方面做进一步的研究。

由于复喷丙纶纤维混凝土与旧混凝土黏结强度能够满足质量要求,同时考虑到拱顶取芯非常困难也非常危险,所以其他两项复喷试验未做新旧混凝土粘接强度试验。

5 结语

通过试验得出以下经验与结论:

(1)从施工环境的角度考虑,无论是干喷还是潮喷工艺,施工粉尘含量都非常高,其粉尘量超过所有规范的极限值,给施工人员的身体健康造成极大的危害。因此单从施工工艺的角度来说,干喷和潮喷都不能满足施工对于环境的要求,然而湿喷工艺基本解决了这一问题。

（2）从施工材料的角度来说，复喷丙纶纤维混凝土由于丙纶纤维与混凝土材料的比重相差的过于悬殊，致使施工过程中丙纶纤维不能与混凝土材料均匀地拌和到一起，而是始终浮在混凝土材料表面，仅有极少量能分布到混凝土材料中去。另一方面，喷射施工采用的是干喷施工工艺，在喷射的过程中丙纶纤维材料不能与混凝土材料同步到达喷射面，甚至在半空中就飘走了，根本到达不了喷射面，无法达到预期的目的。从引滦入津隧洞复喷加固试验的实际情况来看，这种材料还存在很多实际问题。聚合物砂浆和常规混凝土作为复喷加固材料都能够达到预期的实验效果。

（3）从经济的角度来说，复喷聚合物砂浆的造价明显高于丙纶纤维混凝土和挂网复喷常规混凝土；从材料回弹率对造价的影响来说，干喷和潮喷混凝土回弹量非常大，总的来看干喷和潮喷混凝土的回弹率在30%左右，而湿喷混凝土的回弹率约为10%左右，因此湿喷更为经济。在挂网复喷混凝土单项研究中又分为挂钢筋网和挂铅丝网两种。从施工现场回弹情况来看，铅丝网由于在喷射施工时因喷射冲击容易产生振动增大了混凝土的回弹量。因此同样作为挂网复喷混凝土来说，挂铅丝网的回弹量又明显大于挂钢筋网的回弹量。

（4）从施工技术角度来说，由于施工时无法控制丙纶纤维掺和量均匀分布，造成丙纶纤维混凝土的抗拉强度的离散性较大，同时其抗压强度也明显低于常规混凝土。从所取的芯样来看，有总数约58.3%的芯样存在新旧混凝土接触面及新喷射混凝土中有层状、大小不等的缝隙，而在旧喷射混凝土中未发现缝隙。这进一步说明了复喷丙纶纤维混凝土存在很多技术问题。

针对引滦入津隧洞的实际情况，在目前的研究深度下，综合经济、环境、技术以及施工的难度等因素，采用湿喷工艺、挂钢筋网复喷常规混凝土是最优方案。

引滦输水隧洞裂缝的综合治理

张迎杰　徐　新　王　戎
（天津市引滦工程隧洞管理处）

摘　要：本文针对引滦隧洞输水后，隧洞混凝土衬砌表面呈现大量白色溶出聚积物，隧洞混凝土裂缝、麻面、渗点严重，混凝土强度分布不均匀，伸缩缝漏水等缺陷，结合引滦隧洞一期补强加固工程和二期补强加固工程的施工经验，提出裂缝治理的方法，可供类似工程借鉴。

关键词：裂缝处理　化学灌浆　锚杆加固　GB胶填缝

1　工程概况

引滦入津隧洞位于河北省迁西县与遵化市交界的海河和滦河流域的分水岭处，是引滦入津的控制性工程。该工程总长 12 390 m，其中主体工程山洞长 9 666 米。隧洞净宽 5.7 m，净高 6.25 m，主要采用圆拱直墙衬砌型式。工程于 1983 年 9 月建成通水，隧洞设计流量 60 m³/s，校核流量 75 m³/s。1985—1986 年底板及边墙开始出现裂缝，并逐步发展。1997—2000 年曾分三段对隧洞进行了一期补强加固，但由于外水压力、温度等原因近几年又产生新的裂缝，为限制病害的进一步发展，保证隧洞的结构安全、输水安全，进行隧洞二期补强加固。

2　裂缝形成原因

裂缝是混凝土最常见的缺陷之一，几乎所有的水工建筑物都不可避免。为了搞清裂缝形成的原因，引滦隧洞管理处委托南京水科院对裂缝进行探测工作，采用超声探测裂缝深度及在裂缝上取芯检测内部情况，通过检测了解到裂缝形状与产状，检测结果表明，所有裂缝均为贯穿性裂缝。结合隧洞施工时情况及地质条件对裂缝成因作如下分析：

（1）隧洞穿越地下水补给丰沛的分水岭地层，洞顶以上一般静水压力水头达 20～40 m，围岩节理裂隙及大小断层岩脉穿插成为地下水向洞室周边汇集的自然通道。

（2）隧洞开挖后在内衬施工前，仅对部分渗水较集中的部位采用塑料导水管引排水，而对大面积表面的渗水则未予有效排除，而致拱墙混凝土在分层浇筑过程中已分层"掺水"，部分水泥浆随水流不断冲洗流失，以致拱墙中形成隐伏低强的夹层。

（3）现场检查可见，边墙混凝土中多处出现仅有粗细沙、小石，无大骨料的情况，即混凝土原级配在拌制过程中已产生混凝土质量不均匀的条件。

（4）隧洞建成投入运行后，由于地下水的渗透压力作用，地下水首先沿渗水相对畅通的夹层或孔隙的端部渗入，对混凝土衬砌结构产生逐步的溶蚀，在外水压力作用下将这些溶蚀从缝隙中带出，最终发展成贯穿衬砌的缝隙或洞穴通道。

（5）温度应力的影响，据洞内温度观测结果分析，由温度引起钢筋应力相应变化，温度上升应力下降，温度下降应力上升。

3　裂缝处理措施

鉴于裂缝的成因及发展条件，裂缝处理采取以下几项措施：

（1）阻截渗水通道

丰沛地下水的渗水水源是裂缝形成与发展的基本条件和根源。采用顶拱回填混凝土、砂浆后再补以回填灌浆措施，其作用一是利用回填混凝土、砂浆浆液的重力渗透、封堵作用对拱部裂缝进行一次"围封"，在对拱部渗水通道封堵基础上，再补以拱脚、边墙渗水严重的裂缝周围进行灌浆处理，以阻截渗水通道。

（2）加强边墙整体性

根据检测结果，边墙所形成的贯通裂缝已将整体边墙切割成多条板块，采用裂缝周边的锚杆加固被切割的板块与围岩的连接，增强其整体性。

（3）裂缝表面封堵

鉴于裂缝具有开合度的活动性，选用适应变形较大的胶结材料对裂缝表面进行封堵。

4　裂缝处理施工工艺

4.1　灌浆处理

混凝土内部松散形成渗水通道是造成衬砌结构表面潮湿、渗漏、溶蚀、钙质析出、裂缝产生的主要原因。阻止渗水通道是治理病害混凝土措施之一。灌浆采用两种材料：磨细水泥砂浆和化学灌浆。对于处理衬砌结构表面潮湿、有渗水点及钙质析出部位，先采用化学灌浆，一旦出现过度吃浆，即结构内部存在松散结构、气孔、气穴等缺陷，这些部位内部缺少胶结材料则灌以磨细水泥砂浆。

4.1.1　化学灌浆

（1）灌浆材料的选择

化学灌浆材料选择的原则：一是浆材的可灌性，所选化学浆材必须能够灌入裂缝，填充饱满，灌入后能凝结固化，以达到补强和防渗加固的目的；二是浆材的耐久性，所选用材料在使用环境条件下能稳定，不易起化学反应，并且与混凝土裂缝有足够的黏结强度，不易脱开，对于一些活动裂缝和不稳定裂缝要特别注意这条原则。

经过多次试验效果对比，选用渗透性较好的聚氨酯浆液（氰凝）作为化学灌浆堵漏增强材料。其堵漏原理及材料特性如下：

①浆液注入前不发生化学反应，是稳定的。

②浆液遇水立即发生化学反应，黏度增加，最终生成不溶于水的凝固体。

③浆液遇水反应产生 CO_2 气体，使浆液边膨胀边凝固，形成其他反应浆液所没有的二次渗透现象（注浆压力形成一次渗透），因而比其他化学灌浆材料有更大的渗透半径和固结体积比，浆液能渗透到渗透基面的深层部位。

④材料本身具有良好的耐酸、碱、盐防腐蚀性能，材料形成的固结体在 10% NaOH 以及

3%NaCl溶液下无变化。

⑤浆液与不同基础都具有良好的黏结强度,其与混凝土的黏结强度≥2 MPa,特别随着地层中水压的增高形成的固结体越坚韧,强度和抗透水性也随之增高。

⑥除了能保持与基础很好的粘接和适应变形性能外,还具备二次遇水膨胀功能。

(2)工程设备机具一览表

序号	工具名称	规格型号	数量	用途
1	可抽吸式高压灌浆设备	台湾 F-512	1台	高压化学灌浆
2	活塞式高压灌浆设备	美国 AUTO395	1台	高压化学灌浆
3	电锤钻孔设备	博士	2台	钻孔
4	角磨机 油灰刀	LG	2个	清理基础
5	接线轴 配电箱	国产	各1套	输送电源
6	发电机	国产	1套	提供电源
7	配料箱	20升	1个	配料
8	其他			辅助施工用具

(3)施工工艺

①施工工艺流程图

基础清理→查找漏点→电锤打孔→埋设针头→打水试验→化学灌浆→基础找平

②施工方法

基础清理:首先对洞内壁骨料堆积物进行打磨处理;

查找露点:检查并确定渗漏部位;

电锤打孔:根据渗漏的大小及来源状况确定电动打孔部位,在露点一侧打孔,一般45°~60°,孔深视墙体厚度而定,一般为墙体厚度的1/2;

埋设针管:在孔内布设注浆止水针头并拧紧;

压水试验:随后进行压水实验以确定灌浆的压力,一般选择高于地下水压0.1 MPa的压力作为灌浆压力;

化学灌浆:灌浆浆液(氰凝、催化剂)配置后,开始灌浆,观察灌浆压力,压力泵最大工作压力<40 MPa,流浆量一般可控制0.5 L/min;

清理找平:清理流浆,拧下一次性止水针头,并用刚性堵漏粉剂—速凝型找平。

4.1.2 磨细水泥灌浆

磨细水泥系由普通硅酸盐水泥加工磨细的一种无机灌浆材料,其水泥颗粒粒径 D50 为 5.5 um,比表面积 8 000~9 000 cm^2/g,同比普通水泥 D50 为 11.75 um,比表面积 3 000~3 200 cm^2/g。28 d 抗压强度 55 N/mm^2,浆液稳定性好,可灌性佳,可灌入裂缝大于 0.055 mm 的裂缝。

4.1.3 灌浆孔布置

灌浆布孔间距 300×300 mm 矩阵式布置,斜向 45°钻孔,孔深由结构尺寸决定,钻孔孔径在满足正常灌浆的前提下采用较小的灌浆孔径。

4.2 锚杆加固

4.2.1 锚杆加固目的

锚杆加固的目的是为了加强围岩与衬砌体的联结,提高衬砌体的承载力,有效地平衡了外水压力,保证洞室的稳定,防止裂缝进一步发展。这种方法适用于衬砌外侧水压力较大地区或不吃浆的裂缝。需要用锚杆加固的裂缝应满足以下条件:裂缝长度 3 m 以上,裂缝虽短,但同一洞段存在 3 条以上裂缝。

4.2.2 锚杆加固的施工工艺

以 4 m 长锚杆为例说明:按照设计要求在裂缝周围布孔,用风钻钻在标定位置,垂直洞壁钻孔 4.05 m,用高压水洗净孔内杂物,将药卷式锚固剂(长 28 cm,直径 3.5 cm)在水中浸泡 60~90 s,用木棍逐个送入孔内并捣实,把加工好的锚杆一次性推入装满药包的孔中,最后用水泥砂浆封堵压平抹光。施工中采用铁道部科学研究院研制的新型药卷式锚固药包,该产品遇水后膨胀,既能封堵漏水,又与围岩紧密结合,增强了隧洞的整体稳定性,从而防止裂缝进一步发展。

锚杆布置位置:离开裂缝距离 25~35 cm;锚杆间距 2 m 左右,采用 Φ25 钢筋,锚杆长度 3.5~4 m。

4.3 GB 胶填缝

从施工现场情况看,裂缝成因分两种情况,一类是因岩石不稳定,由基岩位移引起的混凝土变形裂缝;另一类是由于混凝土施工中浇捣不密实,混凝土内部骨料松散,由内部渗水通道连接成的缺陷裂缝。针对这两种裂缝,处理方案分述如下:

对变形裂缝主要目的是防渗及混凝土表面补强,处理方案为:沿侧墙裂缝开凿梯形槽,深约 4~5 cm,上口宽 4~5 cm,下口宽 3 cm,将槽清洗后涂砂浆界面剂,如果裂缝处渗水,沿渗水点埋设导水管,然后向槽内填充 0.5~1 cm 厚的速凝水泥砂浆,待裂缝处渗水集中到导水管后,用聚合物砂浆填入槽内,迅速嵌入 GB 柔性止水材料,再用聚合物砂浆封堵表面,并压实抹光。待聚合物砂浆终凝后将导水管切除、封堵。如果裂缝处无渗水,可以直接用 GB 柔性止水材料和聚合物砂浆进行处理。

处理缺陷裂缝的主要目的是混凝土补强及防渗,处理方案为:沿侧墙裂缝开凿梯形槽深约 5~6 cm,上口宽 5~6 cm,下口宽 3~4 cm,沿裂缝长每 20~40 cm 打孔埋设灌浆管,将槽清洗后涂砂浆界面剂,然后向槽内填充 0.5~1 cm 厚的速凝水泥砂浆,待裂缝处渗水集中到灌浆管后,用聚合物砂浆填入槽内,迅速嵌入 GB 柔性止水材料,再用聚合物砂浆封堵表面,并压实抹光。待聚合物砂浆终凝后,在灌浆管内灌入超细水泥,最大灌浆压力为 0.5 MPa,1 d 后将灌浆管切除、封堵。

裂缝表面处理,所选用填缝材料除具有黏结性外还必须要适应裂缝具有张合性的特点以适应其变形。

GB 胶条性能指标

性能	测试项目		控制指标	测试指标
耐水、耐化学性	水		±3%	+1.3%
	饱和氢氧化钙溶液		±3%	+1.7%
	10%氯化钠溶液		±3%	+1.0%
抗拉性能	常温	断裂伸长率(%)	≥800	1 278
	−30℃	断裂伸长率(%)	≥800	1 040
	密度(g/m³)		≥1.15	1.22
环境保护	属橡胶类产品		无毒、无污染	

施工工艺如下:

(1)用电锤沿伸缩缝凿槽,直到露出新鲜混凝土面为止;

(2)在槽两侧用钢丝刷刷去污垢及水泥浆浮皮;

(3)渗水及大量漏水处,用快速堵漏剂进行堵漏处理,处理后的表面干燥无渗水;

(4)在槽内开挖面涂刷聚合物水泥净浆;

(5)用拌和好的聚合物水泥砂浆做出新的光滑平整的槽,局部不平整处用砂浆找平;

(6)将 GB 胶条嵌入梯形槽内,将 GB 胶条与聚合物水泥砂浆结合紧密;

(7)在 GB 胶条上抹聚合物水泥砂浆封闭。

5 结语

混凝土裂缝处理难度很大,对有渗水的裂缝处理难度更大。通过参与引滦输水隧洞混凝土渗水裂缝处理,认为"阻水、锚固、封堵"相结合是从施工实践中总结出来的处理裂缝较好的技术,为以后在这方面施工积累了经验,但在施工中应注意以下问题:

(1)灌浆材料的正确选择:应选择低黏度、低收缩的环氧浆材。

(2)必须保证连续稳定的灌浆压力:稳定的灌浆压力是保证浆液能否使裂缝填充饱满的关键。

(3)灌浆施工中有效的排水排气:裂缝灌浆时应通过有效措施把孔中及缝面的水汽排出,来提高可灌性。

(4)有效降低外水压力:裂缝中只要有水就会增加灌浆难度,应通过打排水孔来降低外水压力。

(5)锚杆加固是加固围岩与衬砌体以保证洞室稳定非常有效的方法,应根据实际情况确定锚杆长度和间距。

(6)GB 胶条封堵中要注意结合面的细部处理,还要注意表面聚合物砂浆不能抹的太厚免得引起开裂。

某碾压混凝土坝基础垫层裂缝处理

李秀琳[1] 卢冰华[2] 夏世法[1] 刘 涛[2]

(1.中国水利水电科学研究院 2.新疆水利水电勘测设计研究院)

摘 要:某混凝土重力坝其中一个坝段灌浆盖重混凝土发生灌浆抬动,采用坝体内部化学灌浆,竖向裂缝粘贴碳纤维布并沿水平缝口布设并缝钢筋的加固方案,保证了坝体整体性,满足防渗要求,并阻止裂缝继续向上发展。

关键词:重力坝 抬动 灌浆 碳纤维 并缝钢筋

1 概述

某重力坝碾压混凝土垫层(厚3 m)浇筑完成后,利用混凝土盖板作为压重进行坝基固结灌浆,由于坝基局部存在缓倾角裂隙及在发生串浆后没有及时地调整工艺,致使混凝土盖板发生抬动。由于裂缝位于主河床坝段且贯穿大坝二级配防渗区,危及大坝的安全,必须认真处理。裂缝平面位置见图1。

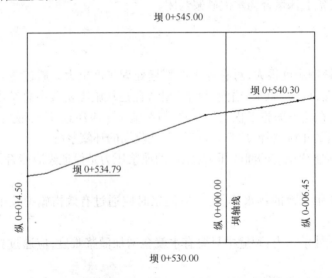

坝 0+545.00

坝 0+540.30

坝 0+534.79

纵 0+014.50　纵 0-000.00　坝轴线　纵 0-006.45

坝 0+530.00

图1 裂缝平面示意图

2 坝基地质概况

裂缝所处坝段坝基岩性为石炭系变质砂岩,新鲜、坚硬、完整,根据现场地质编录情况并综合前期资料分析,该段主要分布两组X型解理,一组产状为:307°NE∠10°、315°NE∠39°、325°NE∠44°,节面呈波状起伏,铁锈色,闭合,无充填,该组为缓倾角节理。另一组产状为:

81°SE∠65°,节面呈波状起伏,铁锈色,闭合,无充填。开挖后揭示地质条件较好,岩体比较完整,但可看出坝基局部存在缓倾角节理。

3 裂缝成因分析

固结灌浆过程中要求采用单孔、自上而下的灌浆工艺,第一段卡浆塞卡在基岩面以上50 cm处(混凝土盖板内),灌浆过程中需对混凝土盖板进行抬动监测。固结灌浆分段和压力控制见表1。

表1	固结灌浆压力控制表
基岩内孔深(m)	压力(Mp)
0~3.0	0.5
3.0~9.0	1.0
9.0~15.0	1.5

现场查看发现裂缝上宽下窄。根据基岩变位计在灌浆前后测得的数据见图2,2007年7月17日前后位移从0.07 mm突变到5.71 mm,显然发生灌浆抬动。经分析是由于工期紧张,在固结灌浆施工过程中采用了自下而上的方法施灌,在灌浆过程中发生串浆后采用三孔并灌进行灌浆,致使混凝土盖板发生了抬动并出现了裂缝。

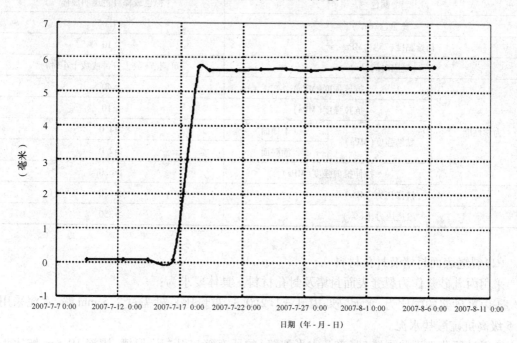

图2 坝段上游面基岩变位计灌浆前后位移变化图

4 裂缝处理方法

4.1 处理原则

由于该坝段位于主河床坝段,裂缝贯穿上游二级配防渗区,如处理不好会影响运行期坝体的安全性。根据产生裂缝的部位及性状,确定以下处理原则:

(1)采用补强防渗性的材料进行化学灌浆。

(2)对裂缝进行进一步加固。

(3)为防止裂缝后期张开,灌浆管路布置上需考虑后期二次化学灌浆。

(4)为阻止裂缝可能向上发展,在裂缝顶部布置并缝钢筋。

4.2 材料

(1)化学灌浆材料

根据本工程裂缝特点并参考国内工程经验,采用 HK – G – 2 低黏度环氧树脂灌浆材料。该材料对裂缝混凝土具有补强作用,并具有良好的可灌性、较高的抗压、抗拉、抗渗和黏结强度。具体指标见表 2。

表 2　　　　　　　　　　　　　化学灌浆材料主要性能指标

项　目		指　标
颜色		棕色或棕红色透明液体
比重(g/cm³)		>1.05
初始黏度(25℃,MPa·s)		<10
凝固时间(hr)		可调节(数十分钟或数十小时)
力学性能	抗压强度(MPa)	≥40
	抗拉强度(MPa)	≥10
	黏结强度(MPa) 干燥面	≥4.0
	黏结强度(MPa) 潮湿面	≥2.0
	拉伸抗剪强度(MPa)	≥6.0
	抗渗压力(MPa)	≥1.0
	渗透压力比(%)	≥350

(2)裂缝表面封堵及封孔材料

采用丙乳砂浆作为裂缝表面封堵及封孔材料。具体要求为:

①丙乳砂浆的配比为:水泥∶砂∶丙乳 =1∶2∶0.3(重量比),砂需过 2.5 mm 筛,水泥采用42.5 级高抗硫酸盐水泥。

②对进行化学灌浆裂缝(竖直及水平裂缝)的所有缝口开"V"形槽,槽深 10 cm,坡比为1∶1,对"V"形槽用丙乳砂浆进行封堵。拌制好的丙乳砂浆须在 30 min 内用完。

③丙乳砂浆封堵"V"形槽之前需用水泥 + 丙乳净浆涂刷黏结面。

4.3 化学灌浆质量检查

化学灌浆完成后,采用打孔进行压水试验和钻孔取芯对化学灌浆质量进行检查。不同孔深的压水试验均未发现透水;经对四个取芯孔检查,裂缝已经被浆液充填密实。检查结果表明,经化学灌浆后的裂缝已被浆液完全充满,效果明显。

压水试验孔兼作后期二次化学灌浆灌浆孔和排气孔,在检查完成后布置了管路系统并引至廊道,后期视裂缝开合情况进行二次灌浆。

5 碳纤维布加固

为进一步加固坝体,对大坝上游面竖向裂缝沿裂缝粘贴双层碳纤维布。

碳纤维粘贴须遵循《碳纤维片材加固混凝土结构技术规程》(CECS146:2003)中规定的施工工艺,粘贴流程如下:准备工作—混凝土表面处理—配制、涂刷底胶—配制整平胶、表面修整—配制、涂刷浸渍胶—粘贴碳纤维布—养护—表面防护。

5.1 碳纤维片的规格及性能

碳纤维加固技术是利用高强度或高弹性模量的连续碳纤维,单向排列成束,用环氧树脂浸渍形成碳纤维增强复合材料片材,将片材用专用环氧树脂胶粘贴在结构外表面受拉或有裂缝部位,固化后与原结构形成一整体,碳纤维即可与原结构共同受力。碳纤维材料的性能指标见表3。

表3 碳纤维的规格及性能指标

碳纤维种类	单位面积重量(g/m^2)	设计厚度(mm)	抗拉强度(MPa)	拉伸模量(MPa)
XEC - 300(高强度)	300	0.167	>3 500	$>2.3 \times 10^5$

碳纤维的黏结剂必须具有极强的渗透力对混凝土表面起到补强作用,而且对碳纤维布有极强的浸渍力,因为只有通过专用环氧树脂胶将碳纤维片粘贴在混凝土或钢筋混凝土结构表面并与之紧密结合为一整体共同承受荷载,才能达到补强加固的目的。

5.2 粘贴碳纤维工艺如下

(1)混凝土基底处理。将混凝土构件表面的残缺、破损部分清除干净,至结构密实部位。对经过剔凿、清理和露筋的构件残缺部分,进行修补、复原。

(2)涂底层涂料。把底层涂料的主剂和固化剂按规定比例称量准确后放入容器内,用搅拌器搅拌均匀。一次调和量应以在可使用时间内用完为准。

(3)环氧腻子对构件表面的残缺修补。构件表面凹陷部位应用环氧腻子填平,修复至表面平整。腻子涂刮后,对表面存在的凹凸糙纹,应再用砂纸打磨平整。

(4)粘贴碳纤维片。贴片前在构件表面用滚筒刷均匀地涂刷黏结树脂,称为下涂。下涂的涂量标准为:500~600 g/m^2;贴片时,用专用工具沿着纤维方向在碳纤维片上滚压多次,使树脂渗浸入碳纤维中。碳纤维片施工30 min后,用滚筒刷均匀涂刷树脂称为上涂。上涂涂量标准为:300~200 g/m^2。

(5)养护。粘贴碳纤维片后,需自然养护24 h达到初期固化,应保证固化期间不受外界干扰。碳纤维片粘贴后达到设计强度所需自然养护的时间如下：平均气温在10℃以下时，需要2周；平均气温在10℃以上时，需要1周。在此期间应防止碳纤维贴片受到硬性冲击。

6 并缝钢筋铺设及设置止水

为避免裂缝向上层混凝土发展，对裂缝沿水平缝口布设并缝钢筋和止水。钢筋网为三层，层间距为300 mm，垂直缝面采用Φ32@200，分布筋为Φ25@200，缝两侧各延伸2.25 m。

选用厚1.6 mm、宽600 mm的止水铜片，距上游坝面1 m，铜片往上沿伸5 m。为保证止水铜片与混凝土盖板连接可靠，在混凝土盖板凿一70×30×50 cm凹槽，止水铜片下部埋入凹槽中，凹槽采用一级配微膨胀混凝土回填。

7 结语

混凝土坝出现裂缝的可能性很大，国内在处理裂缝方面也已积累了丰富的工程经验，用于裂缝处理的防渗型、补强防渗型的化学灌浆材料也日益成熟。在筑坝过程中需加大检查力度以便及时发现裂缝，针对性地选用适宜的化学灌浆材料和处理措施，需根据裂缝发生的部位和特点及时地进行处理，不留工程后患。

弧形闸门支承结构的预应力补强加固技术

张家宏　刘致彬　夏世法

（中国水利水电科学研究院）

摘　要：本文介绍了弧形闸门的支承结构的预应力补强加固方法。根据弧门推力和结构内力，采用平行弧门推力方向布置钢绞线，锚固端埋入闸墩上游内部，对支座施加的作用力与弧门推力方向相反，以抵消部分门推力。这种方法概念清晰，受力明确，不破坏原结构的整体性，施工快捷简便，应用前景广阔。

关键词：弧形闸门　闸墩　预应力加固

1　前言

　　任何一个水利枢纽都必须设置泄水建筑物，其主要作用是宣泄超过水库调蓄能力的洪水，以防洪水浸过坝顶危及大坝安全，尤其是以土石坝为挡水建筑物的水库更是如此。弧形闸门的支承结构——支座和闸墩组成一个空间结构，共同承担弧门支臂传来的水压力，它们的可靠性直接关系到泄水建筑物能否安全运行。

　　任何补强加固工程，首先必须了解现有结构的特点、施工方法、维修状况以及其承受集中荷载的能力。北京市斋堂水库的溢洪道、泄洪洞的弧形闸门支承结构的补强加固，可以作为一个应用实例。水库土坝坝高 58.5 m，库容 4 602 万 m³，工程等级为三等，建成于 1973 年，现在通过安全复核计算，原设计的弧门支承结构配筋不能满足现行设计规范要求。为安全计，需要进行补强加固处理。经过方案比较，认为采用预应力加固技术是适当的。

2　传统的弧门支承结构的特点

　　（1）支承结构——包括支座和闸墩。通常，弧门推力通过支座传给闸墩。支座常常设在闸墩下游侧，是一个突出闸墩表面的短悬臂构件。其外形多为长方形或方形。支座内钢筋与闸墩内钢筋和扇形辐射状钢筋联结在一起，一次浇筑混凝土，使支座与闸墩构成一个整体，共同承担弧形闸门所承受的水压力及其他荷载。

　　（2）扇形筋数量的确定

　　以往关于扇形钢筋的计算可以概括为两种方法：一是假定弧门推力全部由扇形筋承担，其数量由式（1）或（2）确定：

$$A_g = \frac{K \cdot P}{R_g} \tag{1}$$

$$A_g = \frac{K \cdot P}{\alpha \cdot R_g} \tag{2}$$

式中　A_g——扇形钢筋截面面积；

R_g——扇形钢筋抗拉强度;

P——弧门推力;

K——安全系数,多数工程取值1.5;

α——考虑到扇形筋方向与弧门推力方向的偏差系数,取为0.90~0.95。

另一方法是假定门推力由扇形钢筋和闸墩混凝土共同承担,其数量由式(3)确定:

$$A_g = \frac{0.75K \cdot P}{R_g} \tag{3}$$

式中 K——安全系数,取值多为1.8。

由此可见,上述两种计算方法并无本质区别,只不过是安全系数取值不同而已,正说明经验因素在起主要作用。

(3)扇形筋的布置

试验资料表明,弧门推力所引起的闸墩内拉应力随着距支座门铰距离的增大而逐渐减小,沿门推力方向如此,垂直门推力方向亦如此。通常,在支座上游面与闸墩交线的中间部位拉应力最大,1~2 m范围内的闸墩表面拉应力数值及应力梯度均较大。

考虑到闸墩两侧均布有构造钢筋,一般情况扇形筋延伸长度到混凝土允许抗拉强度区域,再加上锚固长度(30~40 d),长短相间截断即可。

至于扇形筋的扩散范围,一般是支座下游边开始,布满或略大于支座宽度范围,向上游呈扇形状伸展布置,扇形筋与弧门推力方向的夹角不宜大于30°。

由于扇形筋的数量与弧门推力成正比,当门推力较大时,扇形筋的数量亦多,一排布置困难,通常布置成两排。扇形筋距闸墩表面的距离多为20~30 cm。

3 斋堂水库溢洪道、泄洪洞弧门支承结构的预应力补强加固

3.1 弧门支承结构的预应力加固方案

常规补强加固的方法有粘贴钢板、粘贴碳纤维布、增加钢筋或加大断面等,采用这些常规方法,关键是如何与支座紧密联系,与原支承结构共同承担弧门传来的巨大水压力。通过综合分析,在不破坏原结构整体性的前提下,采用预应力补强加固方案是适宜的。由于预加力可以认为是对结构施加的外荷载,因此选用平行弧门推力方向的布筋形式,使预加力对弧门支座施加的作用力与弧门推力方向相反,以平衡部分门推力荷载。这种方法概念清晰,受力明确,其主要优点如下:

(1)预应力筋沿弧门推力方向布置,除补足受力筋外,尚增加了支座的抗剪切能力;

(2)不破坏原支座、闸墩结构的整体性;

(3)采用高强、低松弛钢绞线,强度高,用量少,占据空间小,施工简便。

3.2 预应力加固设计要点

(1)单根钢绞线张拉

这种体系采用直径为15.2 mm七丝钢绞线,破断强度为1 860 MPa,其特点是单根张拉单根锚固,主要优点是:

①灵活方便,可根据需要选用钢绞线根数以达到设计要求的预加力吨位;

350

②由于单根张拉和锚固,应力容易控制;

③适宜高空作业,因为小型千斤顶重量轻,移动和操作方便,张锚速度快。

考虑到闸墩混凝土标号较低,故将上游锚固端设在闸墩内部,采用改进压力型锚固;下游锚固端作用在由 40 b 槽钢组合的钢梁上,钢梁垂直门推力方向支撑在支座背后,绞线平行弧门推力方向布置。整个钢绞线则通过预先开挖的沟槽埋入闸墩内。钢绞线布置如图 1 及图 2 所示。

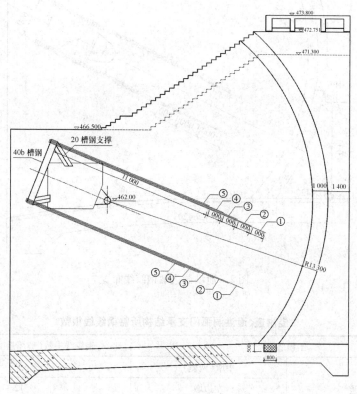

图 1　溢洪道右边墩钢绞线布置

（2）预应力钢绞线数量的确定

采用预加应力加固弧门支承结构,可理解为:在弧门推力作用之前,通过张拉荷载向支座施加相反方向的一定数量的预加应力;当弧形闸门投入运行后,部分弧门推力所产生的拉应力首先被这一压应力所抵消。超过这一荷载所引起的拉应力则由原配钢筋和新增加的钢绞线共同承担。根据复核计算成果,溢洪道及泄洪洞弧门支承结构所需钢绞线根数列入表 1。

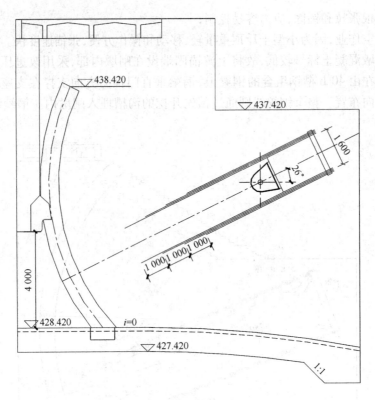

图 2　泄洪洞边墩钢绞线布置

表 1　　　　　　　　　溢洪道、泄洪洞弧门支承结构所需钢绞线根数

工程部位		钢绞线根数(破坏强度 1 860 MPa)
溢洪道	中墩(两侧)	6×2
	左边墩	12
	右边墩	10
泄洪洞	左边墩	8
	右边墩	8

(3)上游锚固端的结构

上游锚头宜深埋入闸墩内部,锚固端采用改进压力型锚固结构,即挤压锚头—承压钢垫板—8×Φ8 钢筋包围在钢绞线周围,钢绞线外面设置隔离层与黏胶脱开。上游锚固端结构如图 3 所示。

(4)钢绞线转角部位设计

预应力钢绞线斜插入闸墩内部,必须通过转角变换方向才能沿弧门推力方向施加预应力。在转角部位与预应力钢绞线接触区域,由于摩擦力和横向挤压力作用,如果转角部位设计不当或构造措施不合理,预应力钢绞线容易产生局部硬化和摩擦阻力过大现象。由于目前尚无适当的计算方法和试验数据,应适当降低控制张拉应力。

352

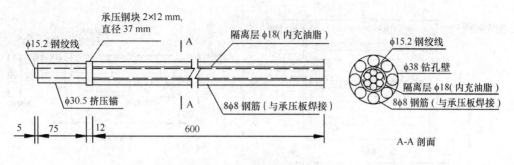

图3 改进压型锚固端构造

FIP标准钢绞线弯折抗拉试验规定:如果预应力筋的曲线半径 $R_{\tan d} > \alpha \phi_n \cdot N/n$,则其抗拉强度的降低值小于5%。

式中:α——系数,对于光滑管道 $\alpha = 20$,波纹管 $\alpha = 40$;

ϕ_n——钢绞线或钢丝公称直径;

N——同一束预应力钢绞线或钢丝总数;

n——传递径向分力的钢绞线或钢丝的根数。

对于单根钢绞线情况,曲率半径 $R_{\tan d}$ 大于 30.5 cm 即可。此外,张拉控制应力不大于0.6倍钢绞线强度标准值。

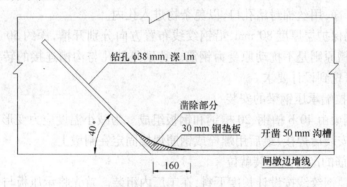

图4 闸墩上游锚固端转角部位构造

(5)下游张拉端结构

张拉端位置选在支座背后,承压钢梁牢固地支撑在支座背面,这样张拉荷载通过承压钢梁直接传给支座并传递到闸墩。这种施加预应力的加固方法要求锚固节点必须安全可靠。承压钢梁为组合槽钢截面,通过局部抗弯、抗剪和局部承压验算后的截面尺寸如图5所示。

(6)锚固系统的锈蚀及其防护

锚固系统的防腐蚀是很重要的,因为所有的金属都会锈蚀,并且锈蚀的严重程度取决于所处环境的自然状况。混凝土对钢材防护通常都提供了一个良好的碱性环境。混凝土完好密实的地方,其渗透性很小。若有良好的混凝土保护层(大于 15~20 mm),几乎不会出现锈蚀。不过氯化物和硫化物离子会导致减弱碱性环境,因此,应确保它们不得加入水泥砂浆或混凝土中。

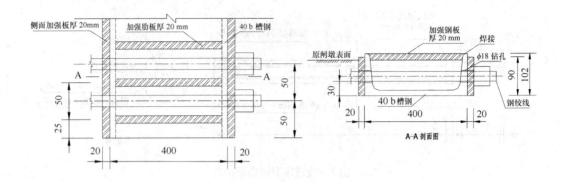

图 5　承压组合钢梁

防护工作的原则是在整个锚固长度内进行防护,特别要注意锚固系统的连接处锚孔与沟槽连接处(即转弯段)以及钢绞线与承压梁接触处,都是最易锈蚀的部位。

3.3　预应力加固施工要点

(1)上游锚固端钻孔及开槽

采用风钻打孔,孔径 $\phi38$ mm;钻孔方向和闸墩表面呈 $30° \sim 40°$,而且向下倾斜 $30°$ 左右,以利灌注胶体和排气。钻孔达到设计深度后首先检验孔径是否满足要求,然后进行清孔,将粉尘彻底清理干净,用丝棉封堵孔口,以免杂物进入孔内。

原闸墩钢筋保护层厚度 80 mm,沿钢绞线布置方向分别开槽,深约 50 mm,宽度根据实际情况确定,开槽原则是不扰动原受力钢筋。特别是钻孔与沟槽连接的转角部位应用样板检验曲率半径开挖到设计要求。

(2)下游张拉端承压钢梁的安装

组合承压钢梁由 40 b 槽钢、20 槽钢和钢板组成。为减小温度应力变形采用分区对称焊接,支撑槽钢在安装后焊接,最后用螺栓或钢筋焊接固定在闸墩上。

(3)预应力筋的准备及安装就位

高强、低松弛钢绞线按设计长度下料,在工厂内组装。首先将承压板与 $8 \times \phi8$ 钢筋焊接后套在绞线上;然后在绞线锚固一段长度上涂防腐油脂,再套上隔离胶管;最后安装挤压锚具,并用铅丝将承压板和挤压锚具绑扎牢固。

安装前,先将捆绑钢筋的铅丝松开,以形成倒刺;将用胶量的一半注入孔内,再将绞线插入到底,放置转弯处的钢垫板,继续注胶至孔口,并用钢筋头或石子将绞线和垫板压紧,其余绞线沿沟槽铺放,下游端穿过钢梁孔口,装上锚具,准备张拉。

(4)对称顺序张拉

由于钢绞线基本上对称布置,施加预加力亦采用对称、分级循环张拉。张拉时采用 2 台液压千斤顶分别在对称的位置上张拉。张拉控制应力为 930 MPa,每根钢绞线设计张拉力 128 kN,考虑 20% 的预应力损失后,钢绞线的抗拉强度不低于 750 MPa,每根钢绞线的永存张拉力为 102 kN。

张拉过程中,以油压表控制应力,并量测绞线实际伸长值,作为核对预应力值。

354

（5）预加力效果检验

支承结构混凝土截面上的有效预应力的建立，主要是靠钢绞线作用在承压钢梁上的力对弧门支座产生的推力。由于承压钢梁自身变形会抵消部分预加力。而这部分预加力同其他预应力损失不同，可以通过超张拉进行补偿。为此，在溢洪道右边墩上进行了现场试验，10 根钢绞线全部逐渐张拉到 128 kN 时锁定，时隔 14～16 d 后进行检测，其方法是利用反力支架将每根钢绞线慢慢提起，直至用 0.1 mm 的塞尺在锚具与钢梁之间能插入为止，此时的千斤顶张拉荷载即为除去所有损失后的剩余荷载。检测结果列入表 2。不难看出，预应力损失：最大值为 16%，最小值为 6%，平均值为 10%。设计要求预应力损失不超过 20%，其预应力效果是令人满意的。

表 2　右边墩钢绞线剩余荷载检测结果

绞线序号	1	2	3	4	5	6	7	8	9	10
油表示值（MPa）	24	26	25	26	25	25	23	25	25	25
千斤顶拉力（kN）	111	120	116	120	116	116	107	116	116	116

（6）锚固体系的防腐处理

超出锚固段的所有绞线、承压钢梁及张拉锚具均需彻底防护。张拉完成后，观察数目，如未发现异常现象，沟槽内的绞线，填充聚合物砂浆，保护层厚度不小于 30 mm；承压钢梁及锚具采用 C30 一级配混凝土将其封堵，其厚度不小于 50 mm。应充分振捣或压实，以保证锚具周围的混凝土密实。

值得注意的是，所有裸露的钢绞线及锚具，张拉完成后，应尽快加以保护。因为在拉伸状态下的所谓应力腐蚀过程要快得多。

4　结语

预应力技术应用于结构的修复和加固工程是一种非常有效的方法，在水利水电工程中的早期应用中，可追溯到 20 世纪 60 年代在梅山水库连拱坝加固工程上的应用。目前预应力技术水平业已发展到可以适应各种工程条件的需要，预应力荷载从几十到几万千牛；预应力钢材可采用单根或多根钢丝、钢绞线或精轧螺纹钢筋；锚固方式多采用拉力型，实践中又发展了一种介于拉、压之间的复合型或改进拉、压型；或用于临时工程，或用于永久性工程。总之，预应力技术因其特有的优点使其发展很快，应用前景十分广阔，应用数量日益增多。

三峡船闸混凝土建筑物质量检查与缺陷处理

陈 磊 童 迪

（长江勘测规划设计研究院）

摘 要：三峡五级船闸是目前世界上水头最高、规模最大的内河船闸,在深切开挖的岩槽中修建,主体建筑物多采用衬砌式结构,混凝土总量 465 万 m^3,建设过程中,为了确保工程质量,对已施工完成的混凝土建筑物进行了系统的检查,对发现的质量问题进行了分类处理,试运行一年多来船闸工作性态正常,经排干检查缺陷修补效果良好,目前工程已顺利通过了国家验收进入正式运行阶段。

关键词：三峡船闸 混凝土建筑物 质量检查 缺陷处理 运行

前 言

长江三峡水利枢纽工程是开发和治理长江的骨干工程,具有巨大的防洪、发电、航运等综合效益。三峡船闸是长江船舶通过三峡大坝的主要通道,位于枢纽左岸坛子岭左侧,采用双线连续五级布置,总水头 113 m,单级工作水头 45.2 m,设计年单向通过能力 5 000 万 t,可通过万吨级船队,是目前世界上规模最大、水头最高的内河船闸。

三峡船闸混凝土总方量 465 万 m^3,1999 年 10 月开始全面浇筑,2000 年高峰强度达到142 万 m^3,至 2001 年底完成了 93% 的混凝土浇筑,在其后至船闸进水近一年时间里,按照设计提出的技术要求对船闸混凝土建筑物质量进行了系统的检查,对存在的缺陷进行了处理。

1 三峡船闸混凝土建筑物特点

三峡船闸主体段在深切开挖的岩槽中修建,总长 1 621 m,闸顶以下为直立坡,最大高度67.8 m。船闸上游共有 10 个挡水坝段,最大坝高 51 m。每线船闸各有 5 个闸室和 6 个闸首,单闸室有效尺寸 280×34 m,大部分闸首和闸室采用衬砌式钢筋混凝土结构,通过高强锚杆与基岩连接共同受力。闸室衬砌墙段长 12 m,墙高 47.25 m,厚度 1.5 ~ 2.1 m,闸首支持体水平断面 18.7×12 m。船闸输水系统设于地下岩体内,每线船闸对称布置两条主输水洞,段长 8 ~ 12 m,洞跨 5 m,钢筋混凝土衬砌,闸室区采用 4 区段 8 支管顶部消能盖板型式复杂等惯性布置,末级闸室水体经由泄水箱涵排入长江主河道,系统内最大流速一般 10 ~ 18 m,阀门井门后瞬时流速超过 30 m。

三峡船闸混凝土建筑物多数为钢筋混凝土结构,也有部分大体积混凝土(如挡水坝),结构布置紧凑,迎水面积大,结构厚度小,钢筋较密集,与岩体关系紧密,输水系统体型复杂、流速高、水头大,闸室内水位变幅大,最多时每天可过船 20 多次,长年处于频繁运用状态。

船闸衬砌式结构厚度较小,闸室边墙厚度为 1.5 ~ 2.1 m,闸室底板输水廊道以下厚度1.5 m,隧洞标准段衬砌厚度双洞 1 m,单洞仅 0.6 m,发生混凝土缺陷后比较容易形成贯穿通道,影响结构防渗性能以致改变结构荷载条件,甚至危及岩体稳定。一些关键受力部位的裂缝在往复荷载频繁作用下有可能扩展成深部裂缝,影响结构整体受力。

此外,船闸常年有大量船舶及旅客通过,建筑物外表的平整美观问题比一般水工建筑物更为突出。

2 混凝土质量问题的类别及成因

根据三峡工程有关标准规定,船闸混凝土工程质量问题按对工程耐久性、可靠性和正常使用的影响程度以及对工期的影响长短及所造成的经济损失等因素,把工程施工质量问题分为三类:①工程质量缺陷;②工程施工事故;③工程质量事故。

工程质量缺陷多指一般工程施工过程中经常发生和普遍存在的一些质量通病,局部不符合质量标准,需进行常规处理,但不影响工程的安全运行及使用寿命。由于大型水利工程混凝土施工的复杂性,这类问题的产生很难完全避免,为此一些专家曾建议将这类问题的处理标准化程序化,作为混凝土施工的一道固定工序。

工程施工事故是指施工过程中发生的范围较大,但及时被发现并进行了返工处理,没有给工程留下隐患的质量问题。工程质量事故是指因特定原因造成工程质量达不到设计要求,需设计单位提出处理方案进行补强处理,处理后仍可能对工程的正常使用或耐久性有一定影响的质量问题。工程质量事故又进一步分为:一般质量事故、较大质量事故和重大质量事故。

工程质量事故和工程施工事故正常情况下应该也是可以避免的,即使出现也不会是成批的,并且需要单独进行检查、分析、处理,问题一旦发生,对工程影响比较严重,因此,在施工中比较容易得到重视。工程中大量的质量问题主要以缺陷的形式出现,但往往容易被忽视,高度重视并一丝不苟地作好工程质量缺陷的预防、检查和治理是混凝土质量问题防治工作的基础和前提,只有这样才能使工程质量上台阶,并且能够有效防止和减少质量事故的发生。

三峡船闸混凝土浇筑仓位较小,采用汽车运输,采用门机、吊罐、泵管等手段入仓,混凝土多为二、三级配或泵送混凝土,出现类似某些工程那样大范围架空的可能性不大。然而船闸混凝土施工受场地狭窄、钢筋密集、基岩渗水、交通不便、供料紧张、地面地下同时施工相互干扰大以及施工单位多、管理环节复杂等因素影响,各种质量缺陷仍时有发生。三峡船闸混凝土缺陷可大致分为四类:①混凝土表面缺陷,包括蜂窝、麻面、露筋、抹面层低强、气泡、砂线、错台等;②混凝土内部缺陷,主要是架空串漏;③止、排水设施缺陷,包括止水渗漏和排水堵塞;④混凝土裂缝和层间缝。

混凝土表面缺陷的成因主要系局部漏振、模板变形松动、模板拼接处砂浆流失等施工工艺因素引起,其中气泡问题与混凝土原材料配比也有一定关联。船闸出现的抹面层低强缺陷厚度一般仅有几厘米,往往是混凝土表面泌水浮浆或抹面时机不当引起。导致混凝土内部缺陷的主要因素有仓面设备配备或覆盖范围不够、下料顺序方式不当、产生骨料分离现象、平仓振捣跟不上等,此外仓内布筋密集部位混凝土级配选用不当,亦是造成内部混凝土不密实的主要因素之一。混凝土止、排水设施缺陷则主要是由现场管理不严所造成,船闸施工前期,闸室止水片十字接头和丁字接头均未按设计要求采用整体压制成型,且焊接质量差,难以适应施工扰动和结构变形,后期压水检查时大多数集中漏水发生在这些部位。船闸混凝土裂缝的产生,最重要的影响因素是混凝土温度应力和基础约束条件,具体来说主要是与基岩约束强、混凝土级配小、胶凝材料用量大、冷却水供应不足、保温养护工作不完善有关。混凝土层间缝则一般出现在新老混凝土结合部位(长间歇面),浇筑层面处理工艺不当、仓面外来水引排不彻底也是造成层间缝的重要原因。

除上述因素外,在三峡船闸混凝土施工中,同种类型的质量缺陷常在同一施工单位或班组浇筑的部位重复出现,不同单位施工的部位所表现出的质量问题类型和程度也有明显差异,说明各施工队伍的素质经验、质量意识和质量体系完善程度对质量缺陷的形成也有直接的关联。

3 混凝土质量检查

3.1 准备工作

类似三峡船闸这样的大型复杂建筑物,质量检查工作内容多、要求高、投入大,为避免质量检查工作的盲目性,充分利用有限的资源,各项检查工作(特别是隐蔽项目)进行以前必须做好准备工作,首先要求对已往施工资料进行全面认真地分析,将浇筑时间、方式、设备、天气、异常情况处理等按仓号整理后,从施工记录中有针对性地选取存在质量问题疑点较大的薄弱环节和部位作为检查的重点,以求尽可能多的掌握和揭示存在质量问题的状况,并有利于消除尽可能多的质量隐患。

3.2 检查内容

三峡船闸混凝土质量检查重点是以下四个方面的内容:

(1)防渗及排水性能

包括防渗层混凝土透水性;迎水面裂缝、层面缝及其他影响混凝土防渗性能的施工缺陷;在迎水面出露的管口孔口封堵情况;止水封闭性和排水畅通性。

(2)过流面表面质量

包括混凝土过流面体型及平整度;混凝土强度;影响过流条件的施工缺陷。

(3)大体积混凝土检查

包括挡水坝、闸首支持体、重力式闸墙的大体积混凝土内部密实性检查。

(4)结构混凝土检查

包括衬砌式结构、输水阀门支座牛腿等关键部位钢筋混凝土构件的混凝土密实性、裂缝等危害结构安全的缺陷的检查。

在具体部位的检查中可能不仅限于一个方面,例如船闸输水系统衬砌结构既是防渗层又是过流面,同时也属于钢筋混凝土结构。

3.3 检查方式

3.3.1 止水封闭性检查

止水检查方式主要是压风压水,设有止水检查槽的部位从预埋管路进行,未设止水检查槽的部位从外侧表面打孔压水,压水时缝口需临时封闭。压水压力一般按运行水头的 0.8～

1.5 倍取值,压水合格标准可参照混凝土防渗层透水率标准(0.1 Lu)换算成分区漏量,但漏量不是唯一标准,对发现的外部漏水点均应予以处理而不论其漏量是否达标。压风检查一般用来帮助查找外漏点,为避免发生大面积抬动,压力一般不超过 1 kg/cm²。

3.3.2 排水检查

竖向排水检查通常采用通光、通水或吊线方式,通水时应记录进出水流量并作对比,检查时要注意防止内部形成过大水头。水平排水位于结构底部时可通过观察出水情况进行检查;位于结构中上部时则比较难以检查,但其发生堵塞的可能性远小于竖向排水。

3.3.3 表面缺陷检查

对闸室表面防渗、美观要求比较高的部位采取吊篮近距离目视检查。对一般要求较低的部位可采用中远距离目视检查或望远镜观察。

3.3.4 过流面检查

过流面体型采用测量复核,平整度采用直尺检查,过流面强度检测一般采用回弹仪。

3.3.5 大体积混凝土内部检查

以钻孔压水和取芯手段为主,辅以注水、抽水、压风、芯样室内试验、孔内声波检测、孔内电视等手段。钻孔透水率大,且相互串通,即有可能存在内部大范围架空;透水率小但抽水量大也有可能存在局部封闭空腔,具体情况要借助芯样和孔内电视判定。钻孔布置根据结构特性和施工情况确定,数量控制在每万方混凝土 10 m 左右,对检查中发现有较大问题的孔位附近应作进一步扩大加密检查。

3.3.6 结构混凝土内部检查

在结构混凝土中普遍采用钻孔方法查找和确定内部缺陷是不现实的。三峡船闸结构混凝土检查的做法是,首先根据施工记录和结构外表质量情况选取一定对象(10%左右)进行无损检测,对无损检测提示异常区域再作少量钻孔检查,钻孔多采用小口径,并要求避开受力钢筋。混凝土无损检测的方法有雷达法、声波法、反射法、弹性波 CT 等,具体采用哪种方式要根据不同部位实际情况确定。无损检测方法具有快速、无损伤、覆盖面广的优点,缺点是不能准确直观地描述缺陷的形态和状况,它的主要作用是提示和缩小钻孔检查范围,提高钻孔检查的针对性和准确性,尽可能减少钻孔数量,从而既查明内部质量状况又避免对结构的不必要损伤。针对异常区域的钻孔由于口径小,如不能满足取芯条件,可改以孔内电视和分段压水代替。

4 处理工作要点

4.1 混凝土裂缝、层面缝处理

混凝土裂缝的处理首先要选择适当的季节和时机,一般适宜在混凝土温度已稳定且气温相对较低的季节进行。一闸首及挡水坝段上游面裂缝的处理方法与大坝上游面裂缝处理基本相同。闸室内迎水面裂缝的处理为适应航槽表面工作条件,在对缝内化学灌浆后采用KT1 水泥基渗透结晶防渗涂层和环氧玻璃丝布保护,考虑水头差异和美观因素,环氧玻璃丝布只在闸室最低水位以下使用。对六闸首交通桥牛腿根部裂缝,采取了高强预应力锚杆加

359

固。输水隧洞衬砌混凝土裂缝和层间缝采取了化学灌浆加表面防渗涂料。输水阀门井现有裂缝未对受力条件构成危害,但层间渗水比较严重,一至二期混凝土结合面也普遍存在渗水现象,经按温度缝同样措施进行后处理效果不佳,为此对井身周围岩体专门进行了防渗灌浆处理。船闸裂缝化学灌浆使用的环氧浆材有 CW、LPL、EAA 等,其主要性能见表1,这些材料对钢筋混凝土细小渗水裂缝和层面缝的处理都能起到比较好的处理效果。

表1   化学灌浆材料性能

名　称	28 d 抗压强度(MPa)	28 d 黏结强度(MPa)	黏度	生产厂家
CW	47.8	4.7	10(cp)	长江科学院
LPL	50	6.08	350(cps)	上海麦斯特
EAA	36.2	5.7	18(cp)	广州泰利斯

为避免闸室衬砌墙裂缝层间缝灌浆时浆材堵塞墙背排水管网,通过现场试验制定了缝口扩散距离和单孔进浆量双控指标(见表2),当某个灌浆孔任意指标超过表中数值,则需减低进浆速度,同时对排水管网进行通水冲洗。

表2   闸室衬砌墙裂缝灌浆控制参数

裂缝类别	缝口扩散距离(m)	单孔进浆量(ml)
Ⅱ类以下	1.2	300
Ⅲ、Ⅳ类	2.0	700

4.2 混凝土局部架空处理

船闸混凝土结构局部架空的处理措施主要是水泥灌浆,由于船闸混凝土一般为二、三级配,架空区空隙小,因而均采用了 525 号改性灌浆水泥浆材,细度 $D_{95} \leq 30 \mu m$, $D_{50} \leq 7 \mu m$,马氏漏斗黏度≤20 s,其可灌性和强度均优于湿磨水泥。为保证结石强度,灌浆前吹干积水是非常重要的,对压水检查串通性比较好的区域尽量以浓浆直接开灌。对灌后检查不合格部位还进行了Ⅱ序补充灌浆,必要时Ⅱ序灌浆材可使用化学浆材。为了获得满意的补强效果,在结构允许的条件下,应尽量提高灌浆压力,但不同部位的允许压力是不一样的,当串通面积比较大时,灌浆压力宜参照上部混凝土盖重确定。

钢衬埋件底部与混凝土接触部位脱空也是一种常见的不密实现象,多由于混凝土中的水、气滞留或混凝土沉缩形成。因埋件周围往往采用细骨料高流态混凝土,这类的脱空间隙常常很小,且受开孔等客观条件限制,一般只能采用化学灌浆补强。

4.3 混凝土表面缺陷处理

混凝土表面缺陷修补前,首先必须将表面升坎按规定坡度打磨平顺,并消除缺陷填补范围内残存的浮皮、砂粒和强度不足的混凝土,再用专用工具将凹坑边缘切割成整齐榫式坡口,凿挖深度必须满足修补材料的最低要求,并保证钢筋周边有不少于 5 cm 的空间。对高流速区表面强度不足的混凝土,即使平整度满足要求,也要凿除重新修补。

修补材料基本上可分成水泥基和有机合成两大类。水泥基类的材料变形性能与被修补面比较接近,施工操作简单,具有碱性防锈作用,而且性能稳定,施工中通常优先考虑使用这类材料。有机合成类材料力学指标优越,且对细小缺陷的修补效果比较好,但存在老化问题,因而常用在运行要求比较高且又不受阳光直射的部位(如高速过流面)。有机合成类材料大多对施工环境要求比较高,一般要求洁净、干燥,通风良好、温度变化小。另外有机材料价格比水泥类价格贵,但这在选择修补材料时不是主要的考虑因素,因为毕竟保证修补效果是最重要的,且修补材料消耗量相对比较小。

船闸表面缺陷修补使用的主要材料有:

(1)环氧胶泥、环氧砂浆、丙乳砂浆(见表3)。这几种材料抗压强度都在50 MPa以上,与混凝土基面黏结强度≥2 MPa,主要用于输水系统过流面常规缺陷的修补。

表3 有机类修补材料性能

材料名称	主要性能	指 标
1438 胶泥	抗压强度(MPa)	70
	抗拉强度(MPa)	10
	黏结强度(MPa)	2.5
	抗冲磨(h/kg/m^2)	7
NE - Ⅱ型砂浆	抗压强度(MPa)	100
	抗拉强度(MPa)	12
	黏结强度(MPa)	2.5
	抗冲磨(h/kg/m^2)	7.6
丙乳砂浆	抗压强度(MPa)	50
	抗拉强度(MPa)	7.6
	黏结强度(MPa)	2.0

(2)预缩砂浆、小石混凝土。预缩砂浆自身强度≥45 MPa,与混凝土基面黏结强度≥1.5 MPa;小石混凝土强度可按需要配制,小石最大粒径10 mm。一般用于混凝土外表面,尤其是水上暴露面和水位变化区各种缺陷、破损的修补。

(3)S188喷射混凝土,属水泥基高强度专用修补砂浆,内含聚丙烯纤维,抗压强度1 d达22 MPa,28 d可达66 MPa,2 d抗拉强度6.6 MPa,与老混凝土黏结强度1.5 MPa,主要用于船闸输水廊道顶面及较大范围的缺陷修补,单个缺陷最大修补面积达4 m^2。该材料需专门的喷射设备,但无需立模和振捣,在用于地面修补时也可手工作业,经表面抹光后可满足过流面修补要求。

(4)CGM-1自密实混凝土。抗压强度55 MPa,与老混凝土黏结1.5 MPa,适用于修补深度范围都比较大的混凝土架空,与小石混凝土适用的修补对象类似。突出优点是流动性好、无需振捣、自身强度及黏结强度高,施工时常采用从缺陷顶部钻孔进料,配合基面锚筋,能够收到满意的修补效果。

(5)麻布砂浆抹面。该修补方法经三峡公司聘请的外籍质量总监Mitchell提出,并在厂房外表面及船闸闸室墙暴露面用于气泡等轻微缺陷修补。作法是将粒径<0.63 mm的水泥

砂浆用麻布在缺陷部位人工擦抹。该方法既经济又简单,经试验 7 d 强度 30 MPa,28 d 强度 50 MPa,可以承受 10 m/s 以内流速的冲刷,且外表颜色与被修补面基本无差异,肉眼一般察觉不到,适用于外观要求较高的暴露面和水位变化区表面大面积轻微缺陷的处理。

4.4 止、排水缺陷处理

对混凝土结构缝止水片渗漏问题的处理既要达到封堵漏水通道的目的,又要使处理材料能够适应结构缝的伸缩变形,为此,修补材料多采用柔性材料(见表 4),针对各部位具体情况,采取以灌为主,辅以喷涂、表面封闭等措施分别处理。

表 4　　　　　　　　　　　　　　止水材料性能

名　称	主要性能	指　标
LW 水溶性聚胺脂	黏度(mPaS)	190±30
	黏结强度(MPa)	1.0
	伸长率(%)	273
	遇水膨胀率(%)	150~300
SR2	黏结伸长率(%)	800
	抗渗性(MPa)	2
聚硫密封胶	黏结伸长率(%)	200~400
	抗渗性(MPa)	4
	下垂度(mm)	1
	扯断强度(MPa)	0.4

(1)闸室底板漏水部位,止水处理采取缝内灌注水溶性聚胺酯 LW,缝口嵌填 SK2 胶泥,表面粘贴 SK2 盖片,外浇混凝土防护板。

(2)闸室边墙运行时与船舶有接触,止水处理全部在墙面以内进行,采取缝内灌注 LW,沿缝口锯 1.5×3 cm(宽×深)窄槽嵌填聚硫密封胶。

(3)地下洞室流速大,结构缝止水处理采用缝内灌注 LW,表面粘贴玻璃丝布封缝。

(4)对个别渗漏破坏严重的区域除采取上述措施处理外,还采取将检查槽全部灌注 LW 封填。

(5)如果渗漏不仅只是止水本身破坏引起,而且包括止水周边混凝土漏水,则需同时对混凝土漏水通道进行处理。

(6)对堵塞的排水管沟主要采取人工和通水疏通。

5　处理效果

(1)船闸各类混凝土裂缝处理后,经钻孔及压水检查,缝内充填良好,透水率均满足要求,裂缝情况稳定。试运行期经对两线船闸排干检查,已处理裂缝无异常变化,输水隧洞原纵向裂缝未进一步扩展,仅局部点有潮湿现象,裂缝附近渗压保持稳定,修补材料保持完整。闸室层间缝与运行前相比也没有明显变化。

（2）船闸输水系统经全面检查和处理，所有缺陷得到分类修复，对较大蜂窝露筋部位经采用 S188 和 CGM 修补后，经现场取芯检查，均能与老混凝土良好黏结，20d 现场拉拔平均强度 1.12 MPa，内部密实性好，表面平顺光滑。试运行半年后，经排干检查，原有缺陷修补部位状况良好，未发现脱落和破损现象。

（3）存在混凝土局部架空的部位，经灌浆处理后芯样和压水检查均已达到正常指标，结石充填良好，试运行以来这些部位结构应力应变及渗压监测值与其他部位基本一致，运行情况正常。

（4）止水处理前两线船闸按设计水头压水检查漏量总计超过 10 000 L/min，处理后试运行期实际观测值两线船闸总渗流量保持在 1 200 L/min 以下，远小于泵站的设计抽排能力。

（5）船闸边墙外表面经过处理，不仅提高了结构的防渗性和耐久性，并且大大改善了建筑物观感。

6　结语

三峡船闸建设期间，通过对船闸混凝土工程质量进行深入系统的检查，混凝土质量总体良好，对发现的各种质量缺陷经过认真处理达到了设计要求，为工程顺利验收和安全运行创造了良好条件。三峡船闸已于 2003 年 6 月建成并投入初期试运行；2004 年 7 月 8 日，三峡船闸通过了国务院三峡通航验收委员会主持的通航验收，开始正式通航；2006 年 5 月 15 日，三峡船闸完建工程全部结束，并通过了国务院三峡三期工程验收委员会枢纽验收组主持的专项验收。三峡船闸运行以来的历次检查和监测结果表明，船闸建筑物及高边坡工作性态正常，各项技术指标符合设计要求，各项监测指标均在正常范围。当然同时还应看到，随着运行时间的不断增加，船闸还将经受更为长期复杂的实际运行考验，对其质量状况仍需继续保持关注并做好定期检查和维护工作。

三峡船闸混凝土质量检查和缺陷处理工作的成功实践，积累和丰富了大型水利枢纽工程特别是通航建筑物混凝土质量处理的工程经验，形成了一套比较完整且具有良好操作性的技术标准和方法，为今后类似工程提供了宝贵的实例，对于促使我国水利枢纽建筑物混凝土缺陷防治技术向规范化和标准化方向发展，对于促进我国水利工程质量水平的不断提高，将起到良好的推动作用。

富地营子水库溢洪道闸墩裂缝处理

韩 韬 张喜武 景建伟 张建辉 齐立伟

（中水东北勘测设计研究有限责任公司）

摘 要：本文针对富地营子水库闸墩裂缝处理，介绍了通过 ANSYS 三维有限元分析程序，对产生裂缝的闸墩应力分布进行仿真模拟，论述了采用 HJ 黏结剂及 HJJ 化学灌浆材料，对闸墩混凝土裂缝修复处理方法。经过实践表明效果良好，满足工程结构要求，可作为类似工程参考。

关键词：温度应力、混凝土干缩、ANSYS 仿真模拟、HJ 黏结剂、HJJ 化学灌浆材料。

富地营子水库位于黑龙江省黑河市境内，距黑河市 104 km，坐落在黑龙江支流公别拉河上游，工程规模为中型。富地营子水库泄水建筑物采用岸坡式溢洪道，溢洪道共两孔，每孔宽 8 m，中墩厚 2.6 m，边墩与混凝土心墙相接，结构要求边墩为变厚度布置，最大厚度 2.7 m，最小厚度为 1.7 m。闸墩于 2001 年 6 月中旬浇筑完毕，脱模即发现裂缝，在运行前又发现裂缝。

1 工程施工、运行及观测

溢洪道闸墩混凝土设计标号 C20F300W6，采用牡丹江 32.5R 普通硅酸盐水泥、天然河沙及卵石骨料配制而成，施工过程中采用泵送混凝土，坍落度远远超过设计要求 3～6 cm。闸墩于 2001 年 6 月中旬浇筑完毕，脱模即发现左边墩牛腿前约 1.4 m 处，有一条长约 2 m 的裂缝，2004 年春节过后进行日常巡检时发现右边有一倾斜裂缝，闸墩上其他裂缝的发现时间均为 2002 年年初。以上裂缝均同时对称出现在闸墩两侧且裂缝从被发现至今，其长度均无继续扩展现象，裂缝宽度随季节变化呈规律性变化，冬季裂缝开度大，夏季裂缝开度小。

2 裂缝成因分析

本工程地处高纬度地区，又值高温季节施工，昼夜温差大，对混凝土的养护要求高；同时施工过程中采用泵送混凝土，混凝土水灰比不容易控制，混凝土坍落度较大。根据溢洪道闸墩裂缝分布范围、形状、深度、宽度、长度或裂缝走向及发现时间等实际观测结果，从混凝土骨料沉降、温度应力、冻融破坏、地基沉降、干缩变形、荷载以及原材料方面进行分析。初步认定裂缝产生的主要原因是由干缩和混凝土温度应力造成。

3 闸墩裂缝对结构的影响

根据裂缝实际发生的位置，采用 ANSYS 三维有限元分析程序，对闸墩受力情况进行了仿真模拟。计算过程中分别对闸墩裂缝处理前、处理后的应力状况进行模拟。经过计算可知，在闸墩裂缝存在情况下，整个结构在自重、水压力、土压力、桥上荷载共同作用下，边墩上的压应力值没有超过混凝土的抗压强度,但边墩上的拉应力值在裂缝周围超出了混凝土的抗拉强度,边墩上的裂缝有继续开裂的可能。同时由于裂缝的存在,缝内充水导致钢筋腐蚀和钙质析出,目前已经发现钢筋有锈蚀的现象。另外由于裂缝的存在,使混凝土的冻融破坏增强,冬季缝内水体结冰后,体积膨胀(膨胀量在9%左右),由于膨胀的劈裂作用,有可能使裂缝进一步扩张。从以上几个方面可以看出,闸墩裂缝对闸墩的稳定及强度不会产生大的影响,但从长期考虑,为防止钢筋锈蚀及冻融破坏,避免裂缝进一步开展,保证结构的耐久性、可靠性,应对闸墩裂缝尽快进行加固处理。

4 工程处理措施

根据国内、外水利工程缺欠处理措施的经验,从处理方法上大致分三种方法,即充填法、注入法、表面覆盖法。填充材料有水泥砂浆、预缩水泥砂浆、丙乳砂浆、BAC 砂浆、环氧砂浆、弹性环氧砂浆、水下环氧砂浆、聚氨酯弹性嵌缝材料、非硫化丁基橡胶、GB 嵌缝材料、SR 嵌缝材料等。覆盖材料有弹性涂膜防水材料、聚合物水泥膏、聚合物薄膜粘贴等。

根据本工程裂缝分布位置、产生机理等特点选定处理方案为,裂缝内部采取化学灌浆,钢板粘贴裂缝表面。裂缝处人工开凿"V"型槽,回填砂浆进行封闭,在裂缝处表面每隔 60 cm 粘贴 5 mm 厚的钢板,通过黏结力极强的 HJ 黏结材料使钢板和闸墩混凝土黏结为一体,然后采用 HJJ 化学灌浆材料进行化学灌浆。通过此加固方案可以提高闸墩的整体承载能力,同时裂缝经过灌浆可以得到填充,防止钢筋锈蚀和混凝土被剥蚀以及冰冻的劈裂作用,增强闸墩混凝土的整体性。裂缝处理措施的步骤大致分以下十个步骤。

(1)确定裂缝位置

根据裂缝分布情况绘制裂缝分布图,将裂缝编号,确定裂缝具体位置及裂缝深度,确定粘贴钢板处钢板的长度。

(2)开挖及清理

开挖前用钢丝刷清除作业面藻类、浮尘,根据裂缝分布情况在粘贴钢板位置开凿宽 34 cm,长 84 cm(根据裂缝分布情况适当调整钢板长度,但钢板长度最小不得小于 80 cm ,钢板跨缝布置)梯形槽,梯形槽深 2 cm,梯形槽内部尺寸为 30×80 cm。梯形槽深度方向开挖不允许欠挖,超挖深度不大于 5 mm。在裂缝不粘贴钢板的位置,沿裂缝开凿 V 形槽,V 形槽宽 4 cm(裂缝两侧各 2 cm),深度 4 cm。V 形槽开挖误差不大于 ±5 mm。

沟槽开挖后对凹坑、蜂窝混凝土疏松部位,先清除松散物,突出的尖角部位用砂轮打平,沿裂缝 50 cm 内用丙酮清洗干净,晾晒 2 min 左右,并用靠尺检查平整度。

(3)粘贴钢板加工

将钢板切割为 30×80 cm 的粘贴单元,每块钢板布有 4 个固定螺栓孔及 3 mm 厚垫片,以控制粘接钢板胶的厚度。粘贴钢板表面要彻底清除锈斑,氧化层,灰尘及油污,达到一级清理标准。

(4)根据钢板预留螺栓孔位置,在混凝土上安装膨胀螺栓,螺栓规格采用 φ10 mm。膨胀螺栓固定后严禁扰动钢板,保证粘贴材料的固化后强度。

(5)采用 HJ 黏结聚合物填补作业面凹陷部位,聚合物黏稠度以刮涂时不流淌为宜。钢板上刷 HJ 黏结剂,厚度略大于 3 mm,钢板结构胶应饱满,铁锤敲击无空声。HJ 黏结聚合物施工过程中必须有专业技术人员进行指导。

（6）固定钢板

用膨胀螺栓将粘贴钢板固定在粘贴位置，钢板与混凝土表面之间预留 3 mm 间隙（采用 3 mm 垫片）。

（7）回填改性环氧砂浆

V 形槽及粘贴钢板表面处回填改性环氧砂浆，封闭裂缝同时保护钢板。改性环氧砂浆固化时间大约 24 h，改性环氧砂浆技术参数见下表 1：

表 1　　　　　　　　　　　　　改性环氧砂浆主要性能

序号	检 验 项 目	计量单位	技术指标
1	抗压强度	MPa	≥50
2	抗拉强度	MPa	≥12
3	黏结强度	MPa	≥7
4	抗渗性能	MPa	≥0.9
5	抗冻性能	快冻次数	≥300

（8）钻制及清洗灌浆孔

在缝两侧用电锤造孔，间距 1 m 左右，孔径 φ20 mm 与水平夹角 45°，孔深 20 cm 穿过缝面。灌浆孔造好后，要进行冲洗，保证孔与缝相通。

（9）制浆

灌浆浆液的配置要以体积或重量准确计量，配置好浆液立即放入密封桶内。

（10）灌浆

灌浆压力要分级施加，以 0.1 MPa 为一级，在某级灌浆压力下，若吸浆量小于 0.5 ml/min 时，升压一次，直至最高灌浆压力，最终灌浆压力以 0.2 ~ 0.4 MPa 为宜，具体压力值通过现场试验确定。实施灌浆时，从裂缝的最下端的灌浆孔开始灌浆，当相临灌浆孔出浆时，立即扎死，继续灌浆或移至相临出浆孔灌浆。实施灌浆过程中要认真做好灌浆记录，记录每个灌浆孔的吸浆量。每条裂缝的灌浆要连续进行，停歇时间不宜过长，一般要 >30 min。在最高灌浆压力下若注浆量 ≥10 ml/min，15 min 也可以结束灌浆。灌浆结束 3 d 后，将灌浆管除掉，然后用水泥砂浆将灌浆孔抹平。工作现场要清理干净，废液倒入指定地点。

5　总结

由于高纬度地区温度变化剧烈，温度应力对结构影响较大；同时由于混凝土浇注过程中水灰比控制不严格，导致混凝土干缩超标；这两方面原因导致一些寒冷地区混凝土结构裂缝。本文针对富ററா营子水库闸墩裂缝处理，介绍了通过 HJJ 化学灌浆和 HJ 胶贴钢板的裂缝处理措施，有效地遏制了闸墩裂缝的进一步开展，同时大大减少了冻融破坏，避免了钢筋的锈蚀，增强了闸墩的整体性和耐久性，经过几年观测，运行情况较好，为高寒地区水工混凝土结构温度裂缝处理积累了一定经验。

TK、KJ、JH 修补材料在混凝土缺陷处理
工程中的应用

郭宏盛　　杨天生　　王大实

（中水北方勘测设计研究有限责任公司）

摘　要：针对水工混凝土的老化病害,介绍了中水北方公司工程技术研究院研制的不同类型修补材料的特点、性能、适用范围,以及修补技术应用中的一些实例和经验。

关键词：混凝土老化病　TK 系列材料　KJ 系列材料　JH 系列材料　修补技术

随着水工建筑物运行时间的增长,混凝土的各项力学性能、耐久性能逐渐退化,或者在外界荷载及环境条件等因素下产生老化病害,主要现象为裂缝、渗漏、冻融、磨蚀、剥蚀、化学侵蚀等。针对这些老化病害,采用适宜的修补材料及修补技术,从而达到防渗、堵漏、修补加固之目的,以改善建筑物的使用性能及延长其使用寿命。

中水北方勘测设计研究有限责任公司工程技术研究院经过多年来的试验研究,成功地研制了不同类型的修补、防渗材料,并且成功应用于多个水利工程项目中,积累了许多水工混凝土老化病害防治方面的技术经验。

1　材料性能与特点

根据水工混凝土建筑物老化病害的不同,我们有 TK、KJ、JH 三个系列的产品,分别用于混凝土的修补加固、止水堵漏、防渗和防碳化涂层、化学灌浆等方面。

1.1　修补加固材料

（1）TK 聚合物砂浆

TK 砂浆是将 TK 聚合物乳液掺入新拌水泥砂浆中,使砂浆的性能得到明显改善而制成的一种有机——无机复合材料,具有强度高,黏结好,收缩较小,耐久性好的特点,同时因改性之后的砂浆呈碱性状态,因此还具有保护钢筋的作用,并适用于水工、港工等混凝土建筑物因碳化、空蚀、冻融或化学侵蚀等原因引起的混凝土表面开裂、起鼓、剥落等破坏形式的修补,其主要性能指标列于表 1。

表 1　TK 聚合物砂浆主要性能指标

检测项目	性能指标	检测项目	性能指标
抗压强度/MPa	>30	抗渗等级/MPa	≥1.5
黏结强度/MPa	≥2.0	抗冻等级/次	≥F200
抗拉强度/MPa	≥3.0	—	—

（2）TK 锚固剂

TK 锚固剂用于混凝土或岩基中插筋、植筋的锚固,能在几小时内产生一定的锚固力,具有早强、无收缩、握裹力大等特点,将其灌注成锚杆,可以解决建筑物顶部垂直与水平施工的技术难题。该种锚固剂还可以在水下进行施工,能够大大简化施工程序,加快施工进度。TK 锚固剂根据凝结时间和拉拔力的不同,分为早强型、普通型和水下型,可以满足工程的不同需要。该锚固剂具有微膨胀效应,对钢筋无锈蚀,对人体无毒害,其主要性能指标列于表2。

表2　TK 锚固剂主要性能指标

锚固剂	不同龄期最大拉拔力/kN		凝结时间/min	
型　号	1 d	7 d	初凝	终凝
早强型	>100	>180	1~5 min	5~15 min
普通型	>50	>180	2~3 h	3~5 h
水下型	—	>180	2~5 min	6~20 min

注:以上拉拔力为钻孔直径 Φ33mm,螺纹钢筋 Φ25mm,孔深 60cm 条件下的拉拔力。

（3）TK 建筑结构胶

TK 建筑结构胶是双组分、高性能、反应型的黏结材料,具有强度高,黏结力强、抗剪性能好,弹性模量高、线膨胀系数小、耐久性能好、施工简便等特点,可用于混凝土建筑物结构加固与改造工程的粘贴钢板或锚固钢筋,其主要性能指标列于表3。

表3　TK 建筑结构胶主要性能指标

检　测	项　目	性能指标
黏结强度/MPa	钢—混凝土①	>混凝土抗拉强度
	钢—钢②	≥20
抗压强度/MPa		≥50
剪切强度/MPa		≥10

注:①钢基材与混凝土基材对黏抗拉;②钢基材与钢基材对黏抗拉。1.2　止水堵漏材料

TK 堵漏剂是申请水利部水利科技开发基金项目研制的产品,分为普通型和快凝型两种,均为单组分灰色粉状材料,普通型主要用于防潮防渗,快凝型主要用于止水堵漏,尤其可用于水下堵漏。TK 堵漏剂的主要特点是:无毒、无味、无污染、黏结力强、抗压强度高,凝结时间可调,可带水快速堵漏,迎背水面均能使用,施工简单方便,其主要性能指标列于表4。

表4　TK 堵漏剂主要性能指标

检测项目	性能指标	检测项目	性能指标
凝结时间/min	1~50	黏结强度/MPa	≥2.0
抗压强度/MPa	≥30	抗渗等级/MPa	>1.5

368

1.3 防渗和防碳化涂层材料

（1）KJ防水涂料

KJ防水涂料是聚氨酯类防水材料,具有抗拉强度、黏结强度、撕裂强度和剥离强度优良,黏度较小,浸润性能好等特点,能够充分渗透到界面的空隙和凹坑内,并且被界面充分接触,产生吸附、扩散。作为优良的防渗涂层材料,可以人工刷涂,也可以机械喷涂。尤其适用于防止内水外渗的混凝土输水建筑物中做防渗涂层,既可降低渗水引起的安全隐患,又可减少渗水带来的经济损失,还可起到减糙作用,提高输水效率。KJ防水材料的主要性能指标列于表5。

表5　KJ防水涂料主要性能指标

检 测 项 目	性能指标	检 测 项 目	性能指标
邵氏硬度A	70~85	撕裂强度/($kN \cdot m^{-1}$)	30~50
拉伸强度/MPa	10~15	剥离强度/($kN \cdot m^{-1}$)	20~30
断裂伸长率/%	100~150	冲击强度/($kJ \cdot m^{-2}$)	30~45
黏结强度/MPa	≥2.0	毒　性	无毒

（2）TK防水涂料和TK防碳化涂料

TK防水涂料和TK防碳化涂料均是双组分复合材料,是在水泥基材料中掺加TK高分子聚合物,使水泥基材料的性能得到改善,具有黏结强度高,抗裂、抗渗性能好,并有一定的延展性等特点,是良好的混凝土防渗、防碳化、耐侵蚀的涂层材料,其主要性能指标列于表6。

表6　TK防水涂料和TK防碳化涂料主要性能指标

检 测 项 目	性能指标	条　　件
抗拉强度/MPa	>2.0	—
断裂伸长率(%)	≥25	多层涂刷
黏结强度/MPa	≥1.8	与老混凝土黏结
抗渗等级/MPa	≥1.5	—

1.4 化学灌浆材料

JH化学灌浆材料是环氧树脂类的灌浆材料,由环氧树脂和改性固化剂加增韧剂、促进剂等聚合组成。该材料黏度小、稳定性好;流动性、可灌性好;固化时间可调;凝胶或固化时收缩率小或不收缩;固结体有良好的力学性能,抗压、抗拉强度高,与被灌体有良好的黏结强度;凝胶体或固结体的耐久性好;柔韧性好,具有一定的变形能力。在灌浆处理中,它能充分渗透到缝隙深层,与界面充分接触,产生吸附、扩散,从而达到补强加固的目的。JH化学灌浆材料的主要性能指标列于表7。

表7　JH化学灌浆材料主要性能指标

检测项目		性能指标
黏结强度/MPa	与混凝土①	>3.4
	与钢材②	25~30
抗压强度/MPa		50~80
抗拉强度/MPa		7~15
冲击强度/(kJ·m⁻²)		20~25

注:①混凝土为基材对黏抗拉;②钢材为基材对黏抗拉。

2　修补技术应用

根据水工混凝土建筑物不同的老化病害类型,对其进行调查、检测及成因分析后,选择适宜的修补材料,使用不同的处理方法进行修补、防渗、止水、堵漏、化学灌浆、结构补强加固等技术应用。

2.1　补强加固技术应用

(1)TK聚合物砂浆修补

TK聚合物砂浆最早在20世纪80年代末应用于河北省岳城水库溢流坝面的修补中,在90年代中后期开始较多应用,主要有天津蓟运河防潮闸、海河二道闸、宁车沽防潮闸、秦皇岛大汤河闸、北京延庆白河堡水库溢洪道、潘家口水库溢流坝面、海河三岔口堤岸板桩改造等修补或除险加固工程。

TK聚合物砂浆修补的基本工艺流程为:凿毛→清理基面→湿润基面→配料拌和→抹面→养护→涂刷防碳化剂。修补施工是比较细致的工作,需要技术人员将每道施工工序都做到位,衔接配合要好,这样才能保证施工质量。比如:凿毛和清理基面必须彻底;湿润基面必须充分;拌和砂浆应采用机械方法,尽量不使用人工拌和;抹面操作应尽量朝一个方向使用抹刀,避免反复抹面,保证砂浆密实,减少气泡;养护必须达到龄期等。随着TK砂浆在不同工程中的应用,我们又逐渐充实了许多有益的经验。比如:在立面施工时,最好增加钢丝网,可对砂浆起到加筋、防裂的作用;对于大面积修补时,宜切割分块预留收缩缝;当修补厚度较大时,宜配制成聚合物豆石混凝土使用等等。

(2)TK锚固剂施工

TK锚固剂在四川省大邑县虎跳河水电站压力引水隧洞、天津海河改造工程护坡加固、岳城水库海漫和溢流堰、永定新河护坡、山东四女寺闸、福建官蟹水电站前池护坡和厂房边坡、江苏宿迁闸改造等加固工程中应用,并且在四川映秀湾水电站闸底板、富春江水电站、蓟运河防潮闸(码头)、海上石油平台等水下锚固工程中应用。

TK锚固剂的施工方法简便,其工艺流程为:先将锚杆浸水30~40 min,达到浸水时间后尽快插入锚筋孔中,然后再将钢筋插入孔内,达到拉拔力设计要求后进行下一道工序的施工。施工中需要注意的是:如果环境气温低于0℃,必须使用40~60℃的温水浸泡锚杆。

（3）TK 建筑结构胶施工

TK 建筑结构胶在山西引黄入晋工程西坪沟渡槽、天津海河二道闸闸墩等粘贴钢板工程中应用。粘贴钢板法是将钢板粘贴在混凝土受拉侧的表面,使构件与钢板结为一体,将钢板作为承受构件一部分拉力的结构补强加固方法,其工艺流程为:表面处理→卸荷→配胶→粘贴→固定→固化→防腐处理。

粘贴钢板法中的卸荷是必需的,以减轻后粘钢板的应力、应变滞后现象。例如在西坪沟渡槽补强加固施工中,钢板要粘贴在有裂缝段的渡槽底部,我们选择渡槽不过水的时候进行施工,此时,渡槽底部混凝土荷载最小,裂缝宽度最小,此种工况下施工,对封闭裂缝和结构补强效果最好。

粘贴钢板法中对混凝土和钢板的表面处理要干燥、平整,且使钢板具有一定的粗糙度,以利于发挥 TK 结构胶的黏结性能。胶液涂抹不宜太厚,以粘贴钢板加压使胶液从边缘均匀挤出为度,并防止粘贴面有漏胶、敲击出现空洞声的现象发生。施工中使用膨胀螺栓作为永久锚固措施,但钻孔、焊接时需注意不能破坏 TK 结构胶的胶层。

2.2 止水堵漏技术应用

2000 年 9 月,TK 堵漏剂在万家寨引黄入晋工程 2 号洞、3 号洞现场试验成功后,在南1~3 号洞大面积推广,解决了现浇混凝土衬砌渗水点和有压地下水渗冒问题。之后,在南干线一出水洞及国际 Ⅱ、Ⅲ 标段、岳城水库、汾河水库大量应用进行渗漏水封堵,均取得了较好效果。另外,天津海王星海上工程有限公司进行检修海面下 8 m 深的一条天然气管道时,在水下采用 TK 堵漏剂对工作舱排气孔实施封堵,也取得圆满成功。

TK 堵漏剂的施工工艺流程为:基面处理→配料→封堵→保湿养护。无渗水面宜选用普通型,渗水面、漏水口须选用快凝型。TK 堵漏剂的施工,基面处理干净、牢固、充分湿润,以及掌握配料料团封堵的时机是保证其防渗堵漏效果的关键,封堵成功后,再根据工程情况选用防水材料做防护层。

2.3 防渗和防碳化涂层技术应用

（1）KJ 防水涂料施工

KJ 防水涂料适用于混凝土基面干燥的防渗涂层施工,在引黄入晋工程总干一、二级泵站出水岔管,南干一、二级泵站出水压力平洞、出水消力池,偏关河渡槽等防渗工程中得到应用。

KJ 防水涂料施工的工艺流程为:喷砂(或打磨)处理→基面清洗→配料→喷涂。该涂料在施工中,应优先选择喷砂处理,使基面有均匀的粗糙度,增加涂料的黏结强度;应优先选择机械搅拌和机械喷涂,充分保证施工质量。涂料需要多次喷涂才能达到要求的厚度,每次喷涂需要等上一遍的涂层实干后再进行。另外,涂料在施工过程中气味较大,需要协调安排好施工时间和做好施工人员的劳动保护措施。

（2）TK 防水涂料和 TK 防碳化涂料施工

TK 防水涂料适用于混凝土基面无明流的防渗涂层施工,在引黄入晋南干线 6 号、7 号、8号洞缺陷处理工程中采用,其中在 6 号洞的使用面积达 12 000 m² 余。TK 防碳化涂料在天津蓟运河防潮闸、海河二道闸、阿富汗帕尔旺水利工程修复项目等防碳化工程中得到应用。

这两种涂料的工艺流程相近:基面处理→清洗湿润基面→配料拌和→涂刷→养护。

与 KJ 防水涂料相比,TK 防水涂料对水潮湿条件下的混凝土防渗是更好的解决方案。KJ 防水涂料要求基面必须干燥,TK 防水涂料则要求基面必须充分湿润。从施工中得到的经验,TK 防水涂料的基面处理至关重要,否则会大大降低涂层的黏结强度,涂层如若起皮或脱落也是因为粘到基面未处理干净的东西所致。另外,TK 防水涂层的厚度在 $1.0 \sim 1.2$ mm 就可达到满意的防渗效果,超过此厚度,不仅会增加施工的劳动作业强度,更不利的结果为涂层的黏结作用反而降低,容易出现翘起、脱落现象。

2.4 化学灌浆技术应用

JH 系列化学灌浆材料先后在岳城水库泄洪洞廊道;引黄入晋工程南干一级泵站出水压力平洞;北京滞洪水库退水闸和连通闸铺盖、消力池、护坦、闸墩、翼墙,海河二道闸闸墩和翼墙;西河闸上游铺盖等混凝土裂缝补强加固工程中采用,其基本工艺流程为:灌浆孔布设→开槽→钻孔→封缝→埋设灌浆嘴→灌浆→检查验收。

化学灌浆施工中的技术经验与责任心非常关键:每个工程都是个案,需要技术经验判断;化学灌浆是隐蔽性工程,责任心确保施工质量。针对工程具体情况,化灌浆材品种的选择,单一灌浆还是复合灌浆,灌浆孔的布设方式,灌浆的递进次序,灌浆效果的检查都是施工中重要的环节。另外,现在的工程越来越对其外观有要求,我们在滞洪水库两个闸和西河闸的化学灌浆施工中,使用改进配方的 TK 聚合物砂浆进行封槽,兼顾了性能与外观,获得了业主认可。

化学灌浆是化学与工程的结合,是现代工程不可或缺的一项加固基础、防水堵漏、修复混凝土缺陷的先进技术。我们的化学灌浆施工走过了一段从无到有,从单一到多样的发展之路。这期间,化学灌浆浆材种类增加、性能提高;化学灌浆工艺逐渐完善;化学灌浆机具由最初的手压泵更新为便携式电动机械泵;培养和培训了一些专业技术人员。目前,化学灌浆在国内很有活力地发展,化学灌浆浆材更注重环保,向高弹性、高渗透性、互穿网络性等方向开发,我们的化学灌浆之路还任重道远。

3 结语

中水北方勘测设计研究有限责任公司工程技术研究院研制的 TK、KJ、JH 三大系列的水工混凝土修补材料,几乎涉及到了混凝土老化病害防治的各个方面。经过多年的试验研究与开发应用,已经在众多工程实践中取得成功,产生了一定的经济效益和社会效益,而将这三大系列的修补材料结合使用,充分发挥各自的材料特性,更能起到事半功倍的作用。不过,水工混凝土建筑物的老化病害是一个需要长期研究的课题,已经越来越得到主管部门和业内人士的重视。我们对老化病害防治的修补材料和修补技术将进一步进行研发和应用,致力于此,服务于此,也必将有一个更为广阔的发展空间。

六、其 他

中小型水库除险加固中建设单位应注意的几个问题

李道庆

（辽宁省参窝水库管理局）

摘　要：1998 年以来，中央安排大量投资，对一大批病险水库进行了除险加固。但同时，一些地方和部门在前期工作、工程建设管理、资金计划管理等方面仍然存在一些问题，必将影响工程建设管理全过程。如何把这些问题化解，保证工程的顺利完工和通过竣工验收呢？作者提出建设单位需要注意的若干问题。

关键词：除险加固　建设单位　注意问题

目前全国病险水库有约 3 万余座，占水库总数的 36%，其中大中型水库的病险率接近 30%，小型水库的病险率更高。这些病险水库，尤其是小型水库绝大部分兴建于 20 世纪 50 至 70 年代，受当时社会、经济、技术条件等因素的制约，工程存在着先天不足、加之管理上缺乏维修资金，暴露的问题越来越多，都处于带病运行状态。主要表现为：水库大坝防洪能力低；水库抗震标准不够；坝体存在安全隐患；水库泄洪能力不足，溢洪道、泄洪涵闸冲刷严重，闸门与启闭机不配套、设备陈旧、老化锈蚀；水库管理设施简陋陈旧等诸多问题。随着我国经济飞速发展，水利作为基础产业的地位越来越重要，1998 年以来，中央安排大量投资，对一大批病险水库进行了除险加固，使全国水库工程状况有了一定的改善。但同时，一些地方和部门在前期工作、工程建设管理、资金计划管理等方面仍然存在一些问题，主要体现在：

1　加固前期的鉴定、初步设计不充分

大坝安全鉴定是加固的前期工作，根据《水库大坝安全鉴定办法》中规定的大坝安全评价内容很多，包括工程质量评价、大坝运行管理评价、防洪标准复核、大坝结构安全、稳定评价、渗流安全评价、抗震安全复核、金属结构安全评价和大坝安全综合评价等，对评价单位的资质也有要求，需要数十万费用投入。一些中小型水库连正常运行的费用都难以维持，根本没有资金用于要求每隔 6~10 年进行的定期鉴定。病险水库除险加固工程项目建设管理办法中明确规定，大坝鉴定是除险加固前期工作中必须进行的一项内容，不作鉴定就得不到加固投资的批复，鉴定了也不一定得到批复，为了避免鉴定后，投入的鉴定资金成为管理单位的负担，管理单位都是先等投资时机，如果机会来临，重点对已经暴露的问题搞突击鉴定，因此，工程隐患问题不能完全反映出来。

初步设计也是加固前期的一项内容，也是要求有资质的设计单位承担。委托方为了抢时间，早日立项，给设计单位限定的时间很短，而加固工程大多是针对原有建筑物进行，原有建筑物的几何尺寸偏差或图纸不全，都将造成设计上不准确，一些修建于文革前后的水库，竣工资料很不完整，施工误差也很大，设计单位根本没有进行资料收集、数据验证的时间，仓

促之中拿出的初设,留给建设单位的后果将是项目不全、工程量变化大、项目调整大、设计变更多,造成实施过程中索赔、补偿,这些不可预见的投资必将挤占主体工程费用,给建设单位的工作造成很多困难。

2　地方配套资金不到位

除险加固工程的投资,一般分成中央预算内专项资金(国债)和地方配套资金两部分。对中小型加固工程,没有哪些项目使用国债资金,哪些项目使用配套资金的界限划分,只有一个投资比例。国债资金在项目批复后都是按期到位,而地方配套资金因受各种因素的影响,存在到位率低、资金拖后等现象,致使工程出现按期开工,却无法按期收尾的局面。由于目前设计、施工、监理单位都履行合同管理,超过期限要续签合同,这些工期延长增加的费用业主根本没有出处,设计、监理、施工单位只好减少人力节约开支,人员的变动也是不可避免,为工程的验收带来的资料丢失、过程及问题说不清楚等各种弊病。

3　建设单位应注意的问题

3.1　工程建设方面

加固项目批复后,除险加固的现场建设管理机构(建设单位)随之成立,一般其主要职责为:组织施工用水、电、通讯、道路和场地平整等准备工作及必要的生产、生活临时设施的建设;编制、上报年度建设计划,负责按批准后的年度建设计划组织实施;加强施工现场管理,严格禁止转包、违法分包等行为;协助项目法人进行工程招投标、签订合同,并进行合同管理;及时组织研究和处理建设过程中出现的技术、经济和管理问题,按时办理工程结算;组织编制度汛方案,落实有关安全度汛措施;按时编制和上报计划、财务、工程建设情况等统计报表,按规定组织做好工程验收工作;负责现场应归档材料的收集、管理和归档工作。

建设单位一定要有一位对该水库工程十分了解的技术人员,作为除险加固工程的技术负责人,并保持项目不验收,人员不调动。首先,在工程开工前,分析加固工程批复后的各个项目,分出新建和改造项目,对新增设的项目,因为与旧工程联系不大,可以先安排招标及施工,涉及到对原有建筑物改造、修补方面的项目,适当往后安排;其次,立即组织人员,收集工程档案资料,对原有建筑物进行一次实物测量,掌握准确的几何尺寸,提交给设计部门进行施工图设计;第三,对照初设,一定会发现初设项目的不完整(特别是新老建筑之间的衔接方面最容易在初设中被忽视)、工程量变化较大等方面问题。为防止出现工程量变化过大、项目调整多、设计变更多、索赔问题多等问题,施工的同时,着手进行补充设计或设计变更准备,核定地方配套资金的准确数额,根据施工图纸核定单项工程造价(或限额设计),及时调整项目投资,早日争取到二次补充设计或设计变更的批复,可避免无程序化设计变更带来的诸多问题,保证加固工程更加完善,按期完工。

3.2　档案管理方面

档案资料齐全是竣工验收的必要条件,为防止资料散失,从立项开始,着手收集整理归档资料,确保档案资料的系统性、连续性和完整性。原始资料收集,可分为施工前和施工过程两个阶段。项目施工前资料,包括可行性研究报告及有关资料,工程初步设计,技术设计和施工图设计,招投标及承包合同文件,开工申请,投资计划等;施工期资料包括项目法人下达的各种文件(含批复文件),会议记录、纪要,验工计价,施工现场、会议、领导视察、质量问题记载的声像资料,委托的质量检测资料,分部以上工程验收形成的材料,承包商施工组织设计、进度计划、控制质量措施计划、质量自检数据等。

首先在组建加固办公室时,设立工程档案管理领导小组,责任到人,对档案资料的收集、立档、管理、保存等方面要严格规定,实行技术人员分工收集整理,交由档案管理人员立卷、统一保管的管理体制,成型一个保管一个,即防止了因人员变动造成的档案丢失,也避免了档案人员盲目存档的现象,施工前期的资料应立即整理出来。最好配备摄像、照相设备,为工程建设声像档案积累素材。其次抓分部以上工程验收,分部工程验收最好由项目法人主持,通过分部验收后的所有材料由项目法人自己保管,目的是及早收集验收档案资料,为竣工验收早做准备。三是要精心做好竣工验收的内业准备工作,重点水利工程的竣工验收有大量的内业,包括重要设计变更、档案整编、工程决算、验收资料的准备等等,最好有一个总负责,对提交给评委的材料严格把关,各家编写的报告中数据如工程介绍、开工日期、工程量、质量评定等级等关键数据要相互吻合。四是尽早进行专项验收准备,竣工决算审计和档案专项验收,是整体工程竣工验收的前提条件,因为涉及到审计部门和档案局,什么时间验收业主自己是不能够确定的,如果一切准备工作就绪后再申请专项验收,就会拖延时间。为此,提前半年就应该提出专项验收申请,并邀请专业人员现场指导检查,及时改正问题,保证专项验收一次通过,为竣工验收打好基础。

以上是作者工作中的体会,因为工程千差万别,地域管理也有区分,不对之处只代表个人观点。

ANSYS 软件在西霞院水库电站厂房地基回弹和沉降分析中的应用

孙民伟　张　涛　谢　瑛　房后国

（黄河勘测规划设计有限公司岩土工程与材料科学研究院）

摘　要：采用 ANSYS 三维实体建模技术建立复杂的三维计算模型,模拟分析西霞院反调节水库电站厂房坝段地基在自重作用下的应力分布、开挖回弹以及正常工况下的应力和沉降分布情况,取得了较好的效果。

关键词：ANSYS　三维建模　地基　回弹　沉降

1　前言

黄河小浪底水利枢纽配套工程—西霞院反调节水库,位于黄河干流中游河南省境内,坝址左右岸分别为洛阳市的吉利区和孟津县,其上游 16 km 为小浪底工程,距洛阳市 33 km,下距郑州 145 km。该工程规模为大(2)型,属Ⅱ等工程,主要建筑物由挡水土石坝坝段及河床式电站、排沙洞、泄洪闸和引水闸等混凝土建筑物坝段组成。根据揭露的地质情况,西霞院工程电站厂房地基地层岩性按高程从上到下主要有上覆盖层沙砾石地层和上第三系地层组成,电站厂房地基主要为上第三系地层。上第三系地层其显著特点是：成岩时间短,强度低,相变大,岩、土性质并存,其工程地质特性容易发生变化[1],对厂房地基沉降及基础变形影响较大,为能尽快提出电站坝段软岩的处理方案,要求对电站坝段及相邻坝段地基沉降及基础变形进行三维有限元非线性计算分析。本文采用国际通用的 ANSYS 软件对电站坝段及相邻坝段地基沉降及基础变形进行了三维有限元非线性计算分析。

2　有限元计算方法及步骤简述

本文计算采用的数值计算方法为三维非线性有限元分析方法,计算程序采用美国 John Swanson 博士编制的 ANSYS 有限元分析软件中结构静力分析方法,可以用来求解由外荷载引起的位移、应力和内力。ANSYS 计算程序在计算时将结构离散为块体单元,通过把数值问题用到相同的传统工程上来解决静力分析问题。在 ANSYS 程序中的静力分析控制方程为：

$$\{K\}\{U\} = \{F\} \tag{2-1}$$

其中,$\{K\}$ 为结构刚度矩阵,$\{U\}$ 为位移向量,$\{F\}$ 为力向量,包括集中力、面荷载、地震荷载、压力以及体积荷载等[2]。

利用 ANSYE 进行有限元计算的步骤如下：①建立有限元模型,划分节点和单元；②施加荷载,进行计算；③查找和输出结果。

3 回弹与沉降分析

3.1 计算范围及边界条件

在考虑建筑物对地基的最大影响范围并最大限度地消除人工定义边界条件对计算结果的影响的基础上,计算范围,顺水流方向取 275 m,自桩号 0 - 110 ~ 0 + 165(建筑物范围为 0 - 009 ~ 0 + 064.3),垂直水流方向取 379 m,自桩号 D1 + 626 ~ D2 + 005(建筑物范围为 D1 + 676 ~ D1 + 995),竖直方向取 116.5 m,地面高程 124 m,底面边界高程 7.5 m。边界条件:模型底部采用三向约束,地表面为自由面,四周侧面采用垂直于侧面的连杆约束。

3.2 计算工况及计算荷载

本次利用 ANSYS 对西霞院电站厂房地基在以下三种工况下的应力和变形进行了计算分析:

(1)初始状态工况

基坑开挖前的状态,计算地基在自重应力作用下的初始应力状态,计算时没有考虑构造应力的作用。

(2)基坑开挖工况

在初始状态工况的基础上挖去设计要求开挖的部分,得出基坑开挖后的应力状态和地基的开挖回弹量。

(3)正常工况

计算上游水位达到正常蓄水位时的应力状态和地基的沉降量。

计算中考虑各个地层的自重荷载,正常工况下的上部建筑物荷载由设计部门的抗滑稳定计算所得的基底应力按等效应力施加。

3.3 三维建模

建立良好的几何模型是进行数值模拟计算工作的前提。必须采用在尽量反映地基的地层结构的基础上,尽量简化模型的指导思想。而西霞院电站厂房地基地质情况极为复杂,除沙砾石地层外多为第三系地层。上第三系地层可概略分为 6 层,岩性相变较大,厚度分布也不稳定,分层十分困难,包括未胶结的砂层,给建立几何模型带来很大的困难。根据上述简化模型的指导思想,合并物理力学性质相似的地层,把复杂的地基地质条件概化为沙砾石、泥岩、砂(岩)三种材料[3]。另外,由于需要计算基坑开挖后的回弹量以及进行正常工况下的加载计算,因此按照设计部门提供的基坑开挖图建立了基坑部分三维模型并按照地质工程师的意见把地质工程师认为最重要的 f13、f21、f32 三条断层按照他们的产状:走向和倾角,用 ANSYS 的技术在模型中构造出来,建立了西霞院电站厂房地基有限元模型,如图 1 为西霞院电站厂房地基有限元模型,图 2 为西霞院电站厂房地基开挖后有限元网格图。

3.4 网格剖分

计算共剖分 62 507 个节点,140 349 个单元。计算域网格剖分采用三维实体单元 SOLID45 以及其高阶单元 SOLID95,SOLID45 由 8 个节点定义,每个节点有三个自由度即 x、y、z

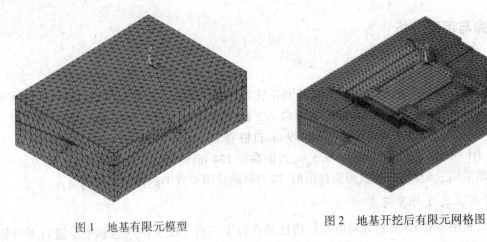

图 1　地基有限元模型　　　　　　　　　图 2　地基开挖后有限元网格图

三个方向的位移;SOLID95 由 20 个节点定义,每个节点有三个自由度即 x、y、z 三个方向的位移;SOLID95 在保证精度的同时允许使用不规则的形状,而且具有中节点,因此比 SOLID45 具有更高的精度和适用性。单元类型包括八节点六面体单元和四节点四面体单元。

4　本构模型和计算参数的选取是进行数值计算工作的关键因素

在进行数值计算时,由于材料有线性和非线性之分,而岩土工程的材料性质多数是非线性的,因此就要针对岩土工程选取适合于该种材料性质的本构模型。本次计算模型采用 Drucker – Prager 模型。Drucker – Prager 模型的屈服函数表达式为

$$F = \alpha I_1 + J_{2(1/2)} - K = 0$$

上式中,I_1 为第 1 应力不变量;J_2 为第 2 偏应力不变量;α,K 分别代表摩擦阻力与凝聚力。由于 Drucker – Prager 准则为单值 2 次方程,有独立的 3 个应力不变量,在岩土工程力学弹塑性数值分析中被广泛采用[4]。

另外,计算参数的选取对数值计算结果的影响也是非常重要的。在选取计算参数时,要非常谨慎,最好根据试验结果来选取计算参数,这样对提高计算结果的精度是非常必要的。计算时需要定义的参数有:弹性模量、泊松比、密度、凝聚力、内摩擦角等。

5　计算结果分析

5.1　初始状态工况下的应力和变形

(1)在不考虑构造应力的情况下,西霞院电站范围内各个剖面内的自重应力分布均表现出由上到下逐渐增大的规律,最大竖向压应力达到 2.01 MPa,基本符合自重应力场 $\sigma = \gamma H$ 的分布规律。

(2)在自重作用下,地基各层由上到下变形逐渐减小,沙砾石层的沉降变形最大为 67.89 cm,说明从上到下是个逐步压密的过程,与沉积岩层的特性相符合。

5.2　基坑开挖工况下的应力和地基回弹

(1)基础开挖后由于发生了部分卸荷作用,大多数部位竖向应力有所减小,各剖面减小

量同上部地基开挖厚度有关,其应力分布规律仍然是由上到下逐渐增大,在靠近地表处的应力较小,随着深度的增加,应力逐渐增大。

(2)基础开挖完成后开挖回弹量主要由上层挖除沙砾石层的厚度所控制,挖除厚度越大,回弹量越大,反之越小。其中最大回弹量 43.5 cm,位置在基坑底面正中稍偏向下游一点,桩号 0 +042.1 与 D1 +834.9 相交处附近(见图 3),主要因为基坑底面部位的开挖量最大,且岩层岩性较软弱。基坑底面各机组典型位置回弹量见表 1。

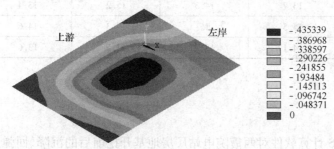

图 3   93.3 米高程开挖回弹等值线图(m)

表 1   各机组典型位置回弹量(cm)

位置	4 号机组	3 号机组	2 号机组	1 号机组	安装间 1
上游侧	32.9	33.5	34.8	36.3	38.5
机组中心线	38.2	37.5	38.2	38.3	38.8
下游侧	39.7	39.3	37.6	36.8	38.9

5.3   正常工况下的应力和地基沉降

(1)正常工况下在电站厂房底部四周部位、高程 93.3 m 的建筑基础面上,局部应力较大,最大达到 -639 kPa,多数部位竖向应力在 -500 kPa 以下. 主应力的分布规律与竖向应力相似。高程 93.3 米的建筑基础面最大剪应力均在 160 kPa 以下。

(2)在正常工况下,在上部荷载的作用下,地基发生了不同程度的沉降。在垂直水流的剖面上,高程 93.3 米的建筑基础面上 1、2、3、4 号机组之间沉降差比较小,安装间 1 与 1 号机组之间沉降差稍大;在顺水流剖面上,高程 93.3 m 的建筑基础面中间沉降大,两边沉降小。高程 93.3 m 的建筑基础面上,最大沉降 16.91 cm,发生在四号机组右侧(见图 4):桩号 D1

图 4   93.3 米高程正常工况下沉降等值线图(m)

+890.4 和 0 +017.6 交叉处。由表 2 可以看出:高程 93.3 m 的建筑基础面上,1 号、2 号、3 号、4 号机组和安装间上游边缘最大沉降 15.5 cm,下游最大沉降 14.3 cm。基坑底面各机组典型位置沉降量见表 2。

表 2   各机组典型位置沉降量(cm)

位置	4 号机组	3 号机组	2 号机组	1 号机组	安装间 1
上游侧	13.7	14.3	15.2	13.4	15.5
机组中心线	15.5	15	15.3	14.6	15.3
下游侧	14.1	13.2	13.5	13.6	14.3

6 结语

本次用 ANSYS 计算软件对西霞院电站厂房地基开挖前后的沉降、回弹及正常工况下地基在不均匀荷载作用下的沉降进行了计算,作了一次非常有益的尝试。结果表明:利用大型仿真程序 ANSYS 通过建立实体模型和有限元网格,能够较真实地模拟地基在各工况下的应力、变形分布以及开挖回弹和沉降分布情况,取得了较好的效果。

参考文献

[1] 张一,路新景,吴伟功 西霞院工程电站厂房地基上第三系地层工程地质分类初步探讨,黄河规划设计,2005 年(1)

[2] 孟旭央,刘全鹏,侯咏梅 西霞院工程泄洪闸闸室结构应力分析.黄河规划设计,2004 年(4)

[3] 金锦,姜彤,李斌等 西霞院水库电站厂房地基回弹与沉降分析.华北水利水电学院学报,2005 年(12)

[4] 孙民伟,王宝成,杜建中等 国内岩体三维变形计算初步研究.黄河勘测规划设计有限公司,人民黄河,2006 年(2)

高桩码头的锈损分析与维修对策研究

刁景华　　马津渤

（海军工程大学后勤指挥与工程系）

摘　要： 本文通过对海军在役部分高桩码头的实测数据进行统计整理,分析研究高桩码头锈损的特征、原因,重点分析锈蚀钢筋对高桩码头的影响,明确指出锈损破坏是引起当前高桩码头耐久性不足的主要形式,并提出了减缓和推迟高桩码头锈损破坏的对策措施。

关键词： 高桩码头　锈蚀　维修

高桩码头是一种常用的码头结构型式,通过桩基将码头上部荷载传递到地基深处的持力层,适用于软土层较厚的地基,在我国淤泥质海岸普遍采用。

近年来,我们先后对十多座军港高桩码头进行了全面细致的技术检查和质量评价,获得了大量的检测数据,积累了大量的检测资料,并先后完成十多篇检测报告,为这些码头的鉴定、维修提供了依据。我们检查和检测的重点是军港高桩码头水位变化段和浪溅区的墩台、横梁、纵梁、桁架、面板等构件,检测项目包括混凝土表面状态、钢筋混凝土保护层厚度、混凝土碳化深度、钢筋锈蚀情况、钢筋直径、氯离子含量、混凝土强度等。

通过检测发现,20 世纪六七十年代建设的军港高桩码头抗腐蚀性能较差,钢筋锈损破坏十分普遍,90% 都已发生了钢筋锈损破坏,个别码头的破损已经严重影响到码头的正常使用,随着使用年限的增加,构件锈损破坏的速度还将逐步加快,有的码头的修复加固费用甚至可能超过结构本身的造价,特别是锈损破坏已成为影响结构耐久性的最主要原因。

1　高桩码头锈损情况

1.1　高桩码头锈损情况调查

1991 年至今,我们对十余座军港高桩码头进行了详细的技术检测,开展了两次军港高桩码头技术状态的普查,积累了大量的资料和数据。现将部分检测情况整理如下。

高桩码头锈损检测情况

检测时间	码头名称	结构型式	检测结果
1991 年 4 月	舟山 × 号码头	高桩框架	框架纵横梁、水平撑、立柱均有锈损破坏,个别构件混凝土剥落,钢筋外露,钢筋表面锈蚀严重,大部分钢筋直径因锈蚀而减小
1992 年 5 月	汕头 × 号码头	高桩梁板	π 形肋梁保护层过薄,碳化严重,部分保护层出现顺裂缝,钢筋表面大部分出现浮锈
1993 年 5 月	海口 × 号码头	高桩梁板	建造时间较长,梁板普遍存在不同程度的钢筋锈损情况
1995 年 4 月	大榭 × 号码头	高桩框架	各构件均有锈损破坏,其中纵横梁最为严重,顺筋开裂,混凝土剥落占 75%

检测时间	码头名称	结构型式	检测结果
1996 年 4 月	湛江×号码头	高桩梁板	工作环境恶劣,梁板底部普遍出现严重锈蚀,个别构件混凝土全部剥落
1997 年 7 月	上海×号码头	高桩框架	使用时间较长,码头沉降明显,构件磨耗严重,个别构件存在裂缝
1997 年 7 月	上海×号码头	高桩框架墩台梁板	梁板锈蚀严重,个别构件混凝土剥落,结构混凝土强度低,主受力钢筋锈断
1998 年 4 月	台山×号码头	高桩梁板	混凝土保护层过薄,碳化严重,浪溅区构件顺筋锈胀开裂
1998 年 4 月	台山×号码头	高桩梁板	混凝土保护层过薄,碳化严重,浪溅区构件顺筋锈胀开裂
1998 年 4 月	台山×号码头	高桩梁板	混凝土保护层过薄,碳化严重,浪溅区构件顺筋锈胀开裂
1999 年 4 月	大榭×号码头	高桩框架	各构件均有锈损破坏,个别构件存在超载破坏
2000 年 7 月 2005 年 5 月	湛江×号码头	高桩梁板	面板底部的主筋锈蚀现象十分严重,大部分面板底部都出现了沿主筋方向的纵向裂缝,部分面板底部的保护层已经剥落,出现暴筋现象
2004 年 7 月	威海×号码头	高桩梁板	大部分纵梁底部混凝土全部脱落,钢筋全部锈蚀,铁锤敲击钢筋后发现已被锈断

1.2 高桩码头锈损破坏特征

从检测结果和检测资料分析可知,高桩码头的锈损破坏具有以下几个典型特征:

(1)破损型式几乎全部是顺筋开裂和混凝土大面积剥落,属于先锈后裂型破坏,混凝土发生顺筋开裂后,腐蚀介质更容易到达钢筋表面,钢筋锈蚀的速度将会大大加快。由此引出两个重要观点:一是要最大限度地阻止钢筋生锈,而不应是锈蚀发生后再采取补救措施;二是钢筋锈蚀一旦发生或初见混凝土顺钢筋开裂时,应该立即采取防护措施。

(2)处于南海的码头(广东、广西、福建、海南),由于高温高湿且环境恶劣,破损程度普遍比北海、东海的码头严重。

(3)破损区域集中在平均高潮位以上 1~3 m 处,浪溅区构件破损最严重。

(4)码头构件混凝土碳化十分严重,部分构件混凝土保护层已全部碳化。

(5)20 世纪 70 年代左右建造的码头,施工质量较差,构件混凝土保护层厚度普遍不符合规范要求;钢筋偏位严重,混凝土漏振、不密实、均匀性性差,个别构件混凝土强度也不满足设计要求。

(6)码头破损发生后,若采取措施不及时,破损会持续发展,愈发严重,锈损破坏速度会突然加剧;

(7)采取一定的防护措施可具有明显的效果,能起到事半功倍的效果。

2 高桩码头锈损原因分析

2.1 材料自身原因

众所周知,铁矿石是铁的氧化物,长期稳定地存在于自然界中,而铁矿石经过高温冶炼后成为钢,处于不稳定的高能量状态,会在环境介质作用下力图恢复为较稳定的原有氧化物状态,钢筋的锈蚀就是这种被氧化的过程。这就是钢筋在氧和水的作用下必然会生锈的原因。在常温下,环境介质中的氧化剂难与钢直接进行氧化反应,但由于钢表面具有电化学的不均匀性,在海水环境中,构成腐蚀电流的几个条件:阴极、阳极、电位差、离子通路、电子通路都同时具备,钢会以电化学方式进行氧化反应。因此,钢筋在海水环境中的锈蚀通常也都是电化学锈蚀。

混凝土是以水泥为胶结材料、含有砂、石的混合物,水泥水化所形成的水泥石本身就是一种多孔结构,具有可渗透的特征,其孔结构的形成贯穿于混凝土制备的全过程。在搅拌、浇筑、振捣时不可避免自然吸入和掺外加剂引入空气会形成气孔,漏振或振捣不实引起内部孔洞,混凝土内离析、分层或钢筋、集料间存在水平裂隙,温度、湿度变化引起微裂隙,水泥水化反应和化学收缩引起凝胶孔,使用中内力、外力作用产生裂纹等,因此,单从混凝土的结构特点和成型过程讲,混凝土是一种多孔材料,其自身的这种缺陷是无法避免的,腐蚀介质正是通过混凝土中的毛细孔道渗入到混凝土内。在当前的码头施工中,混凝土不可能做到完全密实,特别是高桩码头工作环境更为恶劣,腐蚀介质渗入其内只不过是一个时间长短的问题。

2.2 工作环境原因

高桩码头由于下部结构是透空的,上部是整片的梁板,码头下部空气流通性差,浪溅区的梁板下部长期处于高温、高湿环境中,水汽、氧气、高浓度海盐气体等大量聚集,各种有害介质会通过混凝土的毛细孔道和表面裂缝渗入混凝土中,积聚到钢筋表面,不停地对结构进行侵蚀。因而,高桩码头与其他码头结构型相比,在相同的工作环境中,其破损程度更加严重,在南方,温度高,湿气重,海水含盐量大,码头破损又要比北方更严重。这也可以从我们对湛江、汕头、川岛等处于南方的高桩码头的检测中得到证实。

2.3 设计原因

2.3.1 构件选型不合理

20世纪六七十年代建造的军港高桩码头多为高桩π型梁板结构和高桩框架结构,这两种结构受当时施工工艺水平和条件的限制,多采用现场浇筑工艺,构件细薄,体积不大,保护层厚度小,但与周围环境接触面大,且构件数量多、构件截面窄、截面几何形状复杂、棱角突出、节点众多,因此,码头各部位形状、尺寸、钢筋位置都等难以保证,且破损构件维修更换难度也较大。

2.3.2 未考虑构件防腐

根据大量的检测资料可知,高桩码头浪溅区和潮差段锈损最为严重,但检测和调查得知,由于历史的原因,当时对高桩码头防腐蚀的认识不足,这些部位在设计时均未考虑防腐问题,将《海港工程混凝土结构防腐蚀技术规范》(JTJ275 - 2000)的一些技术要求与在役军港高桩码头设计、施工所采用的技术参数相比较,可以看出即使在正常使用和维护情况下,在设计工作寿命期内,码头也是难以满足耐久性要求的。

2.3.3 码头下部通风不良

高桩码头下部从码头前沿到码头后方,少则十几米,多则几十米,在如此大的覆盖面积下,空气不流通,通风条件差,工作环境恶劣,长期高温、高温和大量高浓度氯盐气体积聚,使得构件极易发生锈蚀破损。

2.3.4 混凝土保护层厚度不足

在从前的港口规范中,规定钢筋混凝土保护层厚度为 4 cm 以上,从我们对军港高桩码头混凝土保护层厚度检测结果来看,基本上能够满足老规范的要求,但与现行规范中《海港工程混凝土结构防腐蚀技术规范》(JTJ275 - 2000)中钢筋混凝土保护层最小厚度的规定相比,则相差较多。

2.4 施工原因

从军港高桩码头锈损检测结果看,施工质量差主要表现在三个方面。

2.4.1 构件表面破损

梁板等构件表面存在凹凸不平、麻面、蜂窝、掉角,部分构件还有露筋现象,有些构件施工时由于漏浆、振捣不实、水灰比过大、水泥用量不足、混凝土标号低、和易性差,使得构件混凝土中存在孔洞、夹层、裂隙,严重时混凝土强度不足,构件在安装之初就先天不足,甚至直接暴露于外部腐蚀环境中。

2.4.2 混凝土浇筑不密实、不均匀

由于混凝土的密实性、均匀性要通过浇筑、振捣等施工工序来实现,在振捣密实过程中若混凝土质量不均匀,某些部位未达到要求的密实度,则氯离子等腐蚀介质将从密实度较差的部位侵入混凝土内部导致钢筋锈蚀,这样,密实性能好、混凝土质量好的部位对钢筋也起不到应有的保护作用了。在检测中,我们也注意到同一构件内钢筋有生锈的,也有没生锈的,如果浇筑不好,即使采用高性能混凝土,混凝土内钢筋一般也会生锈,这就说明,钢筋锈蚀是随机的,锈蚀与混凝土施工质量的不均匀紧密相关。

2.4.3 钢筋偏位严重、保护层不足

检测发现,在施工中,由于保护层砂浆垫块固定不牢、振捣器碰撞等,许多构件钢筋偏位严重,有的钢筋直接暴露在表面,再加之混凝土保护层设计本身就偏小,因此钢筋得不到已有的保护。特别是对于三面暴露的构件,如梁、立柱、杆件等,如果一面钢筋偏位,保护层不够,那另外两面再厚也起不到作用,这也是检测中发现锈损多发生在梁的翼缘的原因。

2.5 使用管理原因

2.5.1 超载使用

军港高桩码头的超载使用主要表现为小码头靠大船,使码头构件受损。特别是指出的是,有的军港高桩码头因其建造年限已很久,实际安全使用能力已大大降低,即使使用时未达到原设计荷载,仍有可能出现码头负荷过大、构件受损的情况。超载使用造成码头破坏后,各种腐蚀介质就会沿裂缝和破损部位直接到达钢筋表面,使钢筋锈蚀速度成倍增加,锈损破坏更加严重。

2.5.2 维护修理不及时

高桩码头技术状态完好与否很大程度上取决于能否对其进行及时、妥善的维护修理。

在调查和检测中,我们也发现,当出现微小锈损损坏时,及时维护修理,可以防止小损变大损,可以保证码头处于良好的技术状态,而如果养护维修不及时,则梁板等构件的破损率会突然增大,使日后的维修经费和维修难度成倍增加,这方面的教训是非常沉痛的。

2.5.3 维修方法不合理

我们在检测中发现,有些码头曾经采取过一些维修措施,但都过于简单。大部分构件锈损后,钢筋未经除锈处理,未采取补强加筋措施,破损变质的混凝土也未完全凿除,只是用水泥砂浆在表面抹压处理,由于未能从根本上采取措施杜绝锈损的发生和锈损的进一步扩大,因此,用不了多久,水泥砂浆抹面层又会失效、剥落,起不到维修的目的。

3 高桩码头锈损对策措施研究

高桩码头在海洋环境中因海水中氯离子的侵蚀而导致结构物破坏的情况已经相当普遍,在役码头均发生不同程度的锈蚀,严重危及高桩码头的寿命和安全,维修费用也相当大。因此,研究并合理采取防止锈损破坏措施,保护其不受或阻止海水中氯离子等腐蚀介质的侵蚀,可以提高高桩码头的耐久性,延长其使用寿命。此外,从码头建设之初,采用一些长效的防腐综合措施,比起在使用后出现锈损情况的事后补救,将大大减少码头耐久性方面的后患,降低使用期的养护、维修、加固、更换等费用。目前国内外对港口钢筋混凝土结构物的防腐施工方法较多,且积累了不少经验。本文分析几种对高桩码头锈损防治效果明显、措施得力、经济可靠的方法。

3.1 推广高性能海工混凝土

高性能海工混凝土与普通混凝土的区别在于其将高工作性、高强度、高耐久性集于一身,虽然强度与耐久性有一定的相关性,但它又区别于高强混凝土,其特点在于不追求过高的强度而把耐久性,特别是高抗氯离子渗透性能放在首位,从根本上提高了混凝土本身的护筋性能。

高性能海工混凝土主要体现在以下几方面:一是使用矿物掺和料,如硅粉、磨细矿渣粉、优质粉煤灰等,替代部分水泥作胶凝材料,胶凝材料用量要适当富裕一些,限定最少用量;二是掺加与所用水泥相匹配的高效减水剂,降低混凝土拌和物的用水量;三是采用最大粒径小的优质骨料,石子粒径在 $10 \sim 25$ mm 范围,减小了骨料水泥浆界面应力差,消除了内部裂缝。

高性能混凝土除了要精心进行配合比设计外,其生产浇注和养护过程也都是不可忽视的。由于外加剂和矿物掺和料需要充分分散均匀,需要适当延长搅拌时间。由于其泌水少,水分蒸发容易导致塑性裂缝的产生,因此其振捣、抹面和养护需要连续衔接,特别是对淡水潮湿养护的要求应严格遵守。

3.2 提高混凝土密实度和均匀性

从军港高桩码头锈损检测结果可知,在同一构件中,混凝土具有相同的水灰比和保护层厚度,构件中不同部位的混凝土其锈损破坏的时间可能相差几倍到十几倍,由此可知,如果浇筑的混凝土能够普遍达到锈损破坏构件中完好部分的混凝土性能,则构件使用的耐久性可提高数倍以上。

提高混凝土密实度和均匀性的主要措施是降低混凝土水灰比和增加水泥用量。《海港工程混凝土结构防腐蚀技术规范》(JTJ275－2000)对水灰比最大允许量和最低水泥用量有明确的规定。结合高桩码头锈损破坏的现状,我们建议在高桩码头设计时应提高混凝土耐久性设计标准,在规范标准基础上减小水灰比,增加水泥用量。

为提高混凝土的密实度和均匀性,在施工中还应注意以下几点:一是应根据不同地区、不同部位选择适当的水泥品种;二是在混凝土中加入适量混合料及减水剂、引气剂等;三是精心搅拌和浇筑混凝土,尽量克服人为因素对混凝土质量的影响。四是及时修补混凝土表面缺陷。

3.3 采用耐腐蚀钢筋,使用钢筋阻锈剂,提高钢筋自身抗锈蚀能力

根据调查可知,处于浪溅区的混凝土内钢筋容易锈蚀,直接保护钢筋是最有效的办法。因此处于浪溅区的钢筋可采用镀锌钢筋、不锈钢钢筋、环氧涂层钢筋等,重点提高使钢筋易锈部位的钢筋抗锈蚀能力,以期提高海港码头使用的耐久性。

我国近年建设的汕头港3.5万吨级LPG码头、上海马迹山深水码头及香港青马大桥等多项工程中,均在上部结构重要部位采用了环氧涂层钢筋。根据国外使用经验证明,环氧树脂涂层钢筋能显著延长恶劣环境中的钢筋结构使用寿命,减少使用期的维护费用。《海港工程混凝土结构防腐蚀技术规范》(JTJ275－2000)也将环氧树脂涂层钢筋被列为主要的防腐措施之一。

此外,使用钢筋阻锈剂也可以通过抑制、阻止、延缓钢筋腐蚀的电化学过程,来达到延长结构物使用寿命的目的。美国"全寿命经济分析"表明,采用钢筋阻锈剂的经济效果是最优的,适用范围广,特别对氯盐环境有效。

我们建议在高桩码头浪溅区部位采用环氧涂层钢筋及混凝土内渗阻锈剂,以增强钢筋自身的抗锈能力及混凝土的阻锈能力,同时,为了节约整个工程的造价,在非浪溅区部位仍可用以往采用的普通钢筋及混凝土。

3.4 加大混凝土保护层厚度、加大混凝土构件截面

氯离子渗透深度与混凝土实际使用时间近似成线性关系,混凝土碳化速度与混凝土保护层厚度的平方成反比,增加保护层厚度可明显推迟腐蚀介质(氯离子等)到达钢筋表面的时间,可增强抵抗钢筋腐蚀造成的胀裂力。加大混凝土保护层厚度是防止钢筋锈蚀的最简单而经济的方法,适当加大混凝土保护层厚度,会使混凝土的耐久性成倍增加。

因此,为防止高桩码头过早地发生钢筋腐蚀损坏,在施工机械和施工工艺难以很好解决混凝土质量的密实性、均匀性的条件下,适当增加混凝土保护层的厚度,施工时严格按照标准规范和设计要求使混凝土保护层有足够的厚度,可以提高混凝土对钢筋的保护性能。

在确定混凝土保护层厚度最小值时,应考虑到以下几点:一是为防止箍筋锈蚀,混凝土保护层厚度宜从箍筋外表面算起;二是最小混凝土保护层厚度除应考虑使用环境外,还应考虑设计使用年限;三是规范所规定的最小保护层厚度应理解为是标定值,设计图纸所标明的保护层厚度值应计入施工允许的公差值;四是预应力混凝土构件的保护层厚度应比普通混凝土构件增加5~10 mm;五是在受波浪冲刷严重、频繁干湿交替的部位,特别是对于潮差段、浪溅区的梁板构件应同时加大构件截面尺寸和混凝土保护层厚度。

3.5 采取混凝土表面涂层防腐

采取混凝土表面涂层防腐,能够有效阻隔氯盐渗入混凝土中,避免钢筋周围的氯离子浓

度达到其临界状态。同时,在含氯盐的混凝土中,表面涂层还可阻隔氧气、水分、CO_2 等有害介质渗透进入混凝土中,提高混凝土电阻率,降低钢筋的腐蚀速度,防止混凝土碳化。

由于涂层防腐施工简便、费用低,混凝土表面涂层防腐是延长海工混凝土结构使用寿命较经济和有效的措施之一。

根据《海港工程混凝土结构防腐蚀技术规范》,混凝土表面防腐措施主要有两类:一类是混凝土表面涂层工艺,主要材料是环氧树脂封闭漆及其配套材料,其关键要求是混凝土表面必须干燥,保证环氧树脂渗透到最佳深度,这种方法对浪溅区以下混凝土不适合采用;另一类是混凝土表面硅烷浸渍,主要材料是乙烯三氧基硅烷,硅烷浸渍能较好地渗入混凝土孔隙及毛细裂缝中,阻止水、空气、氯离子渗透到钢筋表面。无论采用哪种方法都应事先将混凝土表面的灰尘、油迹清除干净。

3.6 采用钢筋混凝土阴极保护技术

在已建成的海工混凝土结构中进行钢筋腐蚀的彻底控制和防护是非常困难的,阴极保护技术在钢筋混凝土结构上的应用研究,为解决这一难题提供了机会和可能,可以说,在已经遭受氯盐侵入的钢筋混凝土结构中,实施阴极保护是最有效的方法,对于现有钢筋混凝土建筑物的进一步防护,有其独特的效能。

我国已经开始了海工钢筋混凝土上部结构阴极保护试验研究,但至今钢筋混凝土结构阴极保护技术未能在工程中广泛推广应用,目前,阴极保护在钢筋混凝土结构中的应用,特别是在港口码头钢筋混凝土水工建筑物的试验研究还十分缺乏,我们建议尽早开展水工钢筋混凝土结构阴极保护试验研究,并将其应用于高桩码头中,为高桩码头的维修提供经济、有效的修复保护技术。

3.7 改进高桩码头结构型式

经验证明,构件暴露面积与构件体积之比越小,也就越有利于防止氯离子渗透,大体积混凝土结构对防腐有利。因此,在高桩码头结构选型和细部设计时,注意以下几方面:一是使码头下部的表面尽量简单平整,减少在混凝土面上、接缝和密封处的排水和积水,减少码头下部的表面积,构件截面几何形状应简单、平顺,力戒单薄、复杂、带棱角,重点部位应能够便于检测和维修;二是重视码头结构的刚度,平台要有一定的宽度和整体性,当纵向波浪力、水流力或系靠船舶吨位较大时,在平台两端部宜设置纵向叉桩或斜桩;三是在满足结构安全性的情况下,应尽可能避免采用过密配筋,可适当加大梁构件断面尺寸;四是妥善布置结构缝、施工缝的位置和构造,应尽量避免将其设置在浪溅区、水位变动区等;五是对使用中容易损坏的构件在设计时要考虑到将来检测、维护和更换的方便;六是码头结构应有利于通风,避免过高的局部潮湿和水汽聚集。

3.8 加强高桩码头维护管理

检测资料表明,加强高桩码头的定期检查和维护管理能有效地延长结构的寿命。有些建于 20 世纪四五十年代的码头,在使用过程中多次检测、维修和加固,检测时码头情况基本良好,而发现同期,甚至更晚时间建设的码头,由于未给予维修加固,都存在着严重的问题。虽然检测和维修会增加一些费用,但从长远来看,却是非常有益和经济的。

另一方面,由于高桩码头工艺不断改进,舰艇吨位不断加大,码头荷载比最初设计相比有一定增加,加之舰艇靠离码头操作不规范,可能对高桩码头造成一定的危害。各级管理部门必须引起高度重视,坚持以防为主,及时掌握码头损坏情况,加强码头日常维护管理工作,制定详细的高桩码头维护管理项目,做好定期维护和年度维修,发现码头存在的隐患和问题,发现超载,采取必要的限制和加强措施,出现破损,及时采取合理、有效的方法,予以维修和加固。

4 结语

(1)高桩码头在恶劣的自然环境和复杂的工作环境中,比其他工程更易腐蚀破坏,高桩码头锈损破坏与码头使用年限、构件在码头中所处部位、构件混凝土质量、混凝土保护层厚度等有关。

(2)检测表明,构件混凝土存在的质量控制不严的情况严重影响混凝土的耐久性。为提高混凝土的耐久性,减缓和延迟钢筋锈损,必须严格控制高桩码头混凝土工程的施工质量。

(3)针对影响钢筋锈蚀的主要因素,应结合高桩码头具体情况,针对码头不同部位采取不同的防护措施及维修方案,做好"防"与"治"两方面工作,并在今后高桩码头的设计建造和维护管理中,坚持"立足前期、着眼长远、以防为主、全程控制"的原则,在设计施工建造的全过程中增强结构耐久性意识。

(4)定期对高桩码头进行技术检查,及时掌握结构损坏情况,做好经常性的维修保养工作,对于提高码头的耐久性,延长使用寿命意义深远。

(5)海工钢筋混凝土结构的长期防腐,特别是高桩码头的锈损防护是当前迫切需要解决的问题,我们建议在现有研究成果的基础上,大力开展"高桩码头腐蚀检测研究"、"码头高性能海工混凝土应用研究"、"码头耐腐蚀钢筋应用研究"、"码头防护涂层应用研究"、"水工钢筋混凝土结构阴极保护技术研究"等。

大型混凝土工程强度质量监控体系
研究与应用

李广智 张 振 杨 慧 罗 莎

（天津市水利科学研究所）

摘 要：混凝土工程质量控制是以质量检验标准为最终控制目标，混凝土强度质量控制以往工程上均采用单一因素控制，目前国内大型混凝土工程还没有建立系统完善的监控体系。本文探索建立一套比较完善、适用的混凝土强度质量控制体系以对混凝土生产进行全程控制。

关键词：混凝土 质量监控 强度

1 前言

随着现代化施工速度的加快，重大工程希望在混凝土浇筑时尽早知道其潜在强度及质量，用 28 d 混凝土强度试验控制混凝土强度质量已不能满足现代化施工要求。而对结构的强度检测控制又尽量要求不能损坏结构，混凝土强度质量控制的发展方向是采用快速、无损的手段。

国内外科研人员在快速、无损检测技术和手段方面已经进行了大量的研究工作，并取得了大量应用性成果，多项成果已列入规范。如 1982 年交通部公路研究所等单位的"水泥胶砂强度快速试验"已列入《公路工程水泥混凝土试验规程》（JTJ053 – 94）。"混凝土快速检测技术"1979 年列入加拿大规范（CSA），1983 年此项技术列入我国《城乡建设环境保护部标准》（JGJ15 – 83）及交通部标准（JTJ053 – 83）。并被国家发展计划委员会列为施工新技术重点推广项目之一。

我国大多数城市的混凝土检测评估机构均已完成水泥快速测强、新拌混凝土快速测强及结构混凝土强度检测的地区关系曲线的率定，这些试验为建立工程专用曲线打下基础，为混凝土强度质量的控制提供了有力的技术支持。国内外也广泛应用这些技术监控混凝土强度质量。如湖北省 316、107 国道混凝土工程，广西南宁机场跑道混凝土工程等，在施工过程中利用混凝土强度快速检测技术进行施工质量控制，效果显著；天津国际大厦的混凝土质量控制采用标准试件与结构超声、回弹、小芯样等无损检测技术相结合的方法，也取得了较好的效果。但是以上各工程中均为对混凝土生产的单一环节进行控制，没有对混凝土质量的进行全程控制，本文探索建立起一套比较完善、适用的混凝土强度质量控制体系以对混凝土生产进行全程控制。

2 混凝土强度监控体系构成

混凝土质量监控体系分为初步控制、过程控制及结构控制三部分。初步控制中主要是对混凝土原材料质量进行控制,当原材料检验有不符合的情况下,需对不符合项的原材料进行更换,直到原材料检验符合要求为止,再进入过程控制环节。生产过程控制过程中主要对混凝土强度、坍落度、含气量进行控制。如果这一环节混凝土质量出现异常,那么首先确定该批异常混凝土影响范围,针对这批混凝土对初步控制中原材料质量进行抽查,如果原材料质量没有问题,那么对混凝土配合比进行调整,直到新拌混凝土质量满足设计要求。然后进入最后一步结构控制,工程结束后需要对结构混凝土进行抽检。如抽检结构混凝土质量不稳定,首先确定该批质量不稳定混凝土影响范围,然后查找施工纪录,看是否在混凝土施工过程中出现恶劣天气对混凝土施工如养护、振捣、运输造成负面影响,同时抽查原材料及新拌混凝土品质记录,寻找出造成结构混凝土质量不稳定因素。混凝土强度质量监控体系示意图如图1。

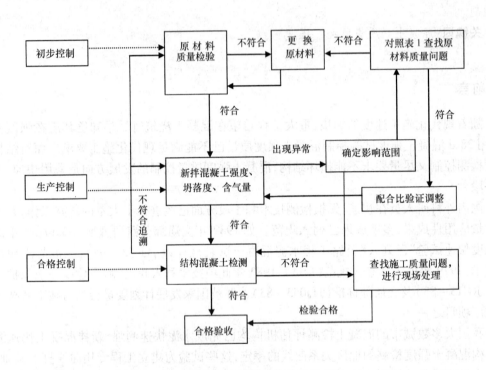

图1　混凝土强度质量监控体系示意图

3　原材料初步控制

针对各种原材料对混凝土强度影响,可将各种原材料的控制指标及控制标准汇总见表1,其中水泥强度、粉煤灰细度、砂含泥量和含水量能、石针片状含量和外加剂含气量作为重点控制指标,其中除了水泥强度以外其他指标常规试验方法均可以快速测得,为了及时掌握水泥强度指标情况,测试方法采用24 h55℃水泥快速测强法。

表1　　　　　　　　　　　　　　　　混凝土原材料质量控制指标表

原材料＼项目	控制指标	方法	批次	控制标准
水泥	强度	24 h55℃水泥快速测强法	每400 T为一批次	推测强度≥32.5 MPa
	细度	80 μm方孔筛筛余		≤10%
	凝结时间	初凝		不得早于45 min
		终凝		不得迟于10 h
粉煤灰	细度	45 μm方孔筛筛余	每200T为一批次	≤20%
	需水量比	胶砂试验		≤105%
	烧失量	／		≤5.0%
	安定性	煮沸法		合格
砂	细度模数	筛分	每进料一次为一批次	中砂
	含泥量	常规测试		≤3.0%
	含水量	烘干法	每班	／
石	级配	筛分	每进料一次为一批次	／
	针、片状含量	常规检验		≤25%
	含泥量	常规检验		≤1.0%
外加剂	减水率	混凝土试验	每进料一次为一批次	15～20%
	引气量	混凝土试验		4%～6%

4 新拌混凝土质量控制

4.1 混凝土拌和物现场质量控制

拌制混凝土之前要对试验用砂、石骨料含水率进行测定,严格按照设计的配合比进行混凝土拌和。根据混凝土施工要求,对现场混凝土坍落度进行检测,使其坍落度控制在设计允许范围内,新拌混凝土含气量控制在设计允许范围内。使用29 h混凝土快速测强方法进行新拌混凝土强度试验,对新拌混凝土强度进行监控。

4.2 新拌混凝土强度监控曲线的建立

依据建立的新拌混凝土快速测强曲线,首先随机抽取一定数量的新拌混凝土样品用29 h沸水法进行快速测强,确定抽查样品的标准差并评价其生产水平的稳定性,依照混凝土设计强度,建立新拌混凝土强度控制界限,并以此对工程新拌混凝土的强度质量进行控制,随着数据的逐渐积累不断完善控制曲线。

因为大型混凝土工程的生产条件在较长时间内能保持一致,且同一品种混凝土的强度变异性能保持稳定,建立控制曲线时,每100 m³为一批次抽样,由连续的3组试件组成一个验收批,混凝土试件以机口随机取样为主,每组混凝土的3个试件应在同一储料斗或运输车厢内的混凝土中取样制作,并按下列规定确定其强度代表值。

(1)以每组3个试件的算术平均值为该组试件的强度代表值。

（2）当一组试件中强度的最大值和最小值与中间值之差超过15%时,取中间值作为该组试件的强度代表值。

（3）当一组试件中强度的最大值和最小值与中间值之差均超过15%时,该组试件的强度不应作为评定的依据。

抽样后用29 h沸水法测试新拌混凝土强度,并根据 $R_{29\,h}$ 推定混凝土28 d强度。

根据 GB50164 - 92 混凝土质量控制标准中规定,混凝土强度,除了要按规定分批进行合格评定外,尚应对一个统计周期内的相同等级和龄期的混凝土强度进行统计分析,统计计算强度均值、标准差(σ)及强度不低于要求强度等级值的百分率,以确定混凝土质量及生产管理水平。

表2   混凝土生产管理水平

生产质量水平		优良		一般	
评定指标	生产场所	< C20	≥C20	< C20	≥C20
混凝土强度标准差 σ	商品混凝土和预制混凝土构件厂	≤3.0	≤3.5	≤4.0	≤5.0
	集中搅拌混凝土的施工现场	≤3.5	≤4.0	≤4.5	≤5.5
强度不低于规定强度等级值的百分率 P	商品混凝土和预制混凝土构件厂及集中搅拌混凝土的施工现场	≥95		>85	

$$\sigma_{推} = \sqrt{\frac{\sum\limits_{i=1}^{N} f_{cu,i}^2 - N \cdot \mu_{fcu}^2}{N - 1}}$$

$\sigma_{推}$ —— 统计周期内推定强度标准差

根据计算的混凝土强度标准差计算混凝土概率度系数 $t = \dfrac{m_{fcu} - f_{cu,k}}{\sigma}$,查表找到对应的混凝土强度保证率,以确定混凝土的质量。

根据 DL/T5144 - 2001 水工混凝土施工规范附录 A 中规定,保证率和概率度系数关系见表3:

表3   混凝土保证率和概率度系数关系表

保证率 P	65.5	69.2	72.5	75.8	78.8	80.0	82.9	85.0	90.0	93.3	95.0	97.7	99.9
概率度系数 t	0.40	0.50	0.60	0.70	0.80	0.84	0.95	1.04	1.28	1.50	1.65	2.0	3.0

根据以上各批混凝土 $R_{29\,h}$ 及推定强度进行计算,参照 GB/T4091 - 2001 常规控制图的规定,根据计算结果绘制混凝土质量控制图及强度级差控制图。

首先确定单个子组中子组观测值 n 的个数,我们试验中每组混凝土强度由3个混凝土强度计算所的,因此确定 n = 3。

$X_{推}$ 控制图:n = 3

CL(中心线) = $X_{推}$ = 混凝土推定强度均值(MPa)

$R_推$ = 混凝土推定强度级差均值(MPa)

参照 GB/T4091 –2001 常规控制图中常规计量控制图的控制限公式及系数表,确定出混凝土强度及强度级差控制限公式及公式中的系数:

UCL(上控制界限线) = X + A_2R

3$\sigma_推$时:$X_推$ + 1.023 × $R_推$(MPa)

2$\sigma_推$时:$X_推$ + 0.681 × $R_推$(MPa)

LCL(下控制界限线) = X – A_2R

3$\sigma_推$时:$X_推$ – 1.023 × $R_推$(MPa)

2$\sigma_推$时:$X_推$ – 0.681 × $R_推$(MPa)

$R_推$控制图:

CL = $R_推$

UCL = D_4R

3$\sigma_推$时:2.575 × $R_推$(MPa)

2$\sigma_推$时:2.049 × $R_推$(MPa)

将以上计算结果带入新拌混凝土 28 d 抗压强度推定式:

$$R_{28\,d} = 1.632 R_{29\,h} + 4.950$$

推导出 $R_{29\,h}$ 沸水法对应的新拌混凝土快速测强强度控制限,绘制新拌混凝土强度控制图。

新拌混凝土处于稳定状态时,强度控制图上的点的排列应满足以下三个条件:

(1)连续的点全部或几乎全部位于控制界限内。

(2)点在中心线附近居多,并且在中心线两侧各排列一半左右。

(3)点的排列没有规律性(没有连长、倾向性、周期性),即属于随机性。

如在取样的新拌混凝土值超过 26 控制界限,说明新拌混凝土质量不稳定,是混凝土质量失控的一个警示信号,这时就要及时查找原因。如在取样的新拌混凝土值超过 36 控制界限,必须立即采取有效措施查找质量失控原因。

混凝土质量不仅要满足强度要求,对其强度级差也要严格控制。在级差控制图 R 图中,混凝土级差值越大,说明混凝土强度离散性越大,质量越不稳定。因此,混凝土强度级差均值越小越好。超过 26 控制限应发出预警,超出 36 控制限应立即查找质量失控原因。

5 结构混凝土强度质量监控

工程结束进行验收前,对混凝土结构进行强度回弹普查。正常情况下可安排每 100 米抽查一组结构强度,对监控信息、现场监理资料或施工记录显示异常部位应重点及时检测。回弹普查可辅以少量射钉法验证。重点怀疑部位及争议部位应辅以芯样检测。

6 工程应用

混凝土强度质量监控体系建立后,对天津市饮用水源保护工程混凝土的生产过程进行了监控,实践应用证明了监控体系能够很好的控制混凝土生产中原材料的品质、保证新拌混凝土强度及工作性能,能够较好地控制结构混凝土的质量,对大型工程中混凝土质量的控制效果显著。

7　结语

（1）在混凝土强度质量控制中,在初步控制阶段应重点监控水泥强度、沙子细度、含泥量及含水量、石子针片状含量及最大粒径、粉煤灰细度;在生产控制阶段应重点监控配合比的准确性、混凝土拌和物含气量。

（2）水泥强度是初步控制阶段原材料控制的重点,必须用快速法控制。

（3）混凝土生产过程中以新拌混凝土强度为重点控制因素,确定了以 29 h 沸水法作为检测新拌混凝土质量的快速试验方法。

（4）在工程验收前或对混凝土质量产生怀疑时,须对结构混凝土进行强度抽检可以采用回弹法、射钉法对结构混凝土进行检测。

（5）通过对混凝土生产过程各阶段强度控制重点的监控,运用统计技术对混凝土强度质量进行系统分析,最终对混凝土强度质量实现全程、系统的监控。

滩坑水电站混凝土面板堆石坝基础覆盖层开挖技术

于凌云　王兴双

（中国水利水电第十二工程局第二分局）

摘　要：滩坑水电站混凝土面板堆石坝建在最大厚度 30 m 的河流冲积层上，坝前区覆盖层开挖是难度最大，工期最难控制的关键工序，是实现 2006 年度汛面貌的关键，施工前进行了大量规划研究，制定专项措施，力求做到措施完善，降低造价，便于施工，确保覆盖层开挖按期完成。

关键词：滩坑面板坝　基础覆盖层　开挖

1　工程概况

滩坑水电站位于浙江省青田县境内的瓯江支流小溪中游河段。水库总库容 41.9 亿 m³，为多年调节水库。电站装机容量 600 MW，年发电量 10.23 亿 kW·h。工程由钢筋混凝土面板坝、溢洪道、泄洪隧洞、引水发电隧洞、发电厂房等建筑物组成。最大坝高 162 m，坝顶长 507 m，为我国在建的高混凝土面板坝。坝体总填筑量约 980 万 m³，混凝土面板面积 9.5 万 m²。坝体直接填筑在经局部开挖处理的河床覆盖层上。

坝址河床覆盖层厚度一般为 7～25 m，最厚达 30 m。覆盖层上部 Q4 系松散的砂卵（砾）石层厚 2～16 m，表层厚 1.5 m 以内，结构松散，以下呈中密状。下部 Q3 系紧密的壤土卵（砾）石层，厚度 5～19 m，以中密为主。坝基覆盖层开挖量 49 万 m³，施工期 49 d，月平均强度 30 万 m³。

坝前区覆盖层开挖由于高程低，施工场地狭窄，Q3 覆盖层含水量高，一经扰动就会液化；而且与下游面大坝填筑施工，上游围堰填筑施工同时进行，存在施工干扰大，道路布置困难的问题。所以覆盖层开挖是难度最大，工期最难控制的关键工序，也就成了实现 2006 年度汛面貌的关键。坝基深覆盖层开挖特点和难点

对基础覆盖层设计在采用平面有限元法对坝体进行变形计算基础上，为使面板不太靠近覆盖层，以免由于基础不均匀沉降而使面板产生较大的应力集中，改善面板和面板下游侧填筑料的变形协调条件下，要求挖除趾板及其下游 30 m 的河床覆盖层。本工程坝基深覆盖层开挖呈现出以下特点和难点。

2　覆盖层深厚、施工强度高

滩坑电站混凝土面板堆石坝坝基覆盖层厚度一般为 7～25 m，最厚达 30 m。趾板后 30 m 的坝基开挖工程量大，施工强度较高，开挖区上游坡比为 1∶1.5，下游开挖坡比为 1∶2。坝基覆盖层开挖量为 49 万 m³，月平均强度 30 万 m³。

3 施工场地狭窄、干扰大

基坑开挖与上游围堰以及下游面大坝的填筑施工同步进行,施工场地狭窄,施工车辆较多,造成了施工道路布置困难;围堰填筑、大坝一期填筑的施工道路布置与下基坑道路的相互干扰严重。

4 工期非常紧张

根据度汛计划,在2006年梅汛期前必须完成坝基开挖、趾板混凝土施工,大坝填筑完成过流保护工作,为降低大坝一期度汛填筑施工高峰期的施工强度,达到2006年的度汛面貌,施工工期非常紧张。

5 地质复杂、易液化,施工难度大

覆盖层地质复杂,夹带黏土含量高,存在丰富的地下水及岸坡的水,使得开挖中的带有黏土的覆盖层,经扰动后急剧液化,给运输带来极大的困难,施工难度大。施工场地狭窄,基坑开挖与上游围堰、下游面大坝的填筑施工同步进行,相互干扰大,造成施工道路布置困难;施工车辆较多,围堰填筑、大坝一期填筑的施工道路布置与下基坑道路的相互干扰严重。

6 坝基覆盖层开挖措施

根据设计要求从趾板至下游坝坡坡脚范围内清除河床覆盖层 Q_4 的表面松散层,平均挖深 $1 \sim 2$ m;挖除趾板及其下游 30 m 的河床覆盖层。河床覆盖层 Q_4 表面松散层的清除在上下游围堰截流、闭气后,采用推土机配合挖掘机分层分段进行,由 $20 \sim 32$ T 自卸车运至弃渣场。趾板及其下游 30 m 的河床覆盖层深基坑开挖,自上至下分层分区段进行,采用挖掘机自上而下分层分段进行,由 $20 \sim 32$ T 自卸车运至下游弃渣场。开挖时随时做成一定的坡势,以利排水。根据 Q_3 层沙砾石特点,在开挖过程中易呈流动态,给高强度挖运带来困难,在工程施工中采用抛石挤淤、排水固结法进行深基坑 Q_3 层开挖,确保沙砾石开挖高强度、快速进行;在开挖施工中采取主干道路分层下卧及分支道路相结合,合理布置临时施工道路。趾板及其下游 30 m 的河床覆盖层开挖计划施工时段 2005 年 10 月 14 日至 12 月 31 日,共 49 d;开挖量为 49 万 m^3,月平均强度 30 万 m^3。

7 分区段进行开挖

为避免挖掘机、运输车辆在开挖过程中的相互干扰,对整个基坑分为四个区段,根据开挖的进度和地形的变化合理调配机械,适当的缩小滞后的区段,使得开挖区均衡下降,对开挖至岩石地基的区段及时进行岩石开挖至设计高程。

8 施工道路的布置

布置三条主干线路,与分支道路相结合的运输方式。开挖区经扰动后液化会降低开挖与运输的效率,故分支道路视现场实际施工情况布置,每条分支线路负责每区段的开挖与运输。

(1)利用原设计下基坑"之"字形临时施工道路,道路纵向坡比约10%,与30 m后大坝填筑道路相衔接。

(2)为避免与上游围堰填筑施工的干扰,在围堰右岸及下游坡面布置一条"之"字形临时施工道路。在完成覆盖层的开挖后进行上游围堰右岸段的混凝土及下游面的钢筋石笼护坡施工。

(3)为满足道路的运输强度要求,在左岸岸坡临时修筑一条通往上游围堰弃料场道路EL54～EL40,路宽11 m,坡比10%。与基坑下游侧原设计的施工道路相接。基坑的开挖进展速度和道路设置的合理与否密切相关,在满足运输的强度和避开对于狭窄区域的施工干扰影响情况下尽量多布置分支道路。

9 测量控制

及时测量开挖区域的上下游边线,对坡比每开挖2米进行一次检查,主干线路的布置依据临建图纸、坝基设计开挖图进行测量放样,以保证开挖至设计面后下游侧的施工道路延伸至基坑最底部,满足后序趾板混凝土及坝前30米区域的填筑要求。

10 分散与集中的排水措施

开挖过程中落实降低基坑地下水位的排水措施,依据基坑抽水实际情况,合理布置集水坑抽水等措施,确保沙砾石开挖高强度、快速进行。在开挖区第一层开挖结束前在分区段内开挖集水井,安装水泵及时抽水。在开挖区域以外布置永久集水井,集中排水。

11 大漂石的处理

在开挖过程中的大漂石采用移动式压风机供风、手风钻钻孔,在规定的时间内进行放炮的方式进行解小。解小处理的漂石可用于修筑道路的就近进行摊铺。

12 装车过程的控制

开挖过程中剥离河床沙砾石,地下水较多及两岸坡的集雨使得整个坝基覆盖层开挖处在半干半湿状态,一经搅动就会液化,难以装车,采取车后部装干燥的开挖料及大块石,液化后的料装在干燥的开挖料里面,以装满车厢不外溢为准,保证开挖料的运输。

13 坝基深覆盖层开挖施工

坝基深覆盖层开挖计划2005年10月21日开工,2005年12月10日完工,工期为49 d。实际开工日期为2005年10月21日,2005年11月30日完工。

14 开挖过程中的分支道路布置和修筑

在开挖每层、每个区段时,地下水及岸坡的来水使得开挖中的带有黏土的覆盖层即Q3层经扰动后急剧液化,给运输带来极大的困难,经常出现陷车的现象,为满足运输车辆通行的要求,就要做好分支线路的道路的填筑,填筑的路宽采取双车道 11 m 宽,使用新鲜的、颗粒级配良好的岩石进行临时施工道路的填筑,填筑厚度为 0.5~1 m,开挖采用倒退法,每个区段设置一条临时施工道路,每个区段的临时分支道路随着开挖的过程一起挖除。主干道路共布置三条,分支道路根据实际开挖情况每个区段设置一条临时施工道路。

15 道路的维护和开挖装车

开挖料经装车、陡倾场内道路上坡运输等程序后,液化、倾撒严重恶化了场内运输道路的条件。必须及时地对道路进行维护,狭窄的场地一旦出现堵塞现象应及时进行疏导,用机械和人工配合将倾撒在路上的卵砾石清除,确保车辆的畅通。为保证不倾撒或少量倾撒,要对装车进行控制,液化后的开挖料的运输采取了车后设"挡板"的方案,"挡板"可利用临时分支道路的填筑料和干燥的开挖料。

16 排水施工

在趾板开挖面的上游侧设置了两个永久排水的集水井,安装两台 12 寸水泵集中排水,在每个开挖区段挖小的集水坑,利用小水泵抽水至上游侧的永久排水的集水井。做到了开挖区域的水及时排除,开挖基本在半干半湿的状态下进行。

17 结语

滩坑水电站混凝土面板堆石坝坝基淤泥质深覆盖层开挖由于覆盖层深厚、地质复杂、且易液化,施工难度大,由于对深覆盖层坝基开挖措施的提前具有针对性的研究和成功实施"坝基淤泥质深覆盖层开挖技术研究",采取了"基坑合理分区及道路布置"、"抛石挤淤、排水固结工艺"、"巧妙的装运措施"等措施,同时强化现场管理,加强动态调整,使开挖面作业合理高效实施。确保沙砾石开挖高强度、快速进行,成功的解决了深基坑层开挖难题,提前全面到达 06 年度汛面貌、规避遭遇超标洪水的风险,为深覆盖层面板堆石坝施工积累了丰富经验,取得了显著的社会、经济效益。